王小波　主编

中国海域海岛地名志

浙江卷第一册

海洋出版社

2020年·北京

图书在版编目（CIP）数据

中国海域海岛地名志．浙江卷．第一册 / 王小波主编．－北京：海洋
出版社，2020.1
ISBN 978-7-5210-0559-2

Ⅰ．①中…Ⅱ．①王…Ⅲ．①海域－地名－浙江②岛－地名－浙江
Ⅳ．①P717.2

中国版本图书馆 CIP 数据核字（2019）第 297027 号

主　　编：王小波（自然资源部第二海洋研究所）
责任编辑：侯雪景
责任印制：赵麟苏

海洋出版社 出版发行

http://www.oceanpress.com
北京市海淀区大慧寺 8 号　邮编：100081
廊坊一二〇六印刷厂印刷
2020 年 1 月第 1 版　2020 年 11 月河北第 1 次印刷
开本：889mm×1194mm　1/16　印张：29
字数：423 千字　定价：340.00 元
发行部：010-62100090　邮购部：010-62100072
总编室：010-62100034
海洋版图书印、装错误可随时退换

《中国海域海岛地名志》

总编纂委员会

总 主 编：王小波

副总主编：孙　丽　王德刚　田梓文

专 家 组（按姓氏笔画顺序）：

丰爱平　王其茂　王建富　朱运超　刘连安

齐连明　许　江　孙志林　吴桑云　佟再学

陈庆辉　林　宁　庞森权　曹　东　董　珂

编纂委员会成员（按姓氏笔画顺序）：

王　隽　厉冬玲　史爱琴　刘春秋　杜　军

杨义菊　吴　頔　谷东起　张华国　赵晓龙

赵锦霞　莫　微　谭勇华

《中国海域海岛地名志·浙江卷》

编纂委员会

主　编：潘国富

副主编：谢立峰　郑文炳　张　钊　张兴林　黄　沛

编写组：

　　　　自然资源部第一海洋研究所：刘世昊　赵锦霞

　　　　自然资源部第二海洋研究所：刘杜娟　陈培雄　胡涛骏

　　　　　　　　　　　　　　　　　陈小玲

　　　　舟山市海洋勘测设计院：彭　苗　李爱国　胡申龙　单海峰

　　　　　　　　　　　　　　　王蕾飞　严镔镔　廖维敏

　　　　宁波海洋开发研究院：任　哲　杨竞争　任建新　吴佳莉

　　　　宁波市海洋与渔业研究院：王海航

　　　　宁波市海域海岛使用动态监视监测中心：甘付兵

　　　　台州海洋环境监测站：吴智清

　　　　台州市新海陆测绘有限公司：张自贵　黄　鹏

　　　　温州海洋环境监测中心站：鲍平勇　陈子航　付声景

　　　　　　　　　　　　　　　　任　钢

前 言

我国海域辽阔，海域海岛地理实体众多，在历史的长河中产生了丰富多彩、类型各异的地名，是重要的基础地理信息。开展全国海域海岛地名普查工作，对于维护国家主权和领土完整，巩固国防建设，促进经济社会协调发展，方便社会交流交往、人民群众生产生活，提高政府管理水平和公共服务能力，都具有十分重要的意义。

20 世纪 80 年代，中国地名委员会组织开展了我国第一次地名普查，对海域地名也进行了普查（台湾省及香港、澳门地区的地名除外），并进行了地名标准化处理。经过近 30 年的发展，在海域海岛地理实体中，有实体无名、一实体多名、多实体重名的现象仍然不同程度存在；有些地理实体因人为开发、自然侵蚀等原因已经消失，但其名称依然存在。在海洋经济已经成为拉动我国国民经济发展有力引擎的新形势下，特别是党的十九大报告提出"坚持陆海统筹，加快建设海洋强国"，开展海域海岛地名普查及标准化工作刻不容缓。

根据《国务院办公厅关于开展第二次全国地名普查试点的通知》（国办发〔2009〕58 号）精神和《第二次全国地名普查试点实施方案》的要求，原国家海洋局于 2009 年组织开展了全国海域海岛地名普查工作，对海域、海岛及其他地理实体展开了全面的调查，空间上涵盖了中国所有海岛，获取了我国海域海岛地名的基本情况。全国海域海岛地名普查工作得到了沿海省、直辖市、自治区各级政府的大力支持，11 个沿海省（市、区）的各级海洋主管部门、37 家海洋技术单位、数百名调查人员投入了这项工作，至 2012 年基本完成。对大陆沿海数以万计的海岛进行了现场调查，并辅以遥感影像对比；对港澳台地区的海岛地理实体进行了遥感调查，并现场调查了西沙、南沙的部分岛礁，获取了大量实地调查资料和数据。这次普查基本摸清了全国海域、海岛和其他地理实体的数量与分布，了解了地理实体名称含义及历史沿革，掌握了地理实体的开发利用情况，并对地理实体名称进行了标准化处理。《中国海域海岛地名志》即是全国海域海岛地名普查工作成果之一。

地名志是综合反映地名的专著，也是标准化地名的工具书。1989 年，中国地名委员会以第一次海域地名普查成果为基础，编纂完成《中国海域地名志》，收录中国海域和海岛等地名 7 600 多条。根据第二次全国海域海岛地名普查工作总体要求，为了详细记录全国海域海岛地名普查成果，进一步加强海域海岛名称管理，传承海域海岛地名历史文化，维护国家海洋权益，原国家海洋局组织成立了《中国海域海岛地名志》总编纂委员会，经过沿海省（市、区）地名普查和编纂人员三年的共同努力，于 2014 年编纂完成了《中国海域海岛地名志》初稿。2018 年 6 月 8 日，国家海洋局、民政部公布了《我国部分海域海岛标准名称》。编委会依据公布的海域海岛标准名称，对初稿进行了认真的调整、核实、修改和完善，最终编纂完成了卷帙浩繁的《中国海域海岛地名志》。

《中国海域海岛地名志》由辽宁卷，山东卷，浙江卷，福建卷，广东卷，广西卷，海南卷和河北、天津、江苏、上海卷共 8 卷组成。其中河北、天津、江苏、上海合为一卷，浙江卷分为 3 册，福建卷分为 2 册，广东卷分为 2 册，全国共 12 册。共收录海域地理实体地名 1 194 条、海岛地理实体地名 8 923 条，内容涵盖了地名含义及沿革、位置面积资源等自然属性、开发利用现状等社会经济属性以及其他概况。所引用的数据主要为现场调查所得。

《中国海域海岛地名志》是全面系统记载我国海域海岛地名的大型基础工具书，是我国海洋地名工作一项有意义的文化工程。本书的出版，将为沿海城乡建设、行政管理、经济活动、文化教育、外事旅游、交通运输、邮电、公安户籍、地图测绘等事业，提供历史和现实的地名资料；同时为各企事业单位和广大读者提供地名查询服务，并为海洋科技工作者开展海洋调查提供基础支撑。

本书是《中国海域海岛地名志·浙江卷》，共收录海域地理实体地名 238 条，海岛地理实体地名 3 032 条。本卷在搜集材料和编纂过程中，得到了原浙江省海洋与渔业局、浙江省各级海洋和地名有关部门以及杭州国海海洋工程勘测设计研究院、宁波市海洋与渔业研究院、宁波海洋开发研究院、舟山市海洋勘测设计院、温州海洋环境监测中心站、台州海洋环境监测站、台州市新海陆测绘有限公司、自然资源部第一海洋研究所、自然资源部第二海洋研究所、自然资源部第三海洋研究所、国家卫星海洋应用中心、国家海洋信息中心、国家海洋技术中心等海洋技术单位的大力支持。在此我们谨向为编纂本书提供帮助和支持的所有领导、专家和技术人员致以最深切的谢意！

鉴于编者知识和水平所限，书中错漏和不足之处在所难免，尚祈读者不吝指正。

《中国海域海岛地名志》总编纂委员会

2019 年 12 月

凡　例

1. 本志主要依据国家海洋局《关于印发〈全国海域海岛地名普查实施方案〉的通知》（国海管字〔2010〕267 号）、《国家海洋局海岛管理司关于做好中国海域海岛地名志编纂工作的通知》（海岛字〔2013〕3 号）、《国家海洋局民政部关于公布我国部分海域海岛标准名称的公告》（2018 年第 1 号）进行编纂。

2. 本志分前言、凡例、目录、地名分述和附录。

3. 地名分述分海域地理实体、海岛地理实体两部分。海域地理实体包括海、海湾、海峡、水道、滩、半岛、岬角、河口；海岛地理实体包括群岛列岛、海岛。

4. 按条目式编纂。

（1）海域地理实体的条目编排顺序，在同一省份内，按市级行政区划代码由小到大排列，在县级行政区域内按地理位置自北向南、自西向东排列。

（2）群岛列岛的条目编排顺序，原则上在省级行政区域内按地理位置自北向南、自西向东排列；有包含关系的群岛列岛，范围大的排前。

（3）海岛的条目编排顺序，在同一省份内，按市级行政区划代码由小到大排列，在县级行政区域内原则上按地理位置自北向南、自西向东排列。有主岛和附属岛的，主岛排前。

5. 入志范围。

（1）海域地理实体部分。

海：2018 年国家海洋局、民政部公布的《我国部分海域海岛标准名称》（以下简称《标准名称》）中收录的海。

海湾：《标准名称》中面积大于 5 平方千米的海湾和小于 5 平方千米的典型海湾。

海峡：《标准名称》中收录的海峡。

水道：《标准名称》中最窄宽度大于 1 千米且最大水深大于 5 米的水道和已开发为航道的其他水道。

滩：《标准名称》中直接与陆地相连，且长度大于 1 千米的滩。

半岛：《标准名称》中面积大于 5 平方千米的半岛。

岬角：《标准名称》中已开发利用的岬角。

河口：《标准名称》中河口对应河流的流域面积大于 1 000 平方千米的河口和省级界河口。

（2）海岛地理实体部分。

群岛、列岛：《标准名称》中大陆沿海的所有群岛、列岛。

海岛：《标准名称》中收录的海岛。

6. 实事求是地记述我国海域地理实体、海岛地理实体的地名含义及历史沿革；全面真实地反映地理实体的自然属性和社会经济属性。对相关属性的描述侧重当前状态。上限力求追溯事物发端，下限至 2011 年年底，个别特殊事物和事件适当下延。

7. 录用的资料和数据来源。

地名的含义和历史沿革，取自正史、旧志、地名词典、档案、文件、实地调访以及其他地名资料。

群岛列岛地理位置为遥感调查。海岛地理位置为现场实测，并与遥感调查比对。

岸线长度、近岸距离、面积，为本次普查遥感测量数据。

最高点高程，取自正史、旧志、调查报告、现场实测等。

人口，取自现场调查、民政部门登记资料以及官方网站公布数据。

统计数据，取自统计公报、年鉴、期刊等公开资料。

8. 数据精确度按以下位数要求。如引用的数据精确度不足以下要求位数的，保留引用位数；如引用的数据精确度超过要求位数的，按四舍五入原则留舍。

地理位置经纬度精确到分位小数点后一位数。

湾口宽度、海峡和水道的最窄宽度、河口宽度，小于 1 千米的，单位用"米"，精确到整数位；大于或等于 1 千米的，单位用"千米"，精确到小数点后两位。

岸线长度、近陆距离大于 1 千米的，单位用"千米"，保留两位小数；小于 1 千米的，单位用"米"，保留整数。

面积大于 0.01 平方千米的，单位用"平方千米"，保留四位小数；小于 0.01 平方千米的，单位用"平方米"，保留整数。

高程和水深的单位用"米"，精确到小数点后一位数。

9. 地名的汉语拼音，按 1984 年 12 月 25 日中国地名委员会、中国文字改革委员会、国家测绘局颁布的《中国地名汉语拼音字母拼写规则（汉语地名部分）》拼写。

10. 采用规范的语体文、记述体。行文用字采用国家语言文字工作委员会最新公布的简化汉字。个别地名，如"礁""矿""沥"等方言字、土字因通行于一定区域，予以保留。

11. 标点符号按中华人民共和国国家标准《标点符号用法》（GB/T 15834－1995）执行。

12. 度量衡单位名称、符号使用，采用国务院 1984 年 3 月 4 日颁布的《中华人民共和国法定计量单位的有关规定》。

13. 地名索引以汉语拼音首字母排列。

14. 本志中各分卷收录的地理实体条目和各地理实体相对位置的表述，不作为确定行政归属的依据。

15. 本志中下列用语的含义：

海，是指海洋的边缘部分，是大洋的附属部分。

海湾，是指海或洋深入陆地形成的明显水曲，且水曲面积不小于以口门宽度为直径的半圆面积的海域。

海峡，是指陆地之间连接两个海或洋的狭窄水道或狭窄水面。

水道，是指陆地边缘、陆地与海岛、海岛与海岛之间的具有一定深度、可通航的狭窄水面。一般比海峡小或是海峡的次一级名称。

滩，是指高潮时被海水淹没、低潮时露出，并与陆地相连的滩地。根据物质组成和成因，可分为海滩、潮滩（粉砂淤泥质）和岩滩。

半岛，是指伸入海洋，一面同大陆相连，其余三面被水包围的陆地。

岬角，是指突入海中、具有较大高度和陡崖的尖形陆地。

河口，是指河流终端与海洋水体相结合的地段。

海岛，是指四面环海水并在高潮时高于水面的自然形成的陆地区域。

有居民海岛，是指属于居民户籍管理的住址登记地的海岛。

常住人口，是指户口在本地但外出不满半年或在境外工作学习的人口与户口不在本地但在本地居住半年以上的人口之和。

群岛，是指彼此相距较近的成群分布的岛群。

列岛，一般指线形或弧形排列分布的岛链。

目 录

上篇 海域地理实体
第一章 海

第二章 海 湾

第三章 水 道

第九章 海 岛

上篇

海域地理实体
HAIYU DILI SHITI

第一章 海

东海 (Dōng Hǎi)

北纬 21°54.0′—33°11.1′，东经 117°08.9′—131°00.0′。位于我国大陆、台湾岛、琉球群岛和九州岛之间。西北部以长江口北岸的长江口北角到韩国济州岛连线为界，与黄海相邻；东北以济州岛经五岛列岛到长崎半岛南端一线为界，并经对马海峡与日本海相通；东隔九州岛、琉球群岛和台湾岛，与太平洋相接；南以广东省南澳岛与台湾省南端鹅銮鼻一线为界，与南海相接。

在我国古代文献中，早已有东海之名的记载，如《山海经·海内经》中有"东海之内，北海之隅，有国名曰朝鲜"；《左传·襄公二十九年》中有"吴公子札来聘……曰：'美哉！泱泱乎，大风也哉！表东海者，其大公乎'"；战国时成书、西汉时辑录的《礼记·王制》中有"自东河至于东海，千里而遥"；《战国策·卷十四·楚策一》中楚王说"楚国僻陋，托东海之上"；《越绝书·越绝外传·记地传第十》有"勾践徙治北山，引属东海，内、外越别封削焉。勾践伐吴，霸关东，徙琅琊，起观台，台周七里，以望东海"；《史记·秦始皇本纪》中有"六合之内，皇帝之土。西涉流沙，南尽北户。东有东海，北过大夏"；唐人徐坚等著的《初学记》中有"东海之别有渤澥"等。上述诸多记载均是将现今的黄海称为东海。

有关现今东海的记载，在我国古籍中也屡有所见。《山海经·大荒东经》中有关于东海的记载，如"东海中有流波山，入海七千里"，"东海之外大壑，少昊之国"，"东海之渚中，有神"等。庄子在《外物》中说"任公子为大钩巨缁，五十犗以为耳，蹲于会稽，投竿东海"。《国语·卷二十一·越语》中的越自建国即"滨于东海之陂"。晋张华在《博物志·卷一·山》中说"按北太行山而北去，不知山所限极处。亦如东海不知所穷尽也"。《博物志·卷一·水》又说"东海广漫，未闻有渡者"。

东海和黄海的明确划界是清代晚期之事，即英国人金约翰所辑《海道图说》给出的"自扬子江口至朝鲜南角成直线为黄海与东海之界"。

在某些古籍中又将东海简称为海，或称南海。如《山海经·海内南经》说"瓯在海中。闽在海中，其西北有山。一曰闽中山在海中"；晋代张华在《博物志·卷一·地理略》中说"东越通海，地处南北尾闾之间"。这里所说的海即今日的东海。

将东海称为南海的，最早见于《诗经·大雅·江汉》一诗中："于疆于理，至于南海。"其后的《左传·僖公四年》中有"四年春，齐侯……伐楚，楚子使与师言曰：'君处北海，寡人处南海，唯是风马牛不相及也'"。这里的南海即指现今的部分黄海和部分东海。《史记·秦始皇本纪》中有"三十七年十月癸丑，始皇出游……上会稽，祭大禹，望于南海，而立石刻颂秦德"。晋张华在《博物志·卷一·地理略》中有"东越通海，地处南北尾闾之间。三江流入南海，通东冶（今福州），山高水深，险绝之国也"。《博物志·卷二·外国》又说"夏德盛，二龙降庭。禹使范成光御之，行域外。既周而还至南海"。张华在这里所说的南海，即为今之东海。

东海总体呈东北—西南向展布，北宽南窄，东北—西南向长约 1 300 千米，东西向宽约 740 千米，总面积约 79.48 万平方千米，平均水深 370 米，最大水深 2 719 米。注入东海的主要河流有长江、钱塘江、瓯江、闽江和九龙江等。沿岸大的海湾有杭州湾、象山港、三门湾、温州湾、兴化湾、泉州湾和厦门港等。东海是我国分布海岛最多的海区，分布有马鞍列岛、崎岖列岛、嵊泗列岛、中街山列岛、韭山列岛、渔山列岛、台州列岛、东矶列岛、北麂列岛、南麂列岛、台州列岛、福瑶列岛、四礵列岛、马祖列岛、菜屿列岛、澎湖列岛等。

东海发现鱼类 700 多种，加上虾蟹和头足类，渔业资源可达 800 多种，其中经济价值较大、具有捕捞价值的鱼类有 40～50 种。舟山渔场是我国最大的近海渔场之一。东海陆架坳陷带内成油地层发育，至 2008 年我国在东海已探明石油天然气储量 7 500 万桶油当量。石油与天然气在陆架南部的台湾海峡已开采多年，春晓油气田和平湖油气田也已投产。东海海底其他矿产资源也十分丰富，近年在冲绳海槽轴部发现海底热液矿藏。海滨砂矿主要有磁铁矿、钛铁矿、锆石、独居石、金红石、磷钇矿、砂金和石英砂，有大型矿床 9 处、中型矿 16 处、小型矿 41 处、矿点 5 个。煤炭资源分布在陆架南部，在台湾已有大规模开采。东海沿岸有优良港址资源，主要港口包括上海港、宁波舟山港、温州港、福州港、厦门港等，其中宁波舟山港、上海港 2012 年货物吞吐量分别位居世界第一、第二位。东海旅游资源类型多样，海上渔文化与佛教文化尤其令人称道，舟山普陀山风景区、厦门鼓浪屿风景区是全国著名 5A 级旅游区。海上风能、海洋能资源优越，我国第一个大型海上风电项目——上海东海大桥 10 万千瓦海上风电场示范工程已于 2010 年 7 月并网发电。近年来，长三角经济区、舟山群岛新区、海峡西岸经济区、福建平潭综合实验区等发展战略相继获得国家批复实施，海洋经济快速发展。2012 年，长江三角洲地区海洋生产总值 15 440 亿元，占全国海洋生产总值的 30.8%。

大戢洋 (Dàjí Yáng)

北纬 30°41.0′—30°56.0′，东经 121°57.0′—122°24.0′。在浙江省东北部、嵊泗县西北海域。西起上海市浦东新区海岸，东至嵊泗县北鼎星岛，南自小戢山屿，北与长江口相接。以洋中大戢山岛得名。呈椭圆形，长约 50 千米，宽约 35 千米，面积约 1 600 平方千米。

洋内水深多为 7～9 米，泥质底。洋面开阔，是远东及我国沿海船舶进入长江口的主航道。平均潮差 3.5 米左右，流速 0.5～1.5 米/秒。大戢山岛上设有灯塔，原为英国建造，1985 年 5 月由我国重建。灯高 84 米，射程 20 海里，配有雾笛。

王盘洋 (Wángpán Yáng)

北纬 30°24.0′—30°43.0′，东经 121°10.0′—121°52.0′。地跨舟山市、嘉兴市和宁波市三市，南北界为杭州湾南北岸，西为钱塘江口，东北为大戢洋，东为岱衢洋，东南为灰鳖洋，占杭州湾大部分海域。因洋中王盘山群岛得名，清光绪《浙江沿海图说》载："有王盘山，因名其洋曰王盘洋。"王盘山又称黄盘、玉盘山，洋名亦随之，故别称"黄盘洋""玉盘洋"。东西长 66 千米，南北宽 38 千米，总面积约 2 000 平方千米，最大水深 14 米，平均水深 8 米。

洋区南北两岸均有沙滩，北宽 0.5～1 千米，南宽 2～8 千米。年均风速 7 米/秒左右，7—10 月易受台风影响。冬春多雾。不正规半日潮，为往复流，近岸处流向多变，流速 1.5～2.6 米/秒。泥沙混合底质。地处出入钱塘江口要冲，是沪甬间船舶必经海域，可航行万吨级客轮和 3 万吨级油轮。风浪较外海为小，在下盘屿、滩浒山岛、对口山屿、唐脑山岛设有灯桩。洋中有王盘洋渔场，又称杭州湾渔场，产鲳鱼、白虾、马鲛、鳓鱼、海蜇等。

嵊山洋 (Shèngshān Yáng)

北纬 30°02.0′—31°32.0′，东经 122°35.0′—123°24.0′。位于舟山市嵊泗县东北海域，西起东、西绿华岛，东至海礁以东领海线，北连佘山洋，南与黄泽洋相接。因洋中心嵊山岛而得名。长 76 千米，宽 50.4 千米，面积约 3 600 平方千米，最大水深 70 米，平均水深 25 米。

季风盛行，平均风速 7.25 米/秒，全年大风天约 119.8 天，最大风速 17～32 米/秒，5—11 月多台风，年均 4.29 次，最高年份 9 次。春季多雾，年均雾日 34.7～54.3 天。正规半日潮，平均潮差 3.5 米，多为往复流，局部有旋转流，流速 1.5～2 米/秒。年均波高 1～1.5 米，台风季节，波高 7～9 米，最大 10 米以上。泥沙底质，北部夹有贝壳质。洋内水产资源丰富，是舟山渔场的主要捕捞作业区，冬季以带鱼为主，夏季以乌贼为主。在嵊山岛、枸杞岛等岛屿近岸有优质养殖场地，已放养贻贝。嵊山洋是远东和国内南北航线进入长江口、上海港的主航道。花鸟山岛上建有花鸟灯塔，灯高 89 米，射程 44.45 千米，为航行船只指向。东、西绿华岛有两处锚地，可泊 10 万吨级以下船舶。上海港在此设减载泊位，远洋船舶在此过驳、候潮或避风。花鸟山岛、东绿华岛、西绿华岛、嵊山岛等岛附近是东海区的最大波浪海区之一，有较丰富的波浪能资源，可作为波浪能开发点。

黄泽洋 (Huángzé Yáng)

北纬 30°22.0′—30°42.0′，东经 122°04.0′—122°56.0′。位于舟山群岛东北部，地跨舟山市嵊泗县和岱山县，东起浪岗山列岛，临公海，东北连嵊山洋，西至崎岖列岛，北环川湖列岛、嵊泗列岛、马鞍列岛，南至衢山岛与岱衢洋分界。因洋西部最大岛黄泽山岛得名，亦称黄泽港。长约83千米，南北最宽处约36千米，平均宽约26千米，面积约1800平方千米，最大水深50米，平均水深15米。

年均风速6.9米/秒，最大风速28米/秒，7—9月受台风影响。年均雾日28.5天，最多出现在4、5月份。正规半日潮，呈往复流，流速1～1.5米/秒，偶有顺时针方向的回转流，流速0.5～1.5米/秒。底质以泥为主。洋内上、中、下三星岛东、北面是南去北来船舶的主要航道。主要导航设施有下三星岛、白节山岛灯塔，蜂巢岩、白节半洋屿、东鼻头礁灯桩。锚地众多，主要分布在衢山岛沿岸，为临时锚泊用。黄泽洋曾是大黄鱼洄游产卵地，近年来资源减少。

岱衢洋 (Dàiqú Yáng)

北纬30°13.0′—30°25.0′，东经121°58.0′—122°56.0′。位于舟山市岱山县，舟山群岛中部，西起火山列岛，接灰鳖洋，东至浪岗山列岛，濒公海，北起衢山岛，连黄泽洋，南至岱山岛、大长涂山岛、小长涂山岛、中街山列岛，经长涂港、樱连门、小板门等与黄大洋相通。因在岱山岛、衢山岛两岛之间，各取一字得名。曾称衢港洋、半洋、汉洋，清康熙《定海县志·卷三》载："衢港洋，县北外洋。一名半洋，一名汉洋。闽人春汛捕鱼，呼温黄为南洋，衢东为汉洋。"东西长约92千米，南北最宽处24千米，平均宽约17千米，面积1500平方千米，最大水深20米，平均水深15米。

年平均风速6.9米/秒，最大风速28米/秒，7—9月受台风影响，最大风力10～12级。1—6月为雾季，最多出现在4、5月，年平均雾日28.5天。潮汐比较复杂，西部属不正规半日潮，东部属正规半日潮，潮差东部大于西部，海区近岸多往复流，外海为回转流，流速1～2.6米/秒，落潮流强于涨潮流。泥质底。为上海、定海、宁波、椒江、温州等地间的主要航道。有小板岛灯塔，蜂巢岩、大寨子山岛、鲞篷屿、癞头屿灯桩。该洋地处杭州湾口，北通嵊山渔场，东连中街山渔场，渔业资源丰富，是舟山渔场的主要组成部分，有"前门一港金（金色大黄鱼）"之称。清康熙《定海县志·卷三》载："春夏汛各船俱集于此，不下数千计。""蓬莱十景"之一的"衢港渔火"即在此。清刘梦兰诗云："无数渔船一港收，渔灯点点漾中流，九天星斗三更落，照遍珊瑚海中洲。"现每年春夏汛，浙江及上海、江苏、福建等地渔船云集于此。产鲳鱼、带鱼、乌贼、黄鱼等，近年渔业资源逐减。

灰鳖洋 (Huībiē Yáng)

北纬 29°39.0′—30°59.0′，东经 121°31.0′—122°05.0′。位于舟山群岛西南，地跨舟山市岱山县和定海区，北起火山列岛，西北连王盘洋，西达大陆海岸，南临甬江，东南接金塘水道，东至岱山岛、长白岛、舟山岛、金塘岛等。曾称龟鳖洋，明《筹海图编·卷五》记有"参将卢镗败贼于马鞍山、新林，复追，败于胜山、龟鳖洋"，清康熙《定海县志·卷三》记有"龟鳖洋，县北，因龟、鳖两山得名"，后谐音为灰鳖洋。南北长约 40 千米，东西长约 50 千米，面积约 1 500 平方千米，最大水深 94 米，平均水深 7 米。

年均风速 5.7 米 / 秒，最大风速 23 米 / 秒。年均雾日 12.7 天，12 月至次年 4 月为雾季。正规半日潮，平均潮差 2 米左右，流速 1.5～2.6 米 / 秒。泥沙底质。洋区为定海、宁波、上海间的航行要道。在金塘岛西侧有深水锚地。洋内七里屿、大菜花山岛、大鹏山岛、大长坛山岛、鱼腥脑岛等岛上均设有灯标和雾警设备。产鲳鱼、马鲛鱼、鮸鱼、鳓鱼、海蜇等，并产名贵的毛鳞鱼。近岸区养殖对虾、紫菜。金塘岛与册子岛之间的西堠门有丰富潮流能资源。

横水洋 (Héngshuǐ Yáng)

北纬 30°00.0′—30°04.0′，东经 121°55.0′—122°01.0′。位于舟山市定海区，在舟山岛、册子岛、金塘岛之间，南接金塘水道，北经西堠门、富翅门通灰鳖洋，东经螺头门、蟹峙门通峙头洋。因清康熙《定海县志·卷三》中有"横水洋，县西。海水奔赴冲激震荡极为险害，舟欲东西而水则横于其中，故曰横水"，故名。北有册子岛，又名册子水道。略呈长方形，南北长 12.5 千米，东西宽 9 千米，面积约 100 平方千米，最大水深 106 米，平均水深 10 米。

正规半日潮，流速 1～2 米 / 秒，南北两端均有强漩涡，尤以西堠门为甚。泥质底。洋中部双桥半洋礁上设有灯桩。南部有禁止锚泊、捕捞区域。东部舟山岛一侧有避风锚地，设水鼓五只。是定海港至上海港近捷航道。明末清初为明遗臣抗清地，黄宗羲《海外恸哭记》载："张名振败叛将张国柱于横水洋。"

黄大洋 (Huángdà Yáng)

北纬 30°03.0′—30°13.0′，东经 122°15.0′—122°45.0′。位于舟山群岛东中部，地跨舟山市普陀区和岱山县，洋北、西、南三面岛屿环拱，东面无岛屿屏障，北为中街山列岛，经岱山水道、长洋港、樱连门、治治门、鸭掌门、小板门等与岱衢洋相通，西为秀山岛，过灌门可入灰鳖洋，南至普陀山岛、葫芦岛与莲花洋相接。因洋西南有黄大山（今黄它山岛），故名。别名黄它洋。呈东西向，长约 55 千米，南北宽约 20 千米，面积约 1 000 平方千米，最大水深 40 米，平均水深 12 米。

海域宽阔，东南及偏南风时风浪较大，平均风速 4.5 米／秒，最大风速 35 米／秒，7—9 月为台风季节。3—6 月为雾季，年雾日 26～52 天。正规半日潮，西部近岛岸航门处流速较大，约 1.7 米／秒，东部较小，约 0.9 米／秒。大部分为泥质底，近灌门、岱山水道、长途港处有岩质底。洋内岛、礁众多，主要有青它山岛、小青它山屿、黄它山岛、梁横山岛、里镬屿、外镬屿等。近岛处多礁石，并多急流、漩涡。岛屿间多航门水道，东北小板岛设有灯塔。三块山、黄它山岛、虾峙小交杯礁、里镬屿、香炉花瓶礁均设有灯桩。是上海、定海、宁波、椒江、温州等地间的主要航道。曾是舟山渔场主要捕鱼作业区之一，以盛产大黄鱼著名，近年资源匮乏，产量锐减，现仍为中街山渔场一部分。

莲花洋 (Liánhuā Yáng)

北纬 29°59.0′—30°02.0′，东经 122°20.0′—122°23.0′。位于舟山市普陀区，介于舟山岛与普陀山岛之间，北连黄大洋，南接沈普水道。因日本人欲迎观音像回国，海生铁莲花阻渡而返的传说而得名。清康熙《定海县志·卷三》转引《普陀志》云："宋元丰中，倭夷入贡，见大士灵异，欲载至本国，海生铁莲花，舟不能行，倭惧而还之，得名以此。"南北长约 8.3 千米，东西宽约 2.2 千米，面积 16 平方千米，最大水深 25 米，平均水深 8 米。

年均风速 5.2 米／秒，最大风速 25 米／秒，7—9 月受台风影响。春为雾季，年均雾日 26 天。正规半日潮，流速 0.8～1.5 米 / 秒。明嘉靖年间，明军曾数败倭寇于此。洋中普陀山岛系我国四大佛教名山之一，寺庙众多，有"海天佛国"之称。山海兼胜，为著名旅游避暑胜地，是全国重点风景名胜区。

峙头洋 (Zhìtóu Yáng)

北纬 29°46.0′—29°57.0′，东经 122°01.0′—122°16.0′。地跨宁波市北仑区和舟山市普陀区，南环穿山半岛，西起穿鼻岛，东至蚂蚁岛，西南起梅山岛，东北至小干马峙岛。因洋西侧为穿山半岛的突出部峙头角而得名。曾称琦头洋、旗头洋，明《筹海图编·卷十二》记为"琦头洋"，民国《定海县志·舆地志》载："城头洋亦称旗头洋。"呈马蹄形，东西长 25 千米，南北宽 15 千米，面积约 290 平方千米，最大水深 119 米，平均水深 20 米。

年均风速 4.5 米 / 秒，最大风速 35 米 / 秒，7—9 月为台风季节。3—6 月为雾季。因周围岛屿之故，洋中潮流回转，流向复杂，流速 1～1.5 米 / 秒。大风时涌浪较大。洋内有两条水道，东西向为螺头水道，东北—西南向为佛渡水道。螺头水道西端及东端附近有急流、漩涡，中部亦有急流，是航行危险地段。底质大部为泥及泥沙。洋中主要岛屿有白鸭山礁、洋小猫岛、升螺圆山屿、点灯山屿等，北面主要岛屿有大猫岛、小猫山岛、摘箬山岛、峇山岛、长峙岛、小干马峙岛，东南面主要岛屿有蚂蚁岛、桃花岛、东白莲山岛、西白莲山岛、六横岛等。周围航门水道众多，大小船只过往频繁。进出航道主要有四条：西经螺头水道入金塘水道；北经普沈水道入莲花洋；东经虾峙门入东海；经佛渡水道入磨盘洋、大目洋。和尚山嘴建有导航台，大猫岛、摘箬山岛、洋小猫岛、点灯山屿等处有灯桩。产黄鱼、鲵鱼、鲳鱼、鳓鱼等，近年产量锐减，现以产虾、蟹为主。

乱礁洋 (Luànjiāo Yáng)

北纬 29°31.0′—29°37.0′，东经 121°59.0′—122°05.0′。位于宁波市象山县象山港东南，北至东屿山岛，东北邻磨盘洋，南抵道人山岛与泗礁列岛的连接线，接牛鼻山水道，西到大陆沿岸。因洋内礁石众多且杂乱而得名，民国《象山县志·卷二》载："此间有礁石多处，因名乱礁洋。"宋代即有乱礁洋的记载，南宋文天祥从长江口南下经此，曾赋《过乱礁洋》五律一首，其序云"入乱礁洋，青翠万叠，如画图中。在洋中者或高或低，或小或大，与水相击触，奇怪不可名状。其在两旁者，如岸上山，实则皆在海中……天巧叠出，令人应接不暇"。诗中有"万象画图里，千崖玉界中"一联，形象地描述了乱礁洋的基本特征。又福建渔民船工，多称此洋为"棋盘洋"，意谓大小岛礁散布海中，如棋子错落于棋枰之上。南北长约 9.5 千米，东西宽约 8 千米，面积约 80 平方千米，最大水深 20 米，平均水深 7 米。

洋内岛屿最高为西北部稻蓬山岛，海拔 61.4 米，其余高 1～30 米不等，共计岛屿 13 个，礁 42 个，堪称"乱礁洋面碎纷纷"。可分三群：西部之稻蓬山岛、红生礁、大半边屿、四角山岛；东北部之大野猪礁；南部之灯笼山礁、柴山礁、大红岩礁。均由火山凝灰岩构成。春夏之间多雾。潮流因受地形影响，岛礁间多往复流，流速 1.5～2 米/秒。渔业作业范围狭小，只宜小型渔船作业。地处浙江沿海南北交通要冲，岛礁多而水道狭窄，航行险区，为事故多发地段。红生礁东侧为小型客货船主要航道，从北而南有鸡娘礁、红生礁、小野猪礁 3 个灯标。

磨盘洋 (Mòpán Yáng)

北纬 29°28.0′—29°36.0′，东经 122°07.0′—122°23.0′。位于舟山群岛南，地跨舟山市普陀区和宁波市象山县，北起梅散列岛，南至韭山列岛，西连乱礁洋。因洋中东、西磨盘（今东磨盘礁、西磨盘屿）而得名。南北长约 24 千米，东西宽约 14 千米，面积约 350 平方千米，最大水深 14 米，平均水深 10 米。

平均风速 4.5 米/秒，最大风速 35 米/秒，7—9 月为台风季节。3—6 月为雾季。10 月至次年 4 月，水呈泥黄色，较混浊，5 月以后逐渐转清，呈蔚蓝色。正规半日潮，流速 1.5 米/秒。因东面罕有岛屿，海域宽阔，东、东南风时风浪较大。泥质底。为船舶进出象山港要道，助航标志明显，东部东磨盘礁高 2.1 米，西部西磨盘屿高 11.6 米，上设灯桩。是舟山渔场重要的流网及张网作业区，产鳓鱼、大黄鱼、带鱼、鲳鱼、小黄鱼、龙头鱼及蟹、虾等。近年因渔业资源减少，以产蟹、小虾和鳓鱼等为主。

大目洋 （Dàmù Yáng）

北纬 29°11.0′—29°36.0′，东经 121°59.0′—122°20.0′。位于宁波市象山县，北至乱礁洋，东至韭山列岛，南抵檀头山岛，西到大陆沿岸。因洋中岛屿大目山（今大漠山岛）而得名，据民国《象山县志·卷二》载："大漠山原名大目，也称大睦，以其海拔 150 米，高耸洋中，成为过往渔船的陆基目标，故名大目。"南北长约 46 千米，东西宽约 40 千米，面积约 1 790 平方千米，最大水深 10 米，平均水深 5 米。

正规半日潮，平均潮差 4.1 米，流速 0.5～1.2 米/秒。泥质底。从秋季到次年春季，水文由沿岸流控制，水色浑浊，水温、盐分均低。清明节以后，外洋混合流和台湾暖流进入，水色变清，水温、盐分升高，多种鱼类始入渔场洄游、栖息、产孵，9 月以后逐渐退出。洋区原为大黄鱼产孵场，仅次于岱衢洋，每年谷雨至小满前后为渔汛季节，近年大黄鱼资源衰退。为浙江省中部沿海航行要道，牛鼻山水道纵贯其间。

猫头洋 （Māotóu Yáng）

北纬 28°45.0′—29°10.0′，东经 121°40.0′—122°12.0′。位于象山半岛东南，地跨台州市三门县和宁波市象山县，北与檀头山岛和大目洋相接，东至渔山列岛，南至东矶列岛，西至大陆沿岸。因洋西岸之猫头山（今猫头山屿）而得名。东西长约 45 千米，南北长约 40 千米，面积约 1 770 平方千米，平均水深 20 米。

冬季大风日较多。潮流为往复流，流速 0.8～1 米/秒。泥质底。洋中岛屿星罗棋布，水道纵横，较大岛屿有南田岛、高塘岛、花岙岛、大甲山岛、南山岛、满山岛、北泽岛、南泽岛、大门山屿等 50 余个。沿岸港湾有三门湾、南田湾、健跳港、浦坝港等。渔业资源丰富。为南至椒江港，西到健跳诸港，北达石浦港的海上交通要道，来往船只甚多。

脚桶洋 （Jiǎotǒng Yáng）

北纬 28°26.0′—28°31.0′，东经 121°37.0′—121°43.0′。位于台州湾东南，地跨台州市椒江区、温岭市和路桥区，东接东海，南至北港山，西至琅矶山、白果山岛、黄礁岛，北至东笼岛。因三面环岛，水浅且面积较小，形似洗脚的桶，故名。南北长 10.8 千米，东西宽 4.5 千米，面积约 48 平方千米，最大水深 7.4 米，平均水深 4 米。

平均风速 2 米／秒，最大风速 16 米／秒，强风向东南东，常风向东北，7—9 月多台风。3—4 月为雾季，年雾日 15～20 天。正规半日潮，流速约 1 米／秒。泥沙底质。地处温岭、玉环至椒江的海上通道上，东北鲤鱼背礁设灯桩导航。洋内主要产白姑兰、七星鱼、虎鱼、鲚鱼、鳗幼体及虾、梭子蟹等。

大陈洋 (Dàchén Yáng)

北纬 28°18.0′—28°41.0′，东经 121°51.0′—122°00.0′。位于台州市椒江区台州列岛东部，东至公海，南及披山洋，北傍渔山列岛，西连脚桶洋。因洋西部上、下大陈岛而得名。南北长 75 千米，东西宽 56 千米，面积约 4 000 平方千米，最大水深 40 米，平均水深 15 米。

常年风向多为北偏东，年均风速 7 米／秒，台风侵袭时，最大风速 47.7 米／秒。3—6 月为雾季，年雾日 20～45 天。正规半日潮，上、下大陈岛以东海域，流速约 0.9 米／秒。年平均波高 1.3 米（3～4 级），台风时波高 7～9 米，最大 10 米以上。海底平坦，泥沙质软土。为著名大陈渔场所在地，水产资源较丰富。岛屿、海涂、港湾地带，可养殖海带、紫菜、蛏等。地处我国南北海运航道中部。大陈洋东海龙井油田有开采前景。

积谷洋 (Jīgǔ Yáng)

北纬 28°16.0′—28°30.0′，东经 121°40.0′—121°50.0′。位于台州市温岭市以东海域，南达洛屿岛，东界台州列岛，西抵大陆沿岸。因洋中积谷山岛而得名。长、宽均约 20 千米，面积约 430 平方千米，最大水深 17 米，平均水深 11 米。

常年风向以东北风为多，夏季盛行南风、西南风，平均风速 6 米／秒，7—10 月为台风季节。立春后两个月多雾。正规半日潮，平均潮差 5～6 米，流速 0.8～0.9 米／秒。淤泥质底。为浙东南浅海渔场之一。南部海岸多盐场，并利用海水提溴。多条海运航线经此，主要有温州至定海，松门至上海、温州。涨潮时可航万吨级以下船舶。长乌礁及洛屿岛均设有浮标、灯塔等助航设施。

披山洋 (Pīshān Yáng)

北纬 27°50.0′—28°16.0′，东经 121°35.0′—121°44.0′。位于台州市玉环市玉环岛东南，北起洛屿岛，南至虎头峙岛，东北通大陈洋，西南连洞头洋。因洋中披山岛而得名。东西长 48.2 千米，南北长 48.7 千米，面积约 2 350 平方千米，最大水深 80 米，平均水深 10 米。

7—10 月常受台风侵袭。在西南大风和冬季冷空气过境时，洋面易出现 3 级以上海浪，使航运和渔业生产受到影响。立春后两个月多雾。正规半日潮，流速 1.5～2 米 / 秒，年平均潮差 2 米左右。软泥质底。处于台湾暖流和沿岸流汇冲地带，又处在瓯江、椒江等河流入海的汇冲范围，是各种鱼类栖息、产卵、繁殖、索饵的良好场所，形成披山渔场，水产资源丰富。洋区地处温州到宁波、上海等地的海上交通线上，在下浪铛屿设有灯塔，为航行船舶指向。

洞头洋 (Dòngtóu Yáng)

北纬 27°40.0′—28°01.0′，东经 121°11.0′—121°39.0′。地跨温州市洞头县和台州市玉环市，西起洞头列岛，东接东海，北连披山洋，南通南麂、北麂渔场。因洋位于洞头县境内而得名，习称"外洋"。东西长约 94 千米，南北宽约 37 千米，面积约 3 500 平方千米，最大水深 80 米，平均水深 20 米。

年平均风速 5.5 米 / 秒。每年 4—5 月多平流雾。正规半日潮，年平均潮差 4 米。泥质底。洋区为福州、温州、宁波、上海间的航行要道，西有洞头港、三盘港。在洞头列岛南部有黑牛湾深水锚地。洋内虎头峙岛上建有国际灯塔，北爿山岛、北圆屿、大三盘岛、赤屿、北策岛等 10 余岛礁上建有灯桩。

崎头洋 (Qítóu Yáng)

北纬 27°37.0′—27°50.0′，东经 120°48.0′—121°11.0′。地跨温州市洞头县、瑞安市和龙湾区，东连洞头洋，西迄铜盘山，北自洞头列岛，南至北麂列岛、大北列岛。据清光绪《乐清县志·卷二》载："其地有岐头山（一名崎头山）……，东有白峰、址垂入海（俗号白马嘴），南有十八陇巨石，累累喷瀑洪涛中，潮去始见，海舟至此，谓之转岐，相近有泥礁，舟行遇暴风每遇其害。"因山名洋，故称崎头洋。 东西长约 30 千米，南北宽约 24 千米，略呈三角形，面积 440 平方千米，最大水深 20 米，平均水深 12.5 米。

7—9 月常受台风侵袭。年平均雾日 48 天。不正规半日潮，流速 1 米/秒。泥质底。洋内鱼类资源丰富，为近岸渔业生产基地之一。系温州与福州间海运要津。

第二章 海 湾

杭州湾 (Hángzhōu Wān)

北纬 30°31.2′，东经 121°30.5′。位于浙江省东北部沿海，钱塘江入海处。西起浙江省嘉兴市海盐县西山东南嘴至宁波市慈溪市西三闸连线以东，上接钱塘江，东止上海市浦东新区圩角闸至宁波市甬江口外游山嘴连线以西海域，跨上海市、嘉兴市、杭州市、绍兴市和宁波市。因近杭州，故名。清光绪《浙江沿海图说》：王盘洋"西图则以水道可通杭州，也名杭州湾"。古称钱塘港。明《筹海图编·卷五》："杭州居腹里之地，而以钱塘港、海门为分户，南岸为宁绍，北为松嘉，极西尽底为杭州，东临大海。"也称钱塘湾。民国《鄞县通志·舆地志》："小戢山、大戢山当扬子江口南、钱塘湾东。"

据《中国海湾志》第五分册：海湾湾口宽 100 千米，湾顶（通钱塘江）断面宽 21 千米，岸线长 258 千米，海湾面积 5 000 平方千米。本次量测：湾口宽约 97 千米，岸线长约 244 千米，海湾面积 4 589 平方千米。南岸呈扁形，北岸为弧形。均有滩涂发育，南岸宽 2～8 千米，北岸宽 0.5～1 千米。有历史记载以来，两岸始终呈南涨北塌趋势。北岸北自金山，南迄乍浦东南海中王盘山（群岛），西至澉浦以南海洋，在秦以前皆为陆地。南岸三北一带，古为大海，春秋以来逐渐冲积而扩大成陆。两岸局部筑有海塘围垦。湾中岛礁散布，北有大金山岛、滩浒山岛、大白山岛等，东南有七姊八妹列岛等。底泥松软，接钱塘江处有拱门沙坎。水深从西向东、从南向北渐深。钱塘江口深 2～5 米，湾口深约 8 米。南部滩宽水深 6～8 米，北部深槽逼岸 10～14 米。湾口有舟山群岛环屏，风浪较外海小，是沪甬间海运要津。大部分海域为正规半日潮，潮差由湾口向湾内逐渐增大，到澉浦达最大，然后逐渐减小。如镇海平均潮差 1.75 米，澉浦 5.54 米，芦潮港降至 3.21 米。湾内流速变化较大，各地不同，最大涨潮流速 3.84 米/秒，最大落潮流速 3.48 米/秒。海底沉积物以粉砂为主。

历来为海防要地，明嘉靖间倭寇数度突入湾内，骚扰沿岸地区；清道光二十二年（1842 年），英军舰在湾内攻陷乍浦；1937 年 11 月，日军由湾内北岸登陆，攻略上海等地。

杭州湾是我国经济发达区域之一，是长三角重要组成部分。2008 年建成通车杭州湾跨海大桥，北起嘉兴海盐郑家埭，南至宁波慈溪水路湾，全长 36 千米。宁波杭州湾新区位于海湾南部，区内设有国家级出口加工区、省级经济开发区、杭州湾国际商务健身高端服务区等功能性平台。

北团湾 (Běituán Wān)

北纬 30°24.3′，东经 120°55.1′。位于嘉兴市海盐县。因位于北团村附近而得名。湾口宽 3.72 千米，岸线长 8.6 千米，面积 7.5 平方千米，最大水深 4.2 米。砂质底。

泗洲塘湾 (Sìzhōutáng Wān)

北纬 30°43.0′，东经 122°48.8′。位于舟山市嵊泗县嵊山岛南侧，西起枸杞乡大宫山近旁，东至嵊山。1925 年，当地渔民，为了求丰收保太平，在陈钱山南麓建造海神庙一座，称"泗洲堂庙"，供奉泗洲大地，后据谐音称"泗洲塘"，海湾因此而得名。长 3.6 千米，宽 1.5 千米，湾口宽 570 米，岸线长 1.4 千米，面积 5.4 平方千米，最大水深 19.8 米。

宜避西北及北风。近岸 50 米内多砂砾底，50 米外为淤泥质底，抓锚力强。口外埋有海底电缆，不准下锚。近代嵊山渔场开发后，成为沿海各地渔船锚泊避风良港。沿港岸自西向东筑有石砌水泥道路，名泗州塘路，直抵大玉湾。沿岸设船埠三处，供小型渔船停泊作业。车辆经隧道可达镇中心和箱子岙湾。沿港建有冷库，有淡水供应站、供销门市部等后方服务设施。

狼湾 (Láng Wān)

北纬 29°51.8′，东经 122°24.5′。位于舟山市普陀区朱家尖岛东南侧后门山与牛头山之间。因湾口有狼礁（低潮高地）而得名。略呈方形。湾口宽 2.94 千米，岸线长 10.3 千米，面积 7.3 平方千米，最大水深 8 米。泥沙底质。湾内可避西北风，无码头等设施。

南兆港 (Nánzhào Gǎng)

北纬 29°40.6′，东经 122°12.5′。位于舟山市普陀区，介于六横岛与六横岛东面一系列岛屿之间。水域开阔，东西宽约 3.5 千米，南北长约 6.5 千米，湾口宽 3.99 千米，岸线长 14.17 千米，面积 16 平方千米，最大水深 10.5 米。大部分为泥质底。北经海闸门、黄沙门可通葛藤水道，东经笔架门、长腊门、鹅卵门可出大海。

象山港 (Xiàngshān Gǎng)

北纬 29°33.7′，东经 121°41.9′。位于宁波市穿山半岛南，象山半岛北，北洋沙山南嘴和南大石门山北端连线以西海域，东接大目洋。宋时称鄞港，宋《宝庆四明志·卷二十一》：象山县"东北到鄞县界四十里，以鄞港中流翁山为界"。《读史方舆纪要·卷九十二》："鄞港，县东北四十里，港口直接大洋，中流与鄞县分界因名。"清始称象山港，清光绪《新编沿海险要图说·卷七》："象山港，南岸有象山县城，故名。"湾口宽 11.59 千米，岸线长 280 千米，面积 563 平方千米，最大水深 70 米。

该湾为一半封闭型海湾。湾内较大岛屿有 17 个，梅山岛最大。主要港汊内湾有西沪港、黄墩港、铁江港等。5—6 月多雾。9 月至次年 3 月以北东—北风为主，4—8 月以东南—南风为主，风速冬季大，1 月平均 4.4 米/秒，夏季小，6 月平均 2.9 米/秒，8—9 月台风最大风速达 28 米/秒。不正规半日潮，平均潮差 2.84~3.74 米，最大潮差 5.65 米。湾口流向略带回旋，湾内为往复流，落潮流速大于涨潮流速，湾内主槽水深长期保持稳定。湾底地形复杂，底质由泥、粉砂、泥质粉砂、砾石、贝壳沙等组成。

湾内水域广阔，水产品种繁多，宜捕、宜养，是避风良港。航道中央之乌龟山屿为重要导航标志，另有助航灯桩 12 个，设于鹊礁、万礁、白石山岛、历试山屿等处，有水鼓 20 只。民用码头有浙江船厂码头（5 000 吨级）、白墩码头（200 吨级）及横山、西泽、乌屿山、峡山、石沿等简易码头十余处。象山西泽至鄞州区横山有渡轮，兼泊乌屿山。西泽至六横有机帆船。西沪港内之白墩为象山县第二货运港埠。

西沪港 (Xīhù Gǎng)

北纬 29°30.7′，东经 121°47.7′。位于宁波市象山县，为象山港内次级海湾。据传，宋代某官路过墙头，登丁家岭眺此港，时值大潮，波光粼粼，一望万顷，仿佛杭州西湖，港又居县城之西，遂有西湖港之称。清末章甫《游象山港记》亦称之为西湖港，后谐音为西沪港。湾口宽 2.13 千米，岸线长 47.84 千米，面积 50.51 平方千米，最大水深 37 米。

为一典型封闭型港湾，口向北开，口狭腹大，民国《象山县志》谓其"形如罂湖"。年平均风速 3.8 米/秒，常风向北—西北，频率 13%，9 月至次年 3 月以西北及北风为主，4—8 月以东南及南风为主。在港最南端有海山屿，北岸和港口有礁 7 个。港内水产资源丰富，养殖业较发达，以海带产量最多，放养区域在中部水域和北部沿岸。

涂茨湾 (Túcí Wān)

北纬 29°32.5′，东经 121°57.8′。位于宁波市象山县。因位于涂茨（今涂茨镇）而得名。湾口宽 5.61 千米，岸线长 21.63 千米，面积 16.89 平方千米，最大水深 1.7 米。属开敞性海湾，沿岸有一系列小岛屿，较大的有道人山岛、大平岗岛、羊背山岛等。

门前涂湾 (Ménqiántú Wān)

北纬 29°22.7′，东经 121°56.8′。位于宁波市象山县。因位于门前涂村而得名。湾口宽 8.21 千米，岸线长 19.54 千米，面积 23.56 平方千米，最大水深 3.5 米。正规半日潮，平均潮差 3.05 米，最大潮差 5.16 米，形式为往复流，平均流速 0.16～0.55 米/秒，最大流速 1.14 米/秒。实测最大波高 2.3 米，最大周期 14.2 秒。泥沙底质。

昌国湾 (Chāngguó Wān)

北纬 29°15.2′，东经 121°58.4′。位于宁波市象山县。因位于昌国卫（今昌国镇）而得名。湾口宽 3.75 千米，岸线长 12.54 千米，面积 6.24 平方千米，最大水深 1.7 米。正规半日潮，平均潮差 3.05 米，最大潮差 5.16 米，形式为往复流，平均流速 0.16～0.55 米/秒，最大流速 1.14 米/秒。实测最大波高 2.3 米，最大周期 14.2 秒。

石浦港 （Shípǔ Gǎng）

北纬 29°12.2′，东经 121°56.8′。位于宁波市象山县。因位于石浦（今石浦镇）而得名。昔曾称酒吸港，清乾隆《象山县志·卷六》载："故昌国卫者石浦也，南一里曰天后宫，宫北老岸曰井水山，下为酒吸港，港如酒吸器……"湾口宽 2.18 千米，岸线长 12.68 千米，面积 8.39 平方千米，最大水深 41 米。

港域由大陆与东门岛、对面山岛、南田岛、高塘岛四岛环抱，为多口型天然良港。春夏之间多大雾，雾日约 20 天。全年风力 8 级以上 98.9 天，7—9 月多台风，风力一般 8.9 级，最大 12 级。港内泥质底。全港锚地 6 处，出入石浦港水道 5 条。港内潮汐属正规半日潮，大潮升 5 米，小潮升 3.7 米，平均高潮间隙 9 时 7 分，多为往复流，流速 0.8～1.5 米/秒。

石浦港兼有渔港、商港之利，位于舟山渔场、渔山渔场、大目渔场、猫头洋渔场中心，且多门可以出入，为鱼货中转、物资补充、避风锚泊理想场所，被列为一级渔港。是浙东沿海海运中心，直达沿海各省市，有定期班轮与椒江、宁波、三门、舟山及县内蟹钳渡、高塘、檀头山、鹤浦诸埠通航。

南田湾 （Nántián Wān）

北纬 29°04.3′，东经 121°53.0′。位于宁波市象山县，三门湾东，东为南山岛、南田岛，西北为高塘岛，西为花岙岛。因位于南田岛西南侧而得名。湾口向南，略呈三角形，湾口宽 9.79 千米，岸线长 48.4 千米，面积 54.2 平方千米，最大水深 39 米。

泥质底。正规半日潮，流速 0.8～1.5 米/秒。沿岸泥涂宽广。有 5 条水道，可避东北及西北大风，沿岸建有简易码头 5 座，供渔船停泊。有 3 条水道通湾内，北岸蜊门港，史称林门，在南田岛与高塘岛间，通石浦港；西为金高椅港、球门港，在高塘岛与花岙岛间，通三门湾；东为金七门，曾称金漆门，在南田岛与南山岛间，通猫头洋。

三门湾 （Sānmén Wān）

北纬 29°06.0′，东经 121°44.9′。位于象山半岛南，三门半岛东北，地跨宁波市象山县、宁海县和台州市三门县，为北起炮台山东南角，中经燕坤山岛南嘴，至西端青峙山岛东嘴连线西北侧海域。因湾东北一山三岛矗立，俨若三门而得名。三门湾之名始见于清同治年间西人标注的海图。曾称沙门湾，清光绪《新编沿海险要图说·卷七》有"三门湾即沙门湾"之说。属半封闭型海湾，状如匏口，湾口宽23.65千米，岸线长405.63千米，面积862.87平方千米，最大水深50米。

湾内支港以健跳港、海游港为主，较大支港尚有沥洋港、胡陈港（已堵港蓄淡）、岳井港等。港湾多山溪型小河，湾内潮滩有程度不等的淤涨地。湾底以泥质为主，石浦港东部海底有小片石质，林门港道局部底质有石和硬泥。海底较平坦，水下岸坡相当平缓。湾内诸岛大体分为两群，西群多为内陆港湾岛屿，称三门列岛，离陆地近；南群有大小岛屿33个，其中五子岛和三门岛列于湾口中央。湾口外东北方有南田岛等构成天然屏障。冬季多北—东北风，夏季多东南风，夏秋之际多台风。1—4月为雾季，年雾日14天左右。正规半日潮，平均潮差3.2～4.57米，最大潮差4.29～5.8米，湾口附近涨潮流速0.8～1米/秒，落潮流速0.8～1.3米/秒。

沿岸健跳港是三门、天台两县进出口物资的主要吞吐港，又是天然避风锚地。海游港为三门县北部客货航运集散地，其间巡检司码头，即1929年批准开辟商埠时设船埠处。湾内重要水道有：三门岛东北侧水道，水域宽阔，水深8～10米，是北方船舶进入三门湾的常用航道；三门岛西侧水道，水深5～7米，宽约800米，为南来船舶常用航道；珠门港水道，介于高塘岛与花岙岛之间，宽1～5千米，水深5～40米，流急且有漩涡。水道内助航标志完善。

是浙江三大水产资源海湾之一。海水盐度较高，一般为28.5，南岸三角塘建有浙江规模最大的三门盐场。湾内滩涂资源丰富，多处围滩成陆，并建成柑橘生产基地。湾内还有以奇异洞众多而闻名的蛇蟠岛，海岸附近有宋文天祥驻足募兵抗元的仙岩洞、健跳镇的戚公祠以及巡检司古城。

健跳港 (Jiàntiào Gǎng)

北纬29°02.0′，东经121°34.4′。位于台州市三门县，为三门湾内次级海湾。因港北侧之戚继光所修健跳城（今健跳镇）而得名。民国《三门年鉴·二》载"宋高宗南渡，经健跳车马渡（今沙木渡），失琴于江"，故别名"琴江"。湾口宽 1.93 千米，岸线长 48.4 千米，面积 13.4 平方千米，最大水深 30 米。

港湾狭长弯曲，港内岸线稳定。多年平均风速 2 米 / 秒，强风向东南，最大风速 16 米 / 秒，港内风力较小，年平均风力 2～3 级。多年平均雾日数 14 天。正规半日潮，往复流，流速 0.9～1.2 米 / 秒。为三门湾内最好的避风港湾。口外有高湾山、龙山岛、点灯屿掩护，两岸山丘起伏，除遇偏东大风和台风，港口附近有较强涌浪外，一般水面平静，可避诸向大风及台风。健跳镇前及王门峡与凤凰山之间为泥底锚地，可锚泊避 10～12 级诸向大风。今为台州三大水上门户之一，担负着三门与天台两县物资进出口海运任务。货轮通上海、宁波、舟山、椒江，航班往返铁强、胡陈港、石浦。港内设有健跳汽车轮渡和沙木、梅岙、铁强 3 处人渡。并在点灯屿、健跳大礁、奶儿岛、罗城渡口、凤凰山渡口、沙木渡口、铁冠山南麓、鹭鸶山南麓、龙洞礁等处设灯标，狗头门处设罐形浮标。临港处建有 200～500 吨级民用趸船码头 4 座、千吨级码头 1 座及专供 30～50 吨汽车轮渡的车渡码头 1 座。鹭鸶山麓建有潮位站、造船厂。

宫前湾 (Gōngqián Wān)

北纬 28°59.5′，东经 121°41.2′。位于台州市三门县，牛山嘴之南，太平山嘴之北，西靠大陆。因湾西侧中部有宫前山而得名。湾口向东，湾口宽 4.01 千米，岸线长 18.9 千米，面积 11.5 平方千米，最大水深 4.5 米。湾内有渔西、从岙二涂，面积约 12 平方千米，为三门县主要海涂养殖区之一。

浦坝港 (Pǔbà Gǎng)

北纬 28°54.4′，东经 121°37.7′。位于台州市三门县，浦坝村东北，三门湾口南侧。民国《临海县志·卷四》作铺坝江，得名于铺坝渡，后演变为浦坝港。为一伸向内陆的狭窄海湾，西北—东南走向，湾口宽 7.11 千米，岸线长 80.77 千米，面积 57.3 平方千米，最大水深 6.9 米。

潮汐为不正规半日潮，口门平均大潮潮差 5.2 米。潮流为不正规半日浅海潮流，形式为往复流，实测最大流速 1.26 米 / 秒。砂质底。北岸小湾渡头之北为三门县外贸柑橘基地，北岸三角塘建有三门盐场，规模冠全省。上游滩涂宜大面积放养蛏子，下游可养殖海带。

洞港 (Dòng Gǎng)

北纬 28°52.2′，东经 121°39.3′。位于台州市三门县东南，临海市东，浦坝港口南侧，西南起自天德闸，向东北流经水壶甩口，转北出洞港新闸，注入白带门。据民国《临海县志·卷四》载："洞港，亦曰后港，出山场岭东南流，又东曲流，泗淋水自西北来合，又东经朱门入于海"，可见洞港原为河名，因河经此入海，故港从河名。别名"后港"。全长约 7 千米，自千头嘴至长腰礁最宽处约 4 千米。湾口宽 4.03 千米，岸线长 11.85 千米，面积 5.41 平方千米，最大水深 3 米。

正规半日潮，往复流，为当地渔、货船出入猫头洋必经之道。受东北风影响较大，每逢台风季节，附近海域船只进港避风。港内拥有 9 平方千米滩涂，大多为泥滩，有 0.67 平方千米已围垦成塘，其中 0.27 平方千米种植棉花和柑橘，其余大部养殖蛏子。洞港为三门县与临海市界港，主建筑洞港闸，原设两县、市分界处水壶甩口，1966 年合围洞港塘，闸基北移至三门县境陈栋南麓。

台州湾 (Tāizhōu Wān)

北纬 28°38.3′，东经 121°33.2′。位于台州市，是浙江省中部优良海湾之一，呈喇叭状，北起白沙山，南至西笼岛，西接椒江，口东有东矶列岛、台州列岛。因位于台州（今台州市）而得名。东西长 26 千米，南北宽 12 千米，湾口宽 18.47 千米，岸线长 138.54 千米，面积 911.56 平方千米，最大水深 11.3 米。

沿岸均为干出泥滩，且每年向外淤涨。全年风力较小，年平均风力 2 级，寒潮侵袭时最大风力 6～7 级，7—9 月间为台风季节，最大风力达 10～12 级。春季多雾，雾日 15～20 天。正规半日潮，涨潮流速 1 米/秒，落潮流速 1.8 米/秒，洪水期落潮流速 3.1 米/秒左右。湾底平坦，砂质泥土。注入湾内的主要河流为椒江，还有上盘港、推船港、三浦港、杜浦港、松浦港、三礁浦等。湾内水流缓慢，气候温和，食饵充足，是鱼类生长繁殖的良好场所。

大港湾 (Dàgǎng Wān)

北纬 28°26.4′，东经 121°36.9′。位于台州市温岭市东片涂东侧，呈口袋形，北接道士冠岛、黄礁岛等岛，南接北港山，东连积谷洋。因其范围较大而得名。

湾口宽 5.04 千米，岸线长 15.29 千米，面积 19.66 平方千米，最大水深 5 米。淤泥质底。为浅海捕捞区域之一。

松门港 (Sōngmén Gǎng)

北纬 28°21.6′，东经 121°38.4′。位于台州市温岭市，介于龙门岛与松港涂、直大山岛之间，呈弧线形，西起礁山，东至发财头。因附近松门山而得名。清嘉庆《太平县志·松门山》载："海中有松门屿，岛上皆生松。"《读史方舆纪要》云："在里港之外，两山相对如门，舟行其间，山上皆长古松。"因紧靠礁山，别称礁山港。湾口宽 2.89 千米，岸线长 18.93 千米，面积 7.91 平方千米，最大水深 3.2 米。

年平均风速 5.3 米 / 秒。正规半日潮，平均潮差 5～6 米，流速 0.6 米 / 秒。泥沙底质。系温岭市主要港口，建有 400 吨级港口航运码头一座，400 吨级水产码头一座。港道东段有花罗屿、甘草屿、羊角礁等分布。羊角礁设灯标。近岸处多布渔栅。因东南有直大山岛拱护，历来为沿海渔轮优良避风港，近岸建有台湾渔民接待站。

隘顽湾 (Àiwán Wān)

北纬 28°18.9′，东经 121°29.8′。地跨台州市温岭市和玉环市，近似半圆形，北靠大陆，南衔东海，海湾为西起温岭市呑环镇犁头嘴，东至箬山龙洞嘴连线以北海域。因该湾西侧是隘顽（今呑环镇），故名。清嘉庆《太平县志·营制》载："隘顽……本名峡山。其地隘而俗顽，信国公更之。"明洪武二十年（1387 年），于此设隘顽守御千户所。后地名谐写为呑环，而湾仍沿袭旧称。曾称大闾港、大闾洋，《读史方舆纪要·卷九十二》载："海在县东南二十里，曰大闾港，亦曰大闾洋。志曰大闾港在长沙海口，南有骊洋，下有骊龙，出此则茫茫无畔岸矣。"长 15 千米，南北纵深约 10 千米，湾口宽 24.64 千米，岸线长 93.61 千米，面积 218.9 平方千米，最大水深 7.6 米。潮间带面积 116.91 平方千米，其中岸线至平均海面的面积 15.89 平方千米，水深 0～5 米的面积 169.23 平方千米，占总海域面积的 76％。

正规半日潮，坎门平均潮差 4.05 米，最大潮差 7.02 米，湾口平均涨潮流速 0.36

米/秒，平均落潮流速 0.41 米/秒。淤泥质底。注入湾内河流均较小。滩涂发育，已全面开发，或围垦、或养殖。东部有列岛礁群，有小扁屿、落星山岛、长背礁、横礁等 20 个岛礁。海域自古以来即为浅海捕捞作业区域，多渔栅。

漩门湾 (Xuánmén Wān)

北纬 28°08.8′，东经 121°17.8′。位于台州市玉环市玉环岛东北部坎门目鱼屿头与干江镇冲担屿连线西北侧海域。因漩门而得名。湾口宽 5.50 千米，岸线长 37.59 千米，面积 46.74 平方千米，最大水深 3.1 米。

为半封闭型海湾，面向东南。呈不规则梯形，港湾纵深 8 千米，内窄外宽，湾口最宽达 8 千米，湾内最窄仅 1 千米。正规半日潮，漩门平均潮差 5.15 米，最大潮差 8.43 米。湾内潮流流速 0.3～0.4 米/秒，湾外流速 0.5～0.8 米/秒。软泥质底。1977 年在漩门筑坝截流，楚门半岛与玉环岛一线相连。湾内有明礁 4 处。鸡山岛横列口外，为该湾屏障。沿岸滩涂广阔，尤以漩门湾西涂为著。漩门大坝筑成后，流速较缓，滩涂淤积加速。在漩门大坝东建有漩门码头，可停泊小型客、货轮，是楚门镇物资海运的主要吞吐口。在漩门门头（村）和冲担屿谷设有航标，用以导航。

乐清湾 (Yuèqīng Wān)

北纬 28°10.0′，东经 121°07.1′。地跨温州市乐清市和台州市玉环市、温岭市，海湾东岸为玉环市，西岸为乐清市，北岸为温岭市，南口为洞头列岛。因位于乐清沿海而得名，史称"白沙海"，以西岸白沙岭得名，明永乐《乐清县志·卷二》载："白沙海，去县东南，横亘三百余里"，清同治始称"乐清湾"，清也曾称"乌洋"。海湾口宽内窄，南北狭长，为葫芦形半封闭海湾，湾口宽 19.57 千米，岸线长 184.7 千米，面积 430.48 平方千米，最大水深 114 米。

湾内泥质底，湾口为泥沙混合底，湾内有西门岛、白沙岛、茅埏岛、大横床岛等岛屿 20 余个。海礁不多，大多在沿岸或航道外，湾口有穿带沙，易发生搁浅事故。年均风速 2.6 米/秒，7—9 月多受台风影响，但强度都较弱。3—5 月为雾季，年平均月最多雾日 8～9 天。正规半日潮，平均潮差 4.55～5.17 米，最大潮差 7.16～7.9 米，湾口流速 0.5～0.8 米／秒，湾内流速 1～1.5 米／秒。潮汐能理论蕴藏量 55 万千瓦，是我国著名强潮区之一。温岭市江厦已建成潮汐能发电站。沿岸有滩涂约 267 平方千米，大多为海相洪积而成软黏泥涂，土质肥沃，涂面平整，系浙江省著名海水养殖基地，也是我国蛏子的重点产地。近几年围塘和网箱养殖对虾，发展尤为迅速。

温州湾 (Wēnzhōu Wān)

北纬 27°55.3′，东经 121°00.1′。位于温州市东，瓯江入海处，西始瓯江口，东至洞头列岛，北接乐清湾，南邻崎头洋。据《浙江通志》引《图经》："温州其地自温峤山西，民多火耕，虽隆冬恒燠"，意思是温州地处温峤岭以西，冬无严寒，夏无酷暑，气候湿润，所以称为温州，该湾位于此处，故名。史称"瓯海"，因温州古称"瓯地"而得名。清乾隆《温州府志·卷四》载："凡四县（乐清、永嘉、瑞安、平阳）皆东滨海，其近永嘉江（今瓯江）口者为瓯海。"又清光绪《永嘉县志·卷二》载："瓯海，在府城东九十里，一名蜃海"，因"海山之际常有蜃气凝结，忽为楼台城橹，忽为旗帜甲马，锦幔光彩动人"，故名。清末始称"温州湾"。湾口宽 24.41 千米，岸线长 59.59 千米，面积 349 平方千米，最大水深 44 米。

湾底平坦，泥质。6—8 月多偏南风，9 月至次年 3 月以北及东北风为主，夏秋常受台风侵袭，年均风速 5.1 米／秒。4—5 月多雾。正规半日潮，平均潮差 4.5 米，最大潮差 6.06 米，潮流为回转性流，西北及东南流较强，流速 0.51～1.03 米／秒，水道间为往复流，流速 1.03～1.54 米／秒。西北部有灵昆浅滩、三角沙、重山沙嘴、伸舌沙嘴等分布，礁石较多。鱼类资源丰富，是浙南渔场之一。沿岸及岛屿拥有大面积海涂，放养紫菜、海带、蛏子、泥蛤、对虾等。

湾内岛屿海岸曲折多港湾，主要有大沙澳、官财澳、东朗澳、正澳等。主要水道有瓯江北口水道、北水道、南水道、洞头峡、大门港及深门、黑牛湾等。湾内灯桩、灯浮 30 余个，以洞头港和三盘港为海运中心，有宁波、上海、青岛、大连、福州、厦门等航线，近海有温州、乐清、坎门、洞头之间航线，岛间有客轮或小轮渡。

大渔湾 （Dàyú Wān）

北纬 27°21.7′，东经 120°34.1′。位于温州市苍南县，大渔东南长基咀经苍南官山岛至信智东北大门山东北咀连线以西海域，北岸从三兆山至湾顶，南岸从长岩湾至湾顶。清光绪《浙江沿海图说》载："大渔口此呇村落多处，……因航海者独以大渔称，故标以为目焉。"也称大渔澳。总体呈东南—西北走向，湾顶的龙沙至中墩岸线总体呈东北—西南走向，构成湾口朝向东南的凹字形海湾。湾口宽 4.79 千米，岸线长 47.22 千米，面积 49.37 平方千米，最大水深 5 米。

湾内发育了许多相毗邻的小湾呇，有大呇心、小渔、大渔、大呇、小呇、石塘、龙沙、安峰、斗沙、中墩的中坝、东溪港、白湾和流岐澳等，形成湾中湾的形态。夏季多南风，冬季多东风，平均风速 2.8 米/秒，夏秋之际有台风侵袭。年雾日 15～25 天。正规半日潮，平均潮差 3.94 米，流速缓。泥沙底质。在官山岛南北各有一条水道，为船只出入之门户。

渔寮澳 （Yúliáo Ào）

北纬 27°16.1′，东经 120°32.2′。位于温州市苍南县。因位于渔寮村南而得名。湾口宽 5.98 千米，岸线长 21 千米，面积 17.2 平方千米，最大水深 4.9 米。为东向的开敞海湾，海域开阔，外无岛屿，为基岩砂砾质海岸。潮间带为中细砂组成的海滩，潮上带有风成沙堤发育。

北关港 （Běiguān Gǎng）

北纬 27°09.9′，东经 120°29.4′。位于温州市苍南县，东起北关岛，西至南坪乡海岸，北为草屿、三呇港，西南以南关岛为界。名始见于清末，因东侧有北关岛而得名。海湾三面岛山环绕，仅南向敞开，呈东北—西南走向，纵深约 4.5 千米，宽约 3.5 千米。湾口宽 3.33 千米，岸线长 24.22 千米，面积 21.98 平方千米，最大水深 13 米。

4—5 月多雾，年雾日 20 多天。泥沙底质。湾内有小澳、水道、礁石多处。北面的三呇港、门仔边水道与北门水道相连，是北航船只出入之门户。西北沿岸有南坪、义吾、归儿等处避风澳。

沿浦湾 (Yánpǔ Wān)

北纬 27°11.6′，东经 120°26.8′。位于温州市苍南县。因位于沿浦村而得名。湾口宽 3.44 千米，岸线长 22.36 千米，面积 17.49 平方千米，最大水深 4.2 米。

海湾潮汐属正规半日潮，平均潮差 3.9 米，潮流属半日混合潮，以旋转流为主。南与福建省沙埕港相接，外有南关岛、北关岛等岛屿为屏障，环境隐蔽，为一向南开口的半封闭海湾。有基岩砂砾质海岸和淤泥质人工海岸。潮滩发育，且处于缓慢淤涨状态。该湾是浙江省光照最强区域，热量资源最丰富，蒸发强，海水盐度高，宜种植多种亚热带南部的水果和经济作物，并重点发展盐业和渔业。

第三章 水 道

乍浦三门 (Zhàpǔsān Mén)

北纬 30°34.9′，东经 121°08.3′。位于嘉兴市平湖市，自北而南分别为蒲山门、大孟门、菜荠门。因该水道位于乍浦（今乍浦镇），是蒲山门、大孟门、菜荠门三门之通称，故名。别名乍浦三关。最窄处宽 1.6 千米，长 640 米，最大水深 40 米。是进出乍浦港必经水道。

嵊泗小门 (Shèngsì Xiǎomén)

北纬 30°47.2′，东经 122°43.4′。位于舟山市嵊泗县，介于张其山岛和龙牙岛之间。连通嵊山洋。因该水道狭窄而得名小门，因与省内其他水道重名，更为今名。最窄处宽 90 米，长 370 米，最大水深 12.6 米。东西走向。潮流平均流速 2.2 米/秒，最大流速 3.6 米/秒。

剑门 (Jiàn Mén)

北纬 30°44.7′，东经 122°26.9′。位于舟山市嵊泗县嵊泗列岛西北端，泗礁山岛与金鸡山岛之间海域。东连嵊山洋，西连大戢洋。一说因水浅潮急多礁石，航行险如过剑，故名；另说，因水道靠近金鸡山岛，原名鸡门，谐音为剑门。最窄处宽 70 米，长 140 米，最大水深 5.3 米。西北一东南走向，有大门、二门、小门之分，中门柱礁居其中，分隔大门、二门。中门柱礁上设灯桩，射程 3.7 千米。水道上空高架泗礁山岛往金鸡山岛的输电线、电话线。

马迹门 (Mǎjì Mén)

北纬 30°41.2′，东经 122°25.5′。位于舟山市嵊泗县。连通黄泽洋。因水道南侧马迹山岛而得名。最窄处宽 100 米，长 440 米，最大水深 5.7 米。西北一东南走向。船只通过时应保持在水道中央航行。马迹山岛北隅山顶清光绪时已有灯桩。航门上有架空输电线、广播线。

白节峡 (Báijié Xiá)

北纬 30°36.1′，东经 122°24.0′。位于舟山市岱山县北，嵊泗县南，川湖列岛与白节山岛之间，北起川湖列岛大花瓶屿，至嵊泗县白节半洋屿、小白节山岛一线，南从川湖列岛紫山东南 3.5 千米，至嵊泗县白节山岛一线。北连大戢洋，南连黄泽洋。因位于白节山岛西侧而得名。最窄处宽 3.62 千米，长 4.81 千米，最大水深 54 米。

大致为南北走向。常年风向西北和东南，秋季多台风，最大风力 10～12 级，年平均风速 6.9 米 / 秒。年雾日 28.5 天，最多出现在 4—5 月。潮流流速 1～1.5 米 / 秒，东西两侧均有急流。西侧与南、北口有沉船，中有渔栅。西侧与北口设有白节山岛灯塔、白节半洋屿灯桩。是船只来往于上海与南方诸港的主要航道。

蛇移门 (Shéyí Mén)

北纬 30°25.2′，东经 122°26.5′。位于舟山市岱山县，介于衢山岛与鼠浪湖岛间，北从衢山岛东北端的蛇头—外蛇舌山岛—衢山大、小盘山岛—鼠浪湖岛西端起，南到衢山岛东南端的大沙头村南端山嘴、小鼠山屿西南端。北连黄泽洋，南连岱衢洋。因衢山岛岬角外的外蛇舌山岛派生而得名，"蛇移"为"蛇舌"的谐音误写，故名。最窄处宽 1.54 千米，长 4.57 千米，最大水深 40.5 米。

南北走向。常年风向西北和东南，年均风速 6.9 米 / 秒，7—9 月有台风影响，最大风力 10～12 级。4—5 月多雾。涨潮流速 1 米 / 秒，落潮流速 1.5 米 / 秒。泥质底。外蛇舌山岛有灯桩。水道中间有蛇虫山屿等。南口东侧有锚地。水道南、北口分别为岱衢洋、黄泽洋，是舟山著名渔场。水道位置重要，现以通航渔船及运输船为主。

涨弹门 (Zhǎngtán Mén)

北纬 30°19.1′，东经 122°06.3′。位于舟山市岱山县，东北—西南走向。北连岱衢洋，南连仇江门。因该水道深于周围，似潭，渔民常在此张网，"张"与"涨"音同，"潭"与"弹"音同，故名。最窄处宽 1.51 千米，长 3.61 千米，最大水深 19.4 米。

岱山水道 (Dàishān Shuǐdào)

北纬 30°15.8′，东经 122°14.6′。位于舟山市岱山县，介于岱山岛与小长涂山岛之间，呈东北—西南走向。东连长涂港，西连蒲门港。因水道西端的岱山岛而得名。最窄处宽 1.13 千米，长 7.87 千米，最大水深 83 米。

常年风向西北和东南，平均风速 6.6 米 / 秒，7—9 月受台风影响，最大风力 10～12 级。1—6 月为雾季，平均雾日 28.5 天。涨潮流速 1.7 米 / 秒，落潮流速 0.9 米 / 秒。底质以泥为主，中段西侧有细砂。水道北口有岱东小竹屿岛和南峰野猪礁灯桩两座，南口有蒲门港东口与分水礁灯桩两座。水道东侧有水深 1.2 米的米珠石、水深 2 米的百世石等暗礁，西侧有水深 8.2 米的北虾青礁、水深 8 米的南虾暗礁。可昼夜通航。是来往于岱山岛、衢山岛之间的航道，也是由南方至北方的主要航道之一。

寨山航门 (Zhàishān Hángmén)

北纬 30°13.8′，东经 122°30.5′。位于舟山市岱山县，介于大西寨岛与东寨岛之间。北连岱衢洋，南连黄大洋。因位于大西寨岛（山）和东寨岛（山）之间而得名。最窄处宽 1.24 千米，长 1.75 千米，最大水深 69 米。西北—东南走向。潮流流速 1～1.5 米 / 秒。

治治门 (Zhìzhì Mén)

北纬 30°13.6′，东经 122°32.6′。位于舟山市岱山县，介于东寨岛与治治岛之间，南北走向。北连岱衢洋，南连黄大洋。因水道东端的治治岛而得名。最窄处宽 2.66 千米，长 1.84 千米，最大水深 32 米。

鸭掌门 (Yāzhǎng Mén)

北纬 30°12.5′，东经 122°34.6′。位于舟山市岱山县，介于小板岛与大鸭掌岛之间。北连岱衢洋，南连黄大洋。因水道西侧的大鸭掌岛而得名。最窄处宽 1.43 千米，长 1.51 千米，最大水深 45 米。东北—西南走向。强风向偏西北风，6—9 月以偏南风为主，9 月至次年 5 月以偏北风为主。潮流流速 1～2.6 米 / 秒。

高亭航门 (Gāotíng Hángmén)

北纬 30°13.6′，东经 122°09.9′。位于舟山市岱山县，位于官山岛与小官山岛、小竹山岛、大峧山岛之间海域。南连灰鳖洋。因位于高亭港南端而得名。最窄处宽 1.99 千米，长 3 千米，最大水深 74 米。

常年风向西北和东南，多年平均风速 6.6 米 / 秒，秋季多台风，最大风力 10～12 级。1—6 月为雾季，平均雾日 28.5 天。涨潮流最大流速 2.5 米 / 秒，落潮流最大流速 2.7 米 / 秒。水道北口有水深 8.4 米的百枝杆石，东侧有官山岛的浅滩伸展，南口东侧有深 5 米的官西暗礁，水道西侧大峧山岛东山咀有一灯桩。

龟山航门 (Guīshān Hángmén)

北纬 30°12.7′，东经 122°10.6′。位于舟山市岱山县，介于官山岛与秀山岛之间，东西走向。东连黄大洋，西连灰鳖洋。因位于龟山岛（今官山岛）南而得名。最窄处宽 1.7 千米，长 4.13 千米，最大水深 98 米。

常年风向为西北和东南，秋季多台风，最大风力 10～12 级，平均风速 6.6 米 / 秒。1—6 月为雾季，年均雾日 28.5 天。潮流流速 2.6～3.6 米 / 秒，有涡流。航道南侧多礁石，有干出高 1.3 米的网仓礁，及水深 0.8 米的西瓦暗礁，水深 0.5 米的东瓦暗礁，水深 1.4 米的牛肋暗礁等，西口北侧有水深 5 米的官西暗礁。航道南侧的明礁和北侧官山岛小黄沙山咀各有灯桩一座。是舟山群岛著名急流航道之一。

灌门 (Guàn Mén)

北纬 30°07.7′，东经 122°09.5′。地跨舟山市定海区和岱山县，处舟山岛北，介于秀山岛和中圆山屿、圆山岛之间，呈东南—西北走向。东连黄大洋，西连大猫洋。元《大德昌国州图志》载："屹于中流有一砥柱，望之如人拱手而立，水汇于此，旋涌若沸，风雨将作有声，如雷震惊百里。"取其有声如雷贯耳之意，因"贯"与"灌"音同，后称为灌门。最窄处宽 970 米，长 3.25 千米，最大水深 86 米。

潮流流速 2～3 米 / 秒。导航设备完善，粽子山屿、中圆山屿、小长山屿均建有灯桩，可昼夜通航。粽子山屿南侧向东 200 米处多暗礁、干出礁，大长山岛、小长山屿之间有不到 2 米水深的浅滩，均不宜航行。落潮时，粽子山屿南水流湍急并有漩涡。水道东南部靠舟山岛沿岸有西码头港口，有码头两座，是舟山岛北部的主要港口。水道为去舟山岛北面岛屿的必经通道，也是由东进入长白锚地或驶往杭州湾方向的主要航道之一。

长白水道 (Chángbái Shuǐdào)

北纬 30°09.6′，东经 122°01.2′。位于舟山市定海区舟山岛西北侧，呈东西走向。东连大猫洋，西连灰鳖洋。因位于舟山岛与长白岛之间而得名。最窄处宽 1.07 千米，长 6.68 千米，最大水深 56 米。

年平均风速 3.5 米 / 秒，最大风速 28 米 / 秒，常风向北、东南。3 — 6 月多雾，月均雾日 3 ～ 6 天。涨潮流速 1 ～ 1.5 米 / 秒，落潮流速 1.5 ～ 2.5 米 / 秒。东部为泥质底，可避 8 级大风，西部为岩质底，中部狭窄流急，是航行危险区。北侧长白岛有水深 5 ～ 10 米锚地，可避 8 级西北风。东、西两口各有灯桩导航。为舟山岛西、北部港口通往宁波、上海的主航道。长白岛建有码头。小龙山上建有灯桩。

菰茨航门 (Gūcí Hángmén)

北纬 30°06.7′，东经 121°57.9′。位于舟山市定海区舟山岛西北侧与册子岛之间，富翅岛北侧，呈西北 — 东南走向，富翅岛将其分为南北两支，北为响水门，南为桃夭门。因水道东侧舟山岛西岸边有菰茨村而得名。最窄处宽 1.75 千米，长 2.77 千米，最大水深 62 米。潮流流速 0.5 ～ 1 米 / 秒。砂质底。为定海港至上海的主要航道之一，南口富翅岛上建有灯桩。

桃夭门 (Táoyāo Mén)

北纬 30°06.0′，东经 121°57.6′。位于舟山市定海区册子岛东侧，介于舟山岛和富翅岛之间，南北走向，狭长形。北连灰鳖洋，南连富翅门。别名桃霞门。最窄处宽 570 米，长 1.62 千米，最大水深 62 米。潮流流速 1.7 ～ 2.0 米 / 秒。水道偏东南侧有一水深 1.6 米的暗礁。在富翅岛上设有灯桩。是低速船舶为避开西堠门急流常用的航道。

鱼龙港 (Yúlóng Gǎng)

北纬 30°05.7′，东经 121°50.4′。位于舟山市定海区，东西走向。南连沥港，北连髻果门、肮脏门，西连灰鳖洋，东连西堠门。因邻鱼龙山岛而得名。最窄处宽 1.68 千米，长 4.19 千米，最大水深 20.6 米。底质为硬泥。水道内无障碍物，但南部为浅水区，不能通航，北部水深在 5 米以上，可通小型船只。

西堠门 (Xīhòu Mén)

北纬 30°04.7′，东经 121°54.3′。位于舟山市定海区舟山岛西，金塘岛与册子岛之间，东南—西北走向。北连灰鳖洋，南连横水洋。因西岸有西堠村而得名。最窄处宽 1.22 千米，长 6.29 千米，最大水深 94 米。

多年平均风速 3.5 米／秒，最大风速 28 米／秒，常风向北或东南。3—6 月为雾季，月平均 3～6 天，多平流雾。涨潮流速 2～3.5 米／秒，急流中有大漩涡。泥沙底质。为定海至上海的常用航道。水道西北口大菜花山岛和东南口老虎山屿上分别建有灯塔和灯桩。

盘峙北水道 (Pánzhì Běishuǐdào)

北纬 30°00.3′，东经 122°04.3′。位于舟山市定海区，大致东西走向。西连螺头门，南连蟹峙门。因在盘峙岛北侧而得名。最窄处宽 960 米，长 4.57 千米，最大水深 63 米。潮流流速 1 米／秒。泥质底。是西来船舶进出定海港区的必经航道。水道两侧的寡妇礁、鸭蛋山屿、过秦角均设有浮标。

门口港 (Ménkǒu Gǎng)

北纬 29°59.3′，东经 122°10.6′。位于舟山市定海区舟山岛东南侧，介于十六门与平阳浦之间，呈东西走向。东连横水洋，西连十六门。因水道近定海区城镇，犹如在家门口而得名。最窄处宽 190 米，长 1.85 千米，最大水深 32 米。

南北两侧由舟山岛和长峙岛、担峙岛、茶山岛等岛屿构成天然屏障，风平浪静，宛如内江。多年平均风速 3.5 米／秒，常风向为北、南，强风向东、东南、南、西南、西北。年均雾日 16.3 天。港西端流速 1.5 米／秒，东端流速 1 米／秒。水道内有雷浮等四个干出礁，均建有灯桩，是定海通往沈家门的主要内航道。南侧沿岸建有 10 余座码头。

蟹峙门 (Xièzhì Mén)

北纬 29°59.0′，东经 122°03.6′。位于舟山市定海区舟山岛南，盘峙岛与西蟹峙岛之间，南北走向。北连盘峙北水道。因水道西侧有西蟹峙岛而得名。最窄处宽 1.48 千米，长 2.59 千米，最大水深 78 米。

潮流流速 1～1.5 米/秒。砂质底。是万吨级船舶进出定海港区主航道，也是舟山鸭蛋山屿至宁波白峰汽车轮渡的航道，九级风以下均可通航。水道中部盘峙岛附近设有浮筒两只，可供锚泊。

十六门 (Shíliù Mén)

北纬 29°58.2′，东经 122°06.0′。位于舟山市定海区舟山岛南侧，西接定海港，东与门口港相连，南北两侧为舟山岛与东蟹峙岛等岛屿，呈东西走向。东连门口港，西连响水门。因水道中有八个小岛参差排列，构成十六个门而得名。最窄处宽 150 米，长 5.08 千米，最大水深 33 米。

年均风速 3.5 米/秒，最大风速 28 米/秒，以东南风为主。3—6 月为雾季，年平均雾日 13～29 天。涨潮流速 2.1 米/秒，落潮流速 2.5～3.0 米/秒。为定海港至沈家门港的中段水道，水门很多，除长峙大圆山屿和周家园山之间不能通航外，其余均可通航。中小型船舶从东蟹峙岛北，经长峙大圆山屿、十六门馒头屿、竹高山屿北，往东航行，航道宽 50～280 米，水深 5 米以上。大型船舶由十六门西南端经东蟹峙岛东、鲤鱼礁南侧绕道，沿长峙岛西北向东航行。航道平均宽 110 米，水深 8 米以上。水道内沙锶山屿、鲤鱼礁等处建有灯桩，沿岸两侧亦设有灯标，中部有两个障碍物，均处深水中，为航行危险区。当地有"老大好当，十六门难过"之说。

岙山港 (Àoshān Gǎng)

北纬 29°58.0′，东经 122°09.9′。位于舟山市定海区，介于长峙岛和岙山岛之间。西连松山门，东连崎头洋。因南侧岙山岛而得名。最窄处宽 370 米，长 2.94 千米，最大水深 46 米。平均风速 3.5 米/秒，最大风速 28 米/秒，常年以北和东南风为多。年平均雾日 13～29 天，3—6 月为雾季。潮流流速 1 米/秒。水道南侧岙山岛有浮码头 1 座，岸码头 3 座。

吉祥门 (Jíxiáng Mén)

北纬 29°57.1′，东经 122°06.1′。位于舟山市定海区，介于东峆岛与小团鸡山屿之间，南北走向。北连火烧门、响水门，南连螺头水道、崎头洋。因航道深宽，航行安全，故名。最窄处宽 1.76 千米，长 2.11 千米，最大水深 47 米。潮流流速 1.5 米 / 秒。西侧小团鸡山屿上设有灯桩导航。

亮门 (Liàng Mén)

北纬 29°57.1′，东经 122°03.7′。位于舟山市定海区，介于大亮门山岛与小亮门山屿之间。因该水道被海岛分割成东西两侧且都可通航，故名两门，谐音作亮门。最窄处宽 300 米，长 2 千米，最大水深 47 米。是南来船只至塔山码头和盘峙北水道的捷径航道。小亮门山屿山嘴建有灯桩。

小板门 (Xiǎobǎn Mén)

北纬 30°12.4′，东经 122°36.5′。地跨舟山市岱山县与普陀区，位于岱山县长涂镇以东，普陀区东极镇以西，中街山列岛中部小龟山岛、小板岛与黄兴岛、大青山岛、小青山岛之间海域，南北走向。北连岱衢洋，南连黄大洋。因邻小板岛而得名。最窄处宽 2.63 千米，长 3.44 千米，最大水深 70 米。

常年风向为西北和东南，多年平均风速 6.9 米 / 秒，秋季多台风，最大风力 10～12 级。1—6 月多雾，年均雾日 28.5 天。潮流流速 0.5～1.5 米 / 秒。软泥底质。北口西侧附近有水深 4 米的香炉花瓶礁，南口西侧有沉船。西侧小龟山岛上设有小板灯塔。是上海通往南方诸港及东南亚国家的主要航道之一，也是渔船临时停泊锚地。

黄兴门 (Huángxìng Mén)

北纬 30°11.9′，东经 122°39.8′。位于舟山市普陀区，介于黄兴岛与庙子湖岛之间，西北—东南走向。北连岱衢洋，南连黄大洋。因水道西侧黄兴岛而得名。最窄处宽 2.22 千米，长 3.49 千米，最大水深 65 米。6—9 月以偏南风为主，10 月至次年 5 月以偏北风为主，强风向西北偏北。潮流流速 1～2.6 米 / 秒。

普沈水道 (Pǔshěn Shuǐdào)

北纬 29°58.1′，东经 122°22.8′。位于舟山市普陀区，介于舟山岛与普陀山岛、朱家尖岛之间，东西走向。东连黄大洋，西连莲花洋。因水道位于沈家门港东口至普陀山岛之间，各取一字而得名。最窄处宽 1.27 千米，长 6.79 千米，最大水深 22.8 米。强风向西北、北，常风向偏南、偏北。潮流流速 0.3～1.4 米 /

秒。为出入沈家门港东口主航道，千吨级船舶可候潮进出。水道中有浮标两座，南口分水礁上设灯桩一座。

白沙水道 (Báishā Shuǐdào)

北纬29°57.0′，东经122°26.2′。位于舟山市普陀区，介于朱家尖岛与洛迦山岛、白沙山岛之间，南北走向。北连普沈水道，南连黄大洋。因水道东侧白沙山岛而得名。别名鸡港。最窄处宽1.54千米，长4.34千米，最大水深68米。强风向西北、北，常风向偏南、偏北。潮流流速1.5米/秒。以通航渔船为主。

清滋门 (Qīngzī Mén)

北纬29°50.9′，东经122°17.4′。位于舟山市普陀区，东西走向。东连鹁鸪门，西连磨盘洋。因登步岛北侧蛏子港而得名，"蛏子"与"清滋"地方音近似，故名。最窄处宽1.3千米，长4.08千米，最大水深57米。潮流流速2.6米/秒。

乌沙水道 (Wūshā Shuǐdào)

北纬29°50.0′，东经122°20.6′。位于舟山市普陀区，介于朱家尖岛、登步岛、西峰岛等岛屿之间，南北走向。因水道东侧西峰岛别名乌沙山而得名。别名乌沙大门头。最窄处宽2.41千米，长5.34千米，最大水深92米。潮流流速约1.7米/秒。北端有桃花铜钱礁，上设灯桩，以通航渔船为主。

虾峙门 (Xiāzhì Mén)

北纬29°49.8′，东经122°13.0′。位于舟山市普陀区，地处舟山群岛中部，西北—东南走向，两侧岛屿众多，较为重要的有桃花岛、虾峙岛等。东连黄大洋，西连横水洋。因水道南侧虾峙岛而得名。因北侧有桃花岛，故又名桃花港。 最窄处宽2.13千米，长13.23千米，最大水深125米。

强风向西北偏北，常风向偏南、偏北。涨潮流速1.8米/秒，落潮流速2.3米/秒。泥及石底质。为大型船舶进出宁波、定海等附近各港的主要航道，助航设备完善，昼夜可航。水道东接大海，西分三个通道与佛渡水道相连：一在桃花岛与上、下溜网重岛及大、小双山岛之间，宽800米以上，水较深，最深处98米，是船只常用航道；二介于上、下溜网重岛与大双山岛、东白莲山岛间，宽约500米，水深20米以上；三在大双山岛、小双山岛、东白莲山岛与虾峙岛、湖泥山岛、西白莲山岛之间，水深较浅，最窄处在四块头与虾峙长山屿之间，宽约 600 米。水道西南大风水礁与紫菜山岛之间，水深不及 5 米，可航宽度 380 米，通条帚门。水道东南口为巨轮进出北仑港的引航锚地，南侧虾峙岛北湾内为一避风锚地，可避 7～8 级西北、南、东南风。水道北岸桃花岛大部是岩石陡岸。南岸虾峙岛岸线比较曲折，大部也为岩石陡岸。西口上溜网重岛，中间下篮山屿、小双山岛、大风水礁上都设有灯桩，虾峙岛东部喇叭嘴山上建有现代化的雷达导航站，主要为至北仑港的船舶进出该水道导航。

头洋港 (Tóuyáng Gǎng)

北纬 29°47.9′，东经 122°08.4′。位于舟山市普陀区，介于六横镇与虾峙镇之间水域，水域内岛屿众多。东连磨盘洋，西连佛渡水道。最窄处宽 3.1 千米，长 12 千米，最大水深 84 米。

青龙门 (Qīnglóng Mén)

北纬 29°45.1′，东经 122°00.2′。位于舟山市普陀区，介于佛渡岛与汀子山岛之间，东北—西南走向。北连佛渡水道，南连牛鼻山水道。因水道东北的青龙山岛而得名。别名汀子港。最窄处宽 1.09 千米，长 3.18 千米，最大水深 89 米。强风向西北、北，常风向偏南、偏北。潮流流速 1.5～2.6 米/秒。

条帚门 (Tiáozhǒu Mén)

北纬 29°42.7′，东经 122°15.7′。位于舟山市普陀区，介于虾峙岛、六横岛、悬山岛之间，西北—东南走向。东连黄大洋，西连磨盘洋。因水道南侧条帚岛（今悬山岛）而得名。别名凉湖港。最窄处宽 2.59 千米，长 8.37 千米，最大水深 108 米。强风向西北、北，常风向偏南、偏北。潮流流速 0.5～2.6 米/秒。通航渔船。

双屿门 (Shuāngyǔ Mén)

北纬 29°43.3′，东经 122°02.2′。位于舟山市普陀区，介于六横镇六横岛与佛渡乡佛渡岛之间，上双屿、下双屿南侧海域，南北走向。北连佛渡水道，南连牛鼻山水道。因水道内旧有双屿港而得名。最窄处宽 1.51 千米，长 7.9 千米，最大水深 108 米。潮流流速 1.8 米/秒。中有上、下双屿，西有棺材礁（干出高度 2.2 米）。南口鸦鹊屿及上双屿设有灯桩，昼夜可航，以商船、渔船为主，是浙江省沿海南来北往船只主要航道之一。

金塘水道 (Jīntáng Shuǐdào)

北纬 29°57.3′，东经 121°51.4′。地跨宁波市北仑区和舟山市定海区，西至大黄蟒岛，东接横水洋，呈东西走向。东南连穿山港，西北连灰鳖洋。因位于金塘岛南侧而得名。最窄处宽 3.7 千米，长 12.2 千米，最大水深 96 米。

常年风向为西北和东南，年均风速 5.7 米／秒，最大风速 28 米／秒。东口最大流速 1.5 米／秒，西北口流速 3.1 米／秒，东西两口均有急流。泥沙底质。水道中有黄牛礁，水道西口有大黄蟒岛，附近均有礁石，故两处皆设灯桩。水道是舟山港至宁波港的近捷航道，也是沪温、甬温、甬椒航线的通道，远洋轮出入北仑港均经此。

螺头水道 (Luótóu Shuǐdào)

北纬 29°55.9′，东经 122°04.0′。水道南岸为宁波市北仑区的大榭街道、白峰镇，北岸为舟山市的定海区、普陀区，西侧为大陆，北侧及东侧为舟山群岛，岛屿众多，西段近东西向展布，在宁波市白峰镇东南端海域折向西南。西连横水洋、金塘水道，南连佛渡水道、头羊港水道。因在舟山岛螺头村一侧而得名。最窄处宽 4.14 千米，长 10.08 千米，最大水深 120 米。

佛渡水道 (Fódù Shuǐdào)

北纬 29°47.2′，东经 122°04.0′。地跨舟山市普陀区和宁波市北仑区，介于六横岛与梅山岛之间，水道西侧为大陆，东侧为舟山群岛，呈西南—东北走向，岛屿众多，较为重要的有六横岛、佛渡岛、梅山岛等。东北连螺头水道，南连牛鼻山水道。因南端佛渡岛而得名。最窄处宽 4.37 千米，长 7.35 千米，最大水深 77 米。

7—9 月有台风侵入。年雾日 26～52 天。潮流流速 1.5～2.6 米／秒。圆山南方为一锚地，可避 7～8 级西—西北风。西南有三个分支，分别接双屿门、青龙门及汀子门，并与梅山港、条帚门相连。青龙门是主要航门；其次是双屿门；汀子门较窄，有淤泥，船舶一般不经此门。水道南口东侧有响水礁灯桩，青龙门西侧有汀子山岛灯桩，双屿门有上双屿灯桩，南口有鸦鹊屿灯桩，均为导航的良好目标。为浙江省沿海南北航行要道之一。

梅山港 (Méishān Gǎng)

北纬 29°47.1′，东经 121°57.0′。位于宁波市北仑区，港道呈弧形，东北起自郭巨镇官山，西南至春晓分水岛，东北—西南走向。西南连象山港，东北连佛渡水道。因介于梅山岛与大陆之间而得名。最窄处宽 370 米，长 15.77 千米，最大水深 11 米。

多年平均风速 3.7 米／秒，常风向为北和西北偏北，强风向为西北风，风速 17 米／秒。多年平均雾日 17.2 天，多发生在 4—6 月，尤以 4 月最多，多时可达 10 天，5 月之雾最浓。东北口涨潮流速 0.8 米／秒，落潮流速 1.4 米／秒，西南口涨潮流速 1 米／秒，落潮流速 0.9 米／秒。港内已建渡口码头四座，专用码头四座。客运来往于上阳、郭巨、六横、佛渡、定海等地，货运来往于宁波、舟山、上海，主要运输建材、柴油、百货、盐等。因该港水域平稳，风浪小，港底平坦，锚抓力好，是一个良好的避风港。由于港道水流较缓，两岸均有狭长的小平原。以虾廉至砍头墩 5 千米岸线水深条件好，具有开发建设万吨级以下泊位港口条件。

牛鼻山水道 (Niúbíshān Shuǐdào)

北纬 29°40.0′，东经 122°03.0′。地跨舟山市普陀区和宁波市象山县，介于梅散、韭山列岛与大陆之间，北起东屿山岛，与象山港、双屿港和佛渡水道相接，水道纵贯大目洋、乱礁洋和磨盘洋，近西北—东南走向，水道两侧岛屿众多，北侧为舟山群岛的梅散列岛，较为重要的有佛渡岛、六横岛、西屿山岛、东屿山岛等岛礁。连通象山港与磨盘洋。矗立水道西北的东屿山岛，主峰海拔 125.3 米，岛东北端一岬角，一洞穿岩而过，形如穿牛之鼻，别名牛鼻山，水道亦因此而得名。最窄处宽 9.71 千米，长 26.65 千米，最大水深 29.9 米。盛行季风，7—9 月受台风影响最甚。4—6 月为雾季。正规半日潮，平均潮差 4.1 米，流速 0.5～1.2 米／秒。波浪一般以风浪为主，占 48%，涌浪仅占 21%，南部则以涌浪为主的混合浪占绝对优势。泥质底。

该水道系舟山至温州的重要航线之一，为浙江中部沿海中小型船舶的通航要道。主要航道有二：一是西侧大陆沿岸诸小岛之间航道，水深 2.4～10 米，最浅处在大漠山岛与旦门山岛附近，为 2.4 米，最窄处在东屿山岛南 3.7 千米的小野猪礁与红生礁之间，仅宽 650 米。由于水浅狭窄，岛礁众多，加上陆上山峰错杂，目标不显。近岸有大片渔网。沿线在鸡娘礁、红生礁、小野猪礁、燕礁、小漠山屿和练杵山屿等岛礁上设有助航灯标。二是韭山列岛西侧航道，水域开阔，碍航物少，助航标志完善，沿线有西磨盘屿、田螺头礁等灯标灯浮，并有东屿山（125.3 米）、大爿山（135.8 米）、大漠山（150 米）等作显著导航目标，石浦至定海、温州至定海航线经此。水道西侧有临时避风锚地 3 处，可供中小型船只锚泊：一在东、西屿山岛之间，水深 10～20 米，泥底，避 6～7 级东至东南风；二在大捕山岛东北侧，水深 7 米左右，泥底，避 7 级西至西南风；三在太平岗与大岩洞岛北，水深 3.5 米，泥底，避 6～7 级南至西南风。

白石水道 (Báishí Shuǐdào)

北纬 29°29.9′，东经 121°36.2′。地跨宁波市象山县和宁海县，位于象山港内，介于铜山岛、白石山岛与南岸大陆之间，西南始自铜山岛，东北至白石山岛，西南—东北走向。连通象山港。因水道东北口北侧白石山（今白石山岛）而得名。当地习称白石洋。最窄处宽 1.35 千米，长 8.8 千米，最大水深 21.4 米。

正规半日潮，属往复流，涨潮流速 1.5 米/秒，落潮流速 2 米/秒。除个别岛礁岸侧为岩石及砂底外，大部为泥底。西南端铜山岛南侧为良好的避风锚地，水深 10～17 米，泥底，可避 6 级诸向风，水道东北口北侧的白石山岛，为船舶经此水道的良好目标，水道口还设有系船浮筒数个，中部狗山屿设助航灯桩一座，水道西南出口处寺前礁等礁石对通航有一定影响。为宁海县通上海、宁波口岸主要航道。

淡水门 (Dànshuǐ Mén)

北纬 29°13.9′，东经 121°58.8′。位于宁波市象山县，介于半招列岛萝卜山岛与牛栏基岛之间，东北—西南走向。北连大目洋，南连东门。据传，昔有船经此，因淡水告罄，乃汲海水为炊，无苦涩味，故名；又传，昔曾于此建水上关卡，船舶经此，每船交一桶淡水，故名。最窄处宽 120 米，长 790 米，最大水深 9.9

米。两侧均岩岸。进石浦港的北来船舶以此为捷径。两侧导航目标较明显，故船只多取此道。

铜瓦门 (Tóngwǎ Mén)

北纬 29°12.9′，东经 121°57.6′。位于宁波市象山县石浦港北侧，大陆上铜瓦门山与东门岛之间，西北—东南走向。连通石浦港与大目洋。宋宝庆《四明志》载："铜瓦山，县南八十里，状如铜瓦，因名"，水道因山而得名。最窄处宽 170 米，长 840 米，最大水深 58 米。

两侧岩壁耸立，空中架电线，高 36 米。口外 1.8 千米处有水深不足 5 米的沙滩。一般流速 1.5～2 米/秒，最大潮时流速 3.1～3.6 米/秒，在门口形成强烈漩涡和激浪。航门设备完善，有灯桩 3 座。曾有吃水 5 米、长 55 米的 3 000 吨级船舶，在涨潮前 2 小时经此入港，为进出石浦港的重要航道之一。水道上建有铜瓦门大桥，连接东门岛与大陆石浦镇。

东门 (Dōng Mén)

北纬 29°11.7′，东经 121°58.1′。位于宁波市象山县石浦港东偏南，介于东门岛与对面山岛之间，东西走向。西连石浦港，东连大目洋。因位于象山县东而得名。最窄处宽 160 米，长 1.54 千米，最大水深 22.7 米。

水流湍急，流速一般 1.5～2 米/秒，最大流速 3.1～3.6 米/秒，航门窄处有暗礁，在水面下 0.5 米，形成险区，有强烈漩涡和激浪。门内多渔栅，故少船只经此。水道北岸建有水泥码头。北侧东门岛东南端建有东门灯塔，灯塔北侧保存有古代用于防御倭寇入侵时的国防大炮台。是进出石浦港的重要航道之一。

下湾门 (Xiàwān Mén)

北纬 29°10.0′，东经 121°57.9′。位于宁波市象山县对面山岛与南田岛之间，西北—东南走向。因位于铜瓦门与东门南，习称下首，且水道弯曲，"弯"与"湾"音同，故名。最窄处宽 280 米，长 3.86 千米，最大水深 69 米。

涨潮流速 1.4 米/秒，落潮流速 1.6 米/秒。泥质底。两侧除东南有几处裸露岩石山嘴外，余均为泥涂。为进入石浦港主要航门之一，西北口汰网屿山岛西侧可通航。水道内有韭菜湾、小网市等简易轮渡码头。东南口设灯桩 2 个。

金龙屿东、西两侧险礁丛生，为航行险区。

蜊门港 (Lìmén Gǎng)

北纬 29°06.9′，东经 121°53.2′。位于宁波市象山县石浦港南侧，南田岛与高塘岛之间，南北走向，水道弯曲狭窄，呈"S"形。北连石浦港，南连南田湾。因两岸岩石盛产牡蛎而得名蛎门港，方言"蛎""蜊"同音而称蜊门港。又因鼻化音称林门港。最窄处宽 110 米，长 2.95 千米，最大水深 27.5 米。

涨潮流流向港内，流速 1.1 米 / 秒，落潮流流向港外，流速 1.4 米 / 秒。门口流急，且有漩涡。两岸除数处为基岩海岸外，多为石砌堤岸，前沿布有泥涂。为进入石浦港航门之一。高空架有电线，高 20 米。上盘龙珠礁等地设有灯桩 3 处。高塘岛之港口建客运码头，渡轮往返石浦。

三门 (Sān Mén)

北纬 29°09.2′，东经 121°48.0′。位于宁波市象山县，介于高塘岛与大陆白玉湾之间海域。西连白礁水道，东连箬渔洋。水道中有庵山岛、狗山屿、饭甑山岛，分水道为北、中、南三支，三岛曾统称三门山，水道因"三门"而得名。又名三门口。最窄处宽 180 米，长 6.11 千米，最大水深 60 米。

庵山岛、狗山屿与白玉湾之间为北支，东口多礁石、沙滩，不宜航行；中支介于饭甑山岛与庵山岛、狗山屿之间，宽 200～400 米，水深 20～60 米，饭甑山岛上设有灯桩，通航条件较好，为石浦港与三门湾之间主要航道；南支介于高塘岛与饭甑山岛之间，宽 200～400 米，水深 7.2～37 米，亦可通船。潮流流速 1～1.5 米 / 秒。三门县海游港至象山县石浦港的班轮经此。水道上建有三门大桥，将庵山岛、狗山屿、饭甑山岛、高塘岛等岛相连。

白礁水道 (Báijiāo Shuǐdào)

北纬 29°10.6′，东经 121°46.3′。地跨宁波市象山县和宁海县，位于三门湾北部，南北走向，狭长形。北连马岙门、崇门头，南连满山水道、珠门港、箬渔港。因水道南口西侧白礁而得名。又因水道北部紧邻岳井，当地习称岳井洋。最窄处宽 1.77 千米，长 17.86 千米，最大水深 18.2 米。

常风向以西北偏北，东南偏南为主，台风季节盛行东南风。正规半日潮，潮差 1.5 米左右，属往复流，涨潮流速 0.9 米 / 秒，落潮流速 1.3 米 / 秒。淤泥质底。水道东西两侧紧邻大陆，北部有马岙门、崇门、蟹钳港、泗洲头港等支港。东西沿线建有岳井、松岙、蟹钳等渡口。蟹钳渡码头为象山县氟石外运专用码头。此水道适宜各类小型船舶锚泊、避风，可避 7～9 级东、西、北风。水屿等岛分别设有航标灯桩。水道南口有满山岛向北延伸浅区，水深 1 米左右，对航运有一定危险，北端明暗礁密布，尤以大青山向东延伸礁石，为危险碍航物，曾多次发生触礁事故。

青山港 (Qīngshān Gǎng)

北纬 29°10.1′，东经 121°35.7′。地跨台州市三门县和宁波市宁海县，南北介于蛇蟠岛与开井山岛之间，西北—东南走向。连通蛇蟠水道。因上游之青山（今青山屿）而得名。最窄处宽 1.28 千米，长 8.62 千米，最大水深 5.2 米。

蛇蟠水道 (Shépán Shuǐdào)

北纬 29°07.7′，东经 121°34.2′。位于台州市三门县，南北介于大陆岸滩与蛇蟠岛之间，东西走向。西连旗门港、正屿港及海游港，东连猫头水道。因北侧蛇蟠岛而得名。别名蛇蟠洋。最窄处宽 1.33 千米，长 10.73 千米，最大水深 6.9 米。

多年平均风速 2 米 / 秒，最大风速 16 米 / 秒，强风向东南东，常风向为东北。每年 1—4 月为雾季，雾日 12 天，多年平均雾日 14 天。涨潮流速 1.2 米 / 秒，落潮流速 1.7 米 / 秒。海拔 77.8 米之涛头山和其东 2 千米处的黑色装顶灯罐形浮标为良好助航目标。海游（三门）至石浦航线经此。北侧蛇蟠岛上市山麓和上岩头各建码头一座，供班轮和货船停泊。水道正东有田湾岛、灶窝山岛为屏障，风浪较小，水深 5 米以下区域皆可抛锚，可避 8 级北、西、东南风。

猫头水道 (Māotóu Shuǐdào)

北纬 29°05.3′，东经 121°40.5′。位于台州市三门县。北连蛇蟠水道，南连三门湾。因西侧猫头山（今猫头山屿）而得名。最窄处宽 2.43 千米，长 6.73 千米，最大水深 41 米。涨潮流速 0.8 米 / 秒，落潮流速 1.3 米 / 秒。水道底部多泥质。水深 5 米以上区域皆可抛锚，可避 7 级东北及西南风。为出入海游港、正屿港、旗门港、沥洋港、胡陈港之主要航道。

满山水道 （Mǎnshān Shuǐdào）

北纬29°05.4′，东经121°43.5′。地跨宁波市象山县、宁海县和台州市三门县，介于灶窝山岛北侧大陆之泥滩与灶窝山岛、青山屿之间，满山岛之西，灶窝山岛、田湾岛、下万山岛之东，北起鲳鱼礁，南至杨礁，南北贯通三门岛东北侧水道与五屿门。北连白礁水道，南连三门湾。因水道东口满山岛而得名。别名满山洋。最窄处宽2.53千米，长8.98千米，最大水深23.3米。

青门山东、北多礁石。其东1.8千米处有拦门礁和一水深2.2米的拦门暗礁，其北2.1千米处有干出高度分别为5.6米和4.2米的双礁，两礁均在2米等深线内，涨潮或雾天不易看出。礁石诸多，为航行事故多发地，船舶一般不经此航行。北端为驶于石浦港与海游港之班轮必经航线。杨礁、鲳鱼礁、六敖长屿都建有灯桩。

白带门 （Báidài Mén）

北纬28°52.6′，东经121°41.2′。地跨台州市三门县和临海市，南北介于长腰礁与扩塘山之间，起自泗淋乌礁西侧与牛头门分岔处，止于豆腐渣山屿，呈西北—东南走向。连通浦坝港与猫头洋。一说据民国《临海县志·卷三》载："白岱门，以北侧白岱山（今名扩塘山）得名，后演变为白带门"；又说从浦坝港与洞港水流出海交界处有白色带状的水沫而得名，查《临海县志稿》，作"白岱门"，"带"与"岱"同音，古人编志用"岱"字，今通作"带"字。最窄处宽730千米，长5.5千米，最大水深6.9米。

涨潮流速0.9米／秒，落潮流速1.5米／秒。是船舶出入浦坝港的主航道。水道南侧有一水深不及2米浅水区，保持水道中央航行即可进入浦坝港。北连彰化湾，湾内高潮时水深2～4.5米，可通小型渔船。湾口芒其坦建有水产码头和海洋潮位站。

垃圾港 （Lājī Gǎng）

北纬28°45.7′，东经121°50.6′。位于台州市临海市，介于东矶列岛的雀儿岙岛与田岙岛之间，东北—西南走向。北连猫头洋，南连台州湾。因从台州湾冲出的陆源废弃杂物很多，随水流入该水道，当地通称垃圾港。又因该水道在雀儿岙东南侧，雀儿岙旧称金门，故有金门湾之称。最窄处宽 2.36 千米，长 7.9 千米，最大水深 20 米。为椒江市与上海市之间交通要道。水道外西南方有小竹山屿灯桩，南有头门岛东南咀灯桩，北端有水牛头颈灯桩。水道进出口处有戏台礁、铜锣屿及固定渔网，有碍航行。

东矶港 (Dōngjī Gǎng)

北纬 28°43.5′，东经 121°53.3′。位于台州市临海市，介于田岙岛与东矶岛之间，近东西走向，偏向东北。连通台州湾与猫头水道。因位于田岙岛与东矶岛之间而得名。最窄处宽 4.34 千米，长 7.99 千米，最大水深 124 米。

大陈水道 (Dàchén Shuǐdào)

北纬 28°28.5′，东经 121°54.4′。位于台州市椒江区东南，介于台州列岛的上大陈岛与下大陈岛之间，东北—西南走向。东连东海，西南连脚桶洋。因水道位于上、下大陈岛中间而得名。最窄处宽 1.45 千米，长 5.58 千米，最大水深 24.5 米。

多年平均风速 2.0 米/秒。春季多雾。涨潮流速 0.9 米/秒，落潮流速 0.8 米/秒。是渔船进出上、下大陈岛的主要通道。水道东北面进港处，北有高梨礁，南有小礁头礁，小礁头礁上有灯桩一座。水道西南面进港处，北有猪腰屿，南有竹屿，竹屿上有灯桩一座。两侧有红美山与凤尾山天然屏障，水道北岸岛屿较多，岸线比较曲折，天然形成大岙里港湾，南岸凤尾山北侧海岸弯曲，岩石陡峭，有浪通门避风港。水道内风浪较小，可供船只抛锚。

大钓浜水道 (Dàdiàobāng Shuǐdào)

北纬 28°17.5′，东经 121°40.0′。位于台州市温岭市，介于腊头山岛与钓浜牛山岛之间，东北—西南走向。连通积谷洋。因位于钓浜乡境内，有三条平行排列的水道，此水道较另两条水道为大，故名。又因港面宽阔，别称大港洋。最窄处宽 1.23 千米，长 1.79 千米，最大水深 6 米。平均潮差 5～6 米，流速 0.8～0.9 米/秒。沪温航线经此。两侧多礁，对航行不利。东侧钓浜牛山岛着火嘴置有航标灯。

坎门港 (Kǎnmén Gǎng)

北纬 28°04.1′，东经 121°17.0′。位于台州市玉环市，东西走向。东连漩门湾，西连外黄门。因傍坎门（今坎门镇）而得名。最窄处宽 4.26 千米，长 1.96 千米，最大水深 11 米。

外黄门 (Wàihuáng Mén)

北纬 28°03.3′，东经 121°15.0′。位于台州市玉环市，介于黄门岛与内黄门岛之间，东西走向。东连漩门湾，西连乐清湾。因黄门岛又名外黄门山，故名。最窄处宽 200 米，长 1.37 千米，最大水深 48 米。

每年 9 月至次年 3 月多偏北风，4—5 月多东北风，6—8 月多南到西南风，平均风力 4 级，7—9 月不时有台风过境。雾日 1—2 月各 4～5 天，3—6 月各 10～12 天。潮流流速 0.4～0.8 米/秒。黄门岛西北向有灯塔导航。是自温州、福州等地来的船只进入坎门港的必经水道。

大乌港 (Dàwū Gǎng)

北纬 28°13.9′，东经 121°08.5′。位于温州市乐清市乐清湾北部西侧，北起清江河口，南至大乌岛，南连乐清湾南部。因南口大乌岛而得名。最窄处宽 1.57 千米，长 11.23 千米，最大水深 41 米。平均潮差 4.5 米，涨潮流速 1.5～2.5 米/秒，落潮流速 1.4～1.5 米/秒。

沙头水道 (Shātóu Shuǐdào)

北纬 27°59.4′，东经 120°59.2′。位于温州市乐清市乐清湾口南侧，东北起自北小门岛，西南至瓯江北口。北连乐清湾，南连瓯江北口。因西岸沙头山而得名。最窄处宽 5.9 千米，长 11.63 千米，最大水深 6.2 米。涨潮流速 1～2 米/秒，落潮流速 0.5～1.5 米/秒。东南侧有穿带沙。水道为进出温州港主航道，两端和中部均设有航标灯。

黄大峡 (Huángdà Xiá)

北纬 27°57.9′，东经 121°09.7′。位于温州市洞头县，介于大门岛与鹿西岛之间海域，西侧为大门镇，东侧为鹿西乡，近西北—东南走向。北连乐清湾，南连洞头洋。因位于大门岛东侧，大门岛原称黄大岙，故名。最窄处宽 2.73 千米，长 4.93 千米，最大水深 35 米。

北水道 (Běi Shuǐdào)

北纬 27°56.0′，东经 121°06.4′。位于温州市洞头县，介于大门岛、鹿西岛与状元岙岛、青山岛、笔架礁等之间海域，水道北侧为大门镇、鹿西镇，南侧为元觉乡，东西走向。西连温州湾，东连洞头洋，中部北侧连黄大洋，南连南水道。水域以青山岛为界分南、北水道，该水道在青山岛北侧，故名。最窄处宽 2.54 千米，长 5.28 千米，最大水深 29 米。

涨潮流速 0.5～1 米 / 秒，落潮流速 1.3 米 / 秒。自温州湾进入水道左侧，大门岛南约 500 米处有青菱屿，其东南侧有里雨伞礁，由一个明礁、两个干出礁组成，呈东南—西北排列，范围长约 200 米，宽 30 米。岛礁分水为二，南为客货轮进出温州港的主航道。水道东部，大门岛南岸约 12.5 千米处有黄色装顶灯标一座，灯标周围为引航简易锚地。水道西部主航道北侧有黑红装顶灯标和黑色装顶灯标各一座，南侧有红色装顶灯标一座。

南水道 (Nán Shuǐdào)

北纬 27°54.4′，东经 121°07.1′。位于温州市洞头县，介于青山岛与状元岙岛之间水域。西连温州湾，东连洞头洋。水域以青山岛为界分南、北水道，该水道在青山岛南侧，故名。最窄处宽 1.19 千米，长 3.78 千米，最大水深 57 米。

正规半日潮，潮流流速 0.5～1 米 / 秒。为洞头港经深门水道进温州港的主航道。水道东口中央有笔架礁，其周围约 180 米范围是一险恶之地，不宜靠近。水道西口有干出 0.5 米的乌石礁和干出 2 米的龙角礁。

三盘门 (Sānpán Mén)

北纬 27°52.5′，东经 121°09.0′。位于温州市洞头县洞头列岛的大三盘岛北侧，花岗岛南侧，东北—西南走向。东北连洞头洋，西南连洞头峡。因大三盘岛而得名。因水道较花岗岛西北侧水道大，故又名大花岗门。最窄处宽 610 米，长 2.18 千米，最大水深 32 米。正规半日潮，涨潮流速 1.3 米 / 秒，落潮流速 1 米 / 秒。为船舶近岸航行的主要航道之一。水道南侧大三盘岛岸设有灯桩，水道内有定霞作业区。

深门 (Shēn Mén)

北纬 27°52.3′，东经 121°05.9′。位于温州市洞头县，介于状元岙岛西南端与深门山岛之间海域，呈南北走向，形似漏斗。北连温州湾，南连洞头峡。因水深较邻近的另一水道（浅门）大，故名，清光绪《玉环厅志·卷一》即载此名。最窄处宽 180 米，长 570 米，最大水深 54 米。正规半日潮，流速 1.5～2 米/秒。北端西北侧有明礁笠岩礁，上设有灯桩，其南侧有突出泥沙滩。为小型船舶经瓯江北口南水道进出温州湾的捷径航道。

洞头峡 (Dòngtóu Xiá)

北纬 27°51.4′，东经 121°06.8′。位于温州市洞头县，介于洞头岛与其北状元岙岛、霓屿岛之间，东口有大三盘岛与花岗岛之间形成的三盘门水道，呈东北—西南走向。西南连崎头洋，东北连洞头洋。因水道南侧洞头岛而得名。最窄处宽 1.66 千米，长 8.72 千米，最大水深 9 米。涨潮流速 1.3 米/秒，落潮流速 1 米/秒。泥质底。为船舶近岸航行的主要航道之一。

黑牛湾 (Hēiniúwān)

北纬 27°47.7′，东经 121°06.5′。位于温州市洞头县，介于半屏岛与大、中、小瞿岛之间。西连崎头洋，东连洞头港。最窄处宽 3.45 千米，长 3.26 千米，最大水深 14 米。潮流流速 0.5～1 米/秒。

东北门 (Dōngběi Mén)

北纬 27°47.0′，东经 121°07.9′。位于温州市洞头县，东西走向。西连黑牛湾，东连洞头洋。因位于黑牛湾东北方而得名。最窄处宽 1.02 千米，长 3.39 千米，最大水深 43 米。常年风向为北风和南风，春季多雾。涨潮流急，落潮流缓。

荔枝山水道 (Lìzhīshān Shuǐdào)

北纬 27°40.5′，东经 120°55.6′。位于温州市瑞安市，介于大北列岛荔枝山岛与北龙山、大叉山岛之间海域。西连横洞水道，东连崎头洋。因水道北侧的荔枝山岛而得名。最窄处宽 2.47 千米，长 3.16 千米，最大水深 8.2 米。

四季风以东北风为主。雾日最多为 4 月。涨潮流向西北，流速 0.9 米/秒，落潮流向东南，流速 1 米/秒。泥质底。水道往南进龙珠水道，西去横洞水道，是瑞安港航向温州港的近岸捷径航道，水道左侧荔枝山岛有灯桩一座，船只需在水道中央航行，注意避开小叉山岛西南水深 3.6 米暗礁及水道中渔网、渔栅。

横洞水道 (Héngdòng Shuǐdào)

北纬 27°39.9′，东经 120°49.7′。位于温州市瑞安市，东西走向。西连飞云江口，东连荔枝山水道。最窄处宽 1.65 千米，长 1.54 千米，最大水深 6.8 米。

北箬水道 (Běiruò Shuǐdào)

北纬 27°38.7′，东经 121°12.2′。位于温州市瑞安市，介于北麂列岛竹笠礁与北麂岛之间海域，东西走向。西连崎头洋，东连东海。因位于北麂岛与箬笠礁（今竹笠礁）之间，各取首字定名北箬水道。最窄处宽 1.4 千米，长 2.71 千米，最大水深 26 米。

6—9 月多受台风影响，最大风速 35 米／秒，四季风向以东北、东向为主。雾季为 3—6 月，1983 年全年雾日 48 天。涨潮流向西北，流速 0.4 米／秒，落潮流向东南，流速 0.9 米／秒。泥质底。水道南侧有一高 3.9 米达达礁。水道中常布有渔网、渔栅。航船可南进淡菜澳避风。

明麂水道 (Míngjǐ Shuǐdào)

北纬 27°37.7′，东经 121°11.0′。位于温州市瑞安市，东北—西南走向。东北连北箬水道，南连崎头洋。因位于大明甫岛与北麂岛之间，各取第二字而得名。最窄处宽 1.02 千米，长 1.69 千米，最大水深 26 米。

第四章　滩

白沙湾滩（Báishāwān Tān）

北纬 30°38.4′，东经 121°09.9′。位于浙江省平湖市与上海市金山区交界处，杭州湾北部。又名白沙滩。民国重修《浙江通志稿》载："自江苏金山卫迤西入浙平湖县境，曰'白沙滩'，沿海二十余里。"东起上海市金山区牌头，西至平湖市益山嘴，呈带状，系浙北海岸最东段。潮滩，组成物质为淤泥，泥层厚，质细，色泽略白。产沙蟹、毛蛤、黄泥螺、白蚬。1937 年 11 月 5 日日军在此处登陆金山卫，进攻上海。

高阳滩（Gāoyáng Tān）

北纬 30°17.3′，东经 120°47.6′。地跨嘉兴市海盐县和海宁市，位于杭州湾北部，西起海宁市大尖山，东至海盐县葫芦山，北起杭州湾北岸，南至航道线。潮滩。因滩位于高阳山麓而得名。长约 12 千米，宽 6 千米，面积 55 平方千米。当地将凤凰山东南麓一段称"大湾"，老鼠尾巴山东北麓一段称"小湾"，浮子山西北一段称"南海星"。因海潮堆积形成，由淤泥组成。略呈梯形，北倾，高程 3～7 米，近岸线 1.5 千米内，长有成丝草、牛筋草、芦苇、大米草和沙蟹、海蛎、泥螺等海生物。

基湖沙滩（Jīhú Shātān）

北纬 30°43.0′，东经 122°28.3′。位于舟山市嵊泗县泗礁山岛北部，西偎尖山，东邻大石头山。海滩。因位于基湖村边而得名。呈狭长形，东西长 2 千米，南北宽 250 米，面积约 0.4 平方千米。由细砂组成，坡度平缓，地域开阔，沙质柔软。近海水深 0.2～4 米，东南面峰峦起伏，山青石奇，滩中部濒海处，里、外小山南北相对，里小山形似高台，遍长茅草，植有松树。山脚多卵石，入岩壁有人工山洞，可登山顶。已开发为海滨浴场。滩中有沙蛤、沙蛏等。位于嵊泗列岛风景区的核心区域，有"南方北戴河"之称，是华东最大的沙滩，现已成为华东地区最佳海滨旅游胜地之一。

南长涂沙滩 (Nánchángtú Shātān)

北纬30°42.1′，东经122°28.2′。位于舟山市嵊泗县泗礁山岛南部石柱村东南海边，西南起关山东麓，穿鼻洞山嘴北部东岸，东越菜园镇界至龙眼山、南长涂小山屿，与高场湾沙滩相连。海滩。因滩长面南而得名。长2千米，宽200米，面积约0.4平方千米。由细砂组成，沙质细软洁净，倾斜平缓，夏日水清，北风时浪平，附近水深0.5～4米，是海浴和水上运动的理想场所，现已开发为滨海浴场。有公路通县城菜园镇及岛上各乡镇，交通便捷。

龙潭岙涂 (Lóngtán'ào Tú)

北纬30°25.3′，东经122°21.1′。位于舟山市岱山县衢山岛南部，东起黄泥坎村，西至泥螺山东北端山嘴间的岙内滩涂。潮滩。因该滩位于大、小龙潭岙村附近的岙口处而得名。为不规则半圆形，长1.6千米，最宽处1千米，最窄处400米，面积约1.02平方千米。淤泥质。岙口内为渔船避风处。

万良岙涂 (Wànliáng'ào Tú)

北纬30°25.1′，东经122°23.9′。位于舟山市岱山县衢山岛东部，北起田涂村竹长南端，南至万北村旱门岙口。潮滩。因万良岙原为外地渔船避风岙口，滩因岙而得名。呈多边形，南北走向，长1千米，宽600米，面积约0.5平方千米。淤泥质。滩西、北各有一条长400米和200米的防浪堤。岙内为渔船避风处。

后沙洋涂 (Hòushāyáng Tú)

北纬30°19.0′，东经122°13.2′。位于舟山市岱山县岱山岛东部沙洋海塘外，北起石鹅山（古名鹿栏山）东麓黄嘴头，南至北峰山东麓大嘴头。海滩。因滩涂面积较大，似海洋，且位于塘外（当地称塘外为后），故名。又因该沙滩硬结如铁，别名铁板沙。南北走向，呈半圆形，长3.6千米，平均宽500米，面积约1.6平方千米。滩内侧干出高度3.5米，外侧水深0.3～0.5米，坡度平缓，主要由细砂组成。塘边种植白杨，长有水草。滩中段均为细砂，南北两段里侧为细砂，外侧为泥质涂。是天然海滨浴场。

庙后涂 (Miàohòu Tú)

北纬 30°15.9′，东经 122°13.5′。位于舟山市岱山县岱山岛东南部庙后头村庙后海塘外，面对岱山水道，北起南峰山东麓，南至大蒲门东部山嘴。潮滩。因近岸有庙后村而得名。半圆形，长 4.3 千米，最宽处 900 米，面积约 3.5 平方千米。涂内侧干出高度 2.2～2.3 米，外侧水深 0.5～0.8 米。该滩坡度平缓，淤泥质，宜发展盐业与水产养殖。涂南段有高度 2.9 米的大礁，岩岸处有一洞穴，称仙人洞，洞深且大。南端大蒲门嘴有灯桩一座。滩近岸处建成笔直宽广的沿海公路，塘内县涤毛绒厂及众多民房曾均为涂地。建高亭盐场和养殖对虾场。

鱼山大涂 (Yúshān Dàtú)

北纬 30°18.1′，东经 121°56.9′。位于舟山市岱山县大鱼山岛西部，北起湖庄潭山嘴，中隔宫山嘴，南至狗头颈村西南端山岙。潮滩。因大鱼山岛四周均为滩涂，该滩面积大而得名。南北走向，长 3.5 千米，最宽处 1.2 千米，最窄处 150 米，面积约 2.32 平方千米。泥质底。产泥螺、海瓜子等。湖庄潭山嘴旁为船舶停靠处。

千步沙 (Qiānbù Shā)

北纬 29°60.0′，东经 122°23.5′。位于舟山市普陀区普陀山岛东岸朝阳洞与碧峰洞之间。海滩。因沙滩较长，在千步以上，故名。呈长方形，向东缓倾，长约 1.3 千米，宽约 180 米，低潮时出露面积约 0.23 平方千米。由细砂组成，沙质纯细，为普陀山岛上最大的沙滩。滩面宽阔平缓，沙质柔软细净，北端有一巨石植根沙间，水落则石出，上刻"听潮"二字，向上有石阶通往望海亭。已开辟海滨浴场和海上娱乐中心，是普陀山主要景点之一。

糯米团涂 (Nuòmǐtuán Tú)

北纬 29°54.3′，东经 122°21.3′。位于舟山市普陀区朱家尖岛西岸，北起钩鱼礁，南至小岙山嘴，东为朱家尖岛西岸，西为福利门。潮滩。因东侧岸糯米团村而得名。呈长方形，向西缓倾，长约 4.7 千米，宽 0.35～1 千米，面积约 3.3 平方千米。由淤泥组成。产泥螺、弹涂鱼、望潮、泥蚶等。部分已开发为养殖池，养殖蛏蛭、泥蚶。

千步大沙 (Qiānbù Dàshā)

北纬 29°49.1′，东经 122°17.7′。位于舟山市普陀区桃花岛东岸龙头坑与邹家塘之间。海滩。因滩较长，在千步以上，习称千步沙，因是三个同名千步沙中面积最大的一个，故名。当地亦有大沙之称。呈长形，向东北倾，长约 1.3 千米，宽约 300 米，低潮时出露面积约 0.38 平方千米。由细砂组成，沙层厚，上部有少量黑松，沙较粗，下部较细，质纯。曾有专设机构开发沙资源，销往本区和宁波、上海等地作建筑材料。

积峙涂 (Jīzhì Tú)

北纬 29°43.0′，东经 122°06.0′。位于舟山市普陀区六横岛西南岸，西起黄头山湾刀嘴，东至沙头山嘴。潮滩。因涂沿岸中部积峙山而得名。略呈月牙形，向南缓倾，长约 5.8 千米，宽 0.25～1.1 千米，面积约 3.8 平方千米。由淤泥组成。产沙蟹、泥蚶、蛤蜊等。涂间养殖蛏、坛紫菜。

三北浅滩 (Sānběi Qiǎntān)

北纬 30°21.3′，东经 121°15.7′。地跨宁波市余姚市和慈溪市。潮滩。因浅滩曾在原镇海、慈溪、余姚三县北部，俗称"三北"，故名。呈月牙形，东西长 54 千米，南北最宽处 12.5 千米，面积 367.5 平方千米，是浙江省最大的滩涂。由淤泥组成，母质为浅海沉积物，表面有一层黄色油泥层，是海生动物生长、繁殖的场所。海生物有泥螺、蛤、沙蟹等。已围垦的涂地除有三棱草、大米草、成草、芦苇等外，已开始种植棉、水稻。近年来利用涂地挖塘养鱼，已取得明显的经济效益。浅滩西端有船舶停靠码头，通航江苏、安徽等地。

镇北涂 (Zhènběi Tú)

北纬 29°58.8′，东经 121°43.5′。位于宁波市镇海区甬江河口西北。海滩。因在镇海县（今镇海区）北部而得名。又因在甬江下游以北，亦称江北涂。长 16.5 千米，宽 1.5 千米，面积 20.84 平方千米。地面平坦，面积大，而且还在向东北方向扩大。由泥质粉细砂组成。产蟹、虾、蛤蜊和弹涂鱼等。具有围垦为种植及发展滨海工业用地价值。已围地面积 16.67 平方千米，作镇海炼油厂、镇海港区等用地。

洋嵩涂 (Yángsōng Tú)

北纬 29°43.4′，东经 121°52.7′。地跨宁波市北仑区和鄞州区。潮滩。因该滩东北起自北仑区洋沙山，西南至鄞州区大嵩江河口，由洋沙山、大嵩江各取一字而得名。长 9.2 千米，宽 2.3 千米，面积 19.6 平方千米。该滩由泥质粉砂和淤泥组成。产泥螺、弹涂鱼、蟹、虾等，人工养殖蛏子、蚶子、毛蚶、紫菜等。涂面平坦，面积较大，具有围垦成盐田、棉田及养殖海产品的经济价值。

铁狮涂 (Tiěshī Tú)

北纬 29°29.3′，东经 121°28.0′。地跨宁波市宁海县和奉化市，处象山港尾端，南起宁海县凫溪河口，北至奉化市黄熊河口，东濒铁江，西为大陆海岸线。潮滩。因滩位于狮子口内，铁江西岸，于 1985 年取两名首字而得名。呈狭长带状，长约 18 千米，宽约 2.5 千米，面积约 51.75 平方千米，干出 0.5～1.9 米。该滩微向东倾，除双山周围和近岸带略有砂砾分布外，大部分系黑色淤泥，大潮时淹没。产牡蛎、毛蚶、泥蚶和青蟹、短蛸等，尤以牡蛎为最。此涂开发早，宋朝就有居民在此从事牡蛎养殖，清光绪《宁海县志·卷二》载："宋季冯进士唐英避乱隐此（滩中双山附近），见岸边牡蛎盛生，教居民聚石养之，至今犹利。"大部滩涂已开发利用，成为贝类养殖区。

水湖涂 (Shuǐhú Tú)

北纬 29°04.2′，东经 121°55.4′。位于宁波市象山县水湖涂村西南侧，大南田涂南侧，南田岛西南海岸，西北至炮台山，东南至腰嘴头。潮滩。因靠近水湖涂村而得名。略呈梯形，长约 3 千米，宽约 2.3 千米，面积约 5 平方千米。由淤泥组成，近岸略带泥沙。涂内有 2 个小岛和 1 个礁。产有青蟹、泥螺、佛手等。

长滩 (Cháng Tān)

北纬 29°08.2′，东经 121°46.7′。位于宁波市象山县高塘岛西端至西北海岸，介于岳井洋与三门湾之间，南起坑头，向北至东延伸到三门口。潮滩。因其为高塘岛岸最长的滩而得名。略呈弯月形，长 5 千米，最宽处约 1.25 千米，面积 3.17 平方千米。该滩多为淤泥。产有青蟹、泥螺、蛤蜊、白虾等海生物。

下洋涂 (Xiàyáng Tú)

北纬 29°09.1′，东经 121°43.4′。位于宁波市宁海县三门湾北部，包括满山水道以北，青珠乡保卫塘以南地域。潮滩。下洋涂名由来已久，很早以前，该涂以北靠大陆处均系泥涂，此地一片汪洋，深不可测，当地村民称此地为涂下洋。随着自然界的变迁，大陆径流带来大量泥沙入海，在潮流等因素作用下在此沉积，使涂不断上涨，渐成今状，当地村民遂改称为下洋涂。微向南倾，呈半圆形，东西长 10.5 千米，南北宽 5.5 千米，面积 49.65 平方千米，干出高度 0.5～1.8 米，为宁海县面积最大的滩涂。由淤泥组成。盛产蛏子、青蟹、白蟹、泥螺等，尤以长街蛏子最具特色，是浙江省蛏子重点产区之一。下洋涂围垦工程由宁波市发改委批准立项，2007 年 11 月正式开工建设，围垦面积 36 平方千米，工程堤线总长约 18 千米。下洋涂围成后，可建成约 26.67 平方千米耕地，可供发展种植和海水养殖业。

晏站涂 (Yànzhàn Tú)

北纬 29°07.3′，东经 121°33.2′。位于台州市三门县海游港中段北侧，南北界于海游港与正屿港之间，东接烂漫涂，西邻大庵岛。潮滩。因西北晏站村而得名。略呈长方形，长约 3 千米，宽约 2 千米，面积约 5 平方千米。高潮时水深 3.9 米以下，低潮时干出高度 5.6 米以上。淤泥质，由西侧大陆沿岸和海游港、正屿港洪流夹带的泥沙在花鼓岛以西波影区沉积形成。产泥螺、蛤蜊、青蟹、毛蚶等。正屿港西端、晏站村附近港区盛产虾虮，部分养殖海带。

蛎江滩 (Lìjiāng Tān)

北纬 29°00.8′，东经 121°32.5′。位于台州市三门县健跳港西南端，伸入内地，西起下罗山，东至箬帽山，南起西郭村西北，北至铁强村之东。潮滩。因盛产牡蛎而得名。别名大泥。略呈梯形，长约 4.5 千米，宽约 2.25 千米，面积约 6.96 平方千米。干出高度 1.6～3.6 米，水深 4.9～6.9 米。四周多砂砾。产牡蛎，中间多淤泥，养殖蛏子。北侧渔头山附近建有牡蛎养殖场。铁强村与健跳间有定期航班，候潮对开。东山东麓与长山嘴间有人渡。

洋市涂 (Yángshì Tú)

北纬 29°01.8′，东经 121°39.8′。位于台州市三门县，南起上洋村，北至门头嘴，西起洋市村，东至东嘴头。潮滩。因位于洋市湾海岸而得名。略呈半圆形，长约 3.5 千米，纵深约 2.5 千米，面积约 4.3 平方千米，干出高度 1.6～3.6 米。由淤泥组成。近岸有宽约 15 米的沙石带，有海生弹涂、望潮、泥螺、花蛤等。辟有涂田约 1 平方千米，养殖蛏子。

下栏涂 (Xiàlán Tú)

北纬 28°55.7′，东经 121°32.9′。位于台州市三门县羊峙港西南侧，花桥港东南端，东接浦坝涂，西至红旗塘坝，南为下栏塘，北濒花桥港。潮滩。因南邻下栏塘而得名。呈不规则长条形，西北—东南走向，长约 4.5 千米，宽约 1 千米，面积 4.44 平方千米。高潮时水深 3.9 米以下。淤泥质，由花桥港上游的花桥溪和吴都港的潮流夹带泥沙淤积而成，泥质细黏。养殖蛏子、花蛤等。

浦坝涂 (Pǔbà Tú)

北纬 28°54.8′，东经 121°35.2′。位于台州市三门县浦坝港南侧沿岸，西连下栏涂，东至七干涂，南靠浦坝塘，北临浦坝港。潮滩。因南岸之浦坝村而得名。呈不规则长条形，长约 4 千米，宽约 1.1 千米，面积约 4.32 平方千米。该滩由淤泥组成，质地细黏。养殖蛏子、花蛤等。高潮时水深 3.9 米以下。涂南岸浦坝渡口与港北岸小湾渡口设有机渡，候潮南北横渡浦坝涂与浦坝港。

七干涂 (Qīgān Tú)

北纬 28°52.3′，东经 121°39.2′。位于台州市三门县扩塘山南，夹礁塘东北，西接浦坝涂，东濒白带门，南至洞港闸以南的水壶甩口，北临浦坝港。潮滩。因取涂南侧的七头山和干头嘴两首字而得名。呈不规则长条形，长约 7 千米，宽约 2.5 千米，最狭处约 250 米，面积约 7 平方千米。由浦坝港和洞港上游夹带的泥沙，在潮汐作用下于干头嘴一带淤积而成，干出高度约 5.6 米，淤泥质地细黏。养殖蛏子、花蛤等。

北洋海涂 (Běiyáng Hǎitú)

北纬 28°45.5′，东经 121°39.7′。位于台州市临海市白沙岛以北，柱头山岛以南海域。潮滩。按当地通称，以白沙为界，其北面广大海滩均称北洋海涂。南北长约9.3千米，东西宽约5.9千米，面积约42.5平方千米。形似半月形，泥质，滩涂在不断向外扩展。西部经筑堤围垦，十余年来建起许多新村，开河、修船、造田、种植棉花、柑橘等，并产盐。东部尚未开垦的大片滩涂上，产泥螺、沙蟹、弹涂鱼等海生动物，部分海涂已养蛏。滩涂外侧已修筑拦海堤坝。

南洋海涂 （Nányáng Hǎitú）

北纬28°42.0′，东经121°35.6′。位于台州市临海市台州湾北面，白沙岛西南，椒江口北侧。潮滩。按当地通称，以白沙为界，其南面广大海滩均称南洋海涂。东西长约16千米，南北宽约3.2千米，面积约28平方千米。形似长刀，向南倾斜。泥质。产泥螺、沙蟹等海生动物。北部建有盐场，南部海域为台州湾航道。

台州浅滩 （Tāizhōu Qiǎntān）

北纬28°36.5′，东经121°33.4′。地跨台州市椒江区和路桥区，北起临海市东南，经椒江区东部沿海，至黄岩区东北部止。潮滩。因位于台州湾海岸而得名。呈带状，紧连大陆，长29千米，宽4千米，面积约110平方千米。滩涂松软，泥深0.6米。水质肥沃，浮游生物丰富，饵料充足，是贝类产卵、育苗、栖息生产的理想场所，盛产蚶、蛏和对虾。盐业资源丰富，已利用滩涂晒盐，并可种植大米草，滩涂围垦后栽种柑橘等，开发前景良好。

东片涂 （Dōngpiàn Tú）

北纬28°26.6′，东经121°36.6′。位于台州市温岭市，北起金清港、白果山一带，接黄岩区所辖海涂，南至龙门岛、大娄岛、罾浜头，西濒大陆，东临大海。潮滩。因位于温岭市东部海滨而得名。呈不规则长条状，长约14千米，平均宽约4千米，面积约50平方千米。涂内中部横列小熨斗礁、熨斗屿、大鳖屿等岛礁，隔为南北两部。底质为淤泥，大潮高潮时尽淹。产沙蟹、弹涂鱼、短蛸（望潮）、泥螺等，并有人工养殖的蛏、花蚶等。该涂为温岭市主要围垦区，其西濒接的陆地亦为海涂围垦而成。1975年开始围垦东海塘，围成后围垦面积占该涂的大部分。

箬苍滩 (Ruòcāng Tān)

北纬 28°16.0′，东经 121°35.2′。位于台州市温岭市隘顽湾东北部，石塘渔港西北，西濒大海，北起杨柳坑岛至大黄泥塘堤，东依石塘山西麓，南止箬山镇外箬嘴。潮滩。因东、南、北分靠箬山镇、苍岙乡并为其共有，各取首字而得名。呈半圆形，南北宽 1 千米，东西纵深约 1.05 千米，面积约 2 平方千米。近岸有沙石带分布，宽约 20 米，外侧淤泥。大潮时滩涂尽淹，生长弹涂鱼、望潮、泥螺、海螺、沙蟹、青蟹等。另有人工养殖的紫菜。滩沿曲折，涂内有狗头颈、小红屿（原为小岛，今连大陆）、里箬等岬角伸入。因其三面环陆，为天然避风场所，每当台风来临，石塘镇、箬山镇、苍岙乡等地船只大多云集于此。滩畔有公路环绕，沿线渔村毗接。渔民在开发海涂养殖的同时，亦发展海产品加工冷藏业。

东浦涂 (Dōngpǔ Tú)

北纬 28°18.9′，东经 121°30.8′。位于台州市温岭市隘顽湾北部，南临大海，石塘渔港西北，西起乌龟屿（前称渡浦屿），东至杨柳坑岛一带。潮滩。因位于东浦新塘以南而得名。呈长方形，长约 12 千米，宽约 4 千米，面积约 50 平方千米。该滩涂间仅一岛屿，余均为淤泥，大潮高潮时尽淹。产沙蟹、蛏、泥螺、弹涂鱼等，人工养殖蛏、花蚶。长有大米草等。围垦的东浦农场（7.91 平方千米）、东浦新塘（5 平方千米）等，已改造为水稻田或橘园。

大闾涂 (Dàlǘ Tú)

北纬 28°17.5′，东经 121°25.4′。位于台州市温岭市隘顽湾西部，东南濒海，近半椭圆形，西起南门涂，东至乌龟屿一带，北自旗头山，南抵犁头嘴。潮滩。因形得名，其地群山环峙，濒临海湾，内为谷地，外为滩涂，口似大门，自古即有大闾山、大闾港、闾港等地名，涂亦因此得名。清嘉庆《太平县志·地舆志》载："……潮入山岸皆满，退则泥涂数里，俗称大闾涂。"长约 5 千米，宽约 4 千米，面积约 17 平方千米。底质为淤泥。涂间有城南担屿、乌龟屿、大闾小屿、黄牛礁等。盛产沙蟹、弹涂鱼、海螺等，人工养殖蛏、牡蛎。西近岸处已围垦成国庆塘，面积约 2.68 平方千米，初植棉花，今已开辟为果基鱼塘，为浙江省科学技术委员会、县农业局、水产局之联合试点。涂间曾发现古代废箭镞，被视为明代抗倭古战场之一。

漩湾西涂 （Xuánwān Xītú）

北纬 28°08.7′，东经 121°16.4′。位于台州市玉环市，南起海蜇吞岬角，北至漩门大坝，东临漩门湾，西为人民塘。潮滩。因位于漩门湾西侧而得名。长约 8.5 千米，宽约 3.5 千米，面积 29.75 平方千米。泥滩。干出高度 1～3.3 米。产河蟹、泥螺等。大部养殖蛏子、蚶类。自 1978 年漩门港筑坝堵口后，淤积较快，滩涂日趋增高。

楚南涂 （Chǔnán Tú）

北纬 28°16.3′，东经 121°13.6′。位于台州市玉环市楚北涂南侧，以堤坝分隔，南自漩门港，北至苔山村，东起玉环市中山村至凡海村西侧，南至乐清湾。潮滩。因位于楚门半岛西南部而得名。长约 4.8 千米，宽约 5.5 千米，面积约 26.4 平方千米。由软泥组成，干出高度 2～3.8 米。洞善河、九眼闸入海之水汇成一港，流经滩涂，排入乐清湾，把滩涂分为两个不规则三角形。产河蟹、泥螺等。养殖蛏子、蚶类等。东部滩涂紧靠陆地处，有部分已围堤垦种。

楚北涂 （Chǔběi Tú）

北纬 28°17.6′，东经 121°13.6′。地跨台州市玉环市和温岭市，介于苔山岛与大陆之间，南自玉环市大青岛、苔山村，北至温岭市大坑村，东起玉环市凡海村至温岭市大坑村西侧，西至乐清湾。潮滩。因位于楚门半岛西北部而得名。长约 5.1 千米，宽约 4 千米，面积约 20.4 平方千米。涂为软泥，干出高度 0.5～2.5 米。涂上种有大米草，可放养鹅、鸭，养殖蛏子、蚶类等。1966 年开始在玉环市和温岭市围涂面积约 6.7 平方千米，现已垦种，作物有番薯及文旦、柑橘等果木。

横床后涂 （Héngchuáng Hòutú）

北纬 28°16.9′，东经 121°10.1′。地跨台州市玉环市和温州市乐清市，位于大横床岛北部，西门岛南部，乐清湾北部，白溪港水道东侧。潮滩。因位于横床村北方，当地习称"北"为"后"，故名。呈不规则椭圆形，长约 6.5 千米，宽约 3.75 千米，面积约 24.4 平方千米。软泥，干出高度 1 ～ 3.8 米。产沙蟹、泥螺等。养殖蛏子及蚶类。

白溪港涂 (Báixīgǎng Tú)

北纬 28°18.6′，东经 121°08.7′。位于温州市乐清市白溪港水道西侧，乐清湾北部湾顶，清江河口以北，北起乐清市湖雾乡海岸，南至清江河口北岸。潮滩。因滩涂东侧白溪港水道而得名。长 26.5 千米，宽 0.1 ～ 2.8 千米，干出高度 0.3 ～ 4.8 米，面积约 28.4 平方千米。沿岸有三界溪、蒲溪等淡水注入。该滩除北段有少量砂砾结层和砂砾滩地外，其余均为海相堆积而成的软黏泥涂。为乐清市重要的海涂水产养殖区，主要养殖蛏、蚶、牡蛎三大贝类，尤以蛏苗产量为最，近几年围塘养殖对虾。

清江涂 (Qīngjiāng Tú)

北纬 28°15.9′，东经 121°07.4′。位于温州市乐清市清江口南侧，小横床岛以西，呈 "1" 字形，西起方江屿围垦大坝，沿清江南岸向东至清江口，再沿河口西岸向南伸至东山头岬角。潮滩。因位于清江口南岸而得名。长 9 千米，宽 100 ～ 750 米，面积 2.81 平方千米。由淤泥组成，干出高度 0.4 ～ 5 米，系海相堆积软黏泥涂。为乐清市著名牡蛎养殖地段，以方江屿大坝至清江口为重点，由清江口至东山头一带，主要养殖蛏、蚶和对虾。温州市水产研究所养殖基地设在此处。1979 年引进的日本太平洋真牡蛎也在此放养。

黄岙涂 (Huáng'ào Tú)

北纬 27°57.1′，东经 121°04.3′。位于温州市洞头县大门岛西南侧，温州湾与北水道之间，东起潭头码头，西至下乌仙嘴头。潮滩。相传早年该泥沙滩黄沙较多，称该岙口为 "黄大岙"，滩因此得名。长约 1.1 千米，入口处宽 4.2 千米，面积约 3.16 平方千米（不包括已围垦海涂）。由淤泥组成，干出高度 1.8 ～ 3.5 米。自然生长泥螺、花蛤等。

桐岙涂 (Tóng'ào Tú)

北纬 27°52.1′，东经 121°03.5′。位于温州市洞头县洞头列岛霓屿岛西北部，东起浅门山，西至网寮鼻。潮滩。因该滩涂地处桐岙村前而得名。长 5.4 千米，最大宽度 1.2 千米，面积约 4.45 平方千米。由淤泥组成，干出高度 0.9～2 米。

半屏涂 (Bànpíng Tú)

北纬 27°48.4′，东经 121°08.1′。位于温州市洞头县半屏岛西北部，洞头列岛黑牛湾南岸，东起娘娘洞尾（岬角），西南至拨浪鼓屿。海滩。因位于半屏岛西北侧而得名。长 3.1 千米，宽 700 米，面积约 2.05 平方千米。近岸大部为沙滩分布，宽约 20 米，外侧为沙泥滩，最大干出高度 0.8 米，沿岸细砂为优质建筑材料。

飞鳌滩 (Fēi'áo Tān)

北纬 27°37.3′，东经 121°40.1′。位于温州市平阳县。潮滩。因在飞云江口及鳌江口之间，取两江口首字而得名。东北—西南走向，长 12 千米，宽 0.4～7.6 千米，总面积 70 平方千米。滩中有小洋山屿和杨屿山两岛屿，滩外海区为我国最大潮差区之一，滩上平均潮差均在 4 米以上。滩涂由黏土质粉砂组成，属堆积平原岸滩，其中母质土为全新世浅海沉积物，含盐量较高，质地黏重，呈碱性。高潮滩带生长盐生沼泽植物。中潮滩带生长硅藻类生物。飞云江、鳌江输出饵料，浮游生物丰富，产贝类、甲壳类及鱼类，有蛏蜅、蛏、蛤、牡蛎、蟹、螺等。中滩、低滩养殖蛏、毛蚶、对虾等。

南涂 (Nán Tú)

北纬 27°32.9′，东经 120°36.9′。位于温州市苍南县鳌江口以南，北起鳌江口南岸，南至琵琶山脚，西起龙江、白沙、海城、芦浦和船艚五乡镇海岸，东至鳌江口与长腰山一线航道。潮滩。因"江南涂滩"简称而得名。长 11.25 千米，宽 3～8.6 千米，面积约 47.25 平方千米。由粉砂质淤泥组成，由大陆径流带来大量泥沙入海，在潮流影响下于近岸淤积而成。滩涂内侧筑有长堤，最里一道有防护林带。涨潮时海水涌至外堤，望之一片汪洋，潮落时滩涂全部出露，产弹涂鱼、虎鱼（花阑）、泥螺、螺蛳、蟛蜞、蛏蜅、沙蚕等。

第五章　半　岛

穿山半岛 (Chuānshān Bàndǎo)

　　北纬 29°34.7′—30°00.1′，东经 121°40.5′—122°08.3′。位于宁波市东部，主要在北仑区，面积 839.44 平方千米。地势多为丘陵，有小面积滨海海积平原分布，开辟滨海风情游览区。

强蛟半岛 (Qiángjiāo Bàndǎo)

　　北纬 29°23.1′—29°29.5′，东经 121°25.9′—121°32.0′。位于宁波市宁海县，主要位于强蛟镇。因半岛北头的强蛟乡（今强蛟镇）而得名。面积 43.9 平方千米。开辟强蛟半岛度假旅游区，主要包括 12 个岛屿和强蛟镇。旅游项目有横山岛宗教朝觐、海岛生态休闲度假、中央山岛生态休闲与野营基地、铜山岛海岛探奇等。

象山半岛 (Xiàngshān Bàndǎo)

　　北纬 29°09.5′—29°38.7′，东经 121°29.2′—121°59.6′。位于宁波市象山县。因位于象山县而得名。面积 1 579.82 平方千米。东南有韭山列岛、檀头山岛、南田岛作屏障，三面环海，只有西部狭窄区域与大陆相连。海岸曲折，港汊密布。南侧石浦港是重要渔港。

石塘半岛 (Shítáng Bàndǎo)

　　北纬 28°14.9′—28°21.3′，东经 121°32.8′—121°39.9′。位于台州市温岭市，主要包括石塘镇和松门镇。因半岛上的石塘山（今石塘镇）而得名。面积 60.47 平方千米。已开发石塘半岛旅游区。

楚门半岛 (Chǔmén Bàndǎo)

　　北纬 28°08.3′—28°23.7′，东经 121°11.8′—121°27.8′。位于台州市温岭市和玉环市。因半岛上楚门（今楚门镇）而得名。面积 409.25 平方千米。

霞关半岛 (Xiáguān Bàndǎo)

北纬 27°10.0′—27°13.9′，东经 120°27.0′—120°31.2′。位于温州市苍南县，主要位于沿浦镇和霞关镇。因半岛南端霞关（今霞关镇）而得名。面积 29.38 平方千米。

第六章　岬　角

牛角尖（Niújiǎo Jiān）

北纬 30°35.3′，东经 121°03.9′。位于嘉兴市平湖市灯光山东南山脚，东为唐家湾与上海石油化工总厂原油码头相遥望，西和灯光山咀相隔并列。因形似牛角而得名。长约 210 米。牛角尖上设有航标，专为油轮导航。

稻棚嘴头（Dàopéngzuǐ Tóu）

北纬 30°51.0′，东经 122°39.9′。位于舟山市嵊泗县花鸟山岛西部，为高地村外山岗向海延伸的岬角。因岬角尖端旁的稻棚屿而得名。长 450 米，面积 0.06 平方千米，海拔 43.5 米。底沿有许多岩石。长有茅草，植黑松。辟有小块山地，种植番薯。

猢狲嘴头（Húsūnzuǐ Tóu）

北纬 30°50.5′，东经 122°41.1′。位于舟山市嵊泗县，系花鸟山岛前坑顶南坡延伸入海的岬角。因猢狲穴居的传说而得名。长约 300 米，面积约 0.12 平方千米，海拔 124 米。表土稀薄，长有茅草，间植稀疏黑松。

横栏嘴（Hénglán Zuǐ）

北纬 30°44.1′，东经 122°48.8′。位于舟山市嵊泗县嵊山后头湾和箱子岙湾之间，向北突出。因岬角横拦阻隔两港湾而得名。南北走向，长 600 米，面积约 0.02 平方千米，海拔 43 米。植有黑松、剑麻，种植少量番薯、玉米。

北风嘴（Běifēng Zuǐ）

北纬 30°43.3′，东经 122°46.0′。位于舟山市嵊泗县枸杞岛西北部，自海拔 120.1 米山峰向北延伸入海。因该岬角位于北风口而得名。面积约 0.01 平方千米。植有黑松。

南龙舌嘴（Nánlóngshé Zuǐ）

北纬 30°42.0′，东经 122°47.2′。位于舟山市嵊泗县，系枸杞岛最南端两山嘴中居东者，东南有洞礁。因岬角外伸似舌，又居岛南端，故名。长 350 米，面积 0.03 平方千米，海拔 43.5 米。植被多茅草，间植有黑松。

里西嘴 (Lǐxī Zuǐ)

北纬 30°41.9′，东经 122°46.7′。位于舟山市嵊泗县枸杞岛南端。因近里西村而得名。面积 0.02 平方千米，海拔 97.7 米。长有黑松和茅草。西南建有石油专用码头一座。嘴南 500 米处有一门前礁。

小菜园嘴头 (Xiǎocàiyuánzuǐ Tóu)

北纬 30°43.9′，东经 122°27.7′。位于舟山市嵊泗县泗礁山岛北端。因系菜园镇东北部延伸入海的小山，故名。呈椭圆形，向北延伸入海，面积约 0.03 平方千米，海拔 41.8 米。长有茅草并植少许黑松。顶部建灯桩，西侧海域为锚地，岸边有堤护岸可泊船，设有港务监督站。周围水深 2～3.5 米，东北建有向东北海域延伸 120 米的客货石油组合码头。菜园镇海滨路终此。

穿鼻洞山嘴 (Chuānbídòngshān Zuǐ)

北纬 30°41.5′，东经 122°27.6′。位于舟山市嵊泗县泗礁山岛南端。因山体有一东西横贯长 9 米，宽 2 米，洞口东高 5 米，西高 3 米的奇特天然石洞，故名。长 700 米，面积 0.2 平方千米，海拔 103.7 米。上植黑松，长有野生灌木、茅草。岬角和南侧附近海中的花烛龙屿、花烛凤屿等组成天然景点。

大钳嘴头 (Dàqiánzuǐ Tóu)

北纬 30°40.8′，东经 122°33.5′。位于舟山市嵊泗县大黄龙岛北端。因该岬角狭长，岸线曲折，形似大螯（螃蟹等节肢动物的第一对脚，形状像钳子），故名。别名龙头岗、大峙指头。面积约 0.63 平方千米，海拔 28.3 米。植被为茅草。上建有灯塔。

东劈坎嘴 (Dōngpīkǎn Zuǐ)

北纬 30°24.9′，东经 122°22.3′。位于舟山市岱山县衢山岛南岸。因岩壁陡峭，似斧劈刀削，又位西劈坎东，故名。呈三角形，东西走向，长约 450 米，宽约 300 米，面积约 0.09 平方千米，海拔 60.3 米，由熔结凝灰岩构成。东西南三面岩岸陡峭。长有松树、小竹，多为茅草。并有荒地多处。设灯标一座，东北近处有一座 50～60 吨级水泥码头。西侧为泥涂。

长白岛外湾山嘴 (Chángbáidǎo Wàiwānshān Zuǐ)

北纬 30°11.8′，东经 122°01.9′。位于舟山市定海区长白岛北岸，大满涂与小满涂之间。现用名称外湾山嘴，因与省内其他岬角重名，更为今名。西北 — 东南走向，长 100 米，宽 40 米，海拔 13.2 米。坡度和缓，表层已垦为坡地。

外跳山嘴 (Wàitiàoshān Zuǐ)

北纬 30°09.0′，东经 122°01.2′。位于舟山市定海区舟山岛北岸，大沙镇峙吞塘村北。自西向东北延伸，长 150 米，宽 50～100 米，海拔 22 米。脊部和缓，红壤发育良好，长有松树。山嘴东北端建有峙吞塘码头。

贺家山嘴 (Hèjiāshān Zuǐ)

北纬 30°08.8′，东经 121°00.2′。位于舟山市定海区舟山岛北岸，大沙乡大沙头村西，山嘴自南向北延伸，西侧临海，东侧已筑堤围涂成地。长 100 米，宽 90 米，海拔 27 米。山坡和缓，长有松林。东坡因采石已成陡壁。

游头山嘴 (Yóutóushān Zuǐ)

北纬 30°08.9′，东经 121°59.6′。位于舟山市定海区舟山岛北岸，大沙镇北端，系大港山北端延伸部分。为上游头山嘴、下游头山嘴和小游头山嘴的合称，三个岬角自西向东排列，由南向北延伸，其间形成两个小海湾。上游头山嘴位于西部，形粗短，长、宽均为 50 米，多裸岩，海拔 15.5 米；下游头山嘴居中部，长 70 米，宽 20～40 米，坡和缓，仅西海岸有陡崖；小游头山嘴位于东部，形狭长，长 170 米，最宽处 80 米，多陡崖，顶端有岩滩，海拔 30.3 米，嘴外海域有急流，山嘴东建有渡口。

西江嘴 (Xījiāng Zuǐ)

北纬 30°08.7′，东经 121°57.3′。位于舟山市定海区大沙镇北端，西凸于菰茨航门。因位于原马目港西端，江在方言中是"港"的通假字，故名。面积 0.12 平方千米，海拔 58.1 米。岬角南北两侧均为海涂。表层为黄土，底层由岩石组成。长有小松树及茅草。动物有老鼠、蛇等。种植番薯、麦子等作物。1977 年，马目渔业村在嘴外建码头 1 座。岬角东南方为宫前和马目渔业两村民委员会驻地。

短礁头山嘴 (Duǎnjiāotóushān Zuǐ)

北纬 30°06.6′，东经 121°58.8′。位于舟山市定海区舟山岛西北岸，烟墩乡中南部，响叫门北端。呈串茧状，近东西向，长 600 米，宽 300 米，三隆丘，中部海拔 33.5 米。顶部和缓，侧坡稍陡，长有稀疏黑松。短礁向海伸出部分称短礁山嘴，长 400 米，最宽 120 米。顶端呈圆弧形，山嘴外有激流，东南侧有码头和埠头。

定海棺材山嘴 (Dìnghǎi Guāncaishān Zuǐ)

北纬 30°03.9′，东经 121°59.4′。位于舟山市定海区岑港镇中钓山岛南端尽处。因形似棺材故名棺材山嘴，因与省内其他岬角重名，更为今名。呈锐形，南北走向，长 90 米，宽 80 米。脊部缓和，两侧有海蚀陡崖。嘴端建有灯桩。

老塘山嘴 (Lǎotángshān Zuǐ)

北纬 30°03.1′，东经 121°59.1′。位于舟山市定海区舟山岛西岸，岑港镇南端，为老塘山向海延伸部分。因位于老塘村附近而得名。形粗短。坡度 20° 左右。土层较薄，长有稀疏黑松。山麓有公路通老塘山码头。

北山嘴 (Běishān Zuǐ)

北纬 30°03.7′，东经 121°53.9′。位于舟山市定海区金塘岛山潭乡，东堠村东北侧。东西走向，长 400 米，宽 300 米，海拔 82.2 米。脊部和缓、浑圆，侧坡 25° 左右。北麓有海蚀崖，南麓有东堠码头。

雄鹤嘴 (Xiónghè Zuǐ)

北纬 30°00.9′，东经 121°50.9′。位于舟山市定海区金塘岛大丰镇黄泥坎村西北侧。因形似雄鹤头而得名。东北—西南走向，长 70 米，宽 60 米，海拔 20.5 米。山坡和缓。岬角外侧筑有环形海塘。

白兰石山嘴 (Báilánshíshān Zuǐ)

北纬 29°59.2′，东经 121°54.0′。位于舟山市定海区金塘岛东南岸大丰镇海洋村涨饭岙南侧。南北走向，长 130 米，宽 170 米，海拔 35 米。脊部和缓，侧坡较陡，长有松树。临海崖石已被开采。

蛇舌头 (Shéshé Tóu)

北纬 29°59.5′,东经 122°04.1′。位于舟山市定海区盘峙岛西岸。因形似舌状,侧有大蛇岙,故名。东西走向,长 250 米,宽 130 米,海拔 28.5 米。脊部和缓,多垦为坡地。

竺家山嘴 (Zhújiāshān Zuǐ)

北纬 29°59.0′,东经 122°04.0′。位于舟山市定海区盘峙岛西岸。东西走向,长 70 米,宽 60 米,海拔 17 米。基部筑有简易公路。

外尾巴山嘴 (Wàiwěibashān Zuǐ)

北纬 29°58.9′,东经 122°02.9′。位于舟山市定海区西蟹峙岛南端。因形而得名。南北走向,长 150 米,宽 120 米,海拔 25 米。脊部平缓,侧坡较陡。顶部建有西蟹峙灯桩。

冷坑山嘴 (Lěngkēngshān Zuǐ)

北纬 29°57.9′,东经 122°02.4′。位于舟山市定海区大猫岛北端冷坑北部。因位于冷坑北部而得名。又名月落山嘴。南北走向,长 200 米,宽 260 米。前端呈弧形,脊部平坦,侧坡缓和,多垦为坡地。

小湾山嘴 (Xiǎowānshān Zuǐ)

北纬 29°57.5′,东经 122°03.1′。位于舟山市定海区大猫岛东北岸。因南侧有小湾里村而得名。东北 — 西南走向,长 200 米,宽 100 米。1968 年筑成庵基岗海塘后伸展塘外仅 40 米,脊部平坦,侧坡和缓,前端有海蚀崖。

猫嘴巴山嘴 (Māozuǐbāshān Zuǐ)

北纬 29°56.2′,东经 122°02.0′。位于舟山市定海区大猫岛南岸。因形似猫嘴巴而得名。东北 — 西南走向,长 200 米,宽 130 米。脊部缓和,侧坡略陡,东南有海蚀崖。前端有螺头角灯桩。

唐家堂嘴 (Tángjiātáng Zuǐ)

北纬 29°57.3′,东经 122°05.3′。位于舟山市定海区摘箬山岛东北岸。三角状,东北 — 西南走向,长 80 米,宽 100 米,海拔 20 米。脊部平坦,已垦为坡地。

定海长山嘴 (Dìnghǎi Chángshān Zuǐ)

北纬29°56.4′，东经122°04.7′。位于舟山市定海区摘箬山岛西南岸。因山嘴较长故名长山嘴，因与省内其他岬角重名，更为今名。东北—西南走向，长150米，宽70米，海拔24.6米。20世纪70年代在此筑塘后，留在塘外部分仅长50米，宽15米，海拔6.1米，山坡平缓。

头颈鸟咀头 (Tóujǐngniǎozuǐ Tóu)

北纬30°11.0′，东经122°41.2′。位于舟山市普陀区庙子湖岛南端，青浜门西侧，黄兴门东侧，向南延伸入海。因形似鸟的头颈而得名。南北走向，长约1.12千米，面积约0.43平方千米，海拔80.7米。广布中生代花岗岩，三面岩岸较陡。黑松茂密，并有少量樟树、楝树，有耕地约0.02平方千米，种植番薯等。西侧有小型船厂，并有两处采石场。东约70米和西约200米处各有一干出礁。因处在中街山渔场进入东极港的航道附近，位置重要。

涂泥嘴 (Túní Zuǐ)

北纬29°57.3′，东经121°57.9′。位于宁波市北仑区大榭岛北端，向北延伸，西北300米处为涂泥门岛。因位于涂泥山北而得名。长180米，宽170米，面积0.03平方千米，海拔36.3米，由火山凝灰岩构成。上垦有旱地。植被为松树及茅草，野生动物有蛇、鼠。建有导航台一座。

长柄嘴 (Chángbǐng Zuǐ)

北纬29°54.6′，东经122°07.0′。位于宁波市北仑区穿山半岛东北部，向北延伸。因据说穿山半岛有十八嘴，其中此嘴最长，且狭长如柄，故名。1:50 000海图注为长柄子头。长370米，宽约80米，面积0.03平方千米，海拔21.2米，由火山凝灰岩构成。侵蚀海岸特征明显。植被为松树、茅草及少量灌木，垦有旱地，种植番薯。有助航标志。

和尚山嘴 (Héshangshān Zuǐ)

北纬29°54.3′，东经122°07.7′。位于宁波市北仑区，距长柄嘴东南1.5千米，洋小猫岛西偏北2.4千米，向东延伸。因下有岩石光滑似和尚头而得名。长260米，宽240米，面积0.05平方千米，海拔57米，由火山凝灰岩构成。侵蚀海岸特征明显。植被为松树、茅草及灌木。上建有北仑导航台，有公路盘山而上。

洋沙山嘴 (Yángshāshān Zuǐ)

北纬 29°45.0′，东经 121°54.7′。位于宁波市北仑区，距独落峙礁 2.3 千米，向南延伸。原是海中一岛，岛上多沙土，群众在山上放羊，称羊沙山，因山在海洋中，"羊"与"洋"同音，得岛名洋沙山。1967 年修筑海塘，洋沙山与大陆相连，形成岬角，故名。长 710 米，宽 260 米，面积 0.22 平方千米，海拔 68.9 米，由火山凝灰岩、砂岩构成。植被为黑松、茅草。曾垦有旱地种植花生、番薯等农作物，现已退耕还林。为宁波市重要旅游景区 —— 洋沙山景区，景区内沙滩沙质细腻，滩面宽阔，每年吸引众多游人。山嘴对面山顶有宁波市 GPS 基准点。

团塇嘴 (Tuánruán Zuǐ)

北纬 29°29.5′，东经 121°27.7′。位于宁波市宁海县象山港内，铁狮涂西侧，山峦连绵，山麓有大片耕地，由西向东延伸入铁狮涂。因近团塇村而得名。呈不规则长方形，长约 1.1 千米，面积 1.31 平方千米，海拔 39 米，由火山凝灰岩构成。长有楝树、泡桐树，有一个自然村，分农业、渔业 2 村。农业村主种水稻，兼营海涂养殖，有化工厂、玻璃分析器厂等企业。渔业村以海上捕捞、运输和养殖业为主，有水产加工厂、冷冻厂（库容 500 吨）等。

象山角 (Xiàngshān Jiǎo)

北纬 29°36.7′，东经 121°49.2′。位于宁波市象山县象山半岛之北，象山港南岸，黄家塘西角。因位于象山港岸边而得名。呈东北 — 西南走向，长 300 米，最宽处约 1 千米，面积约 0.2 平方千米，海拔 94 米，由火山岩构成。坡缓顶平，长有黑松，禾草茂盛。附近有浙江省对虾放流增殖暂养站。建有简易潮汐发电站。

路廊咀头 (Lùlángzuǐ Tóu)

北纬 29°09.9′，东经 121°57.9′。位于宁波市象山县韭菜湾与棺船湾交界处。因岬角位于两湾交界处，颇似路廊，故名。长 350 米，宽 2.5 千米，面积约 0.65 平方千米，海拔 46 米。上架有高空电线。

东白苙嘴 (Dōngbáijī Zuǐ)

北纬 29°13.3′，东经 121°34.5′。位于宁波市宁海县越溪乡，三门湾内白峤港与青山港之间。原为东白茇、西白茇等四岛，经围垦与大陆相连，遂成。因东白茇岛而得名。旧作白节山。呈长方形，由西向东南延伸入海，长 4 千米，宽 2.5 千米，面积 10 平方千米（其中塘地 6.5 平方千米），海拔 107.2 米，由火山岩构成。植被以松树为主，间有樟、枫、杉和芒萁、禾草等。围垦塘系红壤土，土层深而肥沃，地下水位高，质地黏，通水性能差。现种植棉花、麦、柑橘、番薯等。有 4 个自然村，以种植棉花为主，柑橘为辅，兼营海涂养殖和近海捕捞。

笔架山嘴 (Bǐjiàshān Zuǐ)

北纬 29°09.1′，东经 121°27.4′。位于台州市三门县，东、西界在大周塘与沙柳塘（1982 年围垦）之间，其地有大岩头、东山头等大小岬角 3 个。因岬角主体为笔架山自南向北伸入旗门港的突出部，故名。长约 1.5 千米，宽约 1.6 千米，面积约 1.85 平方千米。最高点基部笔架山海拔 347 米，向北倾斜，至前部将军山海拔 181 米，至东山头海拔 80 米。基岩为上侏罗统酸性火山碎屑岩，三面岩岸较陡，多裸露。山土多砂砾，长松树、芒萁等。山坡垦有旱地，种植小麦、番薯、马铃薯等。东有卢家塘村和卢家塘，东北有东头村和东头塘，东南有大周村和大周塘，西南有外黎村和长老塘。

猫头山嘴 (Māotóushān Zuǐ)

北纬 29°05.2′，东经 121°38.0′。位于台州市三门县田湾岛对面，高泥滩北岸，其地有乌龟嘴头、拦嘴头、老鹰嘴头、黄岩嘴头、八分嘴头 5 个小岬角。因岬角主体猫头山自西向东伸入蛇蟠水道与猫头水道之间的突出部分而得名。长约 2 千米，宽约 600 米，总面积约 0.88 平方千米，海拔 152 米，向东倾斜，至前部娘娘殿岗海拔 90.1 米。基岩多为上侏罗统 C 段第二亚段青灰色沉凝灰岩，突出部娘娘殿岗一带为上侏罗统 D 段流纹岩。各小岬角前端有连岸礁石。山上垦种大小麦、蚕豆、番薯等农作物。有少量松树，大部荒山，多长禾草、芒萁及橡子、荆棘等小灌木。附近浅海处养有紫菜。山顶设有测量三角点。

高湾山嘴 (Gāowānshān Zuǐ)

北纬 29°03.2′，东经 121°39.6′。位于台州市三门县下七市村之北，介于健跳港与洋市湾之间，周围分布鹰头、蛇头、门头嘴、柴爿花嘴、双沙嘴5个小岬角。因岬角主体高湾山自西向东北伸入狗头门的突出部而得名。长约2千米，宽约1.75千米，面积约2.27平方千米，海拔238米，基部多为上白垩统流纹质含角砾玻屑凝灰岩，西侧局部为第四系全新统海积层。置有测量埋石点。中部自南而北有高湾、中央塘2个自然村。建有高湾水库，灌溉西部粮田，东部辟有耕地，种植大小麦、番薯、马铃薯等。岬角西北濒健跳港和狗头门水道，为西入健跳港的屏障和导航目标，东临洋市涂。

牛山嘴 (Niúshān Zuǐ)

北纬29°01.1′，东经121°41.6′。位于台州市三门县渔西乡武曲村东南，草头村西北，介于石塘湾与鱼西涂之间，分布黄茅拦嘴、长拦嘴、小牛嘴、南嘴头、上牛脚、下牛脚6个小岬角。因岬角主体牛山从西向东伸入三门湾的突出部而得名。长3.2千米，宽约500米，面积约1.52平方千米，基部海拔168米，向东倾斜，至牛山海拔124.5米，置有测量三角点，向北倾斜，至黄茅拦嘴海拔58米，向南倾斜，至南嘴头海拔53.6米，由上白垩统流纹质含角砾玻屑凝灰岩构成。在牛山与南嘴头、小牛嘴之间有断坝。表层多沙土，长禾草，部分开垦，种植大小麦、番薯、马铃薯等旱地作物。南濒宫前湾，为该县主要养殖区之一。

白象山嘴 (Báixiàngshān Zuǐ)

北纬28°57.3′，东经121°42.5′。位于台州市三门县沿赤乡沈加王村东北处，介于山后湾与大域湾之间，岬角东南侧为山后涂，系岬角主体笔架山向东北伸入三门湾的突出部，其地有笔架山、白象山两座山和牛嘴头、鳗礁嘴、红岩嘴、馒头嘴4个小岬角。因中部之白象山而得名，传白象山原名百丈山，形容山高百丈，后谐音演变为白象山。故别名百丈山。嘴部呈凹形，长1.85千米，宽600米，面积约0.75平方千米，基部笔架山海拔258米，向东北倾斜，至中部白象山海拔135米，至牛嘴头海拔62.3米。基部岩石为上白垩统塘上组流纹质含角砾玻屑凝灰岩。表层多砂砾土，未垦种，长禾草及稀疏小松树、灌木等。

牛头山嘴 (Niútóushān Zuǐ)

北纬28°56.8′，东经121°43.2′。位于台州市三门县沿赤乡沿江村东北，山后湾南侧，南为三娘湾，北为山后湾，其地有牛头山、天灯盏、牛角门、木杓山、虾岗 5 座山和木杓山嘴、牛尾堂嘴 2 个小岬角。因岬角主体牛头山从西向东伸入三门湾突出部而得名。长约 2.5 千米，宽约 1.1 千米，面积约 1.88 平方千米，基部牛头山海拔 202.2 米，向东倾斜，至中部木杓山海拔 152 米，至东前部牛尾堂海拔 97 米。底部基岩为上白垩统塘上组流纹质含角砾玻屑凝灰岩。表层多沙土，长有松林、禾草等。

宫北嘴 (Gōngběi Zuǐ)

北纬 28°55.0′，东经 121°42.1′。位于台州市三门县三门盐场之东，系海拔 119 米的牛头山自西向东伸入三门湾的突出部。早年，山嘴东南处建有娘娘宫，俗称牛头宫，因山嘴主体在宫北侧，1984 年 12 月命名为宫北嘴。长 400 米，宽 190 米，面积约 0.06 平方千米，海拔 51.3 米。基岩为上白垩统塘上组流纹质含角砾玻屑凝灰岩。山土较薄，多长禾草及稀疏马尾松。两侧遍布高约 5 米的浪蚀岩，北侧留有潮位站旧址。海湾处有大量黄沙沉积，称为宫北沙。南临牛头门水道，水深 2.5～5 米，大船不宜通航。东南端与象山县南田岛长皮长岬角南端的连线为三门湾与猫头洋的分界线。

东南咀 (Dōngnán Zuǐ)

北纬 28°42.2′，东经 121°48.3′。位于台州市临海市，向东延伸入海。因在头门岛下截山东端突出部分的东南面，故名。长约 150 米，海拔 60 米。其上设有航标灯。

上千咀头 (Shàngqiānzuǐ Tóu)

北纬 28°28.4′，东经 121°37.9′。位于台州市路桥区黄礁岛西端，黄礁门西南侧沿岸，自东南向西北延伸入海。因位于黄礁山支脉上钳，"钳"与"千"方音近，故名。长约 500 米，面积 0.12 平方千米，海拔 60 多米，由酸性熔结凝灰岩、凝灰岩夹沉积岩构成。上钳自然村坐落其间，旱地 4 000 平方米，种植蔬菜等。1980 年凿了一蓄水山洞井。建有高压电线塔。

马道头 (Mǎdào Tóu)

北纬 28°26.1′，东经 121°52.2′。位于台州市椒江区台州列岛下大陈岛西南端，系凤尾山向西南延伸突出海域部位。因岬角形似马头，且有供渔船停靠的埠头（俗称道头），故名。呈带状，东北—西南走向，长约 2 千米，宽约 400 米，面积 0.85 平方千米，海拔 87.4 米，由火山凝灰岩构成。东、南、西三面岩岸较陡。土层厚 0.3～0.6 米，长有茅草、松树，并有蛇、鼠、鸟类等野生动物。东南部有村庄、埠头。山地约 0.013 3 平方千米，种植番薯、蔬菜等。南端约 20 米处有马道嘴干出礁。处渔船进出大陈水道的南侧，地理位置重要。

小吉蜊嘴 (Xiǎojílí Zuǐ)

北纬 28°24.5′，东经 121°39.3′。位于台州市温岭市龙门岛东北角，横门水道西南岸，向东北延伸入横门水道，与横门山相望，扼横门水道咽喉，位置显要。长 650 米，宽约 50 米，面积约 0.13 平方千米，海拔 39.7 米，由凝灰岩构成。表土较厚，垦山地面积约 6 667 平方米，植麦、薯类。野生动物有蛇、鼠等。县东海塘指挥部设此，有居民点，称老鸦浜。建小型水库两座。置简易交通码头，往返松门、龙门间。有一较大石料场，产石料。

大拦头嘴 (Dàlántóu Zuǐ)

北纬 28°15.9′，东经 121°37.5′。位于台州市温岭市车关南湾南岸。因其东伸入海，拦截海潮，与北之小拦头嘴隔湾相对，故名。因上有流水坑（溪）及同名村落，故别名流水坑嘴。东西走向，稍向东北延伸入海，长约 900 米，宽约 300 米，面积约 0.31 平方千米，海拔 52.7 米，由火山凝灰岩构成。形狭长，东、北均有尖角突出，海岸曲折，近少岛礁，基部略高，端部稍低。表土厚实，长禾草、灌木等。有少量耕地，植麦、薯类。有淡水深井一口。朝东南海面有一石洞，低潮时匍匐可入。北边的车关南湾曾用为海带养殖，今养活梭子蟹出口。上有流水坑村，以渔为业。

鹿头嘴 (Lùtóu Zuǐ)

北纬 28°14.9′，东经 121°35.2′。位于台州市温岭市后岩滩东南，石塘渔港西部。北连大陆，折西延伸，三方濒海，为一形似鹿头的半岛，故名。状似狮球，别称狮子山，曾用名六豆嘴。东西长约 1.2 千米，南北宽约 400 米，面积近 0.5 平方千米，西南峰高 85 米，东南峰高 105 米，中有百米宽平地，由凝灰岩构成。

表土瘠薄，山体多布梯田，植麦、薯类。长有松树、杜鹃、芒萁、禾草等。动物有蛇、鼠、海鸟等。海岸曲折，西北有海涂后岩滩，西、南濒海，水深 2.7 米。南端有天然石洞，名天龙洞，上通天，下衔海，濒水洞口高 10 余米。有上嘴、下嘴、水仙岙等自然村，以捕鱼为业，有小型水库 2 座，海产冷冻厂 3 家。

岐头 (Qí Tóu)

北纬 27°59.2′，东经 120°58.1′。位于温州市乐清市瓯江北口北侧沿岸。因系岐头山向东延伸入海的岬角，故名。明万历《温州府志·卷一》载："白沙海，居县东，至岐头折而南，波涛汹涌，凡海船入郡城，至此谓之转岐。"1984 年《重修浙江省通志稿》第九册载："崎头之西曰黄华关（明代设有水寨，清废），西人谓之温州角。"别名温州角、白马嘴。长 360 米，宽 400 米，面积 0.09 平方千米，由侏罗系凝灰岩构成。三面岩岸陡峭。已垦植番薯。南面海上设有航标灯。因居瓯江北口和沙头水道交汇处，是进出温州港主航道，地理位置重要。

网寮鼻 (Wǎngliáo Bí)

北纬 27°52.7′，东经 121°02.2′。位于温州市洞头县霓屿岛北端，岙尾屿东北，网寮澳西侧。因过去渔民在此岬角搭网寮（即棚）从事张网生产，故名。长 400 米，宽 100 米，面积约 0.04 平方千米，海拔 33.2 米，由上侏罗统流纹质玻屑凝灰岩构成。

老鹰嘴 (Lǎoyīng Zuǐ)

北纬 27°36.9′，东经 121°12.9′。位于温州市瑞安市大门礁对面，下岙岛东侧，向西南突出。因形似老鹰嘴而得名。长约 500 米，宽 250 米，面积 0.06 平方千米，海拔 73.2 米，由燕山晚期凝灰岩构成。有马尾松、茅草等。海岛居民于山坡星种番薯等作物。三面岩岸，南侧为清水澳，顶端有大、小门礁（均为明礁）及航门（为出入清水澳的航道北方大门），沿岸可见贝类海栖生物，南侧澳内养殖海带。

平阳咀 (Píngyáng Zuǐ)

北纬 27°28.7′，东经 120°41.3′。位于温州市苍南县炎亭乡杨家尖山东北端，向东北延伸入海。原是平阳县境内沿海最突出的一个山嘴（岬角），故名。别名北高尾。长 1.1 千米，宽 750 米，面积 0.57 平方千米，海拔 161 米，由侏罗系凝灰岩构成。三面岩岸较陡，山脚多乱石。山巅平坦处有少量马尾松及禾草，并有蛇、鼠、鸟类等野生动物。中间平，坡上种植番薯。北侧设灯桩一座，为航船的导航标志。东侧海面为南行船只的主要航道。

第七章 河 口

钱塘江口 (Qiántángjiāng Kǒu)

北纬 30°15.8′，东经 120°49.9′。地跨杭州市、嘉兴市和宁波市，西起杭州市桐庐县芦茨埠，东至杭州湾口。因其为钱塘江入海口段而得名。钱塘江长604 千米，流域面积 54 349 平方千米，年均径流量 386.4 亿立方米，年均输沙量 658.7 亿吨。口门宽 13.1 千米。

河口可分为三段：芦茨埠至闻家堰为河流近口段，长约 83 千米，以径流作用为主，基本不受海洋来沙的影响，多沙洲，河床比较稳定；闻家堰至澉浦为河流河口段，长约 101 千米，径流和潮流相互作用，河床宽浅，涌潮汹涌，河床变化剧烈；澉浦以下至杭州湾口为口外海滨段，长约 90 千米，以海洋动力作用为主，径流影响微弱，呈喇叭形，河底冲淤变化相对缓慢。

是我国著名强潮水域，因受地形影响，潮波变形强烈，潮差由口外向口内递增。江口滩浒山平均潮差 3.33 米，最大潮差 5.04 米；王盘山、金山卫一线平均潮差 3.89 米，最大潮差 5.8 米；乍浦平均潮差 4.56 米，最大潮差 7.57 米；澉浦平均潮差 5.54 米，最大潮差 8.93 米；口内潮差逐渐减小，海宁平均潮差 3.21 米，最大潮差 7.24 米；仓前、七堡潮差明显减小。正因为乍浦至海宁一段涌潮澎湃，惊涛拍岸，成为全国闻名的观潮胜地。

钱塘江口河道历史上有过较大的变迁。春秋时期，河走南大门，即从今滨江区（原萧山县）赭山与龛山之间出海，河道大体稳定到南宋初期。从南宋中后期起，河道开始发生变化，《宋史·五行志·五行一上·水上》：嘉定十二年（1219 年）"盐官县海失故道，潮汐冲平野二十余里，至是侵县治"，从此北大门（河庄山以北这片先前的"平野"）常有海水侵入，但南大门仍是河道主流。到明万历三年（1575 年）六月，北大门"骤决而成大江"，即钱塘江主流由此通过，但河道仍不稳定。之后又曾返回中小门（河山庄与赭山之间）和南大门。清初河道以中小门为主。康熙五十九年（1720年）浙江巡抚朱轼在奏疏说："赭山以北，河庄山以南，乃江海故道，近因淤塞，以致江水海潮，尽归北岸。"即河从北大门出海。清乾隆十二年（1747年），人工开掘中小门，引钱塘江行水中小门，但为时仅十余年，河道又回归北大门，从此河道相对稳定，形成今日钱塘江口段基本流路。

河流河口段，河床既宽又浅，低潮水深1～3米，在涨、落潮流流路不一的作用下，河床变形剧烈，在径流弱、潮水强的秋季，河床主槽沿涨潮流方向摆动；在径流多的季节，河道主槽沿落潮主流方向摆动。在主槽摆动过程中，受主流顶冲一侧滩地迅速崩坍后退。河床纵向变化也很强烈，盐官屯以上的河道段洪季冲、枯季淤，盐官屯以下的河道则反之。河床平均冲淤幅度可达5米。钱塘江口门处发育沙坝，沙坝从乍浦开始逐渐抬升，到仓前至七堡一带达最高，以及逆坝向上游逐渐降低，至闻家堰附近与落水冲刷槽相接；沙坝纵向长130千米，顶点高出基线约10米，即是著名的钱塘江河口沙坝。

口外海滨段，东西长90千米，湾口宽100千米，澉浦段断面宽约21千米。水下地貌以发育多列潮流脊和潮流冲刷槽组合为特征。乍浦至庵东断面是潮流脊、槽密度最大区域，冲刷槽紧靠北岸，东部金山深槽，始于大小金山，全长11千米，宽约2千米，最大水深51米；西部深槽始于乍浦外菜荠山，最大深度50米。杭州湾中部的潮流沙脊群发育于王盘山诸岛和七姊八妹诸岛海域，均从相对集中的小岛礁群向涨落潮流方向延伸，其中涨潮流沙脊偏北，落潮流多偏南；涨潮流沙脊规模较大，落潮流沙脊则偏小。另一特点是湾口浅滩发育，浅滩分布的中心位置在滩浒山、大小白山一带，面积约2 000平方千米，水深8～10米，底质以黏土质粉砂为主。第三个特点是发育广阔的潮滩，潮滩面积达440平方千米。

钱塘江口特别是口外海滨段的港口资源、滩涂资源、旅游资源都非常丰富。港口如陈山上海石化厂2.5万吨级原油码头。滩涂的开发，除围滩造地外，还修建了多座滩涂水库。旅游资源钱塘观潮等活动早已闻名于世，其他还不断开发了古海塘、古炮台等。杭州湾跨海大桥（北起嘉兴市海盐县杨树桥，南迄宁波市慈溪市西二五村，全长 36 千米）不但助力长三角经济区的社会经济发展，也给钱塘江口增添了一道亮丽的风景线。

甬江口 (Yǒngjiāng Kǒu)

北纬 29°58.6′，东经 121°45.3′。地跨宁波市镇海区和北仑区，河口系指奉化江经宁波市鄞州区洞桥至外游山东入东海这段河流。因其为甬江入海口段而得名。甬江干流长 121 千米，总流域面积 5 036 平方千米，年径流量 34.5 亿立方米，年均输沙量 35.9 万吨。河口段长 26 千米，口门宽 419 米。

河流近口段约在鄞州区石碶镇以上，该段河流曲流特别发育；河流河口段在石碶镇至河流入海口门，口门原在招宝山，1974 年因建镇海港，口门先移至虎蹲山，现延伸到外游山，口门外移 2.5 千米。原河流口门段内的宁波港是我国历史上闻名中外的港口，3 000 吨级客轮自由出入。为保证宁奉平原农业生产，1959 年在姚江口建姚江大闸。建闸之后减少了纳潮量和下游的径流流量，导致甬江河道严重淤积，从宁波至镇海 21.3 千米河道内淤积了 2 000 万立方米泥沙，平均淤厚 2.03 米，3 000 吨级客轮只能候潮进出。甬江航道内设有信号（杆）台 4 处，灯桩 13 座，浮标 8 个。河道内沉船和碍航物均已清除，但在招宝山和金鸡山之间的航道中，有两个障碍物和沉石已被淤泥覆盖，航行时仍须注意。

甬江口建有宁波港，分宁波和镇海两个港区。宁波港区共有泊位 16 个；镇海港区有 8 个泊位。河口口门处的招宝山和金鸡山隔江对峙，历来是抵御外敌的海防要塞。明嘉靖三十九年（1560 年）在招宝山上修筑了戚远城，清光绪年间（1877—1884 年）又建威远、靖远、镇远和定远等炮台。戚继光平倭、吴杰炮击法舰，重创侵略者，威震中外。今戚远城已修缮一新，安远炮台遗址尚存，巾子山麓建有"吴公记公碑"及当年抗敌大炮等文物。

椒江口 (Jiāojiāng Kǒu)

北纬 28°40.6′，东经 121°31.6′。地跨台州市椒江区和临海市，东连台州湾，西为灵江、澄江河段，跨越椒江、临海、黄岩两区一市的部分地域，入台州湾。因其为椒江入海口段而得名。

椒江主流永安溪发源于台州市仙居县和天台县交界的天堂山（海拔 1 184

米），流经低山丘陵区，在临海城西的三江口汇合后称灵江，灵江曲折东流，在黄岩三江口汇合永安江后称椒江，椒江出牛头颈后河宽放大呈喇叭口状注入台州湾。椒江全长197.7千米，流域面积6 519平方千米，多年平均径流量66.6亿立方米，年均输沙量123.4万吨。口门宽4.9千米。

河口上界位于永安溪望良店，从望良店至河口口门牛头颈长61.5千米。其中望良店至石仙妇，长44千米，为河流近口段，石仙妇至牛头颈长17.5千米，为河流河口段，牛头颈以外台州湾为口外海滨段。为一强潮河口，潮差由口外海滨向口内先增大后减小：口外上大陈岛平均潮差3.41米，海门4.01米（最大6.3米），黄岩三江口站4.21米，石仙妇4.17米，海泉3.96米，临海2.90米（最大4.32米），望洋店则为0米。河流河口段及口外海滨段具有明显的季节性变化和年际变化。河口段河床具有"洪冲枯淤"，口外海滨则有"洪淤枯冲"的季节性变化规律；就年际变化而言，则丰水年河床冲刷，枯水年河床淤积。

口内海门港南岸有大小码头19座，北岸有7座。河口北侧老鼠屿和南侧牛头颈设有灯塔，江口出海处有浮筒4处。口内设有众多渡口，交通方便。

金清港河口 (Jīnqīnggǎng Hékǒu)

北纬28°30.0′，东经121°36.6′。位于台州市温岭市。因其为金清港入海口段而得名。金清港发源于温（岭）黄（岩）交界的太湖山东南麓，向东从路桥区金清镇黄琅西门口入海。河流长50.7千米，流域面积1 172.6平方千米。口门宽154米。

大溪以上8千米为山溪性河道，长8千米，纵坡1/100。大溪以下为平原河道，其中大溪至麻车桥18千米，河网密布，平均河深3～3.5米。麻车桥以下至金清闸为金清干河，长14.7千米，平均宽65～75米，深约4.5米。金清闸至西门港口为泄洪外港道，长10千米，宽110米，深6.5米。金清港北接南官河、三才泾、二湾河、三湾河、四湾河、五湾河、车路横河，结成平原水网，河道纵横密布，北通椒江，南达松门，为温黄平原排灌、航运水道。

金清港原经金清闸至黄岩西门口入海，因滩涂外延，金清闸港外淤塞，

1991 年建设金清新闸，改由剑门港出海。除由金清闸注入东海之外，部分经运粮河、木城河、廿四弓河、老湾河、车路横河等分别于永安闸、石桥前五礁闸、东圃新塘闸、淋乃演闸、盘马创业闸、团结塘闸、鲸山闸、交陈跃进闸等分别注入东海。

瓯江北口 (Ōujiāng Běikǒu)

北纬 27°58.6′，东经 120°57.2′。地跨温州市龙湾区和乐清市。因其为瓯江北支入海口段而得名。瓯江，广义而言，是整条河流的名称；狭义而言是指青田至海口河段。因其流经浙东南向"瓯越"之地，故名，发源于浙江省南部庆元县百山祖锅昌尖，流经龙泉、云和、青田、永嘉、温州及乐清等市县，河长 388 千米，流域面积 17 859 平方千米，干流多年平均径流量 196 亿立方米，年均输沙量（圩仁站）266.5 万吨。口门宽 2.74 千米。

河口起自青田县温溪镇，至河口口门黄华镇，共 79 千米，可分为三段：径流段从温溪至梅岙，河长 25 千米，河床由径流塑造为主，较为稳定，河床狭窄；过渡段从梅岙至龙湾，长约 35 千米，河床展宽，水流分汊，滩多水浅，径流、潮流作用相互消长，河道冲淤多变，是瓯江河口区最不稳定的河段，尤以温州至龙湾一段变化最为明显，滩槽变化冲淤相间，枯、洪水期交替变化最明显；河口潮流段从龙湾至黄华镇，河长 19 千米，河床展宽，潮流作用加强，灵昆岛将河口分为南北两部分，分别称为南口和北口，瓯江北口即指灵昆岛以北的瓯江口部分。由于进出潮量集中于北口，又加以人工治理，使得该河段河道微曲，滩少水深，口内 10 米等深线已经相接，成为温州港的主要航道；口外海滨段，位于黄华镇以东海域，成床已不明显，为温州湾浅水区，口外拦门沙发育，其中有名的有三角沙、刀子沙、中沙、沙岗重山沙等，拦门沙之间为水道，其中黄大岙水道，过去虽有碍航行，经整治后，水深有所增加，有助航道发展。强潮河口，潮差从口门黄华向西逐渐增大，至龙湾达最大，平均潮差 4.51 米，最大潮差 7.17 米；龙湾以西潮差又开始变小，温州平均潮差 4.58 米，最大潮差 6.06 米；梅岙平均潮差 3.23 米，最大潮差 4.88 米。

位于瓯江口内的温州港，历史悠久，早在宋代就是我国对外重要通商口岸，宋元期间曾设市舶司。1876 年中英《烟台条约》被辟为对外通商口岸。中华人民共和国成立后，港口得到较大发展，现有码头 44 座，泊位 60 个，其中万吨级泊位 2 个。河口段沿江有 13 个渡口，120 多座排水闸，在连墩建有温州瓯江大桥，连接宁波、温州和福州的铁路也已通车。

瓯江南口 (Ōujiāng Nánkǒu)

北纬 27°55.9′，东经 120°53.0′。位于温州市龙湾区。因其为瓯江南支入海口段而得名。瓯江进入龙湾段后，因灵昆岛及温州浅滩被分为南北两支，北支称北口，南支则称南口。

因瓯江河口段是温州港的重要航道，在河道整治之前，河道经常变化，影响了温州港的发展。为保证航行安全，20 世纪 70 年代开始整治瓯江河口航道。鉴于北口为瓯江河口段主槽，水深较大，航槽稳定，南口水浅滩多，呈淤积趋势，于 1979 年在南口上端抛筑长 2 785 米潜坝，拦截下泄水流，使其进入北口。从此，北口航道水深得以保证，南口则日渐消亡。

飞云江口 (Fēiyúnjiāng Kǒu)

北纬 27°42.7′，东经 120°41.2′。位于温州市瑞安市。因其为飞云江入海口段而得名。据明弘治《温州府志·卷四》载："飞云江旧名安固江，吴时罗阳江，唐时瑞安江，又名飞云渡。"飞云江发源于丽水市景宁畲族自治县白云尖西北坡，河长 198.7 千米，流域面积 3 713 平方千米，多年平均径流量 43.84 亿立方米，多年平均输沙量 40.6 万吨。口门宽 2.21 千米。

江口上界位于瑞安市滩脚，从滩脚至口门上望河长 59 千米。其中滩脚至马屿长 19 千米，为河流近口段；马屿至上望为河流河口段，河长 40 千米，其中马屿至宝香 25 千米河道弯曲，浅滩发育，宝香至上望 15 千米，河道比较顺直，呈小喇叭口状，但心滩发育，河床呈复式断面，与该河段涨、落潮主河道不一致有关。为强潮河口，平均潮差 4.37 米，最大潮差 6.51 米。该段河道在大小潮、洪枯季期间都有明显变化，不利于船只航行，正在逐步治理。下望以下为口外海滨段，受浙江沿岸流影响，长江入海泥沙沿岸流输入此地落淤，形成宽阔浅滩，外界可达凤凰山、齿头山等岛屿一带。河口内瑞安港有码头近 10 座，2 000 吨级船只可乘潮出入，航道治理后 3 000 吨级船只可乘潮进入。

鳌江口 （Áojiāng Kǒu）

北纬 27°35.4′，东经 120°36.3′。地跨温州市平阳县和苍南县。因其为鳌江入海口段而得名。据民国《平阳县志·神教二》载："鳌江在西晋建县时称始阳江，旋改名横阳江，又称钱仓江。因涨潮时，江口的波涛状如巨鳌负山，在鳌屿旧有鳌山堂，后改名鳌镇堂，含有巨鳌镇浪、压邪保安之意，故江名亦改为鳌江。"鳌江源于海拔 1 237 米的南雁荡山西南麓，干流长 91.1 千米，流域面积 1 542.2 平方千米，年均径流量 3.2 亿立方米。口门宽 971 米。

口上界位于平阳永南乡蜘峥一带，陆域河口段长 39 千米，在仙人岩入海。河流近口段河道曲流发育，河口段呈喇叭口状，最大潮差 4.25 米，自河口向上游递减。1939 年，为阻止日军舰船入港，县长徐用下令用大松木打桩和抛巨石作梅花桩，封港御敌，结果造成河口淤积。虽经 1959—1961 年清除，但河口已前移 10 千米。口外海滨段发育宽阔的潮滩，其外侧有长腰山屿、上头屿、上二屿、三屿、四屿等岛屿屏障。河口段建有鳌江港和龙港，建有 1 000 吨级和 500 吨级码头数座。千吨级以上船只候潮进出港。另建有渡口 14 处。

下篇

海岛地理实体
HAIDAO DILI SHITI

第八章　群岛列岛

舟山群岛 (Zhōushān Qúndǎo)

北纬 29°38.0′—30°51.8′，东经 121°34.0′—123°09.7′。位于浙江省东北部，杭州湾口外海中。以主岛舟山岛得名。"舟山"作为地名最早出现于宋乾道五年（1169 年）编纂的《乾道四明图经》，其《昌国县津渡篇》载："舟山渡、去县南五里、趋城由此出，山形如舟，故名。"元大德元年（1297 年）《昌国州图志》卷四载："舟山，在州之南，有山翼如枕海之湄，以舟之所聚，故名舟山。""舟山"地名原本是建县治前一座小山的名称，因县治的设置和繁华，县治之南的小岛四周形成了舟帆云集的壮观场面，民众因此形象地称之为舟山。明嘉靖年间，"舟山"一词作为整个群岛的名称，在朝政中已有通用地位。随着后来"海禁"的松弛和居住地的扩展，"舟山"演变成了对整个舟山群岛的称呼。

我国沿海最大群岛。由舟山岛、衢山岛、岱山岛、朱家尖岛、桃花岛、六横岛等 2 046 个大小海岛组成，包括崎岖列岛、川湖列岛、嵊泗列岛、马鞍列岛、火山列岛、中街山列岛、梅散列岛、浪岗山列岛、七姊八妹列岛、五峙、三星山 11 个列岛，陆域总面积 1 308 平方千米。群岛呈西南—东北走向排列，地势由西南向东北倾斜，南部岛大，海拔高，排列密集；北部岛小，地势低，分布稀疏。岛上丘陵起伏，约占 70 ％，平原 30 ％。多数岛屿山峰在海拔 200 米以下。桃花岛对峙山为最高峰，海拔 544 米。北亚热带南缘季风气候。年平均气温 16℃左右，常年降水量 927 ～ 1 620 毫米。各岛均生长次生植被和人工植被，共有 91 科 252 属 537 种，代表树种有马尾松、罗汉松、竹柏、樟树、红楠、天竺桂、青岗栎等。国家二级重点保护植物有普陀鹅耳枥、舟山新木姜子。

群岛中有居民海岛 141 个，包括舟山市和 23 个乡（镇），2010 年总人口 1 179 476 人。2009 年建成的舟山跨海大桥从舟山本岛经里钓岛、富翅岛、册子岛、金塘岛至宁波镇海区，是目前世界规模最大的岛陆联络工程。2003 年建成的大陆引水工程是迄今我国最长、最大的跨海输水工程，从宁波姚江引水，穿越杭州湾灰鳖洋海岛至舟山本岛。群岛资源特色为深水港、渔业资源和旅游资源。主要深水岸段有 38 处，水深 15 米以上的岸段长 200.7 千米，水深 20 米以上的岸段长 103.7 千米。拥有全国规模最大的港口开发项目——洋山深水港。主航道可通行 20 万～30 万吨级巨轮。有浅海滩涂 400 余万亩（1 亩 ≈666.7 平方米）。是我国著名渔场和海洋渔业重要基地，有鱼类 317 种，虾类 33 种，蟹 55 种，藻类 131 种。有普陀山和嵊泗列岛 2 个国家级风景名胜区，岱山岛和桃花岛 2 个省级风景名胜区。2007 年 5 月，舟山市普陀山景区被国家旅游局评为"全国首批 5A 级景区"。群岛内有普陀中街山列岛海洋特别保护区（国家级）、嵊泗马鞍列岛海洋特别保护区（国家级）、五峙山自然保护区（省级）。泰薄礁、东南礁、两兄弟屿分别为中华人民共和国公布的中国领海基点"海礁""东南礁"和"两兄弟屿"所在海岛。

泗礁 (Sìjiāo)

北纬 29°30.3′—29°30.8′，东经 122°04.5′—122°05.0′。位于宁波市象山县丹城镇东 21.85 千米，牛鼻山水道西侧大目洋中。相传昔有神仙，肩挑四山，欲堵爵溪门头，使与羊背山相连，凡夫见而惊呼："一人担四山，力何其大也！"言甫毕，担断由落，成为四岛。方言"四"与"泗"同音，故名泗礁。《浙江省海域地名录》（1988）和《中国海域地名志》（1989）均记为泗礁。群岛由下四礁、上四礁、天胆礁、和尚山礁 4 个无居民海岛组成，陆域总面积 0.071 6 平方千米。各岛均为基岩岛，由火山凝灰岩构成。主岛下四礁居南，椭圆形，顶平，最高点高程 29.7 米，建有灯塔 1 座。各岛均有草丛和灌木。

韭山列岛 (Jiǔshān Lièdǎo)

北纬 29°22.6′—29°28.6′，东经 122°10.2′—122°15.4′。位于舟山群岛以南，宁波市象山县东部海域，隔牛鼻山水道与大陆相望。以主岛南韭山岛得名。南韭山因岛上盛产野韭菜而得名，现各较大岛上仍有野韭菜生长。据民国《象山县志》卷二载："韭山以产大韭得名。"宋《宝庆四明志》卷二十一列名韭山。明《筹海图编》卷五载："韭山，形势巍峨，岛岙深远。"《读史方舆纪要·浙江·宁波府·象山县》载："韭山，县东南百里海中，山多韭。"清雍正《宁波府志》卷七亦载："韭山，县东南一百余里，遍地产大韭。"《郑和航海图》记为九山，因列岛有南韭山、官船岙等9个较大的岛屿，故称九山。

列岛由南韭山岛、上积谷山岛、官船岙岛、蚊虫山岛、大青山岛、上竹山岛、中竹山岛、下竹山岛等88个大小海岛组成，陆域总面积7.1169平方千米。南韭山岛最大，面积4.0026平方千米，其余海岛面积均不足1平方千米。列岛东南部的上积谷山岛最高，海拔165米，其次为南韭山岛，最高点高程164.5米。诸岛多系火山凝灰岩构成，局部有花岗岩脉出露。各大岛以黄红壤土为主，覆有香灰土等腐殖质土。植被良好，除少数人工栽种的黑松外，多为灌木。属亚热带季风气候，冬季稍暖，春夏多雾，7—9月受台风影响。附近海域为舟山渔场、大目洋渔场和渔山渔场交界处，盛产鲳鱼、带鱼、乌贼、鳓鱼、龙头鱼、毛虾、梭子蟹等。礁石间盛产马蹄螺、辣螺、牡蛎、佛手、淡菜等，滩涂上长有紫菜、马尾藻、裙带菜等。

列岛中仅南韭山岛为有居民海岛，2011年总人口30人。南韭山岛开发较早，原有里塘、捣臼湾2个村，村民以捕鱼为主。后因岛上居民搬迁到爵溪街道，只有少数渔民在捕鱼季节临时上岛居住，现岛上常住30人。南韭山岛、上积谷山岛均有环岛公路和码头，可停泊百吨以下船舶。岛上有小型水库及水井。列岛生物多样性保存完好，附近是大黄鱼、带鱼和曼氏无针乌贼的栖息繁殖场所，岛上有中华凤头燕鸥、黄嘴白鹭、岩鹭3种国家二级重点保护鸟类栖息。2003年4月，浙江省人民政府批准成立韭山列岛海洋生态自然保护区。2011年4月升级为国家级自然保护区，保护对象为大黄鱼、曼氏无针乌贼、江豚、珍稀鸟类等生物资源和海洋生态环境。

三岳山 (Sānyuèshān)

北纬29°16.8′—29°17.4′，东经122°01.5′—122°02.4′。位于宁波市象山县城丹城镇东南27千米，牛鼻山水道南端大目洋中。原称三荨山、三鹤山，主要由一岳山岛、二岳山岛、三岳山岛组成，且方言"荨""鹤"与"岳"皆同音，今概称三岳山。民国《象山县志》卷二载："北鹤山、中鹤山、南鹤山，异名三岳山。"《明史·地理志》载:"象山有三萼山,一名三仙岛。"《读史方舆纪要·浙江·宁波府·象山县》亦载:"三萼山在县南六十里海中,有三峰,一名三仙山,亦曰三岳山。"群岛由一岳山岛、二岳山岛、三岳山岛等 10 个无居民海岛组成,陆域总面积 0.253 3 平方千米。一岳山岛最大,面积 0.098 5 平方千米,二岳山岛、三岳山岛次之,面积分别为 0.086 6 平方千米和 0.055 7 平方千米。各岛均由火山凝灰岩构成。土壤为香灰土,较肥沃。岛上植被茂盛,有大叶黄杨、野海棠、杜鹃、黄栀、茅草、芒萁及藤本植物等。一岳山岛和三岳山岛上建有灯塔。

半招列岛 (Bànzhāo Lièdǎo)

北纬 29°13.3′—29°14.4′,东经 121°58.3′—122°00.8′。位于宁波市象山县东部海域,西面距大陆很近,南部为象山县最大海岛南田岛,东北与韭山列岛相望。列岛之名来自主岛之一铜头岛。民国《象山县志》卷二载:"铜头岛,西名半招",然不解其义。多年来,海、陆图及其他资料均沿用半招列岛之名。由铜头岛、牛栏基岛、萝卜山岛等 12 个无居民海岛组成,陆域总面积 2.017 7 平方千米。各岛面积均不足 1 平方千米,铜头岛最大,面积 0.834 8 平方千米,牛栏基岛次之,面积 0.829 8 平方千米。铜头岛最高,最高点高程 172.4 米,牛栏基岛王子头次之,最高点高程 134 米。由火山凝灰岩和部分石英砂岩构成。土壤以黄泥沙土为主,覆有香灰土等腐殖质土。山岗土薄多露裸岩,谷地较厚。植物有枫、苦楝、小竹及野海棠、野水仙、大叶黄杨、芒萁、茅草、葛藤等。附近海域产鲳鱼、带鱼、乌贼、黄鲫、龙头鱼、梭子蟹等。属亚热带季风气候,温暖湿润,春夏多大雾,夏秋之间有台风。铜头岛、牛栏基岛、萝卜山岛均有水源。除萝卜山岛和磨砻担牙岛上建有灯塔外,其余海岛均未开发利用。诸岛间形成水道,由西向东分别为干门、淡水门、铜头门,水深多在 5 米以上,宽 200～300 米,是北来船舶进入石浦港的捷径。

五虎礁 (Wǔhǔjiāo)

北纬 28°53.2′—28°53.3′,东经 122°16.1′—122°16.5′。位于宁波市象山县城丹城镇东南 75.6 千米,渔山列岛东侧。群岛中面积较大的 5 个海岛,岩石嶙峋,森然海上，似五虎或蹲、或踞、或卧，故名。《浙江省海域地名录》（1988）和《中国海域地名志》（1989）均记为五虎礁。由高虎礁、伏虎礁、平虎礁、尖虎礁、仔虎礁、尖虎头岛、仔虎头岛、伏虎头岛 8 个无居民海岛组成，陆域总面积 0.039 1 平方千米。各岛面积均较小，最大的伏虎礁面积 0.022 2 平方千米。各岛地势陡峭险峻，岩石光滑黝黑，难以攀登。最高点在南侧的高虎礁，海拔 53.3 米，伏虎礁居次，最高点高程 46.6 米。由火山凝灰岩构成。少数岩体高大者顶部生长稀疏禾草、灌木或苔藓，大多为裸岩。岛间水深 20 ～ 40 米，产石斑鱼、海蜒、贻贝、紫菜、石花菜和其他多种海藻、贝、螺等。位于渔山列岛国家级海洋生态特别保护区内，亦为国家体育局设置的海钓基地。伏虎礁为中华人民共和国公布的中国领海基点"渔山列岛"所在海岛，岛上设有渔山列岛中国领海基点石碑标志。

渔山列岛 (Yúshān Lièdǎo)

北纬 28°51.4′—28°55.3′，东经 122°13.5′—122°16.5′。位于浙江省中部沿海，宁波市象山县城丹城镇东南 74.5 千米。以主岛南渔山岛、北渔山岛得名。清代曾称黑山列岛，或因南渔山岛状如马鞍称马鞍列岛。清朱正元《浙江沿海图说·浙江海岛表》记载："今查此间有居民者凡三岛，南渔山居民二十余户，北渔山居民二十户，白礁居民五户。皆闽人之捕鱼为业者。"亦称鱼山列岛。由南渔山岛、北渔山岛、大白焦岛、小白焦屿等 40 个大小海岛组成，陆域总面积 1.646 5 平方千米。南渔山岛最大，面积 0.850 2 平方千米，北渔山岛和大白焦岛次之，面积分别为 0.454 3 平方千米和 0.171 8 平方千米，其余海岛面积均不足 0.1 平方千米。列岛地势东南高，多悬崖峭壁，西北低，倾斜平缓。最高点为南渔山岛主峰，海拔 127.4 米，北渔山岛主峰次之，最高点高程 83.4 米。由火山凝灰岩构成。土壤以黄泥土和黄沙土为主，部分腐殖质香灰土。植物有苦楝、灌木、禾草等，岛上多仙人掌植根于悬崖峭壁上。属亚热带季风气候，夏无酷暑，冬无严寒，雨量充沛，日照充足。春夏间多雾，夏秋间多台风。列岛居渔山渔场中心，又处于台湾暖流与沿岸流交汇地，成为多种海洋生物的集聚地。产带鱼、大黄鱼、小黄鱼、鳗鱼、鲳鱼、鳓鱼、墨鱼、鲐鱼、沙丁鱼、虾、梭子蟹、海蜇等。岩礁上长贻贝、紫菜、石花菜和其他海藻、贝、螺等。

北渔山岛为有居民海岛，2011年总人口120人。岛上居民主要收入来自渔业和旅游业。现有50余座住房，部分转变为旅游宾馆住房。建有西码头和东码头，西码头可停泊500吨级船舶，东码头主要停泊小型渔船。北渔山岛灯塔是北渔山岛的标志，建于清光绪二十一年（1895年），现为国际航标，是该海区主要导航设施。南渔山岛上建有南码头和北码头。2008年批准建立渔山列岛国家级海洋生态特别保护区，总面积57平方千米，包括渔山列岛所有岛礁及周边海域。

强蛟群岛 (Qiángjiāo Qúndǎo)

北纬29°28.3′—29°30.7′，东经121°31.8′—121°36.6′。位于象山港尾部，宁波市宁海县强蛟镇境内。由象山港中强蛟半岛延伸的17个小岛组成，故名。群岛陆域总面积1.886 8平方千米。各岛面积均不足1平方千米，最大的白石山岛面积0.935 7平方千米，中央山岛次之，面积0.372 3平方千米。均为基岩岛。横山岛、中央山岛、白石山岛等岛上植被生长较好，有香樟、毛竹、芙蓉树等。亚热带季风性湿润气候，常年以东南风为主，年均气温15.3～17℃，年均降水量1 000～1 600毫米。横山岛、白石山岛、铜山岛为有居民海岛。横山岛主要开发海岛旅游业，为宁海县旅游重点开发区，岛上"小普陀"从明代初年就香火旺盛。中央山岛主要发展农牧业，1981年由中央农牧渔业部征用，设立国家动物隔离饲养场（畜牧兽医总站中央山岛实验场）。岛上有林木400亩，以松树为主，间有毛竹和灌木；有耕地160亩，主要种植柑橘、棉花、豆类等，并建有管理房。白石山岛主要发展养殖业，岛上有海水养殖塘约200亩。铜山岛、马岛、历试山屿、狗山东岛等均有不同程度的开发利用。

三山 (Sānshān)

北纬29°11.6′—29°12.4′，东经121°35.2′—121°36.6′。位于浙江省三门湾西北部青山港口东。主要由开井山岛、柴爿山岛、三山老鼠山岛3岛组成，三山之名源此。《浙江省海域地名录》（1988）和《中国海域地名志》（1989）均记为三山。群岛由开井山岛、虾钳山岛、秤锤山、柴爿山岛、三山老鼠山岛、子礁6个无居民海岛组成，陆域总面积0.547 7平方千米。开井山岛和虾钳山岛面积最大，分别为 0.296 5 平方千米和 0.169 2 平方千米。最高点位于开井山岛，海拔 87.2 米。诸岛由白垩系油页岩、粉砂岩构成，土层较薄，厚一般不足 30 厘米，均属红壤酸性土。属亚热带季风气候，春天多雾，夏天多雨。1 月最冷气温 4.5℃，7 月最热气温 27.6℃。年均降水量 1 311 毫米。群岛周围有 12 000 余亩滩涂，涂质肥沃，饵料丰富，宜养蛏、蚶等。主岛开井山岛于 1974 年建宁海县海水养殖场三山苗种分场，从事蟶蛏和泥蚶苗种繁殖，已发展自然繁殖区万余亩，1986 年县海水养殖场主场址迁此。现岛上建有 60 亩对虾塘，有正式场员 7 人，住房 20 余间，8 千瓦发电机一台。

洞头列岛 (Dòngtóu Lièdǎo)

北纬 27°41.4′—28°01.2′，东经 120°59.8′—121°16.1′。位于浙江省东南沿海洞头县海域，温州湾东缘，为瓯江口东部屏障。列岛以主岛洞头岛而得名，其名源于洞穴。据传洞头岛南端有一洞与半屏岛相通，系娘娘佛往返两岛之幽径，半屏岛一端为尾，称娘娘洞尾，洞头岛一端为首，惯称娘娘洞头，故岛名洞头。清同治年间（1862—1875 年），西人曾称凤凰列岛。洞头列岛之称始于清光绪末年以后。清光绪《玉环市志》称岛西部山脉为洞头山，本岛与半屏之间的水道为洞头门，岛南岙口为洞头岙，故岛名为洞头。《重修浙江通志稿》（1948）第九册载："洞头山，西图名凤凰山。清光绪《浙江沿海图说》载：洞头山，译名洞荒岛。"后惯称洞头列岛。

列岛由洞头岛、大门岛、鹿西岛、霓屿岛、状元岙岛、小门岛、半屏岛、大瞿岛、大三盘岛、青山岛、南策岛等 300 个大小海岛组成，陆域总面积 102.043 3 平方千米。大门岛最大，面积 28.777 8 平方千米，洞头岛次之，面积 28.438 8 平方千米。最高点在大门岛烟墩岗山，海拔 391.8 米。海岛地形多丘陵，出露岩石多系火山凝灰岩和钾长花岗岩。诸岛均为基岩海岸，各大岛以红壤土为主，长有松树和茅草。耕地以旱地为主，多种植番薯、蔬菜等。属亚热带季风气候。年平均气温 17.4℃，年降水量 1 200 毫米。7—10 月为台风季节。周围海域为洞头渔场，是浙江省第二大渔场，常年洄游的鱼、虾、蟹类达 300 多种，盛产带鱼、乌贼、鲳鱼、毛虾、梭子蟹、紫菜等。

列岛中有居民海岛 13 个，即洞头岛、大门岛、鹿西岛、霓屿岛、状元岙岛、小门岛、半屏岛、大瞿岛、大三盘岛、青山岛、南策岛、胜利岙岛、花岗岛。洞头岛为洞头县人民政府驻地，洞头县下辖北岙街道、东屏街道、大门镇、元觉街道、霓屿街道、鹿西乡，2011 年总人口 99 955 人。海岛经济以渔业、港口、旅游为主。全县建有 5 个海洋捕捞基地，6 个海水养殖基地，拥有机动捕捞渔船 1 200 多艘，其中渔轮 170 多对；海水养殖面积 3.02 万亩，是全国最大的羊栖菜养殖加工出口基地和浙江省紫菜养殖基地。洞头港是国家一级渔港，东沙港是国务院批准的活海鲜锚地，鹿西港是东南海上最大的水产品市场。列岛海岸线曲折，总长 333.5 千米，境内良港众多，可建万吨级以上泊位的深水岸线 15 千米。小门岛已建 5 万吨级码头和亚洲最大的液化石油气中转站，状元岙深水港区 2 个 5 万吨级泊位码头已开港运营。洞头县共有 7 大景区 400 多个景点，建有 3 个度假村和 2 家旅游涉外饭店。海岛淡水资源充足，有中小型水库 18 座。海底电缆与华东电网并网。自 20 世纪 70 年代提出"温州洞头半岛工程"以来，修建了 7 座跨海桥梁分别连接洞头岛、大三盘岛、花岗岛、状元岙岛和霓屿岛，并经灵霓北堤连接温州大陆，工程于 2006 年建成。

南麂列岛 (Nánjǐ Lièdǎo)

北纬 27°25.1′—27°29.8′，东经 120°56.9′—121°07.9′。位于温州市平阳县东南海面上。因主岛南麂岛而得名。南麂岛岛形似鹿，头东尾西，在北鹿岛南，故名。亦称南麂山列岛、南几山列岛。由南麂岛、竹屿、柴峙岛、大檑山屿、后麂山岛等 83 个大小海岛组成，陆域总面积 11.158 6 平方千米。南麂岛最大，面积 7.669 5 平方千米，其余海岛面积均不足 1 平方千米。最高点在南麂岛西北端，海拔 229.1 米。列岛呈西北—东南走向，丘陵为主，出露岩性系钾长花岗岩和上侏罗统晶屑熔结凝灰岩。陆生植物有 89 科 253 属 317 种。属亚热带季风气候。年平均气温 17.8℃，年均降水量 1 164 毫米。春夏多雨雾，夏秋多台风，冬季干燥多大风。列岛周围海水澄清，一般水深 10 ～ 40 米。有各种门类的海洋生物 1 851 种，包括贝类 421 种，藻类 637 种，鱼类 397 种，甲壳类 257 种。主要海产品有大黄鱼、小黄鱼、黄姑鱼、带鱼、鲳鱼、七星鱼、中国对虾、中国毛虾、三疣梭子蟹、曼氏无针乌贼等。

列岛中有居民海岛3个，即南麂岛、竹屿、大檑山屿，2011年总人口1957人。南麂岛原为南麂镇人民政府驻地岛，2011年撤销并入鳌江镇。海岛主要经济来源为渔业和旅游业。岛上均有淡水井，竹屿和大檑山屿无电。列岛风光秀丽，生态保持良好，1990年国务院批准建立南麂列岛国家级海洋自然保护区，是中国首批5个海洋类型的自然保护区之一，被誉为"贝藻王国"，1999年被联合国教科文组织纳入世界生物圈保护区网络。列岛中的稻挑山为中华人民共和国公布的中国领海基点"稻挑山"所在海岛，岛顶部建有稻挑山中国领海基点石碑标志。

大北列岛 (Dàběi Lièdǎo)

北纬27°38.0′—27°42.9′，东经120°46.2′—121°03.6′。位于飞云江河口外，温州市瑞安市东部海域，北为崎头洋，东与北麂列岛相望。取大崎山和主岛北龙山两岛的首字命名。清末的北麂山群岛中包括大北列岛，民国《瑞安县志》分称之内洋岛屿及大北列岛、赃列岛、铜盘列岛等，后合称大北列岛。由北龙山、凤凰山、齿头山、铜盘山、长大山、上干山、大崎山、大叉山岛等88个大小海岛组成，陆域总面积7.521 5平方千米。北龙山最大，面积2.729平方千米，其余海岛面积均不足1平方千米。最高点在北龙山，海拔203.5米。基岩岛，出露岩石大致分为东西两部，西部系火山凝灰熔岩夹沉积岩；东部诸岛为钾长花岗岩。地形属低山地，生长杉、马尾松、栋树、桉树及紫荆、木槿、迎春等灌木。沿岸有海带、裙带菜、鹧鸪菜等藻类植物及藤壶等甲壳类动物。属亚热带季风气候。年平均气温17℃左右，年降水量1 100多毫米，四季以东北风为主，3—6月多雾。附近海域水深2～18米，水产资源主要有海蜒、鲳鱼、石斑鱼、毛虾等。

列岛中有居民海岛9个，即北龙山、凤凰山、齿头山、铜盘山、长大山、上干山、大崎山、冬瓜屿、王树段岛，2011年总人口1 707人。北龙山原为北龙乡人民政府驻地岛，2011年北龙乡和北麂乡撤销，并入瑞安市东山街道。岛上居民以捕捞和养殖业为主。凤凰山岛上原有凤凰头村民委员会和自然村，

2011 年整岛搬迁，已无人居住。1996 年 2 月，温州市人民政府批准铜盘山为市级风景名胜区，以奇洞怪石为主，有大沙吞、龙门听涛、青龙峡、苦海甘泉和古炮台等风景点 21 处。2008 年建立瑞安市铜盘岛海洋特别保护区，范围包含铜盘山、长大山、王树段岛、荔枝山岛、山姜屿、金屿、王树段儿屿等 9 个海岛及附近海域，总面积 22.08 平方千米，主要保护海洋生物资源、自然遗迹等。

北麂列岛 （Běijǐ Lièdǎo）

北纬 27°36.4′—27°40.1′，东经 121°07.2′—121°13.5′。位于温州市瑞安市东部海域，东临东海，西为大北列岛，南与南麂列岛相望。主岛北麂岛，列岛也由此得名。因位于南麂之北，故名北麂列岛。亦称北麂山列岛、北几山列岛。清嘉庆《瑞安县志》卷五载："嘉庆五年，千总陈成栋领带在北麂洋面攻盗炮伤。"民国《瑞安县志》卷七载："北麂山群岛离县城东五十八里，位于飞云江口外，由大峙、小峙、大仓、小仓、冬瓜屿、铜盘、北麂等无数小岛合成。"故清末称北麂山群岛（包括大北列岛），亦称北岐列岛。民国《瑞安县志》卷三载："北岐列岛由小冬瓜岛、东瓜屿、铁礁、三礁、虎头屿、小明甫、大明甫、铜礁、马鞍山、北麂山、北裤裆、南裤裆、鸡笼屿、稻秆塘、大筲箕、小筲箕组成。""岐"与"麂"义异音近，北麂系谐称。后多称为北麂列岛。

列岛由北麂岛、下吞岛、关老爷山、大明甫岛、小明甫岛、大筲箕屿等 62 个大小海岛组成，陆域总面积 4.444 3 平方千米。北麂岛最大，面积 2.052 1 平方千米，其余海岛面积均不足 1 平方千米。最高点在北麂岛中心，海拔 123.6 米。岩石为流纹质凝灰岩、晶屑玻屑熔结凝灰岩夹沉积岩，均系侏罗纪晚期火山活动所形成。地形属低山地。岛上多长有马尾松、小灌木、苦楝、桉树、杜鹃、合欢、茅草等植物。沿岸有贻贝、海葵、海星、海胆等无脊椎动物及海带、浒苔等藻类植物。列岛周围海域为北麂渔场，盛产大黄鱼、小黄鱼、带鱼、乌贼、鲍鱼、鲳鱼、鳓鱼、梭子蟹等水产品，并人工养殖海带、贻贝等。列岛中有居民海岛 4 个，即北麂岛、下吞岛、关老爷山、过水屿，2011 年总人口 4 131 人。北麂岛原为北麂乡人民政府驻地岛，2011 年北麂乡和北龙乡一起撤销，并入瑞安市东山街道。以渔业为主，兼营农业。岛上共建水库 6 座，有淡水井。除北麂岛外，均由柴油发电机供电。

白塔山 (Báitǎshān)

北纬 30°27.6′—30°28.6′，东经 120°57.7′—120°58.3′。位于嘉兴市海盐县秦山镇东部海域。因主岛白塔岛（原名白塔山）而得名。又称白塔山群岛。一说因岛上原有一座白塔而得名白塔山。明万历《海盐县志》载："白塔山上有白塔因名。山下旧有港，通鲁浦，名曰白塔潭。"清光绪《海盐县志·舆地考·山水》载："白塔山，《仇志》云，山上有白塔（早圮），因名。"另有一说岛上的三座小山南北连成一线，中间微断，远望就像塔一样，故名白塔山。清光绪《浙江沿海图说》载：白塔山在"澉浦东北二十里，长一里半，阔六分之五里，三小山南北参直一线，中间微断，远望若塔，因名白塔山。"群岛由白塔岛、马腰岛、竹筱岛、里礁、北礁、外礁、马腰东岛 7 个无居民海岛组成，陆域总面积 0.317 7 平方千米。白塔岛最大，面积 0.159 8 平方千米，其余海岛面积均不足 0.1 平方千米。最高峰在白塔岛，海拔 48.7 米，系由钾长花岗斑岩构成。属亚热带季风气候，年平均气温 15.9℃，年均降水量 1 189.7 毫米，夏秋之际易受台风影响。岛上土层平均厚 50 厘米，生长小竹、杂草等。自 20 世纪 70 年代初开始，白塔岛上拓荒种植茶叶，现茶园面积约 60 亩，还种有梨、枇杷、橘子等多种果树。岛上建有一座可停靠 300 吨级船舶的"L"形高桩码头，有养鸡场、小型庙宇，另设有航标灯塔和海盐县气象台设置的自动气象观测站一座。国家测绘局在里礁上建有大地测量控制点。

王盘山 (Wángpánshān)

北纬 30°29.7′—30°30.7′，东经 121°18.0′—121°20.1′。位于杭州湾钱塘江口，平湖市东部海域。原名黄盘山，后改为王盘山。因岛如黄盘浮于海中，宋代以来古籍记载都作黄盘山。清桑调元《登山望海歌》："浮空岛屿依微见，黄盘山似黄盘浮。"又方元臣、陈山观诗："海底跃双丸，铜钲合玉盘"，故又名玉盘山。岛区远眺如中流砥柱，近望如石笋高矗，诸岛巉岩如戟，险象环生，故温州、福建一带渔民称此地为五虎礁。近代海图上标为王盘山。

群岛由下盘屿、上盘屿、北无草屿、堆草屿等 13 个无居民海岛组成，陆域总面积 0.062 3 平方千米。下盘屿最大，面积 0.028 平方千米，上盘屿次之，面积 0.014 平方千米，其余诸岛面积均不足 5 000 平方米。各岛均为基岩海岸，前缘无岸滩，山湾顶砂砾滩窄。属亚热带季风气候，年平均气温 18.4℃，以东南风为多，7—9 月易受台风影响。下盘屿中央偏西部有一个 3 座灯塔组成的灯塔群，岛东北部建有一座气象观测塔，另有两个地名标志碑和多个测量控制点。西劈开屿上有一个国家大地控制点测量标志。岛区附近的王盘洋产鲳鱼、马鲛鱼、海蜇等。

两兄弟屿 (Liǎngxiōngdìyǔ)

北纬 30°10.1′—30°10.4′，东经 122°56.6′—122°56.7′。位于舟山群岛东部，西南距沈家门镇约 67 千米。群岛中的 5 岛呈南北向排列，两兄弟屿二岛、两兄弟屿三岛东西并峙在北，两兄弟屿、两兄弟屿一岛东西并峙在南，从西或东远望，如二岛孤峙，故称两兄弟屿。当地俗称外甩，与西侧四姐妹岛（别名里甩）合称甩山。又称两兄弟岛、两兄弟、外甩礁。清道光《定海全境舆图》、清光绪《定海厅志》均作外甩。民国《定海县志》载："两兄弟即外甩。"由两兄弟屿、两兄弟屿一岛、两兄弟屿二岛、两兄弟屿三岛、两兄弟屿四岛 5 个无居民海岛组成，陆域总面积 0.017 5 平方千米。各岛面积较小，岛上土壤、植被无存，均由花岗斑岩构成。附近水深大部在 50 米以上。周边海域为中街山渔场，盛产黄鱼、带鱼、乌贼等。位于普陀中街山列岛国家级海洋特别保护区内。两兄弟屿为中华人民共和国公布的中国领海基点"两兄弟屿"所在海岛。两兄弟屿一岛上建有两兄弟屿中国领海基点石碑标志、海事局航标灯塔和大地测量控制点标志。

四姐妹岛 (Sìjiěmèidǎo)

北纬 30°09.6′—30°09.7′，东经 122°52.0′—122°52.2′。位于舟山群岛东部，西南距沈家门镇约 59.7 千米。群岛中的四姐妹东礁、四姐妹西礁、四姐妹南礁和四姐妹北礁呈东西向排列，从东南及西北向远望，如 4 岛耸立，故名四姐妹岛。清光绪《定海厅志》、清道光《定海全境舆图》均作里甩，与东侧两兄弟屿（别名外甩）合称甩山。亦称四姊妹岛、里甩礁。《浙江省海域地名录》（1988）、《中国海域地名志》（1989）等多数资料均记为四姐妹岛。《浙江海岛志》（1998）

和《浙江省地图集》（2008）记为四姊妹岛。部分地图集中标注里甩礁。由四姐妹南礁、四姐妹西礁、四姐妹北礁、四姐妹东礁、四姐妹里岛 5 个无居民海岛组成，陆域总面积 0.010 2 平方千米。各岛面积较小，岛上土壤、植被无存，均由花岗斑岩构成。岛壁陡峭，较难攀登。周边海域为中街山渔场，盛产黄鱼、带鱼、乌贼等，水深 30～40 米。群岛位于普陀中街山列岛国家级海洋特别保护区内。

中街山列岛 (Zhōngjiēshān Lièdǎo)

北纬 30°07.6′—30°15.0′，东经 122°25.8′—122°56.7′。位于舟山群岛中东部。一说诸岛东西排列似长街，且介于岱衢洋、黄大洋之间而得名；一说中街山列岛旧作中界山，意为舟山群岛东西部的分界岛群。《中国海岛》（2000）记为中街山群岛。曾名中街山。清光绪《浙江沿海图说》载："长涂山以东一带海岛统名中街山。"由东福山岛、庙子湖岛、大西寨岛、黄兴岛、青浜岛、西福山岛、东寨岛、小板岛等 251 个大小海岛组成，陆域总面积 15.361 1 平方千米。东福山岛最大，面积 2.914 2 平方千米，庙子湖岛和大西寨岛次之，面积分别为 2.596 8 平方千米和 2.515 7 平方千米。列岛丘峦起伏，海拔多在 100 米左右。东福山岛最高，主峰海拔 324.3 米。多数海岛上有红色酸性土壤发育。植被以庙子湖岛、黄兴岛、青浜岛、东福山岛较好。小板岛、菜花岛、治治岛等岛上灌木、杂草生长旺盛。小龟山岛上水仙花较多。属亚热带季风气候。年平均气温 16℃，年均降水量 1 200 毫米。每年 7—9 月多台风，春夏多雾。周围海域是著名的中街山渔场，有带鱼、乌贼、大黄鱼、鲳鱼、鳓鱼、石斑鱼、鳗鱼、海蜇及虾等；贝类有贻贝、牡蛎等；藻类有紫菜、海带等。特产石斑鱼、乌贼、鲞、贻贝、海蜇。

列岛中有居民海岛 9 个，即庙子湖岛、青浜岛、黄兴岛、东福山岛、小板岛、小龟山岛、东寨岛、大西寨岛、西福山岛，2011 年总户籍人口 6 146 人，实际居住约 2 500 人，多数集中在庙子湖岛。青浜岛、黄兴岛和东福山岛的居住人口随生产季节变化而变动较大。庙子湖岛为普陀东极镇人民政府所在海岛。东极镇下辖东极社区（村）、庙子湖经济合作社、青浜经济合作社、黄兴经济合作社和东福山经济合作社，基础产业是渔业。1985 年以来，实行渔业股份合作制，以拖虾为主要作业，形成了拖、溜、涨、捕、钓、养多种作业的生产格局。2011 年年底有大小捕捞渔船 659 艘（不包括 6 艘休闲渔船、7 艘渔油船和 14 艘市外船只）。旅游业以岛上渔家乐为主，2011 年年底全镇有渔家客栈 75 家，床位 1 317 张。庙子湖岛南端的东极港是列岛中心港，可停泊 200 吨级以下船只 400 余艘，能避 7 级东北风，是中街山渔场作业船只的主要避风港和生产、生活资料补给基地。庙子湖岛、青浜岛、黄兴岛和东福山岛间有客班轮通往沈家门。2006 年 5 月，国家海洋局批准建立普陀中街山列岛国家级海洋特别保护区，总面积 202.9 平方千米，主要保护对象是渔业资源（鱼、贝、藻类）、鸟类资源、岛礁资源、旅游景观及其所处的海洋生态系统。

梅散列岛 (Méisǎn Lièdǎo)

北纬 29°36.1′—29°38.4′，东经 122°08.0′—122°10.2′。位于浙江省中部沿海，象山港口东南，为舟山群岛最南的岛群。因主岛大尖苍岛别名"梅散"而得名。由大尖苍岛、小尖苍岛、上横梁岛、下横梁岛、龙洞岛、菜子屿等 36 个无居民海岛组成，诸岛面积均不大，总面积 1.235 1 平方千米。最大的大尖苍岛面积 0.711 8 平方千米，龙洞岛次之，面积 0.147 6 平方千米。大尖苍岛最高，海拔 158.5 米。大尖苍岛、上横梁岛、下横梁岛及其附近小岛出露岩石为熔岩，小尖苍岛、菜子屿、六横扁担山屿一带出露岩石为火山碎屑岩。诸岛地势陡峭，表层以石沙土为多。土层薄，一般厚 20～30 厘米。岛上植被较少，仅长茅草和零星灌木。属亚热带季风气候，年平均气温 16.4℃，年均降水量 1 200 毫米左右。周围水深 2.2～16.6 米。列岛所在海域历史上盛产大黄鱼、小黄鱼、带鱼、鲳鱼、鳓鱼等，近年资源减少，以捕小鱼小虾为主。大尖苍岛曾有垦种痕迹，现已荒芜。鞋楦尾岛上有一航标灯塔。

川湖列岛 (Chuānhú Lièdǎo)

北纬 30°34.7′—30°36.6′，东经 122°19.3′—122°23.2′。位于杭州湾外黄泽洋，东北隔白节峡与嵊泗列岛相望。列岛中以上川山岛、下川山岛和柴山岛面积较大，自西向东成"川"字形排列；上川山岛南面海域，风浪较小，有时平静似湖，为渔船避风的良好场所，故称川湖列岛。由上川山岛、下川山岛、柴山岛、川江南山岛、川木桩山岛等 44 个无居民海岛组成，陆域总面积 1.654 平方千米。上川山岛最大，面积 0.647 1 平方千米。各岛均为基岩岛。以钾长花岗岩与火山岩为主构成，多山岗，上覆沙土，多为裸岩。下川山岛、川江南山岛有沙滩，产黄沙，其余诸岛周围多岩滩、礁石。上川山岛东部山岗海拔 91.1 米，为列岛最高点。上川山岛、下川山岛、下川长山岛等较大海岛上生长松树等乔木，其余小岛仅生长灌木、草丛。属亚热带季风气候，4—5 月多雾，7—8 月常有台风影响。周边海域产黄鱼、鲳鱼、鳓鱼、带鱼、乌贼等，为近洋作业地区。上川山岛、下川山岛南面为良好的避风锚地，渔汛期间常有渔船在此避风。柴山岛、花瓶山岛、下川山岛之间水道水深均大于 16 米。下川山岛南部建有码头，川江南山岛码头已废弃。下川山岛与下川长山岛之间有桥相通。

三星山 (Sānxīngshān)

北纬 30°26.0′—30°26.6′，东经 122°30.0′—122°31.7′。位于舟山市岱山县高亭镇东北约 37 千米，鼠浪湖岛东侧海域。因上三星岛、中三星岛、下三星岛形状相似，大小相近，自西至东排列在鼠浪湖岛东海中，好像镶嵌在海面上的三颗星，故名三星山。清康熙《定海县志·卷二·营汛环海图》中即有三星山之名。别名三星列岛。《舟山岛礁图集》（1990）记为三星山（列岛）。由上三星岛、中三星岛、下三星岛等 14 个海岛组成，陆域总面积 0.400 5 平方千米。上三星岛最大，面积 0.181 4 平方千米；中三星岛次之，面积 0.125 7 平方千米；其余海岛面积均不足 0.1 平方千米。最高峰在中三星岛中部，海拔 77.2 米。上三星岛、中三星岛由火山岩构成，下三星岛由熔岩构成。属亚热带季风气候，气候湿润，每年 4—5 月多雾，7—9 月有台风影响。三个主要海岛均为山岗，上覆石沙土，土质瘠薄，多裸露岩石。山上长稀疏松树，多为茅草。下三星岛为有居民海岛，2011 年户籍人口 3 人。岛上建有 2 座码头、1 个淡水塘，太平洋西岸第二大灯塔——三星灯塔，由英国海务科 1911 年建造。上三星岛和中三星岛上有岱山县人民政府颁发的林权证，面积分别为 199 亩和 103 亩。

火山列岛 (Huǒshān Lièdǎo)

北纬 30°17.2′—30°21.6′，东经 121°51.5′—121°59.3′。位于舟山市岱山县高亭镇西北 23.8 千米。是舟山群岛的组成部分。因主岛大鱼山岛北部一个俗称"火焰头"的山嘴而得名。由大鱼山岛、小鱼山岛、鱼腥脑岛、渔山大峙山岛、峙岗山屿、渔山横梁山岛、无名峙岛、渔山楝槌山岛等 46 个大小海岛组成，陆域总面积 7.392 1 平方千米。大鱼山岛最大，面积 6.160 3 平方千米，小鱼山岛次之，面积 0.519 9 平方千米。最高点在大鱼山岛北部大山岗，海拔 152.6 米。列岛多丘陵地，均由熔岩构成。属亚热带季风气候，年平均气温 16.6℃，4—5月多雾，7—9 月有台风影响。诸岛多山岗，上覆沙土，土质贫瘠。大鱼山岛、小鱼山岛有枫、樟、梧桐、白杨、沙朴等树及灌木，其余诸岛长少量松树及茅草。诸岛四周多岩岸、岩滩，生长螺、藤壶、石蟹及紫菜。大、小鱼山岛周围多港湾，水较浅，落潮后多为泥质滩涂，有弹涂鱼、沙蚕、望潮、蛏子、泥螺、蛤蜊等。附近海域产鲳鱼、鳓鱼、海蜇、虾等。

列岛中有 3 个有居民海岛，即大鱼山岛、小鱼山岛和鱼腥脑岛。1984 年渔山乡人民政府设在大鱼山岛上，2001 年并入高亭镇。2005 年成立渔山社区，包括大鱼山岛和小鱼山岛。2011 年大鱼山岛户籍人口 2 549 人，常住 700 余人。小鱼山岛和鱼腥脑岛户籍人口均为 3 人。大鱼山岛上有 16 座码头，3 座水库及革命烈士纪念碑、通信铁塔、气象铁塔等。岛上建有一条 4 米宽的公路，2010年年底建成水塔满足居民基本用水，2011 年年初通电。

七姊八妹列岛 (Qīzǐbāmèi Lièdǎo)

北纬 30°14.8′—30°17.3′，东经 121°34.8′—121°43.4′。位于杭州湾外的灰鳖洋，是舟山群岛最西部的一组列岛。原指四平头至大长坛山之间的七岛八礁，似众多姐妹聚在一起，故名七姊八妹。后又把西霍山岛、东霍山岛等岛礁并列在内，总称七姊八妹列岛。清康熙《定海县志·卷二·营汛环海图》有"东西霍（东霍山、西霍山）、七姐妹（七姊八妹）"之名。《中华人民共和国地名词典·浙江省》（1988）记为七姊八妹。《中国海域地名志》（1989）等资料均记为七姊八妹列岛。由西霍山岛、东霍山岛、大妹山岛、大长坛山岛、小长坛山屿等 19 个无居民海岛组成，陆域总面积 0.576 8 平方千米。西霍山岛、东霍山岛面积最大，分别为 0.172 5 平方千米和 0.166 1 平方千米，其余海岛面积均不足 0.1 平方千米。东霍山岛西部主峰最高，海拔 62.9 米。诸岛均为基岩岛，由熔岩构成。西霍山岛、东霍山岛长有冬青树、茅草等植物。其余各岛有少量沙土，均长茅草。主岛西霍山岛在列岛中部，曾驻部队，其旧居现作为渔民临时居处。岛上有渔业码头 1 座，淡水池 1 个，有岱山县人民政府颁发的林权证，面积 200 亩。东霍山岛东北山顶上建有灯塔，有岱山县人民政府颁发的林权证，面积 300 亩。

嵊泗列岛 (Shèngsì Lièdǎo)

北纬 30°33.3′—30°51.8′，东经 121°34.0′—123°09.7′。位于舟山群岛北部，长江口与杭州湾汇合处。以列岛中的嵊山岛、泗礁山岛两岛首字得名。民国 21 年（1932 年）8 月 7 日，崇明县官方报《新崇报》刊登了周会《开发泗礁、嵊山之商榷》一文，首先使用了"嵊泗"这一地名。民国 23 年（1934 年）三月崇明县颁发了嵊泗设治的官方文书，此为"嵊泗"地名见诸于官方记载的最早记录。嵊泗之"嵊"和"泗"原均无偏旁，为"乘"和"四"，一乘四马，为岛屿围拱之意。嵊泗列岛，意即岛屿众多的列岛。

列岛由马鞍列岛、崎岖列岛、浪岗山列岛等组成，拥有泗礁山岛、小洋山岛、枸杞岛、大黄龙岛、大洋山岛、嵊山岛、花鸟山岛、金鸡山岛、马迹山岛、西绿华岛等 605 个大小海岛，陆域总面积 80.311 平方千米。泗礁山岛最大，面积 22.487 1 平方千米，小洋山岛次之。列岛是浙东天台山脉沉陷入海的外露部分，基岩多为花岗岩、火山岩。诸岛原貌多丘陵，谷地狭小，仅泗礁山岛、枸杞岛、大洋山岛等岛上谷地略为开阔。后因开发洋山港的需要，大洋山岛、小洋山岛等经削山填海，平地面积增加。各岛海拔一般在几十米到 200 米。花鸟山岛前坑顶最高，海拔 236.9 米。海岛山林覆盖率 35% 以上，有樟、楝、杉、栎、梧桐、白杨等。属亚热带季风气候，冬无严寒，夏无酷暑，年平均气温 15.8℃。降雨主要集中于 4—5 月雨季、6 月上旬至 7 月上旬梅雨季节和 7 月下旬至 9 月台风雨季。

列岛中有居民海岛 27 个，2011 年总人口 93 780 人。泗礁山岛为嵊泗县人民政府驻地。嵊泗县下辖菜园镇、五龙乡、嵊山镇、洋山镇、黄龙乡、枸杞乡、花鸟乡，以港口经济、旅游经济、渔业经济为主。大洋－小洋、泗礁－黄龙、绿华－花鸟、嵊山－枸杞4个岛群自然形成了4个深水港域，其中洋山港区、泗礁港区、绿华山港区3个港区属宁波舟山港。共有适宜开发的深水岸段9处，总长46.5千米，其中水深15米以上岸线36.5千米，水深20米以上岸段10千米。建有上海国际航运中心洋山深水港、宝钢马迹山矿砂中转码头、绿华减载平台、上海液化天然气（LNG）接收站、洋山石油储运基地。至2011年，深水岸线已开发利用15千米。是全国唯一的国家级列岛风景名胜区，总面积37.35平方千米，划分为泗礁、花绿、嵊山－枸杞和洋山4个景区。有景点102个，其中自然景源74个，人文景源28个。地处舟山渔场中心，被称为东海鱼仓和海上牧场，产带鱼、大黄鱼、小黄鱼、墨鱼、鳗鱼、鲫鱼和虾、蟹、贝、藻等500多种海洋生物，拥有浙江省最大的贻贝产业化基地和深水网箱养殖基地。泰薄礁为中华人民共和国公布的中国领海基点"海礁"所在海岛，东南礁为中华人民共和国公布的中国领海基点"东南礁"所在海岛。

马鞍列岛 (Mǎ'ān Lièdǎo)

北纬30°41.4′—30°51.8′，东经122°35.6′—122°50.1′。位于嵊泗列岛东半部，是舟山群岛的组成部分。据传因列岛北部主岛花鸟山岛东部山岗形似马鞍而得名。又说，花鸟山岛曾称为北马鞍岛，随之称东绿华岛、西绿华岛为旁马鞍，称枸杞岛为南马鞍，称嵊山岛为东马鞍，故总称马鞍列岛。亦称马鞍群岛。

由嵊山岛、花鸟山岛、枸杞岛、东绿华岛、西绿华岛、壁下山岛等241个大小海岛组成，陆域总面积19.466 7平方千米。枸杞岛最大，面积5.785平方千米，为嵊泗县第二大岛。各岛均为基岩组成，地形多陡峭，平地极少，仅枸杞岛谷地较开阔。花鸟山岛前坑顶海拔236.9米，为列岛最高峰。出露岩石绝大部分为钾长花岗岩和花岗岩，仅壁下山岛、大盘山岛一带海岛为火山岩。属亚热带季风气候，海洋性特征明显，春季多雾，降水量为舟山群岛最低。除台风外，冬季受寒潮影响多大风，夏季盛行偏南风。

列岛中有居民海岛10个，即嵊山岛、枸杞岛、花鸟山岛、西绿华岛、东绿华岛、壁下山岛、东库山岛、大盘山岛、张其山岛、柱住山岛，2011年总人口27 275

人。其中嵊山岛人口最多，户籍人口 8 619 人。嵊山岛、枸杞岛、花鸟山岛分别为嵊山镇、花鸟乡、枸杞乡人民政府驻地。各岛间有许多大小航门水道，岛上均建有码头，主要海岛与嵊泗县菜园镇之间有班轮通航，东绿华岛、西绿华岛通过绿华大桥相连。嵊山镇渔业发达，是浙江省最大的鲜活海水产品出口基地，国家一级渔港和二类开放口岸。花鸟乡以岛建乡，位于舟山群岛最北端，地处国际航道，建有远东第一大灯塔——花鸟灯塔，属全国重点保护文物。枸杞岛南端五里碑山巅有"山海奇观"摩崖石刻，属市级保护文物。列岛位于舟山渔场核心部位，是我国最主要的渔场之一，海域生物资源丰富，地理和海洋生态系统条件特殊，拥有海豚等国家珍稀和濒危海洋生物物种。2005 年 6 月，国家海洋局批准建立浙江嵊泗马鞍列岛海洋特别保护区（国家级），总面积 549 平方千米，其中岛陆面积 19 平方千米。主要保护石斑鱼、贻贝、羊栖菜等贝藻类资源及其周围生态环境。

崎岖列岛 (Qíqū Lièdǎo)

北纬 30°33.9′—30°39.7′，东经 121°58.0′—122°09.8′。位于杭州湾湾口，是嵊泗列岛的组成部分。因诸岛地势崎岖不平，故名崎岖列岛。亦称崎岖群岛。《中国海域地名志》（1989）及浙江省出版物多记为崎岖列岛。《中华人民共和国地图集》（1984）、《中华人民共和国分省地图集》（1990）、《中国海岛》（2000）、《中国地图册》（2002）等均标注为崎岖群岛。

由大洋山岛、小洋山岛、沈家湾岛、薄刀嘴岛、大指头岛、大山塘岛、唐脑山岛等 48 个大小海岛组成，陆域总面积 21.968 1 平方千米。大洋山岛原先面积最大，后小洋山岛因开发港口大面积围填海，面积达 14.924 3 平方千米，成为列岛中面积最大的海岛；大洋山岛次之，面积 4.887 6 平方千米。列岛东部为火山岩，西部为钾长花岗岩。大洋山岛上土层较厚处植白杨、梧桐、樟树等乔木。属亚热带季风气候。

列岛中有居民海岛 6 个，即大洋山岛、小洋山岛、大山塘岛、小山塘北岛、蒲帽山岛、唐脑山岛，2011 年总人口 12 300 人。大洋山岛为洋山镇人民政府驻地。洋山镇辖城东社区、圣港社区、滨海社区、雄洋社区 4 个社区和滩浒村 1 个行政村（滩浒村所在的滩浒山岛位于杭州湾中部，不属于崎岖列岛范围），总人口 14 267 人，总户数 5 155 户。大、小洋山岛周边平均水深稳定保持在 15 米以上，具有建设深水港的良好条件，已建成的洋山港主体部分位于小洋山岛上。小洋山岛、颗珠山等通过东海大桥与上海相连。大洋山岛有环岛公路通往各居民点，与小洋山岛、嵊泗菜园镇有班船往来。大洋山岛景观以奇岩怪石、摩崖石刻见长，有花岗岩叠垒而成的缝隙洞，称道天洞，另有清代天后宫，为县级保护文物。

浪岗山列岛 (Lànggǎngshān Lièdǎo)

北纬 30°25.7′—30°26.6′，东经 122°55.5′—122°56.5′。位于舟山群岛东北部，西北近马鞍列岛，西南近中街山列岛。因地处外缘海域，水深浪大，大风时，巨浪涌过岛礁，民谚"无风三尺浪，有风浪过岗"，得名浪岗山。元大德《昌国州志》记为浪港山，明嘉靖志、清康熙《定海县志》记为浪岗山，1990 年地名标准化处理时定名浪岗山，后一直沿用浪岗山列岛。由浪岗中块岛、东奎岛、西奎岛、半边屿等 26 个大小海岛组成，陆域总面积 0.446 9 平方千米。浪岗中块岛最大，面积 0.290 3 平方千米，其余海岛面积均不足 0.1 平方千米。各岛均为基岩岛，以火山岩和酸性熔岩为主。各岛表土均薄，除了浪岗中块岛西部凹处略平缓外，其余海岛均陡峭，不宜攀登。植被以草丛和灌木为主。各岛岸岩生藤壶、牡蛎、贻贝、紫菜等，附近海域盛产带鱼，亦多乌贼、鳓鱼、鲳鱼、虎头鱼及海蜒等，为贻贝、海蜒重要产区。每年 6—8 月，外岛渔民来此捕乌贼、海蜒，采贻贝、紫菜，最多时近千人。浪岗中块岛为有居民海岛，上有海钓会所，2011 年常住人口 10 人。岛中部和最高点有灯塔 2 座，岛北侧和南侧有信号塔 2 座，岛西侧有码头 2 座。

台州列岛 (Tāizhōu Lièdǎo)

北纬 28°23.4′—28°37.2′，东经 121°44.7′—121°55.4′。位于台州湾外东南海域。列岛在清后期时属台州府境，故名台州列岛。《中国海洋岛屿简况》（1980）记为台洲列岛，现多用台州列岛。由上大陈岛、下大陈岛、北一江山岛、南一江山岛、大陈屏风山岛、下屿、竹峙岛、上峙岛、蛇山岛等 162 个大小海岛组成，陆域总面积 14.59 平方千米。上大陈岛最大，面积 6.870 3 平方千米，下大陈岛次之，面积 4.402 5 平方千米，其余海岛面积均不足 0.1 平方千米。最高点为下大陈岛凤尾山，海拔 227.2 米；次为上大陈岛风门岭，海拔 205.5 米。基岩系酸性熔结凝灰岩，局部为钾长花岗岩。土层厚 30～80 厘米，以红壤和黄壤为主。上大陈岛、下大陈岛、下屿、竹峙岛多腐殖质土，植被良好，有人工栽种的马尾松、茅草等，经济作物有柑橘、枇杷、杨梅和蔬菜等。岩岸长有牡蛎、辣螺等贝类及紫菜、马尾藻等藻类。属亚热带季风气候。年平均气温 17℃，年降水量约 1 300 毫米，春夏多雾，7—9 月易受台风影响。周围海域为大陈渔场，产大黄鱼、小黄鱼、带鱼、鲳鱼、乌贼、石斑鱼和蟹、虾等。

列岛中有 2 个有居民海岛，即下大陈岛和上大陈岛，2011 年总人口 3 573 人。下大陈岛是列岛的主岛，也是台州市椒江区大陈镇人民政府驻地岛。渔业捕捞和海水养殖是主要产业，岛上有渔粉厂 3 家、冷冻厂 1 家。海水养殖以大黄鱼、海带、扇贝为主，2010 年全镇渔工业总产量 4.9 万吨，产值 2.5 亿元。上大陈岛有南岙、北岙 2 个行政村，渔业捕捞是岛上渔民主要产业，有渔粉厂 2 家、冷冻厂 1 家。列岛海岸地貌发育，形成了甲午岩、望夫礁、帽羽沙、乌沙头、象头岙等诸多景观，酒店、旅馆及医院、银行、超市等配套设施齐全。通信、水电等基础设施完善。两岛岸线曲折，形成许多港湾和避风锚地。大陈港是浙江中部重要的海岛港口，原为国家一级渔港。在下大陈岛杨府咀建有 300 吨级客货运码头及用于船舶供油的油码头各 1 座，上大陈岛有大岙里 300 吨级客货交通码头及中咀码头。每天有客船往返椒江及上大陈岛、下大陈岛之间。岛上公路四通八达，车辆可直达各景点、村落、码头。南一江山岛和北一江山岛因解放一江山岛战争而著名，岛上有诸多营房、战壕等战争遗迹，已规划作为爱国主义教育基地和红色旅游区。2011 年 5 月在列岛南部建立大陈海洋生态特别保护区，由竹峙岛、上峙岛、下屿等 27 个海岛组成，总面积 21.6 平方千米，主要保护石斑鱼、大黄鱼、小黄鱼等重要经济鱼类和潮间带生物资源。

洋旗岛 (Yángqídǎo)

北纬 28°23.4′—28°24.7′，东经 121°53.2′—121°55.0′。位于台州列岛南部海域。群岛远看像一面旗子在海洋上飘扬，故名洋旗岛。另有一说，洋旗主岛下屿，岛体高耸，势如大旗展布，故名。《中国海域地名志》（1989）和《浙江省海域地名录》（1988）均记为洋旗岛。亦名扬旗、洋岐。古称羊琪山。洋旗岛也叫扁担岛，相传有一次王母娘娘在大陈岛举办寿宴，吩咐一仙女到金清搬运仙桃。这个仙女偷懒，用椒江方言说是"懒人担重担"，为了少走几趟，她把仙桃装得满满的，没想到还没到大陈，扁担就断了，扁担、箩筐和仙桃掉入大陈洋变成了扁担岛。

由下屿、上峙岛、西中峙岛、东中屿等 35 个无居民海岛组成，陆域总面积 0.651 6 平方千米。下屿最大，面积 0.332 6 平方千米，上峙岛次之，面积 0.177 5 平方千米，其余海岛面积均不足 0.1 平方千米。最高点在下屿，海拔 142.6 米。基岩由酸性熔结凝灰岩构成。覆土较薄，最厚处近 60 厘米。一般生长茅草、松树。属亚热带季风气候，夏秋之际易受台风侵袭。附近海域产石斑鱼等。下屿、上峙岛、西中峙岛、东中屿等主要海岛上均发有林权证。位于大陈省级海洋生态特别保护区内。其中鸟东上岛为中华人民共和国公布的中国领海基点"台州列岛（一）"所在海岛，石柱礁为中国领海基点"台州列岛（二）"所在海岛。下屿建有太阳能供电航标灯塔。

五子岛 (Wǔzǐdǎo)

北纬 28°58.7′—29°00.4′，东经 121°45.6′—121°46.6′。位于三门县三门湾口中部，主岛踏道岛距大陆最近点 5.5 千米。因由踏道岛、小踏道岛、干山岛、鸡笼山屿、青士豆屿 5 个主要海岛组成，故名。《浙江省海域地名录》（1988）、《中国海域地名志》（1989）均记为五子岛。群岛由踏道岛、干山岛、小踏道岛、鸡笼山屿、岙斗屿等 20 个无居民海岛组成，陆域总面积 0.570 6 平方千米。踏道岛最大，面积 0.291 8 平方千米，其余海岛面积均不足 0.1 平方千米。最高点位于踏道岛，海拔 83.7 米，其余诸岛海拔均在 70 米以下。各岛广布流纹质含角砾玻屑凝灰岩、流纹质含角砾玻屑熔结凝灰岩。多出裸岩石。沙土覆盖部分，青士豆屿长有青色野豆，干山岛生长黑褐色小灌木丛，踏道岛土层较厚，长有胡葱。此外，各岛均长有茅草、芒秆等。属亚热带季风气候，年平均气温 17℃，年降水量约 1 200 毫米。夏秋之际多有台风。20 世纪 60 年代以前周边海域曾盛产大黄鱼。踏道岛、小踏道岛、青士豆屿、猫头山屿均发有林权证。踏道岛、小踏道岛、猫头山屿上建有简易码头。青士豆屿上建有灯塔航标。

三门岛 (Sānméndǎo)

北纬 28°57.5′—28°58.4′，东经 121°46.7′—121°48.3′。位于三门县三门湾口中部。群岛以地处三门湾而得名。《浙江省海域地名录》（1988）和《中国海域地名志》（1989）均记为三门岛。由龙塘山岛、燕坤山岛、龙头岛、丁桩屿、小燕岛等 22 个无居民海岛组成，陆域总面积 0.269 4 平方千米。燕坤山岛最大，面积 0.129 8 平方千米，其余海岛面积均不足 0.1 平方千米。岛上丘陵起伏，海拔一般不到 30 米，最高点在燕坤山岛，海拔 55.8 米。底层为火山沉积构造和红色碎屑构造，表层为流纹质含角玻屑凝灰岩和熔结凝灰岩覆盖。龙塘山岛、燕坤山岛局部土层较厚，长有茅草和少量松树，其余海岛多长茅草。属亚热带季风气候，年平均气温 17℃，年降水量约 1 200 毫米。春季多雾，夏秋之间常有台风过境。周围水域盛产鲳鱼、鳓鱼、小虾等。燕坤山岛和龙塘山岛发有林权证，岛上建有渔民临时居所，供季节性张捕渔民上岛暂居。两侧各有一条水道，在三门岛、五子岛与大甲山、小甲山之间，水深 8～10 米，是北方来船进入三门湾的常用航道。西南侧水道介于三门县大陆沿岸之间，中有平礁相隔，东侧水深 5～7 米，宽 1.48 千米以上，为南来船舶常用航道；西侧水浅，水深 2～5 米，通航小型船舶。燕坤山岛上建有太阳能灯塔 1 座。

泽山岛 (Zéshāndǎo)

北纬 28°52.4′—28°54.2′，东经 121°44.8′—121°46.3′。位于三门县东南海域，处三门湾口南部。群岛主要由相距很近的东泽岛、西泽岛、北泽岛、南泽岛等海岛组成，总名泽山。宋嘉定《赤城志》已载有泽山之名。民国《临海县志稿》卷三："有南泽、北泽两山，总名泽山。"1984 年命名泽山岛。《浙江省海域地名录》（1988）和《中国海域地名志》（1989）均记为泽山岛。亦称泽山群岛。由西泽岛、东泽岛、北泽岛、南泽岛等 13 个无居民海岛组成，陆域总面积 0.828 平方千米。东泽岛、南泽岛、北泽岛面积较大，分别为 0.246 3 平方千米、0.242 1 平方千米、0.226 3 平方千米，其余海岛面积均不足 0.1 平方千米。各岛山丘低矮，最高点在南泽岛，海拔 81.1 米。周围无海滩。各岛广布流纹质含角砾玻屑凝灰岩、流纹质含角砾玻屑熔结凝灰岩。长有草丛和灌木。南泽岛顶部较平，四侧陡峭，黄壤土，有小片马尾松疏林，其余表层为沙土，多长白茅；北泽岛有少量松树。属亚热带季风气候。年平均气温 17℃。附近海域产黄鱼、鲳鱼、鳓鱼、海蜇、小虾等。北泽岛、南泽岛、东泽岛均发有林权证，岛上建有渔民临时居所。北泽岛上有"临海水产加工厂"旧址，建有蓄水池和简易水泥码头。南泽岛上有太阳能灯塔 1 座。

东矶列岛 (Dōngjī Lièdǎo)

北纬 28°38.6′—28°50.8′，东经 121°43.5′—121°56.3′。位于浙江省中部沿海临海市东部海域。因位于列岛东缘的东矶岛而得名。东矶岛位于田岙岛之东，田岙岛又名西鸡山，故该岛又名东鸡山，后演称为东矶山。民国《临海县志稿》记为东麂山，亦系谐音。由雀儿岙岛、田岙岛、头门岛、东矶岛等 169 个大小海岛组成，陆域总面积 17.505 2 平方千米。雀儿岙岛最大，面积 4.304 9 平方千米，田岙岛次之，面积 4.246 9 平方千米。各岛丘陵起伏，最高点田岙岛小岩顶海拔 225.4 米。基岩由白垩纪火山沉积岩构成。岛上覆土较厚，自然植被以茅草和灌木为主，部分海岛栽有木麻黄等乔木。属亚热带季风气候。年平均气温约 17℃，年降水量约 1 500 毫米。夏秋之际多有台风。

列岛中有 3 个有居民海岛，即雀儿岙岛、田岙岛、头门岛。分别设雀儿岙村、田岙村、头门村，2011 年总人口 775 人，以海水养殖和捕捞为主。20 世纪 80 年代雀儿岙岛上兴办了椒江市水产加工厂雀儿岙蒸干车间，90 年代办起两家雀儿岙石料厂，现岛上发展旅游业，建起度假酒店。田岙岛是台州市紫菜主产地和石斑鱼垂钓地，也是临海市唯一有水田作物的海岛。头门岛海域处于台州中心港区位置，将建头门港区。20 世纪 70 年代头门岛上曾试养海带、紫菜，达到一定规模，后主要发展海塘养殖。主要海岛建有水井和小型淡水库，饮用水和农用水基本解决。居民用柴油发电机自发电。因岛上生活艰苦，许多居民已搬迁至椒江、前所、杜桥、上盘等地。东矶岛是列岛中面积最大的无居民海岛，1960 年曾设立国营水产公司收购点和水产加工厂，一度成为渔船拖网、张网和流网业的集中生产区,县渔产品集散中心。东矶岛以东海面系南北海上交通要道,雀儿岙岛与田岙岛之间有水道。

五棚屿 (Wǔpéngyǔ)

北纬 28°40.1′—28°40.5′,东经 121°53.4′—121°53.9′。位于临海市东矶列岛南部海域。群岛中 5 个主要海岛远视似大大小小的五座棚屋,故名五棚屿。《浙江省海域地名录》(1988)和《中国海域地名志》(1989)均记为五棚屿。亦名五个屿。由棚一峙岛、棚二屿、棚三屿、棚四屿、棚五屿等 10 个无居民海岛组成,陆域总面积 0.101 5 平方千米。各岛面积均较小,棚一峙岛最大且最高,面积 0.070 1 平方千米,最高点高程 38.4 米。由白垩纪火山沉积岩构成。覆土较薄,生长茅草。棚一峙岛上有 3 座渔民临时居所,供张网作业渔民季节性暂住,建有 1 座太阳能灯塔。棚一峙岛和棚五屿上发有临时林权证。

七星岛 (Qīxīngdǎo)

北纬 27°02.7′—27°05.6′,东经 120°48.7′—120°51.4′。位于浙江省苍南县北关岛东南 33.2 千米处,福建省台山列岛东北海域。列岛原由 5 个岛和天枢、天璇、天玑、天权、玉衡、开阳、瑶光 7 个礁组成,其间七处礁石的排列形似北斗七星,故名七星岛。明清时称七星山。浙江称为七星岛、七星列岛,福建称为七星岛、星仔列岛。由星仔岛、东星仔岛、立鹤岛、小立鹤岛、裂岩、横屿、鸡心岩等 17 个大小海岛组成,呈东北—西南走向,长 4.2 千米,宽 2.2 千米,分布范围 8.8 平方千米。海岛面积 0.077 2 平方千米。最大海岛为星仔岛,面积 0.031 4 平方千米,最高点高程 64 米。岛上岩石为上侏罗统高坞组熔结凝灰岩。低丘陵地貌,四周无海滩,多峻崖陡壁。因远离陆岸,常年受风浪袭击,岛上植物稀少,无树木,仅假还阳参草丛 1 个群系,有少量海鸥等野生动物栖息。岛上有淡水。东星仔岛为基岩岛,面积 0.027 6 平方千米,岛上植被覆盖率 50%,有较多海鸟。诸岛周围海域水深超过 25 米,水质肥沃,是多种经济鱼、虾、蟹的索饵场所。岛北为南麂渔场,岛南有闽东渔场,主产鱼类有带鱼、墨鱼、大黄鱼、鲳鱼、鳓鱼、鳗鱼和梭子蟹等,贝藻类物种丰富。七星岛无人长期定居,仅星仔岛上有一简易码头,为季节性渔用码头。渔汛期少数渔民登岛搭草寮居住。

第九章 海 岛

田湾岛 (Tiánwān Dǎo)

北纬 29°06.3′，东经 121°41.2′。位于台州市三门县东部海域，距三门县城约 29 千米，距大陆最近点 2.74 千米。又名青门山。《中国海洋岛屿简况》（1980）记为青门山。《浙江省海域地名录》（1988）记为田湾岛，别名青门山。《三门县地名志》（1986）、《中国海域地名志》（1989）、《浙江古今地名词典》（1990）、《浙江海岛志》（1998）、《全国海岛名称与代码》（2008）均记为田湾岛。因前人在岛上两山山湾间辟有耕地数十亩，故名。岸线长 7.6 千米，面积 1.675 4 平方千米，最高点高程 196.6 米。基岩岛，由上侏罗统九里坪组肉红色流纹斑岩及凝灰熔岩构成。2009 年 12 月，岛上常住人口 10 人，开垦耕地。建有码头 1 座，供运输和渔埠之用；小型风力发电机 4 台。岛西北围海筑有养殖塘，淡水资源以地表水为主，有水库、水井。

小黄蟒岛 (Xiǎohuángmǎng Dǎo)

北纬 29°58.6′，东经 121°48.2′。位于宁波市北仑区北部海域，东距大黄蟒岛 250 米，距大陆最近点 1.1 千米。又名小黄蟒、小黄茅。《宁波市海岛志》（1994）记为小黄蟒。《浙江省海域地名录》（1988）、《中国海域地名志》（1989）、《中国海域地名图集》（1991）、《浙江海岛志》（1998）、《全国海岛名称与代码》（2008）、《浙江省人民政府关于公布第一批无居民海岛名称的通知》（浙政发〔2010〕9 号）均记为小黄蟒岛。岛上长有黄茅草，当地"茅"与"蟒"音类似，又比西北的大黄蟒岛面积小，故名。岸线长 1.1 千米，面积 0.029 1 平方千米，最高点高程 34.1 米。基岩岛，由晚侏罗世潜霏细斑岩构成。植被以草丛为主，有马尾松等。

笔架山小岛 (Bǐjiàshān Xiǎodǎo)

北纬 29°58.5′，东经 121°48.2′。位于宁波市北仑区北部海域，甬江口长跳嘴东 4.6 千米，东邻笔架山，距大陆最近点 1.07 千米。原为笔架山的一部分，后界定为独立海岛。因位于笔架山岛边，面积较小得今名。岸线长 53 米，面积 128 平方米，最高点高程 6 米。基岩岛，由晚侏罗世潜霏细斑岩构成。无植被。

笔架山 (Bǐjià Shān)

北纬 29°58.5′，东经 121°48.2′。位于宁波市北仑区北部海域，甬江口长跳嘴东 4.67 千米，距大陆最近点 1.06 千米。以形似笔架而得名。《浙江省海域地名录》（1988）、《中国海域地名图集》（1991）均记为笔架山。岸线长 311 米，面积 2 852 平方米，最高点高程 22 米。基岩岛，由晚侏罗世潜霏细斑岩构成。无植被。

大黄蟒岛 (Dàhuángmǎng Dǎo)

北纬 29°58.5′，东经 121°48.5′。位于宁波市北仑区北部海域，距大陆最近点 1.01 千米。又名大黄蟒、大黄茅、黄蟒山。《中国海洋岛屿简况》（1980）、《宁波市海岛志》（1994）均记为大黄蟒。《浙江省海域地名录》（1988）、《中国海域地名志》（1989）、《中国海域地名图集》（1991）、《浙江海岛志》（1998）、《全国海岛名称与代码》（2008）、《浙江省人民政府关于公布第一批无居民海岛名称的通知》（浙政发〔2010〕9 号）均记为大黄蟒岛。据传，岛上有大黄蟒蛇，常兴风作浪，翻船吞人。其实系该岛附近海面水急浪高礁多，来往船只时有海损事故发生，岛上又确有黄色蝮蛇存在。因该岛大于西北之小黄蟒岛，故名。岸线长 2.05 千米，面积 0.173 6 平方千米，最高点高程 74 米。基岩岛，由晚侏罗世潜霏细斑岩构成。土壤为黄泥沙土。岛上长有黑松林等。有砂石开采活动，建有上山小路。南侧建有简易码头，码头附近有瞭望塔。有高压输送电铁塔和 110 千伏交流输电海缆终端房。

大油壶礁 (Dàyóuhú Jiāo)

北纬 29°58.4′，东经 121°46.3′。位于宁波市北仑区北部海域，距大陆最近点 50 米。又名大流潮礁。《浙江省海域地名录》（1988）、《中国海域地名志》（1989）、《中国海域地名图集》（1991）、《宁波市海岛志》（1994）、《浙江海岛志》（1998）、《全国海岛名称与代码》（2008）均记为大油壶礁。岛形似油壶，光秃，又比西面的小油壶礁大，故名。岸线长 205 米，面积 1 770 平方米，最高点高程 6.4 米。基岩岛，由上侏罗统西山头组熔结凝灰岩、凝灰岩构成。无植被。有国家测绘标志 1 个。

大榭岛 (Dàxiè Dǎo)

北纬 29°55.3′，东经 121°57.6′。位于宁波市北仑区北部海域，距大陆最近点 380 米。曾名大若山、大箬山。宋乾道《四明图经》记为大若山。元延佑《四明志》记为大箬山。清康熙《定海县志·卷二》载："大榭山旧志皆作大若，以音近讹榭耳。"《中国海洋岛屿简况》（1980）、《浙江省海域地名录》（1988）、《中国海域地名志》（1989）、《中国海域地名图集》（1991）、《宁波市海岛志》（1994）、《浙江海岛志》（1998）、《全国海岛名称与代码》（2008）均记为大榭岛。岛上树木茂密，四季常青，远处眺望，郁郁葱葱，如浮于水面之亭台楼阁，且岛又较大，故名。岸线长 24.19 千米，面积 30.437 5 平方千米，最高点高程 333.2 米。基岩岛，由上侏罗统高坞组、西山头组熔结凝灰岩构成。土壤为潮土类、红壤类、滨海盐土类、粗骨土类。植被有马尾松林、黑松林、栓皮栎林、枫香林、毛竹林等，已发现的珍稀植物有国家二级保护植物舟山新木姜子。

有居民海岛，是大榭街道所在地。2011 年户籍人口 27 008 人，常住人口 42 013 人。全日制中学 1 所，完全小学 2 所，幼儿园 8 所，医院 1 所。大榭岛和周围 13 个小岛组成的宁波大榭开发区创立于 1993 年 3 月，由中国中信集团公司（CITIC）开发，享受国家级经济技术开发区政策。开发区拥有深水岸线 10.7 千米，20～30 米等深线离岸不到 100 米。规划建设各类泊位 49 座，设计吞吐能力 1.3 亿吨。已有英国石油公司，香港招商局，日本三菱化学、伊藤忠商事、三菱商事等跨国企业和中国石化、中国海油、中国石油、烟台万华等国内外知名企业投资兴业，形成了能源中转、临港石化、港口物流等三大主导产业。有公路、铁路两用跨海大桥与大陆相连。大榭第二大桥于 2013 年通车。

穿鼻岛 (Chuānbí Dǎo)

北纬 29°54.6′，东经 122°00.6′。位于宁波市北仑区北部海域，距大陆最近点 1.42 千米。又名穿鼻山。《中国海洋岛屿简况》（1980）、《浙江省海域地名录》（1988）、《中国海域地名志》（1989）、《中国海域地名图集》（1991）、《宁波市海岛志》（1994）、《浙江海岛志》（1998）、《全国海岛名称与代码》（2008）均记为穿鼻岛。因岛西北有一岩石形似象鼻伸向大海，中间贯穿一洞，称穿鼻洞，岛因洞而得名。岸线长6.21千米，面积1.842 3平方千米，最高点高程175.9米。基岩岛，主要由上侏罗统高坞组熔结凝灰岩及流纹斑岩构成，其次是安山玢岩。土壤为黄泥沙土。植被主要为马尾松林、茶园、橘园和竹林等，珍稀保护植物有舟山新木姜子。

有居民海岛，岛上有门登村和门下村2个村，隶属于大榭街道。2011年户籍人口808人，常住人口2人。是大榭开发区除大榭岛外最大的岛屿，全岛实际可利用土地1.367平方千米。深水岸线1.6千米，主要集中于北部及东北部，离岸100米水深达20米以上。其北面为进出北仑港区和大榭港区的主航道。岛东南侧和西侧分别有采石场。岛西北部有面积约20亩的养殖塘1个。沿岸有码头4座，附近新建四层楼为"大榭开发区穿马区域综合管理办公室"用房。岛的最高点建有输电铁塔1座。

外神马岛 （Wàishénmǎ Dǎo）

北纬29°54.0′，东经122°00.5′。位于宁波市北仑区北部海域，距大陆最近点430米。又名外神马。《中国海洋岛屿简况》（1980）记为外神马。《浙江省海域地名录》（1988）、《中国海域地名志》（1989）、《中国海域地名图集》（1991）、《宁波市海岛志》（1994）、《浙江海岛志》（1998）、《全国海岛名称与代码》（2008）均记为外神马岛。据传，在"坍东京，长崇明"的远古时代，夸蛾氏二子奉天帝之命牵着两匹神马，来人间翻耕宝地，坍陷成海，夸蛾氏二子来不及牵走神马，两匹神马陷埋其中，二马仅头露出海面，古时常闻马之嘶鸣。又传玉帝令二马下凡调查人间何以一日三餐，二马在海上睡觉，严重失职，玉帝将其贬谪人间，死后化为二岛，即里神马岛和外神马岛。因该岛形似卧马，且位于里神马岛东侧，故名。岸线长3.65千米，面积0.582平方千米，最高点高程85米。基岩岛，由上侏罗统高坞组熔结凝灰岩等构成。土壤为黄泥沙土，植被有针叶林等。

有居民海岛，2011年岛上户籍人口214人，无常住人口。岛上原有1个自然村，现已迁移大榭岛居住。岛上东、西部有耕地，部分原岛民现仍在该岛进行农作物耕种。岛北侧建有简易码头1座。有输电公司在岛东侧浅海进行输电塔建设施工，并在岛上建有临时板房和临时居住、办公用房。

洋小猫岛 (Yángxiǎomāo Dǎo)

北纬29°53.9′，东经122°09.1′。位于宁波市北仑区北部海域，距大陆最近点1.41千米。曾名筱洋梅、小洋猫，又名洋小猫。《中国海洋岛屿简况》（1980）、《浙江省海域地名录》（1988）、《中国海域地名志》（1989）、《中国海域地名图集》（1991）、《宁波市海岛志》（1994）、《浙江海岛志》（1998）、《全国海岛名称与代码》（2008）、2010年浙江省人民政府公布的第一批无居民海岛名称均记为洋小猫岛。因形似伏在峙头洋窥察动静之小猫而得名。岸线长1.22千米，面积0.08平方千米，最高点高程41米。基岩岛，由上侏罗统茶湾组凝灰岩、凝灰质砂岩等构成。植被以草丛、灌木为主。岛上建有航标灯塔1座，属于上海海事局宁波航标管理处。

里神马岛 (Lǐshénmǎ Dǎo)

北纬29°53.8′，东经121°59.6′。位于宁波市北仑区北部海域，距大陆最近点310米。曾名内神马山，又名内神马。《中国海洋岛屿简况》（1980）记为内神马。《浙江省海域地名录》（1988）、《中国海域地名志》（1989）、《中国海域地名图集》（1991）、《宁波市海岛志》（1994）、《浙江海岛志》（1998）、《全国海岛名称与代码》（2008）均记为里神马岛。岛形似立马，位于外神马岛里（西）侧，故名。岸线长3.32千米，面积0.637 6平方千米，最高点高程107.3米。基岩岛，由上侏罗统高坞组熔结凝灰岩构成。植被有针叶林、竹林等。

有居民海岛，岛上原有3个自然村，2006年神马村整体搬迁至白峰码头附近的神马新村，部分村民搬至怡峰家园和白峰新街。2011年岛上户籍人口417人，常住人口190人。建有恒富造船厂基地，包括10万平方米厂区，3万平方米厂房，2.5万吨、1万吨干船坞各1座，万吨级造船船台8座、修理2.5万吨级及造船1万吨级以下船舶相配套设备。岛南侧有4座码头，分别是汽渡码头、吊机码头、客运码头和货运码头。还建有输电塔、淡水池、员工宿舍等基础设施。有寺庙1座。

长腰剑岛 (Chángyāojiàn Dǎo)

北纬 29°53.6′，东经 121°58.0′。位于宁波市北仑区北部海域，距大陆最近点 310 米。又名长腰剑。《中国海洋岛屿简况》（1980）记为长腰剑。《浙江省海域地名录》（1988）、《中国海域地名志》（1989）、《中国海域地名图集》（1991）、《宁波市海岛志》（1994）、《浙江海岛志》（1998）、《全国海岛名称与代码》（2008）、2010 年浙江省人民政府公布的第一批无居民海岛名称均记为长腰剑岛。名称由来有两种：一是传说一仙人发觉老鼠精在偷吃席上的馒头，抽出长剑杀老鼠精，结果误伤已怀孕的太白妃子。长剑遂化成此岛，太白妃子化为西面的太狮山，老鼠与馒头也化成两个小岛。二是以岛形似一柄长剑得名。岸线长 4.49 千米，面积 0.319 5 平方千米，最高点高程 29 米。基岩岛，岛体为上侏罗统高坞组熔结凝灰岩构成的小丘和第四纪泥沙沉积形成的小片平地。岛上有耕地，其中棉田 240 亩，橘林 30 亩，其他 30 亩。主要物产为棉花、橘子、金柑、梨、番薯等。岛南岸东侧建有简易码头 1 座。岛上建有电塔、凉亭各 1 座。北侧中部建有小型排涝闸。岛上饮用水靠蓄水池和水井，淡水资源不足。

外峙岛 (Wàizhì Dǎo)

北纬 29°53.2′，东经 122°00.9′。位于宁波市北仑区北部海域，距大陆最近点 90 米。《中国海洋岛屿简况》（1980）、《浙江省海域地名录》（1988）、《中国海域地名志》（1989）、《中国海域地名图集》（1991）、《宁波市海岛志》（1994）、《浙江海岛志》（1998）、《全国海岛名称与代码》（2008）均记为外峙岛。据传，白峰上水弄一带曾设司城，以城为界，北向大海为外。岛在北又耸立于牛轭港中，故名。岸线长 4.95 千米，面积 1.373 8 平方千米，最高点高程 115.2 米。基岩岛，由上侏罗统高坞组熔结凝灰岩等构成。土壤为棕黄泥沙土。植被有针叶林、竹林等。

有居民海岛，2011 年岛上户籍人口 903 人，常住人口 503 人。岛西北侧有废弃采石场 2 处。岛东侧牛轭港有 10 余处网箱养殖。有渡轮定期来往大陆与外峙岛之间。岛上有耕地 800 多亩，其中水田 220 亩，棉田 80 亩，种植水稻、棉花、油菜、番薯、玉米、蚕豆等。岛上有输电塔 10 余座，遍布整个海岛，各自距离约 200 米。

死碰礁 (Sǐpèng Jiāo)

北纬 29°48.4′，东经 122°02.0′。位于宁波市北仑区东南部海域，距大陆最近点 2.54 千米。《浙江省海域地名录》(1988)、《中国海域地名志》(1989)、《中国海域地名图集》(1991) 均记为死碰礁。该岛由峋嶙的怪石组成，相传有船碰此礁石导致船沉人亡，故名。岸线长 111 米，面积 477 平方米，最高点高程 5.1 米。基岩岛，由火山凝灰岩构成。无植被。建有航标塔 1 座。

悬礁 (Xuán Jiāo)

北纬 29°48.2′，东经 122°02.0′。位于宁波市北仑区东南部海域，距大陆最近点 3.05 千米。《浙江省海域地名录》(1988)、《中国海域地名志》(1989)、《中国海域地名图集》(1991) 均记为悬礁。因岛形如悬浮着的礁石而得名。岸线长 148 米，面积 962 平方米，最高点高程 5.5 米。基岩岛，由火山凝灰岩构成。植被以草丛为主。建有航保处航标 1 座。

梅山岛 (Méishān Dǎo)

北纬 29°47.6′，东经 121°59.5′。位于宁波市北仑区东南部海域，距大陆最近点 450 米。《中国海洋岛屿简况》(1980)、《浙江省海域地名录》(1988)、《中国海域地名志》(1989)、《中国海域地名图集》(1991)、《宁波市海岛志》(1994)、《浙江海岛志》(1998)、《全国海岛名称与代码》(2008) 均记为梅山岛。因相传在明朝有位省级巡抚，姓梅名子山，到该岛和六横岛等地巡查时，为海盗所杀，岛民为了纪念他，在此岛建圣庙 1 座，名"梅子山庙"，岛由此得名。岸线长 24.41 千米，面积 26.946 2 平方千米，最高点高程 148.6 米。基岩岛，由上侏罗统西山头组熔结凝灰岩构成。土壤有水稻土类、潮土类、红壤类、粗骨土类、滨海盐土类。植被有针叶林、竹林、阔叶林等。

有居民海岛，梅山乡人民政府驻地。2011 年户籍人口 15 306 人，常住人口 10 088 人。岛周围海域水深 3~22 米，最深处（汀嘴港）达 22 米，能停泊超大油轮和第五、第六代集装箱轮。其中梅山港水域长 15 千米，宽 500 米，水深 9 米。2008 年 2 月 24 日，国务院批准设立宁波梅山保税港区，位于梅山岛，规划面积 7.7 平方千米，是目前我国开放层次最高、政策最优惠、功能最齐全的特殊区域，是国家实施自由贸易区战略的先行区。2012 年，梅山大桥、首期集装箱码头、七姓涂围涂、行政商务中心等支撑性基础设施已完成主体工程；卡口、围网、巡逻通道、监控系统、查验场地等监管设施将全面开工建设。是市级卫生乡、市级生态乡。万亩蔬菜种植基地，万亩海水养殖基地，万亩滩涂，万亩盐田曾号称"梅山四万"。其中绿色蔬菜基地是宁波市绿色蔬菜农产品生产基地。梅山乡是浙江省民间文艺之乡，舞龙、舞狮、武术最为有名。

春晓圆山小岛 (Chūnxiǎo Yuánshān Xiǎodǎo)

北纬 29°44.9′，东经 121°54.3′。位于宁波市北仑区南部海域，距大陆最近点 80 米。原为春晓圆山礁的一部分，后界定为独立海岛。因位于春晓圆山礁边，且面积较小而得名。岸线长 142 米，面积 408 平方米，最高点高程 6 米。基岩岛，由上侏罗统西山头组熔结凝灰岩构成。无植被。

平石礁 (Píngshí Jiāo)

北纬 29°44.8′，东经 121°54.1′。位于宁波市北仑区南部海域，距大陆最近点 210 米。《浙江省海域地名录》（1988）、《中国海域地名图集》（1991）均记为平石礁。因形如一块平整的石块而得名。岸线长 77 米，面积 319 平方米，最高点高程 3.5 米。基岩岛，由上侏罗统西山头组熔结凝灰岩构成。无植被。

野猪礁 (Yězhū Jiāo)

北纬 29°44.1′，东经 121°56.0′。位于宁波市北仑区南部海域，距大陆最近点 2.48 千米。《浙江省海域地名录》（1988）、《中国海域地名志》（1989）、《中国海域地名图集》（1991）、《宁波市海岛志》（1994）、《浙江海岛志》（1998）、《全国海岛名称与代码》（2008）、2010 年浙江省人民政府公布的第一批无居民海岛名称均记为野猪礁。因似野猪凶恶，常有船在此出事得名。岸线长 137 米，面积 1 025 平方米，最高点高程 5.7 米。基岩岛，由上侏罗统西山头组熔结凝灰岩构成。无植被。岛上建有航标灯塔 1 座。

七里峙西礁 (Qīlǐzhì Xījiāo)

北纬 29°60.0′，东经 121°45.5′。位于宁波市镇海区北部海域，距大陆最近点 2.3 千米。《浙江省海域地名录》（1988）、《中国海域地名图集》（1991）、《镇海区地名志》（1991）均记为七里峙西礁，因位于七里屿西侧而得名。岸线长97米，面积664平方米，最高点高程5.1米。基岩岛，由晚侏罗世潜霏细斑岩构成。无植被。岛上建有航标灯塔1座，有栈桥与七里屿相连。

串塝山岛 (Chuànchánshān Dǎo)

北纬29°39.5′，东经121°47.2′。位于宁波市鄞州区东南部海域，距大陆最近点170米。曾名川站，又名串塝山、串塊山、串谗山、串塝山屿。《中国海洋岛屿简况》（1980）、《浙江海岛志》（1998）均记为串塝山。《浙江省海域地名录》（1988）、《中国海域地名志》（1989）、《中国海域地名图集》（1991）、《宁波市海岛志》（1994）均记为串塊山。《全国海岛名称与代码》（2008）记为串谗山。《浙江省人民政府关于公布第一批无居民海岛名称的通知》（浙政发〔2010〕9号）中名为串塝山屿。该岛东侧分布有另一海岛（串塊山岛），两岛低潮时相连，犹如一串，且当地称四周环水的小块高地为塊，故第二次全国海域地名普查时更为今名。岸线长359米，面积4 222平方米，最高点高程12.6米。基岩岛，由上侏罗统西山头组熔结凝灰岩构成。植被以草丛、灌木为主。

鹊礁 (Què Jiāo)

北纬29°39.7′，东经121°54.5′。位于宁波市象山县北部海域，象山港口，猫礁北740米，距大陆最近点2.13千米。曾名铁礁。《象山县海域地名简志》（1987）、《浙江省海域地名录》（1988）、《中国海域地名志》（1989）、《宁波市海岛志》（1994）、《浙江海岛志》（1998）、《全国海岛名称与代码》（2008）、2010年浙江省人民政府公布的第一批无居民海岛名称均记为鹊礁。因岛岩黝黑光滑，远看像块铁，故名铁礁，后讹音为鹊礁。岸线长93米，面积622平方米，最高点高程7.4米。基岩岛，由上侏罗统西山头组熔结凝灰岩构成。植被以草丛、灌木为主。岛上建有航标灯塔1座。

猫尾岛 (Māowěi Dǎo)

北纬29°39.3′，东经121°54.7′。位于宁波市象山县北部海域，象山港口，猫礁东岸外15米，距大陆最近点1.3千米。因位于猫礁东侧，形如尾巴，第二次全国海域地名普查时命今名。岸线长66米，面积347平方米，最高点高程约

5 米。基岩岛，由上侏罗统西山头组熔结凝灰岩构成。无植被。

猫礁 (Māo Jiāo)

北纬 29°39.3′，东经 121°54.7′。位于宁波市象山县北部海域，象山港口，外门山岛东北 715 米，距大陆最近点 1.24 千米。《中国海洋岛屿简况》（1980）、《象山县海域地名简志》（1987）、《浙江省海域地名录》（1988）、《中国海域地名志》（1989）、《中国海域地名图集》（1991）、《宁波市海岛志》（1994）、《浙江海岛志》（1998）、《全国海岛名称与代码》（2008）、2010 年浙江省人民政府公布的第一批无居民海岛名称均记为猫礁。以岛形如猫得名。岸线长 459 米，面积 0.012 1 平方千米，最高点高程 22 米。基岩岛，由上侏罗统西山头组熔结凝灰岩构成。植被以草丛为主。

雅礁 (Yǎ Jiāo)

北纬 29°39.3′，东经 121°54.0′。位于宁波市象山县北部海域，象山港口，猫礁西北 615 米，距大陆最近点 1.63 千米。曾名鸦礁、鸦鹊礁。《中国海洋岛屿简况》（1980）、《象山县海域地名简志》（1987）、《浙江省海域地名录》（1988）、《中国海域地名图集》（1991）、《中国海域地名志》（1989）、《宁波市海岛志》（1994）、《浙江海岛志》（1998）、《全国海岛名称与代码》（2008）、2010 年浙江省人民政府公布的第一批无居民海岛名称均记为雅礁。因岛形似鸦鹊，当地百姓惯称鸦礁，雅称雅礁。岸线长 346 米，面积 3 652 平方米，最高点高程 17.3 米。基岩岛，由上侏罗统西山头组熔结凝灰岩构成。植被以草丛、灌木为主。

鼠礁 (Shǔ Jiāo)

北纬 29°39.2′，东经 121°54.4′。位于宁波市象山县北部海域，象山港口，猫礁东北 325 米，距大陆最近点 1.16 千米。又名老鼠礁。《中国海洋岛屿简况》（1980）、《象山县海域地名简志》（1987）、《浙江省海域地名录》（1988）、《中国海域地名志》（1989）均记为老鼠礁。《中国海域地名图集》（1991）、《宁波市海岛志》（1994）、《浙江海岛志》（1998）、《全国海岛名称与代码》（2008）、2010 年浙江省人民政府公布的第一批无居民海岛名称均记为鼠礁。因礁与南北之蛇山咀、猫头咀、蛤吧咀相对，传说蛇鼠、猫鼠相斗，老鼠入海成礁，故名。

岸线长 123 米，面积 917 平方米，最高点高程 18 米。基岩岛，由上侏罗统西山头组熔结凝灰岩构成。植被以草丛为主。

外留湖礁 (Wàiliúhú Jiāo)

北纬 29°38.8′，东经 121°55.0′。位于宁波市象山县北部海域，象山港口，内门山岛东 650 米，距大陆最近点 210 米。《中国海洋岛屿简况》（1980）、《象山县海域地名简志》（1987）、《浙江省海域地名录》（1988）、《中国海域地名志》（1989）、《中国海域地名图集》（1991）、《宁波市海岛志》（1994）、《浙江海岛志》（1998）、《全国海岛名称与代码》（2008）、2010 年浙江省人民政府公布的第一批无居民海岛名称均记为外留湖礁。原海岛呈四方相连，中间留一小湖，后因海水冲击，剩南北两块大礁，该岛居外，故名。岸线长 138 米，面积 660 平方米，最高点高程 7 米。基岩岛，由上侏罗统西山头组熔结凝灰岩构成。无植被。

双泡礁 (Shuāngpào Jiāo)

北纬 29°38.4′，东经 121°59.7′。位于宁波市象山县东北部海域，牛鼻山水道西北侧，擂鼓山岛东北 770 米，距大陆最近点 3.39 千米。《中国海洋岛屿简况》（1980）、《浙江省海域地名录》（1988）、《中国海域地名志》（1989）、《宁波市海岛志》（1994）、《浙江海岛志》（1998）、《全国海岛名称与代码》（2008）、《浙江省人民政府关于公布第一批无居民海岛名称的通知》（浙政发〔2010〕9 号）均记为双泡礁。岛分两块出露水面，望之如双木浸泡水中，故名。岸线长 103 米，面积 656 平方米，最高点高程 3.3 米。基岩岛，由上侏罗统西山头组熔结凝灰岩构成。植被以草丛为主。

双泡东岛 (Shuāngpào Dōngdǎo)

北纬 29°38.4′，东经 121°59.7′。位于宁波市象山县东北部海域，牛鼻山水道西北侧，双泡礁东岸外 7 米，距大陆最近点 3.41 千米。因位于双泡礁东侧，第二次全国海域地名普查时命今名。岸线长 85 米，面积 413 平方米，最高点高程 7 米。基岩岛，由上侏罗统西山头组熔结凝灰岩构成。无植被。

外干门岛 (Wàigānmén Dǎo)

北纬 29°38.2′，东经 121°57.5′。位于宁波市象山县东北部海域，距大陆最近点 220 米。又名外干门。《中国海洋岛屿简况》（1980）、《象山县海域地名简志》（1987）、《宁波市海岛志》（1994）、《全国海岛名称与代码》（2008）均记为外干门。《浙江省海域地名录》（1988）、《中国海域地名志》（1989）、《中国海域地名图集》（1991）、《浙江海岛志》（1998）、2010 年浙江省人民政府公布的第一批无居民海岛名称均记为外干门岛。该岛居干门港外侧，故名。岸线长 2.79 千米，面积 0.169 2 平方千米，最高点高程 56 米。基岩岛，由上侏罗统西山头组熔结凝灰岩构成。植被以草丛、灌木为主。岛上有简易码头 1 座、废弃房屋 1 处。

里长礁 (Lǐcháng Jiāo)

北纬 29°38.0′，东经 122°00.1′。位于宁波市象山县东北部海域，牛鼻山水道西北侧，西屿山岛北 65 米，距大陆最近点 3.16 千米。《象山县海域地名简志》（1987）、《浙江省海域地名录》（1988）、《中国海域地名志》（1989）、《中国海域地名图集》（1991）、《宁波市海岛志》（1994）、《浙江海岛志》（1998）、《全国海岛名称与代码》（2008）、2010 年浙江省人民政府公布的第一批无居民海岛名称均记为里长礁。岛形狭长，与外长礁（在其东侧）东西相应，故名。岸线长 162 米，面积 1 467 平方米，最高点高程 8.4 米。基岩岛，由上侏罗统西山头组熔结凝灰岩构成。植被以草丛、灌木为主。

外长礁 (Wàicháng Jiāo)

北纬 29°37.9′，东经 122°00.3′。位于宁波市象山县东北部海域，牛鼻山水道西北侧，西屿山岛东北 55 米，距大陆最近点 3.3 千米。《象山县海域地名简志》（1987）、《浙江省海域地名录》（1988）、《中国海域地名志》（1989）、《中国海域地名图集》（1991）、《宁波市海岛志》（1994）、《浙江海岛志》（1998）、2010 年浙江省人民政府公布的第一批无居民海岛名称均记为外长礁。岛形狭长，与里长礁（在其西侧）东西相应，故名。岸线长 331 米，面积 2 758 平方米，最高点高程 6.7 米。基岩岛，由上侏罗统西山头组熔结凝灰岩构成。植被以草丛为主。

鼓锤岛 (Gǔchuí Dǎo)

北纬 29°37.8′，东经 121°59.3′。位于宁波市象山县东北部海域，牛鼻山水道西北侧，距大陆最近点 2.2 千米。该岛形似鼓槌，谐音为鼓锤，第二次全国海域地名普查时命今名。岸线长 90 米，面积 346 平方米，最高点高程 8 米。基岩岛，由上侏罗统西山头组熔结凝灰岩构成。植被以草丛为主。

西长礁 (Xīcháng Jiāo)

北纬 29°37.8′，东经 121°59.2′。位于宁波市象山县东北部海域，牛鼻山水道西北侧，距大陆最近点 2 千米。曾名长礁。《浙江省海域地名录》（1988）、《中国海域地名志》（1989）、2010 年浙江省人民政府公布的第一批无居民海岛名称均记为西长礁。以岛形狭长而得名长礁。因重名，且位于外长礁西侧，1985 年更为今名。岸线长 198 米，面积 2 308 平方米，最高点高程 8.4 米。基岩岛，由上侏罗统西山头组熔结凝灰岩构成。植被以草丛为主。

小东屿 (Xiǎodōng Yǔ)

北纬 29°37.7′，东经 122°01.3′。位于象山县东北部海域，牛鼻山水道西北侧，距大陆最近点 4.49 千米。《中国海洋岛屿简况》（1980）、《象山县海域地名简志》（1987）、《浙江省海域地名录》（1988）、《中国海域地名志》（1989）、《中国海域地名图集》（1991）、《宁波市海岛志》（1994）、《浙江海岛志》（1998）、《全国海岛名称与代码》（2008）、2010 年浙江省人民政府公布的第一批无居民海岛名称均记为小东屿。因该岛紧靠其南面东屿山岛，且较小而得名。岸线长 539 米，面积 0.013 9 平方千米，最高点高程 26.8 米。基岩岛，由上侏罗统西山头组熔结凝灰岩构成。植被以草丛、灌木为主。岛上建有航标灯塔和气象观测站各 1 座，有石阶路从岸边通往灯塔和气象观测站。

万礁 (Wàn Jiāo)

北纬 29°37.7′，东经 121°50.2′。位于宁波市象山县北部海域，象山港东部，距大陆最近点 1.2 千米。曾名饭礁。《象山县海域地名简志》（1987）、《浙江省海域地名录》（1988）、《中国海域地名志》（1989）、《中国海域地名图集》（1991）、《宁波市海岛志》（1994）、《浙江海岛志》（1998）、《全国海岛名称与代码》(2008)、2010 年浙江省人民政府公布的第一批无居民海岛名称均记为万礁。因礁上多栖息海鸥,白色鸟粪密密麻麻,望之如米饭铺地,故称饭礁,后谐音万礁。岸线长 134 米,面积 1 020 平方米,最高点高程 8.3 米。基岩岛,由上侏罗统西山头组熔结凝灰岩构成。植被以草丛为主。岛上建有航标灯塔 1 座。

小东峙舌礁 (Xiǎodōngzhì Shéjiāo)

北纬 29°37.7′,东经 122°01.3′。位于宁波市象山县东北部海域,牛鼻山水道西北侧,小东屿南岸外 7 米,距大陆最近点 4.49 千米。又名小东屿 -1。《宁波市海岛志》(1994)、《全国海岛名称与代码》(2008)均记为小东屿 -1。2010 年浙江省人民政府公布的第一批无居民海岛名称中名为小东峙舌礁。因位于小东屿附近,形如舌头而得名。岸线长 174 米,面积 939 平方米,最高点高程 10 米。基岩岛,由上侏罗统西山头组熔结凝灰岩构成。植被以草丛为主。

虎栏礁 (Hǔlán Jiāo)

北纬 29°37.5′,东经 122°02.1′。位于宁波市象山县东北部海域,牛鼻山水道西北侧,距大陆最近点 5.21 千米。又名东长礁 -1。《宁波市海岛志》(1994)、《全国海岛名称与代码》(2008)均记为东长礁 -1。2010 年浙江省人民政府公布的第一批无居民海岛名称中名为虎栏礁。礁拦东长礁与东屿山岛相夹航道中,形势险恶,故称拦门虎,因重名,后雅称为虎栏,故名。岸线长 100 米,面积 723 平方米,最高点高程 4 米。基岩岛,由上侏罗统西山头组熔结凝灰岩构成。无植被。

里东长岛 (Lǐdōngcháng Dǎo)

北纬 29°37.4′,东经 122°02.1′。位于宁波市象山县东北部海域,牛鼻山水道西北侧,距大陆最近点 5.14 千米。又名东长礁 -2。《宁波市海岛志》(1994)、《全国海岛名称与代码》(2008)均记为东长礁 -2。因位于东长礁里侧,紧邻虎栏礁,第二次全国海域地名普查时更为今名。岸线长 173 米,面积 1 294 平方米,最高点高程 14.1 米。基岩岛,由上侏罗统西山头组熔结凝灰岩构成。无植被。

东长礁 (Dōngcháng Jiāo)

北纬 29°37.4′,东经 122°02.0′。位于宁波市象山县东北部海域,牛鼻山水道西北侧，距大陆最近点 5 千米。又名长礁。《中国海洋岛屿简况》（1980）记为长礁。《象山县海域地名简志》（1987）、《浙江省海域地名录》（1988）、《中国海域地名志》（1989）、《中国海域地名图集》（1991）、《宁波市海岛志》（1994）、《浙江海岛志》（1998）、《全国海岛名称与代码》（2008）、2010 年浙江省人民政府公布的第一批无居民海岛名称均记为东长礁。岛狭长，且多基岩裸露，又临近东屿山，故名。岸线长 460 米，面积 3 337 平方米，最高点高程 14.1 米。基岩岛，由上侏罗统西山头组熔结凝灰岩构成。植被以草丛为主。

东峙岩礁 (Dōngzhìyán Jiāo)

北纬 29°37.3′，东经 122°01.8′。位于宁波市象山县东北部海域，牛鼻山水道西北侧，距大陆最近点 4.63 千米。又名虎栏礁、东屿山 -1。《象山海域地名简志》（1987）、《浙江省海域地名录》（1988）、《中国海域地名图集》（1991）均记为虎栏礁。《宁波市海岛志》（1994）记为东峙岩礁。《全国海岛名称与代码》（2008）记为东屿山 -1。2010 年浙江省人民政府公布的第一批无居民海岛名称中名为东峙岩礁。该岛是东屿山岛东侧岸边的一大块岩石，故名。岸线长 188 米，面积 1 362 平方米，最高点高程 7 米。基岩岛，由上侏罗统西山头组熔结凝灰岩构成。无植被。

毛礁山北岛 (Máojiāoshān Běidǎo)

北纬 29°37.1′，东经 121°49.5′。位于宁波市象山县北部海域，象山港东部，毛礁山礁北 110 米，距大陆最近点 0.54 千米。因位于毛礁山礁北侧，第二次全国海域地名普查时命今名。岸线长 72 米，面积 411 平方米，最高点高程 5.5 米。基岩岛，由上侏罗统西山头组熔结凝灰岩构成。无植被。建有航标灯塔 1 座。

东峙石礁 (Dōngzhìshí Jiāo)

北纬 29°37.0′，东经 122°02.0′。位于宁波市象山县东北部海域，牛鼻山水道西北侧，距大陆最近点 4.64 千米。又名东屿山 -2。《宁波市海岛志》（1994）、《全国海岛名称与代码》（2008）均记为东屿山 -2。2010 年浙江省人民政府公布的第一批无居民海岛名称中名为东峙石礁。该岛是东屿山岛东侧岸边一大块孤立的石头，故名。岸线长 113 米，面积 959 平方米，最高点高程 7 米。基岩岛，由上侏罗统西山头组熔结凝灰岩构成。无植被。

黄胖北岛 (Huángpàng Běidǎo)

北纬 29°36.6′，东经 122°01.5′。位于宁波市象山县东北部海域，牛鼻山水道西北侧，距大陆最近点 3.58 千米。第二次全国海域地名普查时命今名。岸线长 128 米，面积 720 平方米，最高点高程 15 米。基岩岛，由上侏罗统西山头组熔结凝灰岩构成。植被以草丛、灌木为主。

羊鸡礁 (Yángjī Jiāo)

北纬 29°36.5′，东经 121°58.8′。位于宁波市象山县东北海域，距大陆最近点 10 米。又名屎礁、羊屎礁。《象山县海域地名简志》（1987）、《浙江省海域地名录》（1988）、《中国海域地名志》（1989）、《中国海域地名图集》（1991）、2010 年浙江省人民政府公布的第一批无居民海岛名称均记为羊鸡礁。岛呈圆形，多黑色裸岩，酷似羊屎，俗称羊屎礁，后改称羊鸡礁。岸线长 51 米，面积 187 平方米，最高点高程 7 米。基岩岛，由上侏罗统西山头组熔结凝灰岩构成。无植被。

黄胖小礁 (Huángpàng Xiǎojiāo)

北纬 29°36.5′，东经 122°01.5′。位于宁波市象山县东北部海域，牛鼻山水道西北侧，距大陆最近点 3.62 千米。又名黄胖 -1、黄胖岛 -1。《宁波市海岛志》（1994）记为黄胖 -1。《全国海岛名称与代码》（2008）记为黄胖岛 -1。2010 年浙江省人民政府公布的第一批无居民海岛名称中名为黄胖小礁。岸线长 128 米，面积 632 平方米，最高点高程 7 米。基岩岛，由上侏罗统西山头组熔结凝灰岩构成。无植被。

东峙块礁 (Dōngzhìkuài Jiāo)

北纬 29°36.5′，东经 122°01.3′。位于宁波市象山县东北部海域，牛鼻山水道西北侧，距大陆最近点 3.21 千米。又名浑水塘、浑水塘湾、浑水塘岛。《象山县海域地名简志》（1987）、《宁波市海岛志》（1994）记为浑水塘。《浙江省海域地名录》（1988）、《中国海域地名图集》（1991）均记为浑水塘湾。《浙江海岛志》（1998）、《全国海岛名称与代码》（2008）均记为浑水塘岛。2010 年浙江省人民政府公布的第一批无居民海岛名称中名为东峙块礁。因湾内水色浑浊，惯称浑水塘，后改称东峙块礁。岸线长 57 米，面积 138 平方米，最高点高程 5 米。基岩岛，由上侏罗统西山头组熔结凝灰岩构成。无植被。

虎舌头礁 (Hǔshétou Jiāo)

北纬 29°36.5′，东经 122°01.3′。位于宁波市象山县东北部海域，牛鼻山水道西北侧，距大陆最近点 3.27 千米。又名虎舌头、虎舌头岛。《象山县海域地名简志》（1987）、《浙江省海域地名录》（1988）、《宁波市海岛志》（1994）均记为虎舌头。《浙江海岛志》（1998）、《全国海岛名称与代码》（2008）均记为虎舌头岛。《中国海域地名图集》（1991）、2010 年浙江省人民政府公布的第一批无居民海岛名称中记为虎舌头礁。岛呈舌状延伸，与其南端一干出礁底盘相连，形势险恶如虎，故名。岸线长 488 米，面积 4 487 平方米，最高点高程 21.2 米。基岩岛，由上侏罗统西山头组熔结凝灰岩构成。植被以草丛、灌木为主。

虎舌头小礁 (Hǔshétou Xiǎojiāo)

北纬 29°36.4′，东经 122°01.3′。位于宁波市象山县东北部海域，牛鼻山水道西北侧，距大陆最近点 3.23 千米。又名东屿山 -1。2010 年浙江省人民政府公布的第一批无居民海岛名称中记为虎舌头小礁。是虎蛇头礁西侧一小礁，故名。岸线长 259 米，面积 2 466 平方米，最高点高程 25 米。基岩岛，由上侏罗统西山头组熔结凝灰岩构成。植被以草丛、灌木为主。

外张嘴北岛 (Wàizhāngzuǐ Běidǎo)

北纬 29°36.1′，东经 121°59.7′。位于宁波市象山县东北部海域，距大陆最近点 570 米。第二次全国海域地名普查时命今名。岸线长 131 米，面积 1 231 平方米，最高点高程 7 米。基岩岛，由上侏罗统西山头组熔结凝灰岩构成。无植被。

外张嘴南岛 (Wàizhāngzuǐ Nándǎo)

北纬 29°36.0′，东经 121°59.7′。位于宁波市象山县东北部海域，距大陆最近点 540 米。第二次全国海域地名普查时命今名。岸线长 38 米，面积 115 平方米，最高点高程 6 米。基岩岛，由上侏罗统西山头组熔结凝灰岩构成。无植被。

张嘴尖岛 (Zhāngzuǐjiān Dǎo)

北纬 29°36.0′，东经 121°59.6′。位于宁波市象山县东北部海域，距大陆最近点 440 米。其山体尖尖凸起，第二次全国海域地名普查时命今名。岸线长 121 米，面积 1 153 平方米，最高点高程 7 米。基岩岛，由上侏罗统西山头组熔结凝灰岩构成。无植被。

张嘴小岛 (Zhāngzuǐ Xiǎodǎo)

北纬 29°36.0′，东经 121°59.6′。位于宁波市象山县东北部海域，距大陆最近点 350 米。因面积较小，第二次全国海域地名普查时命今名。岸线长 235 米，面积 2 974 平方米，最高点高程 9 米。基岩岛，由上侏罗统西山头组熔结凝灰岩构成。植被以草丛、灌木为主。

张嘴山南岛 (Zhāngzuǐshān Nándǎo)

北纬 29°35.9′，东经 121°59.6′。位于宁波市象山县东北部海域，距大陆最近点 270 米。第二次全国海域地名普查时命今名。岸线长 71 米，面积 301 平方米，最高点高程 7 米。基岩岛，由上侏罗统西山头组熔结凝灰岩构成。无植被。

鸡娘礁 (Jīniáng Jiāo)

北纬 29°35.8′，东经 122°00.4′。位于宁波市象山县东北部海域，距大陆最近点 1.32 千米。又名铁锚礁。《中国海洋岛屿简况》（1980）、《象山县海域地名简志》（1987）、《浙江省海域地名录》（1988）、《中国海域地名志》（1989）、《中国海域地名图集》（1991）、《宁波市海岛志》（1994）、《浙江海岛志》（1998）、《全国海岛名称与代码》（2008）均记为鸡娘礁。因形似鸡娘（母鸡）而得名。岸线长 177 米，面积 2 053 平方米，最高点高程 11.5 米。基岩岛，由上侏罗统西山头组熔结凝灰岩构成。植被以草丛为主。岛上建有航标灯塔 1 座。

海螺礁 (Hǎiluó Jiāo)

北纬 29°35.7′，东经 121°59.6′。位于宁波市象山县东北部海域，距大陆最近点 260 米。又名螺礁。《象山县海域地名简志》（1987）、《中国海域地名志》（1989）均记为螺礁。《浙江省海域地名录》（1988）、《中国海域地名图集》（1991）、《全国海岛名称与代码》（2008）、2010 年浙江省人民政府公布的第一批无居民海岛名称均记为海螺礁。以形似海螺而得名。岸线长 51 米，面积 174 平方米，最高点高程 5 米。基岩岛，由上侏罗统西山头组熔结凝灰岩构成。无植被。

镬灶洞礁 (Huòzàodòng Jiāo)

北纬 29°35.3′，东经 122°03.1′。位于宁波市象山县东北部海域，距大陆最近点 5.36 千米。又名镬灶洞。《象山县海域地名简志》（1987）记为镬灶洞。《浙江省海域地名录》（1988）、《中国海域地名志》（1989）、《中国海域地名图集》（1991）、《宁波市海岛志》（1994）、《浙江海岛志》（1998）、《全国海岛名称与代码》（2008）、2010 年浙江省人民政府公布的第一批无居民海岛名称均记为镬灶洞礁。因岛岩凹凸不平，渔民常架镬（即锅）烧饭，惯称镬灶洞，故名。岸线长 170 米，面积 2 208 平方米，最高点高程 7.4 米。基岩岛，由上侏罗统西山头组凝灰岩构成。无植被。

鸡头礁 (Jītóu Jiāo)

北纬 29°35.2′，东经 122°00.4′。位于宁波市象山县东北部海域，距大陆最近点 1.01 千米。又名稻蓬山 -1、稻桶礁 -1。《浙江海岛志》（1998）记为 1499 号无名岛。《全国海岛名称与代码》（2008）记为稻桶礁 -1。2010 年浙江省人民政府公布的第一批无居民海岛名称中记为鸡头礁。因位于稻蓬山岛西南，面积小，山体尖，形如鸡头，故名。岸线长 205 米，面积 1 371 平方米，最高点高程 7 米。基岩岛，由上侏罗统西山头组凝灰岩构成。植被以草丛为主。

小稻桶礁 (Xiǎodàotǒng Jiāo)

北纬 29°35.1′，东经 122°00.4′。位于宁波市象山县东北部海域，距大陆最近点 1.01 千米。又名稻桶礁。《象山县海域地名简志》（1987）、《浙江省海域地名录》（1988）、《中国海域地名志》（1989）、《中国海域地名图集》（1991）、《宁波市海岛志》（1994）、《浙江海岛志》（1998）、《全国海岛名称与代码》（2008）均记为稻桶礁。2010 年浙江省人民政府公布的第一批无居民海岛名称中记为小稻桶礁。岸线长 137 米，面积 761 平方米，最高点高程 7 米。基岩岛，由上侏罗统西山头组熔结凝灰岩构成。无植被。

乱长礁 (Luàncháng Jiāo)

北纬 29°35.1′，东经 122°03.2′。位于宁波市象山县东北部海域，距大陆最近点 5.54 千米。曾名长礁。《中国海洋岛屿简况》（1980）记为长礁。《象山县海域地名简志》（1987）、《浙江省海域地名录》（1988）、《中国海域地名志》（1989）、《中国海域地名图集》（1991）、《宁波市海岛志》（1994）、《浙江海岛志》（1998）、《全国海岛名称与代码》（2008）、2010 年浙江省人民政府公布的第一批无居民海岛名称均记为乱长礁。以岛形狭长而得名长礁。因重名，于 1985 年以其在乱礁洋中部，更名为乱长礁。岸线长 383 米，面积 7 641 平方米，最高点高程 10.3 米。基岩岛，由上侏罗统西山头组熔结凝灰岩构成。无植被。

大块头礁 (Dàkuàitóu Jiāo)

北纬 29°35.1′，东经 122°02.7′。位于宁波市象山县东北部海域，距大陆最近点 4.7 千米。又名大块头。《中国海洋岛屿简况》（1980）、《象山县海域地名简志》（1987）均记为大块头。《浙江省海域地名录》（1988）、《中国海域地名志》（1989）、《中国海域地名图集》（1991）、《宁波市海岛志》（1994）、《浙江海岛志》（1998）、《全国海岛名称与代码》（2008）、2010 年浙江省人民政府公布的第一批无居民海岛名称均记为大块头礁。因礁块甚大而得名。岸线长 188 米，面积 2 550 平方米，最高点高程 12 米。基岩岛，由上侏罗统西山头组熔结凝灰岩构成。无植被。

栏门虎小礁 (Lánménhǔ Xiǎojiāo)

北纬 29°34.9′，东经 122°00.6′。位于宁波市象山县东北部海域，距大陆最近点 1.48 千米。又名长礁 -1。《宁波市海岛志》（1994）、《全国海岛名称与代码》（2008）均记为长礁 -1。2010 年浙江省人民政府公布的第一批无居民海岛名称中记为栏门虎小礁。以形如栏门的小虎而得名。岸线长 109 米，面积 890 平方米，最高点高程 12 米。基岩岛，由上侏罗统西山头组熔结凝灰岩构成。无植被。

长礁 (Cháng Jiāo)

北纬 29°34.9′，东经 122°00.6′。位于宁波市象山县东北部海域，距大陆最近点 1.45 千米。《中国海洋岛屿简况》（1980）、《象山县海域地名简志》（1987）、《浙

江省海域地名录》（1988）、《中国海域地名志》（1989）、《中国海域地名图集》
（1991）、《宁波市海岛志》（1994）、《浙江海岛志》（1998）、《全国海岛名称
与代码》（2008）、2010 年浙江省人民政府公布的第一批无居民海岛名称均记为
长礁。由相连的一岛一礁组成，形狭长，故名。岸线长 148 米，面积 1 594 平
方米，最高点高程 14.3 米。基岩岛，由上侏罗统西山头组熔结凝灰岩构成。植
被以草丛为主。

小野猪礁 (Xiǎoyězhū Jiāo)

北纬 29°34.8′，东经 122°04.1′。位于宁波市象山县东北部海域，距大陆最
近点 7.01 千米。又名小野猪、对棋山 -1、小野猪岛。《浙江海岛志》（1998）
记为对棋山 -1。《宁波市海岛志》（1994）、《全国海岛名称与代码》（2008）
均记为小野猪岛。《象山县海域地名简志》（1987）、《浙江省海域地名录》（1988）、
《中国海域地名图集》（1991）、2010 年浙江省人民政府公布的第一批无居民海
岛名称均记为小野猪礁。因地处乱礁洋航道中间，礁体小而险恶，渔民惯称小
野猪礁。岸线长 192 米，面积 1 615 平方米，最高点高程 7.1 米。基岩岛，由上
侏罗统西山头组熔结凝灰岩构成。无植被。

红生礁 (Hóngshēng Jiāo)

北纬 29°34.7′，东经 122°00.7′。位于宁波市象山县东北部海域，距大陆最
近点 1.64 千米。《中国海洋岛屿简况》（1980）、《象山县海域地名简志》（1987）、《浙
江省海域地名录》（1988）、《中国海域地名志》（1989）、《中国海域地名图集》（1991）、
《宁波市海岛志》（1994）、《浙江海岛志》（1998）、《全国海岛名称与代码》
（2008）、2010 年浙江省人民政府公布的第一批无居民海岛名称均记为红生礁。
岛周海洋生物繁多，岩石呈红色，故名。岸线长 488 米，面积 9 558 平方米，
最高点高程 24.4 米。基岩岛，由上侏罗统西山头组熔结凝灰岩构成。植被以草
丛为主。岛上有水井 1 个，航标灯塔 1 座。

蛤蜊礁 (Gélí Jiāo)

北纬 29°34.6′，东经 122°00.5′。位于宁波市象山县东北部海域，距大陆最
近点 1.5 千米。又名蟹山 -1、蟹蛴山 -1。《全国海岛名称与代码》（2008）记为

蟹蟓山 -1。《浙江海岛志》（1998）、2010 年浙江省人民政府公布的第一批无居民海岛名称中记为蛤蜊礁。岛形似蛤蜊得名。岸线长 92 米，面积 620 平方米，最高点高程 4 米。基岩岛，由上侏罗统西山头组熔结凝灰岩构成。无植被。

大半边北礁 (Dàbànbiān Běijiāo)

北纬 29°34.5′，东经 122°00.4′。位于宁波市象山县东北部海域，距大陆最近点 1.48 千米。《浙江海岛志》（1998）记为 1514 号无名岛。2010 年浙江省人民政府公布的第一批无居民海岛名称记为大半边北礁。岸线长 97 米，面积 468 平方米，最高点高程 4 米。基岩岛，由上侏罗统西山头组熔结凝灰岩构成。无植被。

大半边东岛 (Dàbànbiān Dōngdǎo)

北纬 29°34.4′，东经 122°00.4′。位于宁波市象山县东北部海域，距大陆最近点 1.62 千米。岸线长 65 米，面积 339 平方米，最高点高程 4 米。基岩岛，由上侏罗统西山头组熔结凝灰岩构成。无植被。

大半边南礁 (Dàbànbiān Nánjiāo)

北纬 29°34.4′，东经 122°00.4′。位于宁波市象山县东北部海域，距大陆最近点 1.6 千米。又名大半边 -1、大半边岛 -1。《宁波市海岛志》（1994）记为大半边 -1。《浙江海岛志》（1998）记为 1516 号无名岛。《全国海岛名称与代码》（2008）记为大半边岛 -1。2010 年浙江省人民政府公布的第一批无居民海岛名称记为大半边南礁。岸线长 84 米，面积 445 平方米，最高点高程 8 米。基岩岛，由上侏罗统西山头组熔结凝灰岩构成。植被以草丛、灌木为主。

大半边南小岛 (Dàbànbiān Nánxiǎo Dǎo)

北纬 29°34.4′，东经 122°00.4′。位于宁波市象山县东北部海域，距大陆最近点 1.62 千米。又名大半边 -2、大半边岛 -2。《宁波市海岛志》（1994）记为大半边 -2。《全国海岛名称与代码》（2008）记为大半边岛 -2。因位于大半边南礁边，且面积较小，第二次全国海域地名普查时更为今名。岸线长 98 米，面积 493 平方米，最高点高程 4 米。基岩岛，由上侏罗统西山头组熔结凝灰岩构成。无植被。

大礁门礁 (Dàjiāomén Jiāo)

北纬 29°34.2′，东经 121°58.9′。位于宁波市象山县东北部海域，距大陆最近点 150 米。又名大礁门、大礁门岛。《象山县海域地名简志》（1987）、《宁波市海岛志》（1994）、《全国海岛名称与代码》（2008）记为大礁门。《浙江海岛志》（1998）记为大礁门岛。《浙江省海域地名录》（1988）、《中国海域地名图集》（1991）、2010 年浙江省人民政府公布的第一批无居民海岛名称均记为大礁门礁。因处猫头咀与饭罩山礁相夹航门中，且礁盘较大，故名。岸线长 74 米，面积 342 平方米，最高点高程 6 米。基岩岛，由上侏罗统西山头组熔结凝灰岩构成。无植被。

鸡冠头礁 (Jīguāntóu Jiāo)

北纬 29°34.2′，东经 121°59.6′。位于宁波市象山县东北部海域，距大陆最近点 1.15 千米。又名鸡冠头、四角山 -1、鸡头颈。《象山县海域地名简志》（1987）、《浙江海岛志》（1998）记为鸡冠头。《宁波市海岛志》（1994）、《全国海岛名称与代码》（2008）记为四角山 -1。《浙江省海域地名录》（1988）、《中国海域地名图集》（1991）、2010 年浙江省人民政府公布的第一批无居民海岛名称均记为鸡冠头礁。以岛形似鸡冠头而得名。岸线长 190 米，面积 837 平方米，最高点高程 8.2 米。基岩岛，由上侏罗统西山头组熔结凝灰岩构成。植被以草丛、灌木为主。

大癞头礁 (Dàlàitóu Jiāo)

北纬 29°34.1′，东经 121°59.8′。位于宁波市象山县东北部海域，距大陆最近点 1.47 千米。又名大癞头。《中国海洋岛屿简况》（1980）、《象山县海域地名简志》（1987）、《浙江海岛志》（1998）记为大癞头。《浙江省海域地名录》（1988）、《中国海域地名志》（1989）、《中国海域地名图集》（1991）、《宁波市海岛志》（1994）、《全国海岛名称与代码》（2008）、2010 年浙江省人民政府公布的第一批无居民海岛名称均记为大癞头礁。因岛大且少土木，犹如秃头，故名。岸线长 232 米，面积 3 067 平方米，最高点高程 11.4 米。基岩岛，由上侏罗统西山头组熔结凝灰岩构成。无植被。

大捕脚岛 (Dàbǔjiǎo Dǎo)

北纬 29°33.6′，东经 122°00.2′。位于宁波市象山县东北部海域，距大陆最近点 2.36 千米。岸线长 121 米，面积 891 平方米，最高点高程 8 米。基岩岛，由上侏罗统茶湾组角砾凝灰岩构成。植被以草丛、灌木为主。

大捕石岛 (Dàbǔshí Dǎo)

北纬 29°33.6′，东经 122°00.2′。位于宁波市象山县东北部海域，距大陆最近点 2.39 千米。岸线长 171 米，面积 1 248 平方米，最高点高程 5 米。基岩岛，由上侏罗统茶湾组角砾凝灰岩构成。无植被。

大捕尾屿 (Dàbǔwěi Yǔ)

北纬 29°33.6′，东经 122°00.3′。位于宁波市象山县东北部海域，道人山岛东北，乱礁洋中部，距大陆最近点 2.46 千米。《象山县海域地名简志》（1987）、《浙江省海域地名录》（1988）、《中国海域地名志》（1989）、《中国海域地名图集》（1991）、《浙江海岛志》（1998）、2010 年浙江省人民政府公布的第一批无居民海岛名称均记为大捕尾屿。岸线长 276 米，面积 5 030 平方米，最高点高程 17.1 米。基岩岛，由上侏罗统茶湾组角砾凝灰岩构成。植被以草丛、灌木为主。

东柴山岛 (Dōngcháishān Dǎo)

北纬 29°33.4′，东经 122°04.1′。位于宁波市象山县东北部海域，距大陆最近点 7.67 千米。岸线长 146 米，面积 555 平方米，最高点高程 5.8 米。基岩岛，由上侏罗统茶湾组角砾凝灰岩构成。无植被。

小柴山岛 (Xiǎocháishān Dǎo)

北纬 29°33.4′，东经 122°04.1′。位于宁波市象山县东北部海域，距大陆最近点 7.69 千米。岸线长 140 米，面积 845 平方米，最高点高程 4.3 米。基岩岛，由上侏罗统茶湾组角砾凝灰岩构成。无植被。

灯笼块礁 (Dēnglongkuài Jiāo)

北纬 29°33.4′，东经 122°02.0′。位于宁波市象山县东北部海域，距大陆最近点 4.87 千米。又名灯笼山 -1。《宁波市海岛志》（1994）、《全国海岛名称与代码》（2008）记为灯笼山 -1。《浙江海岛志》（1998）记为 1529 号无名岛。2010 年浙江省人民政府公布的第一批无居民海岛名称记为灯笼块礁。岸线长 197 米，面积 2 466 平方米，最高点高程 4 米。基岩岛，由上侏罗统茶湾组角砾凝灰岩构成。植被以草丛、灌木为主。

灯笼石礁 (Dēnglongshí Jiāo)

北纬 29°33.3′，东经 122°02.1′。位于宁波市象山县东北部海域，距大陆最近点 5 千米。又名灯笼山 -2。《宁波市海岛志》（1994）、《全国海岛名称与代码》（2008）记为灯笼山 -2。《浙江海岛志》（1998）记为 1531 号无名岛。2010 年浙江省人民政府公布的第一批无居民海岛名称记为灯笼石礁。岸线长 231 米，面积 3 417 平方米，最高点高程 4 米。基岩岛，由上侏罗统茶湾组角砾凝灰岩构成。无植被。

灯笼小礁 (Dēnglong Xiǎojiāo)

北纬 29°33.2′，东经 122°02.1′。位于宁波市象山县东北部海域，乱礁洋南面，距大陆最近点 5.18 千米。曾名水礁、小礁。《象山县海域地名简志》（1987）、《浙江省海域地名录》（1988）、《中国海域地名图集》（1991）、《浙江海岛志》（1998）、2010 年浙江省人民政府公布的第一批无居民海岛名称均记为灯笼小礁。岸线长 172 米，面积 2 015 平方米，最高点高程 4 米。基岩岛，由上侏罗统茶湾组角砾凝灰岩构成。无植被。

猪栏门礁 (Zhūlánmén Jiāo)

北纬 29°32.5′，东经 121°59.4′。位于宁波市象山县东北部海域，距大陆最近点 3.17 千米。又名猪栏夹礁 -2。《浙江海岛志》（1998）记为 1545 号无名岛。《全国海岛名称与代码》（2008）记为猪栏夹礁 -2。2010 年浙江省人民政府公布的第一批无居民海岛名称记为猪栏门礁。因礁体形似猪圈的门，故名。岸线长 168 米，面积 1 997 平方米，最高点高程 8.2 米。基岩岛，由上侏罗统茶湾组角砾凝灰岩构成。无植被。

青礁夹礁 (Qīngjiāojiā Jiāo)

北纬 29°32.4′，东经 121°59.5′。位于宁波市象山县东北部海域，大平岗岛北 3.3 千米，介于上青礁与下青礁之间，距大陆最近点 3.27 千米。《象山县海域地名简志》（1987）记为青礁夹礁。岸线长 183 米，面积 1 376 平方米，最高点高程 6 米。基岩岛，由上侏罗统茶湾组角砾凝灰岩构成。无植被。

上青礁 （Shàngqīng Jiāo）

北纬 29°32.3′，东经 121°59.4′。位于宁波市象山县东北部海域，大目洋西缘，距大陆最近点 3.14 千米。《中国海洋岛屿简况》（1980）、《象山县海域地名简志》（1987）、《浙江省海域地名录》（1988）、《中国海域地名志》（1989）、《中国海域地名图集》（1991）、《浙江海岛志》（1998）、《全国海岛名称与代码》（2008）、2010 年浙江省人民政府公布的第一批无居民海岛名称均记为上青礁。因岛泛青色，且与南面下青礁相峙，故名。岸线长 316 米，面积 6 512 平方米，最高点高程 19.4 米。基岩岛，由上侏罗统茶湾组角砾凝灰岩构成。植被以草丛为主。

下青礁 （Xiàqīng Jiāo）

北纬 29°32.1′，东经 121°59.7′。位于宁波市象山县东北部海域，大目洋西缘，距大陆最近点 3.55 千米。《中国海洋岛屿简况》（1980）、《象山县海域地名简志》（1987）、《浙江省海域地名录》（1988）、《中国海域地名志》（1989）、《中国海域地名图集》（1991）、《宁波市海岛志》（1994）、《浙江海岛志》（1998）、《全国海岛名称与代码》（2008）、2010 年浙江省人民政府公布的第一批无居民海岛名称均记为下青礁。因与上青礁相对峙，故名。岸线长 377 米，面积 9 382 平方米，最高点高程 17.3 米。基岩岛，由上侏罗统茶湾组角砾凝灰岩构成。

下青石礁 （Xiàqīngshí Jiāo）

北纬 29°32.0′，东经 121°59.7′。位于宁波市象山县东北部海域，大目洋西缘，下青礁南 20 米，距大陆最近点 3.63 千米。又名下青礁 -1。《宁波市海岛志》（1994）、《浙江海岛志》（1998）、《全国海岛名称与代码》（2008）记为下青礁 -1。2010 年浙江省人民政府公布的第一批无居民海岛名称记为下青石礁。该岛为下青礁边一礁石，故名。岸线长 129 米，面积 1 164 平方米，最高点高程 8.4 米。基岩岛，由上侏罗统茶湾组角砾凝灰岩构成。植被以草丛为主。

二头白小礁 (Èrtóubái Xiǎojiāo)

北纬 29°32.0′，东经 121°59.8′。位于宁波市象山县东北部海域，距大陆最近点 3.76 千米。又名二头白礁-1。《浙江海岛志》（1998）记为 1555 号无名岛。《全国海岛名称与代码》（2008）记为二头白礁-1。2010 年浙江省人民政府公布的第一批无居民海岛名称记为二头白小礁。因该岛位于二头白礁附近，面积较小，故名。岸线长 92 米，面积 570 平方米，最高点高程 8.5 米。基岩岛，由上侏罗统茶湾组角砾凝灰岩构成。无植被。

二头白礁 (Èrtóubái Jiāo)

北纬 29°32.0′，东经 121°59.7′。位于宁波市象山县东北部海域，距大陆最近点 3.7 千米。曾名二头拔。又名二白头、青礁栏、二头山。《中国海洋岛屿简况》（1980）、《象山县海域地名简志》（1987）记为二白头。《浙江省海域地名录》（1988）、《中国海域地名志》（1989）、《中国海域地名图集》（1991）、《宁波市海岛志》（1994）、《浙江海岛志》（1998）、《全国海岛名称与代码》（2008）、2010 年浙江省人民政府公布的第一批无居民海岛名称均记为二头白礁。因岛东西两端高，中低如鞍形，俗称二头拔，后谐音二头白，故名。岸线长 207 米，面积 2 383 平方米，最高点高程 9.8 米。基岩岛，由上侏罗统茶湾组角砾凝灰岩构成。无植被。

碗礁 (Wǎn Jiāo)

北纬 29°31.1′，东经 121°58.3′。位于宁波市象山县东北部海域，乔木湾岛北偏东 1 千米，距大陆最近点 1.68 千米。《中国海洋岛屿简况》（1980）、《象山县海域地名简志》（1987）、《浙江省海域地名录》（1988）、《中国海域地名图集》（1991）、《宁波市海岛志》（1994）、《浙江海岛志》（1998）、《全国海岛名称与代码》（2008）、2010 年浙江省人民政府公布的第一批无居民海岛名称均记为碗礁。因礁形似倒置一碗，故名。岸线长 167 米，面积 1 993 平方米，最高点高程 6.5 米。基岩岛，由上侏罗统茶湾组角砾凝灰岩构成。无植被。

小象面礁 (Xiǎoxiàngmiàn Jiāo)

北纬 29°31.0′，东经 121°57.0′。位于宁波市象山县东北部海域，距大陆最近点 450 米。又名小象面。《中国海洋岛屿简况》（1980）、《象山县海域地名简志》（1987）、《中国海域地名志》（1989）记为小象面。《浙江省海域地名录》（1988）、《宁波市海岛志》（1994）、《浙江海岛志》（1998）、《全国海岛名称与代码》（2008）、2010 年浙江省人民政府公布的第一批无居民海岛名称均记为小象面礁。因岛形狭长，与北之大象面礁相对，形小，故名。岸线长 159 米，面积 1 495 平方米，最高点高程 4.4 米。基岩岛，由上侏罗统茶湾组角砾凝灰岩构成。无植被。

天胆礁 (Tiāndǎn Jiāo)

北纬 29°30.7′，东经 122°04.6′。位于宁波市象山县东部海域，大目洋中部，泗礁北面西侧，距大陆最近点 10.78 千米，属泗礁（群岛）。又名天打礁。《中国海洋岛屿简况》（1980）、《象山县海域地名简志》（1987）、《浙江省海域地名录》（1988）、《中国海域地名志》（1989）、《中国海域地名图集》（1991）、《宁波市海岛志》（1994）、《浙江海岛志》（1998）、《全国海岛名称与代码》（2008）、2010 年浙江省人民政府公布的第一批无居民海岛名称中均记为天胆礁。因岛上基岩裸露，呈水平层状，喻为天雷劈成，称为天打礁，后谐音为天胆礁。岸线长 845 米，面积 0.017 6 平方千米，最高点高程 14.2 米。基岩岛，由上侏罗统茶湾组角砾凝灰岩构成。植被以草丛为主。周围为大目洋渔场，渔汛时有渔船在此锚泊。

半边山南岛 (Bànbiānshān Nándǎo)

北纬 29°30.6′，东经 121°57.7′。位于宁波市象山县东部海域，距大陆最近点 390 米。岸线长 54 米，面积 187 平方米，最高点高程 5.5 米。基岩岛，由火山岩构成。植被以草丛为主。

乔木湾岛 (Qiáomùwān Dǎo)

北纬 29°30.5′，东经 121°58.1′。位于宁波市象山县东部海域，爵溪门头北缘大平岗岛与大陆之间，距大陆最近点 640 米。又名乔木湾。《中国海洋岛屿简况》（1980）、《象山县海域地名简志》（1987）、《中国海域地名志》（1989）、《宁波市海岛志》（1994）记为乔木湾。《浙江省海域地名录》（1988）、《中国海域地名图集》（1991）、《浙江海岛志》（1998）、《全国海岛名称与代码》（2008）、2010 年浙江省人民政府公布的第一批无居民海岛名称均记为乔木湾岛。因岛西一个大湾曰桥木湾，后谐音为乔木湾，岛以湾得名。岸线长 2.53 千米，面积 0.226 4 平方千米，最高点高程 70 米。基岩岛，由上侏罗统茶湾组角砾凝灰岩构成。岛上建有爵溪镇紫菜育苗场和养殖场、房屋、蓄水池等，有简易码头 1 座。有人工种植乔木。西侧山岙间有砂砾涂。

大岩洞岛 （Dàyándòng Dǎo）

北纬 29°30.5′，东经 122°00.1′。位于宁波市象山县东部海域，大目洋中部，距大陆最近点 3.99 千米。又名大岩洞。《中国海洋岛屿简况》（1980）、《象山县海域地名简志》（1987）、《宁波市海岛志》（1994）记为大岩洞。《浙江省海域地名录》（1988）、《中国海域地名志》（1989）、《中国海域地名图集》（1991）、《浙江海岛志》（1998）、《全国海岛名称与代码》（2008）、2010 年浙江省人民政府公布的第一批无居民海岛名称均记为大岩洞岛。因岛东端有一个直径约 2 米的天然岩洞，故名。岸线长 2.1 千米，面积 0.103 3 平方千米，最高点高程 50.4 米。基岩岛，由上侏罗统茶湾组角砾凝灰岩构成。

大平岗岛 （Dàpínggǎng Dǎo）

北纬 29°30.5′，东经 121°59.3′。位于宁波市象山县东部海域，爵溪门头北面，乔木湾岛与大岩洞岛之间，距大陆最近点 1.42 千米。又名大平岗。《中国海洋岛屿简况》（1980）、《象山县海域地名简志》（1987）、《宁波市海岛志》（1994）记为大平岗。《浙江省海域地名录》（1988）、《中国海域地名志》（1989）、《中国海域地名图集》（1991）、《浙江海岛志》（1998）、《全国海岛名称与代码》（2008）、2010 年浙江省人民政府公布的第一批无居民海岛名称均记为大平岗岛。因岗大而平，故名。岸线长 8.15 千米，面积 1.108 7 平方千米，最高点高程 118.4 米。基岩岛，由上侏罗统茶湾组角砾凝灰岩构成。岛南侧建有简易水泥码头 1 座，可靠泊 60 吨级船只。岛上建有楼房，有无线导航站 1 座，水泥房 3 间。象山县人民政府在该岛发有林权证。

上四礁 (Shàngsì Jiāo)

北纬 29°30.4′，东经 122°04.8′。位于宁波市象山县东部海域，大目洋中部，距大陆最近点 10.78 千米，属泗礁（群岛）。曾名泗礁石，又名上担、上代礁、上台礁。相传神仙过此时将四担泥土垒成四岛，该岛位于最北面，故别称上担，讹作上代礁。《中国海洋岛屿简况》（1980）记为上台礁。《象山县海域地名简志》（1987）、《浙江省海域地名录》（1988）、《中国海域地名志》（1989）、《中国海域地名图集》（1991）、《宁波市海岛志》（1994）、《浙江海岛志》（1998）、《全国海岛名称与代码》（2008）、2010 年浙江省人民政府公布的第一批无居民海岛名称均记为上四礁。因岛处泗礁群岛北，故名。岸线长 672 米，面积 0.021 1 平方千米，最高点高程 26.5 米。基岩岛，由上侏罗统茶湾组角砾凝灰岩构成。植被以草丛、灌木为主。

下四礁 (Xiàsì Jiāo)

北纬 29°30.3′，东经 122°04.9′。位于宁波市象山县东部海域，大目洋中部，泗礁诸岛最南端，距大陆最近点 10.76 千米，属泗礁（群岛）。曾名竹岙，又名下担、下代、下台礁、下代礁。传说泗礁之四岛系四担泥土垒成，而该岛位于南面下首，故名下担，方言"担""代"同音，后写作下代。《中国海洋岛屿简况》（1980）记为下台礁。《象山县海域地名简志》（1987）、《浙江省海域地名录》（1988）、《中国海域地名志》（1989）、《中国海域地名图集》（1991）、《宁波市海岛志》（1994）、《浙江海岛志》（1998）、《全国海岛名称与代码》（2008）、2010 年浙江省人民政府公布的第一批无居民海岛名称均记为下四礁。因岛居泗礁群岛南而得名。岸线长 732 米，面积 0.021 3 平方千米，最高点高程 29.4 米。基岩岛，由上侏罗统茶湾组角砾凝灰岩构成。植被以草丛、灌木为主。建有航标灯塔 1 座。

小鹁鸪屿 (Xiǎobógū Yǔ)

北纬 29°30.0′，东经 121°58.4′。位于宁波市象山县东部海域，大平岗岛西南 30 米，距大陆最近点 1.33 千米。又名青门山、小鹁鸪、小鹁鸪岛。《象山海域地名简志》（1987）、《浙江省海域地名录》（1988）、《中国海域地名图集》

（1991）记为青门山。《宁波市海岛志》（1994）记为小鹁鸪。《浙江海岛志》（1998）、《全国海岛名称与代码》（2008）记为小鹁鸪岛。2010 年浙江省人民政府公布的第一批无居民海岛名称记为小鹁鸪屿。该岛面积小，以形得名。岸线长 400 米，面积 0.011 3 平方千米，最高点高程 16.6 米。基岩岛，由燕山晚期钾长花岗岩构成。植被以草丛、灌木为主。

石螺礁 (Shíluó Jiāo)

北纬 29°29.8′，东经 121°57.7′。位于宁波市象山县东部海域，爵溪门头北面，大平岗岛西南侧，距大陆最近点 130 米。又名螺礁。《浙江海岛志》（1998）记为螺礁。《象山县海域地名简志》（1987）、《中国海域地名图集》（1991）、2010 年浙江省人民政府公布的第一批无居民海岛名称中均记为石螺礁。因岛形似石螺而得名。岸线长 152 米，面积 1 684 平方米，最高点高程 4 米。基岩岛，由燕山晚期钾长花岗岩构成。无植被。

大荸荠岛 (Dàbíqi Dǎo)

北纬 29°29.5′，东经 121°57.6′。位于宁波市象山县东部海域，爵溪门头北侧，距大陆最近点 210 米。又名老鼠山。《中国海洋岛屿简况》（1980）、《浙江海岛志》（1998）记为老鼠山。《象山县海域地名简志》（1987）、《浙江省海域地名录》（1988）、《中国海域地名图集》（1991）、《全国海岛名称与代码》（2008）均记为大荸荠岛。因岛以形大似荸荠而得名。岸线长 579 米，面积 0.022 2 平方千米，最高点高程 30 米。基岩岛，由上侏罗统西山头组熔结凝灰岩构成。植被以草丛、灌木为主。有连岛海堤，东侧建有煤炭码头 1 座。

牛轭礁 (Niú'è Jiāo)

北纬 29°29.4′，东经 121°58.2′。位于宁波市象山县东部海域，爵溪门头北侧，距大陆最近点 950 米。《中国海洋岛屿简况》（1980）、《象山县海域地名简志》（1987）、《浙江省海域地名录》（1988）、《中国海域地名志》（1989）、《中国海域地名图集》（1991）、《宁波市海岛志》（1994）、《浙江海岛志》（1998）、《全国海岛名称与代码》（2008）、2010 年浙江省人民政府公布的第一批无居民海岛名称均记为牛轭礁。岛以形而得名。岸线长 903 米，面积 0.023 4 平方千米，最高点高程 21 米。基岩岛，由上侏罗统西山头组熔结凝灰岩构成。植被以草丛为主。

小地保山屿 (Xiǎodìbǎoshān Yǔ)

北纬 29°28.7′，东经 121°59.5′。位于宁波市象山县东部海域，爵溪门头南缘，距大陆最近点 1.92 千米。又名地保山 -1。《宁波市海岛志》（1994）、《全国海岛名称与代码》（2008）记为地保山 -1。《浙江海岛志》（1998）记为 1594 号无名岛。2010 年浙江省人民政府公布的第一批无居民海岛名称记为小地保山屿。岸线长 211 米，面积 2 246 平方米，最高点高程 17 米。基岩岛，由上侏罗统西山头组熔结凝灰岩构成。植被以草丛、灌木为主。

北黄礁 (Běihuáng Jiāo)

北纬 29°28.6′，东经 122°12.8′。位于宁波市象山县东部海域，牛营山岛北 2 千米，距大陆最近点 22.31 千米，属韭山列岛。又名黄礁 -1、弹湖礁、黄礁。《宁波市海岛志》（1994）、《全国海岛名称与代码》（2008）记为黄礁 -1。《浙江海岛志》（1998）记为 1603 号无名岛。2010 年浙江省人民政府公布的第一批无居民海岛名称记为北黄礁。因位于黄礁北侧，故名。岸线长 161 米，面积 1 587 平方米，最高点高程 14 米。基岩岛，由凝灰岩构成。无植被。属韭山列岛海洋生态自然保护区。

狮子口礁 (Shīzikǒu Jiāo)

北纬 29°28.5′，东经 121°59.4′。位于宁波市象山县东部海域，羊头岛北侧，距大陆最近点 1.58 千米。又名狮子口岛。《浙江海岛志》（1998）记为狮子口岛。2010 年浙江省人民政府公布的第一批无居民海岛名称记为狮子口礁。该岛位于羊头岛狮子口北侧，故名。岸线长 257 米，面积 3 419 平方米，最高点高程 23.9 米。基岩岛，由上侏罗统西山头组熔结凝灰岩构成。植被以草丛、灌木为主。

黄礁 (Huáng Jiāo)

北纬 29°28.5′，东经 122°12.8′。位于宁波市象山县东部海域，距大陆最近点 22.31 千米，属韭山列岛。又名弹湖礁。《中国海洋岛屿简况》（1980）、《象山县海域地名简志》（1987）、《浙江省海域地名录》（1988）、《中国海域地名志》（1989）、《中国海域地名图集》（1991）、《浙江海岛志》（1998）、《全国海岛名称与代码》（2008）、2010 年浙江省人民政府公布的第一批无居民海岛名称均记为黄礁。因岩石为黄色，故名。岸线长 379 米，面积 4 592 平方米，最高点高程 11.5 米。基岩岛，由凝灰岩构成。无植被。属韭山列岛海洋生态自然保护区。

羊头小礁 (Yángtóu Xiǎojiāo)

北纬 29°28.5′，东经 121°59.7′。位于宁波市象山县东部海域，羊头岛北 40 米，距大陆最近点 1.8 千米。又名羊头岛 -3。《宁波市海岛志》（1994）、《全国海岛名称与代码》（2008）均记为羊头岛 -3。《浙江海岛志》（1998）记为 1610 号无名岛。2010 年浙江省人民政府公布的第一批无居民海岛名称记为羊头小礁。因位于羊头岛东南，面积小，故名。岸线长 296 米，面积 2 935 平方米，最高点高程 20 米。基岩岛，由上侏罗统西山头组熔结凝灰岩构成。植被以草丛、灌木为主。

羊头石礁 (Yángtóushí Jiāo)

北纬 29°28.5′，东经 121°59.6′。位于宁波市象山县东部海域，羊头岛东端山嘴北侧岸外数米，距大陆最近点 1.75 千米。又名羊头岛 -2。《宁波市海岛志》（1994）、《全国海岛名称与代码》（2008）记为羊头岛 -2。《浙江海岛志》（1998）记为 1606 号无名岛。2010 年浙江省人民政府公布的第一批无居民海岛名称记为羊头石礁。因该岛为羊头岛附近一石块，故名。岸线长 105 米，面积 710 平方米，最高点高程 4 米。基岩岛，由上侏罗统西山头组熔结凝灰岩构成。植被以草丛为主。

羊头岛 (Yángtóu Dǎo)

北纬 29°28.4′，东经 121°59.5′。位于宁波市象山县东部海域，距大陆最近点 1.27 千米。又名羊头。《中国海洋岛屿简况》（1980）、《象山县海域地名简志》（1987）记为羊头。《浙江省海域地名录》（1988）、《中国海域地名志》（1989）、《中国海域地名图集》（1991）、《宁波市海岛志》（1994）、《浙江海岛志》（1998）、《全国海岛名称与代码》（2008）、2010 年浙江省人民政府公布的第一批无居民海岛名称均记为羊头岛。因岛略似羊头，故名。岸线长 1.45 千米，面积 0.077 9 平方千米，最高点高程 55.1 米。基岩岛，由上侏罗统西山头组熔结凝灰岩构成。

羊头块礁 (Yángtóukuài Jiāo)

北纬 29°28.4′，东经 121°59.6′。位于宁波市象山县东部海域，介于羊头岛与小羊头岛之间，距大陆最近点 1.67 千米。又名羊头岛 -1。《宁波市海岛志》（1994）、《全国海岛名称与代码》（2008）记为羊头岛 -1。《浙江海岛志》（1998）记为 1602 号无名岛。2010 年浙江省人民政府公布的第一批无居民海岛名称记为羊头块礁。因该岛为羊头岛附近一大石块，故名。岸线长 282 米，面积 2 542 平方米，最高点高程 4.3 米。基岩岛，由上侏罗统西山头组熔结凝灰岩构成。植被以草丛、灌木为主。

小羊头岛 (Xiǎoyángtóu Dǎo)

北纬 29°28.4′，东经 121°59.6′。位于宁波市象山县东部海域，羊头块礁东 10 米，距大陆最近点 1.71 千米。原为羊头块礁的一部分，后界定为独立海岛。因该岛为羊头岛附近一小岛，形如小羊的头，故名。岸线长 135 米，面积 1 115 平方米，最高点高程 15 米。基岩岛，由上侏罗统西山头组熔结凝灰岩构成。植被以草丛、灌木为主。

羊背石岛 (Yángbèishí Dǎo)

北纬 29°28.3′，东经 121°58.9′。位于宁波市象山县东部海域，距大陆最近点 650 米。岸线长 47 米，面积 157 平方米，最高点高程 5 米。基岩岛，由上侏罗统西山头组熔结凝灰岩构成。无植被。

羊背岩岛 (Yángbèiyán Dǎo)

北纬 29°28.3′，东经 121°58.9′。位于宁波市象山县东部海域，羊背石岛东南侧，距大陆最近点 670 米。岸线长 53 米，面积 221 平方米，最高点高程 5 米。基岩岛，由上侏罗统西山头组熔结凝灰岩构成。无植被。

大碗盘礁 (Dàwǎnpán Jiāo)

北纬 29°28.2′，东经 121°59.1′。位于宁波市象山县东部海域，距大陆最近点 780 米。又名牛礁。《中国海洋岛屿简况》（1980）记为牛礁。《浙江省海域地名录》（1988）、《中国海域地名志》（1989）、《中国海域地名图集》（1991）、《浙江海岛志》（1998）、《全国海岛名称与代码》（2008）、2010 年浙江省人民政府公布的第一批无居民海岛名称均记为大碗盘礁。因岛形似碗盘，且较大，故名。岸线长 101 米，面积 525 平方米，最高点高程 5.9 米。基岩岛，由上侏罗统西山头组熔结凝灰岩构成。无植被。

小碗盘礁 (Xiǎowǎnpán Jiāo)

北纬 29°28.2′，东经 121°59.1′。位于宁波市象山县东部海域，距大陆最近点 770 米。又名大碗盘礁 -1。《象山县海域地名简志》（1987）、《浙江省海域地名录》（1988）、《中国海域地名图集》（1991）记为小碗盘礁。《浙江海岛志》（1998）记为 1614 号无名岛。《全国海岛名称与代码》（2008）记为大碗盘礁 -1。2010 年浙江省人民政府公布的第一批无居民海岛名称记为小碗盘礁。因该岛相对大碗盘礁，面积稍小，故名。岸线长 51 米，面积 170 平方米，最高点高程 5 米。基岩岛，由上侏罗统西山头组熔结凝灰岩构成。无植被。

青礁 (Qīng Jiāo)

北纬 29°28.1′，东经 121°59.3′。位于宁波市象山县东部海域，距大陆最近点 890 米。《中国海洋岛屿简况》（1980）、《象山县海域地名简志》（1987）、《浙江省海域地名录》（1988）、《中国海域地名志》（1989）、《中国海域地名图集》（1991）、《宁波市海岛志》（1994）、《浙江海岛志》（1998）、《全国海岛名称与代码》（2008）、2010 年浙江省人民政府公布的第一批无居民海岛名称均记为青礁。因岛呈青色，故名。岸线长 356 米，面积 5 504 平方米，最高点高程 20.1 米。基岩岛，由燕山晚期钾长花岗岩构成。植被以草丛、灌木为主。

青焦尾礁 (Qīngjiāowěi Jiāo)

北纬 29°28.1′，东经 121°59.2′。位于宁波市象山县东部海域，青礁南 20 米，距大陆最近点 890 米。又名青礁 -1。《宁波市海岛志》（1994）、《全国海岛名称与代码》（2008）记为青礁 -1。《浙江海岛志》（1998）记为 1617 号无名岛。2010 年浙江省人民政府公布的第一批无居民海岛名称记为青焦尾礁。该岛位于青礁尾部，"焦"与"礁"同音，故名。岸线长 142 米，面积 888 平方米，最高点高程 6.2 米。基岩岛，由燕山晚期钾长花岗岩构成。植被以草丛、灌木为主。

龟甲岛 (Guījiǎ Dǎo)

北纬 29°28.0′，东经 122°13.8′。位于宁波市象山县东部海域，距大陆最近点 23.86 千米，属韭山列岛。岛以形似龟甲得名。岸线长 43 米，面积 145 平方米，最高点高程 5 米。基岩岛，由上侏罗统茶湾组角砾凝灰岩构成。无植被。属韭山列岛海洋生态自然保护区。

马卵礁 (Mǎluǎn Jiāo)

北纬 29°28.0′，东经 122°13.5′。位于宁波市象山县东部海域，距大陆最近点 23.27 千米。《宁波市海岛志》（1994）、《浙江海岛志》（1998）、《全国海岛名称与代码》（2008）、2010 年浙江省人民政府公布的第一批无居民海岛名称均记为马卵礁。因形似马卵，故名。岸线长 193 米，面积 2 721 平方米，最高点高程 8.1 米。基岩岛，由上侏罗统茶湾组角砾凝灰岩构成。无植被。属韭山列岛海洋生态自然保护区。

犁头嘴山屿 (Lítóuzuǐshān Yǔ)

北纬 29°28.0′，东经 122°14.0′。位于宁波市象山县东部海域，距大陆最近点 24.02 千米。又名犁头嘴、犁头嘴礁、犁头嘴岛。《象山县海域地名简志》（1987）、《宁波市海岛志》（1994）记为犁头嘴。《中国海域地名志》（1989）记为犁头嘴礁。《浙江海岛志》（1998）、《全国海岛名称与代码》（2008）记为犁头嘴岛。2010 年浙江省人民政府公布的第一批无居民海岛名称记为犁头嘴山屿。因形似农作工具"犁头"，故名。岸线长 396 米，面积 5 568 平方米，最高点高程 16.9 米。基岩岛，由上侏罗统西山头组熔结凝灰岩构成。无植被。属韭山列岛海洋生态自然保护区。

饭礁 (Fàn Jiāo)

北纬 29°27.9′，东经 122°14.9′。位于宁波市象山县东部海域，韭山列岛东北侧，距大陆最近点 25.51 千米。别名乌礁。《中国海洋岛屿简况》（1980）、《象山县海域地名简志》（1987）、《浙江省海域地名录》（1988）、《中国海域地名志》（1989）、《中国海域地名图集》（1991）、《宁波市海岛志》（1994）、《浙江海岛志》（1998）、《全国海岛名称与代码》（2008）、2010 年浙江省人民政府公布的第一批无居民海岛名称均记为饭礁。因由东西二岩块组成，以其状如饭团，故名。岸线长 176 米，面积 2 112 平方米，最高点高程 13.8 米。基岩岛，由上侏罗统西山头组熔结凝灰岩构成。无植被。属韭山列岛海洋生态自然保护区。

鲨鱼礁 (Shāyú Jiāo)

北纬 29°27.9′，东经 122°12.3′。位于宁波市象山县东部海域，韭山列岛北部，距大陆最近点 21.37 千米。《象山县海域地名简志》（1987）、《浙江省海域地名录》（1988）、《中国海域地名志》（1989）、《中国海域地名图集》（1991）、《宁波市海岛志》（1994）、《浙江海岛志》（1998）、《全国海岛名称与代码》（2008）、2010 年浙江省人民政府公布的第一批无居民海岛名称均记为鲨鱼礁。因岛形狭长似鲨鱼，故名。岸线长 190 米，面积 1 284 平方米，最高点高程 7.9 米。基岩岛，由上侏罗统茶湾组角砾凝灰岩构成。无植被。属韭山列岛海洋生态自然保护区。

麒麟腰小礁 (Qílínyāo Xiǎojiāo)

北纬 29°27.8′，东经 122°14.9′。位于宁波市象山县东部海域，距大陆最近点 25.52 千米。又名麒麟腰岛 -1。《宁波市海岛志》（1994）、《全国海岛名称与代码》（2008）记为麒麟腰岛 -1。《浙江海岛志》（1998）记为 1630 号无名岛。2010 年浙江省人民政府公布的第一批无居民海岛名称记为麒麟腰小礁。岸线长 129 米，面积 687 平方米，最高点高程 13.1 米。基岩岛，由上侏罗统西山头组熔结凝灰岩构成。无植被。属韭山列岛海洋生态自然保护区。

官船岙西岛 (Guānchuán'ào Xīdǎo)

北纬 29°27.8′，东经 122°10.8′。位于宁波市象山县东部海域，官船岙岛西 10 米，距大陆最近点 18.97 千米。原为官船岙岛的一部分，后界定为独立海岛。以处官船岙岛西侧得名。岸线长 54 米，面积 231 平方米，最高点高程 8 米。基岩岛，由上侏罗统西山头组凝灰岩构成。无植被。属韭山列岛海洋生态自然保护区。

乱岩块岛 (Luànyánkuài Dǎo)

北纬 29°27.8′，东经 122°15.0′。位于宁波市象山县东部海域，距大陆最近点 25.78 千米。因该岛为乱岩头礁附近一大块石头，故名。岸线长 30 米，面积

54 平方米，最高点高程 5 米。基岩岛，由上侏罗统西山头组熔结凝灰岩构成。无植被。属韭山列岛海洋生态自然保护区。

牛桩礁 (Niúzhuāng Jiāo)

北纬 29°27.8′，东经 121°59.3′。位于宁波市象山县东部海域，燕礁西北 50 米，距大陆最近点 690 米。又名燕礁 -1。《宁波市海岛志》（1994）、《全国海岛名称与代码》（2008）记为燕礁 -1。《浙江海岛志》（1998）记为 1626 号无名岛。2010 年浙江省人民政府公布的第一批无居民海岛名称记为牛桩礁。以岛形似绑牛的木桩子得名。岸线长 175 米，面积 1 641 平方米，最高点高程 10 米。基岩岛，由燕山晚期钾长花岗岩构成。植被以草丛、灌木为主。

乱岩头小礁 (Luànyántóu Xiǎojiāo)

北纬 29°27.8′，东经 122°15.2′。位于宁波市象山县东部海域，距大陆最近点 25.98 千米。又名乱岩头礁 -1。《宁波市海岛志》（1994）、《全国海岛名称与代码》（2008）记为乱岩头礁 -1。《浙江海岛志》（1998）记为 1628 号无名岛。2010 年浙江省人民政府公布的第一批无居民海岛名称记为乱岩头小礁。因面积较小，以处乱岩头礁附近而得名。岸线长 278 米，面积 2 121 平方米，最高点高程 10.3 米。基岩岛，由上侏罗统西山头组熔结凝灰岩构成。无植被。属韭山列岛海洋生态自然保护区。

乱岩头礁 (Luànyántóu Jiāo)

北纬 29°27.8′，东经 122°15.2′。位于宁波市象山县东部海域，大青山岛北 900 米，距大陆最近点 26.04 千米。又名乱岩头。《中国海洋岛屿简况》（1980）、《象山县海域地名简志》（1987）记为乱岩头。《浙江省海域地名录》（1988）、《中国海域地名志》（1989）、《中国海域地名图集》（1991）、《宁波市海岛志》（1994）、《浙江海岛志》（1998）、《全国海岛名称与代码》（2008）、2010 年浙江省人民政府公布的第一批无居民海岛名称均记为乱岩头礁。因礁块杂乱，犹如乱石堆成，故名。岸线长 299 米，面积 2 795 平方米，最高点高程 25.9 米。基岩岛，由上侏罗统西山头组熔结凝灰岩构成。无植被。岛上有国家大地控制点 1 个。属韭山列岛海洋生态自然保护区。

牛绳岛 (Niúshéng Dǎo)

北纬 29°27.8′，东经 121°59.3′。位于宁波市象山县东部海域，燕礁北 5 米，距大陆最近点 680 米。原为燕礁的一部分，后界定为独立海岛。以岛形似牛绳得名。岸线长 166 米，面积 837 平方米，最高点高程 7 米。基岩岛，由燕山晚期钾长花岗岩构成。植被以草丛、灌木为主。

燕礁 (Yàn Jiāo)

北纬 29°27.8′，东经 121°59.3′。位于宁波市象山县东部海域，距大陆最近点 610 米。《中国海洋岛屿简况》（1980）、《象山县海域地名简志》（1987）、《浙江省海域地名录》（1988）、《中国海域地名志》（1989）、《中国海域地名图集》（1991）、《宁波市海岛志》（1994）、《浙江海岛志》（1998）、《全国海岛名称与代码》（2008）、2010 年浙江省人民政府公布的第一批无居民海岛名称均记为燕礁。因岛上峰杂穴多，形似燕巢，故名。岸线长 226 米，面积 3 188 平方米，最高点高程 15.1 米。基岩岛，由燕山晚期钾长花岗岩构成。植被以草丛、灌木为主。建有航标灯塔 1 座。

南燕岛 (Nányàn Dǎo)

北纬 29°27.8′，东经 121°59.3′。位于宁波市象山县东部海域，燕礁南 20 米，距大陆最近点 620 米。原为燕礁的一部分，后界定为独立海岛。以处燕礁南侧得名。岸线长 178 米，面积 1 626 平方米，最高点高程 6.5 米。基岩岛，由燕山晚期钾长花岗岩构成。无植被。

里奶城屿 (Lǐ'nǎichéng Yǔ)

北纬 29°27.7′，东经 121°58.9′。位于宁波市象山县东部海域，燕礁西侧，距大陆最近点 90 米。曾名乃沉。又名里奶城、里奶城岛。《象山县海域地名简志》（1987）、《宁波市海岛志》（1994）记为里奶城。《浙江省海域地名录》（1988）、《中国海域地名志》（1989）、《中国海域地名图集》（1991）、《浙江海岛志》（1998）、2010 年浙江省人民政府公布的第一批无居民海岛名称均记为里奶城屿。《全国海岛名称与代码》（2008）记为里奶城岛。该岛与大陆高潮隔离，低潮相连，犹如大陆下沉之断块，得名乃沉。附近数岛众峙，故加里、中、外区分，该岛居里，后谐音为里奶城屿。岸线长 241 米，面积 3 281 平方米，最高点高程 15.1 米。基岩岛，由燕山晚期钾长花岗岩构成。植被以草丛、灌木、乔木为主。

中奶城屿 (Zhōngnǎichéng Yǔ)

北纬 29°27.7′，东经 121°58.9′。位于宁波市象山县东部海域，里奶城屿南 10 米，距大陆最近点 120 米。又名里奶城、里奶城屿。《象山县海域地名简志》（1987）记为里奶城。《中国海域地名志》（1989）、《中国海域地名图集》（1991）均记为里奶城屿。2010 年浙江省人民政府公布的第一批无居民海岛名称中记为中奶城屿。因该岛与大陆高潮相离，低潮相连，犹如大陆下沉之断块，得名乃沉。附近数岛众峙，故加里、中、外区分，该岛居中，后谐音为中奶城屿。岸线长 219 米，面积 2 683 平方米，最高点高程 15.5 米。基岩岛，由钾长花岗岩构成。

小青山小礁 (Xiǎoqīngshān Xiǎojiāo)

北纬 29°27.7′，东经 122°14.8′。位于宁波市象山县东部海域，距大陆最近点 25.41 千米。又名小青山 -1。《宁波市海岛志》（1994）、《全国海岛名称与代码》（2008）记为小青山 -1。《浙江海岛志》（1998）记为 1634 号无名岛。《中国海域地名图集》（1991）、2010 年浙江省人民政府公布的第一批无居民海岛名称均记为小青山小礁。岸线长 195 米，面积 2 232 平方米，最高点高程 18.1 米。基岩岛，由上侏罗统西山头组熔结凝灰岩构成。植被以草丛、灌木为主。属韭山列岛海洋生态自然保护区。

小青山雏礁 (Xiǎoqīngshān Chújiāo)

北纬 29°27.7′，东经 122°14.9′。位于宁波市象山县东部海域，距大陆最近点 25.48 千米。又名小青山 -2。《宁波市海岛志》（1994）、《全国海岛名称与代码》（2008）记为小青山 -2。《浙江海岛志》（1998）记为 1636 号无名岛。2010 年浙江省人民政府公布的第一批无居民海岛名称记为小青山雏礁。岸线长 112 米，面积 853 平方米，最高点高程 11.2 米。基岩岛，由上侏罗统西山头组熔结凝灰岩构成。无植被。属韭山列岛海洋生态自然保护区。

纱帽礁 （Shāmào Jiāo）

北纬 29°27.7′，东经 122°15.3′。位于宁波市象山县东部海域，距大陆最近点 26.19 千米。《象山县海域地名简志》（1987）、《浙江省海域地名录》（1988）、《中国海域地名志》（1989）、《宁波市海岛志》（1994）、《浙江海岛志》（1998）、《全国海岛名称与代码》（2008）、2010 年浙江省人民政府公布的第一批无居民海岛名称中均记为纱帽礁。因礁形似纱帽，故名。岸线长 169 米，面积 1 946 平方米，最高点高程 17.7 米。基岩岛，由上侏罗统西山头组熔结凝灰岩构成。无植被。属韭山列岛海洋生态自然保护区。

官船岙岛 （Guānchuán'ào Dǎo）

北纬 29°27.7′，东经 122°11.2′。位于宁波市象山县东部海域，距大陆最近点 18.84 千米。又名官船岙。《中国海洋岛屿简况》（1980）、《象山县海域地名简志》（1987）、《宁波市海岛志》（1994）记为官船岙。《浙江省海域地名录》（1988）、《中国海域地名志》（1989）、《中国海域地名图集》（1991）、《浙江海岛志》（1998）、《全国海岛名称与代码》（2008）、2010 年浙江省人民政府公布的第一批无居民海岛名称均记为官船岙岛。因岛以官船湾而得名。岸线长 7.46 千米，面积 0.829 2 平方千米，最高点高程 105.1 米。基岩岛，由上侏罗统高坞组、西山头组熔结凝灰岩构成。土壤有棕黄泥沙土和棕石沙土等，植被以草丛为主，间有少量灌木。岛上有临时住房 35 间，渔汛季节有渔民暂居。属韭山列岛海洋生态自然保护区。

小青山岩岛 （Xiǎoqīngshānyán Dǎo）

北纬 29°27.7′，东经 122°14.9′。位于宁波市象山县东部海域，距大陆最近点 25.51 千米。第二次全国海域地名普查时命今名。岸线长 47 米，面积 141 平方米，最高点高程约 4 米。基岩岛，由上侏罗统西山头组熔结凝灰岩构成。无植被。属韭山列岛海洋生态自然保护区。

小青山石岛 （Xiǎoqīngshānshí Dǎo）

北纬 29°27.7′，东经 122°14.8′。位于宁波市象山县东部海域，距大陆最近点 25.41 千米。岸线长 84 米，面积 487 平方米，最高点高程 8 米。基岩岛，由上侏罗统西山头组熔结凝灰岩构成。无植被。属韭山列岛海洋生态自然保护区。

螺礁 (Luó Jiāo)

北纬29°27.6′，东经122°11.9′。位于宁波市象山县东部海域，韭山列岛北部，官船岙岛东500米，距大陆最近点20.69千米。《象山县海域地名简志》（1987）、《中国海域地名志》（1989）、《中国海域地名图集》（1991）均记为螺礁。该岛以形似海螺而得名。岸线长73米，面积337平方米，最高点高程5米。基岩岛，由火山凝灰岩构成。无植被。属韭山列岛海洋生态自然保护区。

里四块礁 (Lǐsìkuài Jiāo)

北纬29°27.5′，东经122°11.9′。位于宁波市象山县东部海域，韭山列岛北部，官船岙岛东侧，距大陆最近点20.71千米。又名里四块。《象山县海域地名简志》（1987）记为里四块。《浙江省海域地名录》（1988）、《中国海域地名志》（1989）、《中国海域地名图集》（1991）、《宁波市海岛志》（1994）、《浙江海岛志》（1998）、《全国海岛名称与代码》（2008）、2010年浙江省人民政府公布的第一批无居民海岛名称均记为里四块礁。因由四块岛岩组成，且与其东（外首）四块组成的岛相对峙，故名。岸线长158米，面积1 534平方米，最高点高程8.4米。基岩岛，由上侏罗统西山头组熔结凝灰岩构成。无植被。属韭山列岛海洋生态自然保护区。

里四块小礁 (Lǐsìkuài Xiǎojiāo)

北纬29°27.5′，东经122°11.9′。位于宁波市象山县东部海域，里四块礁西南20米，距大陆最近点20.69千米。又名里四块礁-1。《浙江海岛志》（1998）记为1641号无名岛。《宁波市海岛志》（1994）、《全国海岛名称与代码》（2008）记为里四块礁-1。2010年浙江省人民政府公布的第一批无居民海岛名称记为里四块小礁。因该岛紧邻里四块礁，且面积较小，故名。岸线长140米，面积1 088平方米，最高点高程5米。基岩岛，由上侏罗统西山头组熔结凝灰岩构成。无植被。属韭山列岛海洋生态自然保护区。

外奶城屿 (wàinǎichéng yǔ)

北纬29°27.5′，东经121°58.9′。位于宁波市象山县东部海域，距大陆最近点0.1千米。曾名乃沉，又名中奶城屿。《象山县海域地名简志》（1987）、《浙

江省海域地名录》（1988）、《中国海域地名志》（1989）、《中国海域地名图集》
（1991）均记为中奶城屿。《中国海域地名志》（1989）、《浙江海岛志》（1998）、
《全国海岛名称与代码》（2008）、2010 年浙江省人民政府公布的第一批无居民
海岛名称均记为外奶城屿。因该岛与大陆高潮相离，低潮相连，犹如大陆下沉
之断块，得名乃沉。附近数岛众峙，故加里、中、外区分，该岛居外，后谐音
为外奶城屿。岸线长度 177 米，面积 2 179 平方米，最高点高程 15.5 米。基岩岛，
由钾长花岗岩构成。植被以草丛、灌木为主。低潮时，岛与大陆连成一片。

里四块石岛 (Lǐsìkuàishí Dǎo)

北纬 29°27.5′，东经 122°11.9′。位于宁波市象山县东部海域，里四块礁东
南 30 米，距大陆最近点 20.76 千米。原为里四块礁的一部分，后界定为独立海岛。
因该岛为里四块礁附近一块大礁石，故名。岸线长 88 米，面积 476 平方米，最
高点高程 5 米。基岩岛，由上侏罗统西山头组熔结凝灰岩构成。无植被。属韭
山列岛海洋生态自然保护区。

草鞋耙礁 (Cǎoxiépá Jiāo)

北纬 29°27.5′，东经 122°12.8′。位于宁波市象山县东部海域，距大陆最近
点 22.12 千米。又名草鞋耙。《象山县海域地名简志》（1987）记为草鞋耙。《浙
江省海域地名录》（1988）、《中国海域地名志》（1989）、《中国海域地名图集》
（1991）、《宁波市海岛志》（1994）、《浙江海岛志》（1998）、《全国海岛名称
与代码》（2008）、2010 年浙江省人民政府公布的第一批无居民海岛名称均记为
草鞋耙礁。岛以形似打草鞋的工具"耙"而得名。岸线长 99 米，面积 475 平方
米，最高点高程 3.6 米。基岩岛，由上侏罗统茶湾组凝灰岩构成。无植被。属
韭山列岛海洋生态自然保护区。

寡妇礁 (Guǎfu Jiāo)

北纬 29°27.5′，东经 122°13.5′。位于宁波市象山县东部海域，韭山列岛北部，
距大陆最近点 23.32 千米。《中国海洋岛屿简况》（1980）、《象山县海域地名简志》
（1987）、《浙江省海域地名录》（1988）、《中国海域地名图集》（1991）、《宁
波市海岛志》（1994）、《浙江海岛志》（1998）、《全国海岛名称与代码》（2008）、

2010 年浙江省人民政府公布的第一批无居民海岛名称均记为寡妇礁。因礁有一岩洞，海浪冲击时呜呜作响，声如寡妇哭夫，故名。岸线长 201 米，面积 2 303 平方米，最高点高程 12.3 米。基岩岛，由上侏罗统茶湾组凝灰岩构成。无植被。属韭山列岛海洋生态自然保护区。

大螺塘东岛 (Dàluótáng Dōngdǎo)

北纬 29°27.4′，东经 121°59.1′。位于宁波市象山县东部海域，大螺塘礁东 10 米，距大陆最近点 180 米。原大螺塘东岛、大螺塘礁、大螺池礁统称为外奶城屿。该岛为大螺塘礁的一部分，后界定为独立海岛。以处大螺塘礁东侧得名。岸线长 92 米，面积 618 平方米，最高点高程 5.1 米。基岩岛，由钾长花岗岩构成。无植被。

大螺塘礁 (Dàluótáng Jiāo)

北纬 29°27.4′，东经 121°59.1′。位于宁波市象山县东部海域，介于大螺池礁与大螺塘东岛之间，距大陆最近点 100 米。又名大螺池 -1、大螺池岛 -1。《宁波市海岛志》（1994）记为大螺池 -1。《浙江海岛志》（1998）记为 1646 号无名岛。《全国海岛名称与代码》（2008）记为大螺池岛 -1。2010 年浙江省人民政府公布的第一批无居民海岛名称记为大螺塘礁。原大螺塘东岛、大螺塘礁、大螺池礁统记为外奶城屿。以处大螺塘外侧得名。岸线长 217 米，面积 3 305 平方米，最高点高程 19.4 米。基岩岛，由钾长花岗岩构成。植被以草丛、灌木为主。

大螺池礁 (Dàluóchí Jiāo)

北纬 29°27.4′，东经 121°59.0′。位于宁波市象山县东部海域，介于大螺塘礁与大陆之间，距大陆最近点 100 米。又名大螺池、大螺池岛。《宁波市海岛志》（1994）记为大螺池。《浙江海岛志》（1998）、《全国海岛名称与代码》（2008）记为大螺池岛。2010 年浙江省人民政府公布的第一批无居民海岛名称记为大螺池礁。原大螺塘东岛、大螺塘礁、大螺池礁统称为外奶城屿。以处大陆大螺池外侧得名。岸线长 269 米，面积 3 585 平方米，最高点高程 5.5 米。基岩岛，由钾长花岗岩构成。无植被。

高礁 (Gāo Jiāo)

北纬 29°27.4′，东经 122°12.6′。位于宁波市象山县东部海域，双山岛东北 1 千米，距大陆最近点 21.78 千米。《中国海洋岛屿简况》（1980）、《象山县海域地名简志》（1987）、《浙江省海域地名录》（1988）、《中国海域地名志》（1989）、《中国海域地名图集》（1991）、《宁波市海岛志》（1994）、《浙江海岛志》（1998）、《全国海岛名称与代码》（2008）、2010 年浙江省人民政府公布的第一批无居民海岛名称均记为高礁。因礁高峻、盘大，故名。岸线长 292 米，面积 3 284 平方米，最高点高程 10.5 米。基岩岛，由上侏罗统茶湾组凝灰岩构成。无植被。属韭山列岛海洋生态自然保护区。

沙城屿 (Shāchéng Yǔ)

北纬 29°27.3′，东经 122°11.5′。位于宁波市象山县东部海域，官船岙岛东南，距大陆最近点 19.81 千米。又名仙人桥、天测岛。《中国海洋岛屿简况》（1980）记为天测岛。《象山县海域地名简志》（1987）、《浙江省海域地名录》（1988）、《中国海域地名志》（1989）、《中国海域地名图集》（1991）、《宁波市海岛志》（1994）、《浙江海岛志》（1998）、《全国海岛名称与代码》（2008）、2010 年浙江省人民政府公布的第一批无居民海岛名称均记为沙城屿。因岛形狭长，海边多沉沙堆积，形如城墙，故名。岸线长 1.76 千米，面积 0.034 5 平方千米，最高点高程 31.9 米。基岩岛，由上侏罗统茶湾组凝灰岩构成。植被以草丛为主。属韭山列岛海洋生态自然保护区。

官船岙南岛 (Guānchuán'ào Nándǎo)

北纬 29°27.3′，东经 122°11.2′。位于宁波市象山县东部海域，官船岙岛南端 5 米，距大陆最近点 19.6 千米。原为官船岙岛的一部分，后界定为独立海岛。以处官船岙岛南侧得名。岸线长 59 米，面积 194 平方米，最高点高程 5 米。基岩岛，由上侏罗统西山头组凝灰岩构成。无植被。属韭山列岛海洋生态自然保护区。

大青山小礁 (Dàqīngshān Xiǎojiāo)

北纬 29°27.2′，东经 122°15.1′。位于宁波市象山县东部海域，距大陆最近点25.89千米。《象山县海域地名简志》（1987）、《浙江省海域地名录》（1988）、《中国海域地名志》（1989）、《中国海域地名图集》（1991）、《宁波市海岛志》（1994）、《浙江海岛志》（1998）、《全国海岛名称与代码》（2008）、2010年浙江省人民政府公布的第一批无居民海岛名称均记为大青山小礁。因礁处大青山南边，且面积较小，故名。岸线长131米，面积1085平方米，最高点高程6.4米。基岩岛，由上侏罗统西山头组熔结凝灰岩构成。无植被。岩滩上长有马蹄螺、紫菜等。属韭山列岛海洋生态自然保护区。

大螺塘南岛 (Dàluótáng Nándǎo)

北纬29°27.1′，东经121°58.9′。位于宁波市象山县东部海域，大螺塘礁南侧，距大陆最近点100米。又名大螺池-2、大螺池岛-2。《宁波市海岛志》（1994）记为大螺池-2。《全国海岛名称与代码》（2008）记为大螺池岛-2。因处大螺塘礁南侧，第二次全国海域地名普查时更为今名。岸线长155米，面积1811平方米，最高点高程6米。基岩岛，由钾长花岗岩构成。植被以草丛、灌木为主。

里塌礁 (Lǐtā Jiāo)

北纬29°27.0′，东经122°12.5′。位于宁波市象山县东部海域，双山岛东400米，高礁南700米，距大陆最近点21.68千米。又名里塌。《中国海洋岛屿简况》（1980）记为里塌。《象山县海域地名简志》（1987）、《浙江省海域地名录》（1988）、《中国海域地名志》（1989）、《中国海域地名图集》（1991）、《宁波市海岛志》（1994）、《浙江海岛志》（1998）、《全国海岛名称与代码》（2008）、2010年浙江省人民政府公布的第一批无居民海岛名称均记为里塌礁。因礁石平坦光滑，形似箬鳎鱼，故惯称塌礁。因礁有两块，东西相对，此礁在里首，故称里塌礁。岸线长168米，面积1304平方米，最高点高程5米。基岩岛，由上侏罗统茶湾组凝灰岩构成。无植被。属韭山列岛海洋生态自然保护区。

外塌礁 (Wàitā Jiāo)

北纬29°27.0′，东经122°12.6′。位于宁波市象山县东部海域，距大陆最近点21.83千米。又名外塌。《中国海洋岛屿简况》（1980）记为外塌。《象山县海域地名简志》（1987）、《浙江省海域地名录》（1988）、《中国海域地名志》（1989）、

《中国海域地名图集》（1991）、《宁波市海岛志》（1994）、《浙江海岛志》（1998）、《全国海岛名称与代码》（2008）、2010年浙江省人民政府公布的第一批无居民海岛名称均记为外塌礁。因与里塌礁东西相对，此礁在外首，故名。岸线长203米，面积1 461平方米，最高点高程4.1米。基岩岛，由上侏罗统茶湾组凝灰岩构成。无植被。属韭山列岛海洋生态自然保护区。

蜻蜓尾巴屿 (Qīngtíngwěiba Yǔ)

北纬29°26.3′，东经121°58.3′。位于宁波市象山县东部海域，小漠山屿西北，距大陆最近点10米。又名蜻蜓尾巴、蜻蜓尾巴岛。《宁波市海岛志》（1994）记为蜻蜓尾巴。《浙江海岛志》（1998）、《全国海岛名称与代码》（2008）记为蜻蜓尾巴岛。2010年浙江省人民政府公布的第一批无居民海岛名称记为蜻蜓尾巴屿。因岛以形似蜻蜓尾巴而得名。岸线长474米，面积6 614平方米，最高点高程13.5米。基岩岛，由燕山晚期钾长花岗岩构成。植被以草丛、灌木、乔木为主。岛上建有金沙湾游艇浮码头1座，码头管理用房1间。岛北侧建有跨海桥梁1座，与大陆相连。建有1条水泥路通往游艇码头。

十八刀地礁 (Shíbādāodì Jiāo)

北纬29°26.1′，东经122°13.4′。位于宁波市象山县东部海域，距大陆最近点23.06千米。又名十八刀地、十八刀地岛、十八掏地、十八掏地礁。《象山县海域地名简志》（1987）、《宁波市海岛志》（1994）记为十八刀地。《浙江海岛志》（1998）、《全国海岛名称与代码》（2008）记为十八刀地岛。《浙江省海域地名录》（1988）、《中国海域地名志》（1989）、《中国海域地名图集》（1991）、2010年浙江省人民政府公布的第一批无居民海岛名称均记为十八刀地礁。因传说曾有十八人在该地掏地开垦，故有"十八掏地"之名，后谐音为十八刀地礁。岸线长155米，面积892平方米，最高点高程10米。基岩岛，由上侏罗统西山头组熔结凝灰岩构成。植被以草丛为主。属韭山列岛海洋生态自然保护区。

燥谷仓小礁 (Zàogǔcāng Xiǎojiāo)

北纬29°25.9′，东经122°12.1′。位于宁波市象山县东部海域，距大陆最近点 21.11 千米。《中国海域地名图集》（1991）记为燥谷仓小礁。面积较小，故名。基岩岛。岸线长 247 米，面积 2 313 平方米，最高点高程 11 米。无植被。属韮山列岛海洋生态自然保护区。

捣臼岛 (Dǎojiù Dǎo)

北纬 29°25.5′，东经 122°10.5′。位于宁波市象山县东部海域，捣臼湾西，矮旗山屿北 60 米，距大陆最近点 18.53 千米。原为矮旗山屿的一部分，后界定为独立海岛。岸线长 62 米，面积 131 平方米，最高点高程 5 米。基岩岛，由上侏罗统西山头组熔结凝灰岩构成。无植被。属韮山列岛海洋生态自然保护区。

外拍脚岛 (Wàipāijiǎo Dǎo)

北纬 29°25.3′，东经 122°11.9′。位于宁波市象山县东部海域，距大陆最近点 20.72 千米。又名小山、外拍脚。《中国海洋岛屿简况》（1980）、《象山县海域地名简志》（1987）记为外拍脚。《浙江省海域地名录》（1988）、《中国海域地名图集》（1991）、《浙江海岛志》（1998）、2010 年浙江省人民政府公布的第一批无居民海岛名称均记为外拍脚岛。岸线长 1.14 千米，面积 0.05 平方千米，最高点高程 47.6 米。基岩岛，由上侏罗统西山头组熔结凝灰岩构成。植被以草丛、灌木为主。属韮山列岛海洋生态自然保护区。

北档岛 (Běidàng Dǎo)

北纬 29°25.2′，东经 122°12.1′。位于宁波市象山县东部海域，外拍脚岛东 5 米，距大陆最近点 21.09 千米。原为外拍脚岛的一部分，后界定为独立海岛。附近有 5 个小岛，南北排列，成拦挡之势惯称五档礁，该岛位于五档礁北面，故名。岸线长 271 米，面积 4 169 平方米，最高点高程 8 米。基岩岛，由上侏罗统西山头组熔结凝灰岩构成。植被以草丛、灌木为主。属韮山列岛海洋生态自然保护区。

挡礁 (Dǎng Jiāo)

北纬 29°25.2′，东经 122°12.1′。位于宁波市象山县东部海域，介于北档岛与棺材小礁之间，距大陆最近点 21.18 千米。《中国海洋岛屿简况》（1980）、《象山县海域地名简志》（1987）、《浙江省海域地名录》（1988）、《中国海域地名图集》

（1991）、《宁波市海岛志》（1994）、《浙江海岛志》（1998）、《全国海岛名称与代码》（2008）、2010 年浙江省人民政府公布的第一批无居民海岛名称均记为挡礁。因该岛位于外拍脚岛南侧，五档礁（礁块有五，呈南北一字排列，形如拦挡之势）之头部，故名。岸线长 197 米，面积 2 616 平方米，最高点高程 13.1 米。基岩岛，由上侏罗统西山头组熔结凝灰岩构成。无植被。属韭山列岛海洋生态自然保护区。

乌贼湾小礁 (Wūzéiwān Xiǎojiāo)

北纬 29°25.1′，东经 122°10.7′。位于宁波市象山县东部海域，距大陆最近点 18.96 千米。又名乌贼湾、南韭山 -1。《象山县海域地名简志》（1987）、《浙江省海域地名录》（1988）、《中国海域地名图集》（1991）记为乌贼湾。《浙江海岛志》（1998）记为 1665 号无名岛。《全国海岛名称与代码》（2008）记为南韭山 -1。2010 年浙江省人民政府公布的第一批无居民海岛名称记为乌贼湾小礁。因湾内盛产乌贼而得名。岸线长 149 米，面积 803 平方米，最高点高程 6.1 米。基岩岛，由上侏罗统西山头组熔结凝灰岩构成。无植被。属韭山列岛海洋生态自然保护区。

棺材小礁 (Guāncai Xiǎojiāo)

北纬 29°25.1′，东经 122°12.0′。位于宁波市象山县东部海域，介于挡礁与犁头嘴礁之间，距大陆最近点 21.13 千米。又名犁头嘴礁 -1、犁头咀礁 -1。《宁波市海岛志》（1994）记为犁头嘴礁 -1。《浙江海岛志》（1998）记为 1666 号无名岛。《全国海岛名称与代码》（2008）记为犁头咀礁 -1。2010 年浙江省人民政府公布的第一批无居民海岛名称记为棺材小礁。岛以形而得名。岸线长 222 米，面积 2 416 平方米，最高点高程 10 米。基岩岛，由上侏罗统西山头组熔结凝灰岩构成。无植被。属韭山列岛海洋生态自然保护区。

花洞岙小礁 (Huādòng'ào Xiǎojiāo)

北纬 29°25.1′，东经 122°11.2′。位于宁波市象山县东部海域，距大陆最近点 19.86 千米。又名南韭山 -2。《宁波市海岛志》（1994）、《全国海岛名称与代码》（2008）记为南韭山 -2。《浙江海岛志》（1998）记为 1667 号无名岛。2010 年浙江省人民政府公布的第一批无居民海岛名称记为花洞岙小礁。岸线长119米，面积481平方米，最高点高程7.9米。基岩岛，由上侏罗统西山头组熔结凝灰岩构成。无植被。属韭山列岛海洋生态自然保护区。

小雨伞礁 (Xiǎoyǔsǎn Jiāo)

北纬29°25.0′，东经122°12.1′。位于宁波市象山县东部海域，距大陆最近点21.17千米。又名犁头嘴礁-2、犁头咀礁-2。《宁波市海岛志》（1994）记为犁头嘴礁-2。《浙江海岛志》（1998）记为1669号无名岛。《全国海岛名称与代码》（2008）记为犁头咀礁-2。2010年浙江省人民政府公布的第一批无居民海岛名称记为小雨伞礁。岛面积较小，以形得名。岸线长167米，面积1 151平方米，最高点高程5米。基岩岛，由火山凝灰岩构成。无植被。属韭山列岛海洋生态自然保护区。

大漠岩礁 (Dàmòyán Jiāo)

北纬29°24.8′，东经122°00.4′。位于宁波市象山县东南部海域，大漠石礁西侧，距大陆最近点3.49千米。又名大漠山-1。《浙江海岛志》（1998）记为1672号无名岛。《宁波市海岛志》（1994）、《全国海岛名称与代码》（2008）记为大漠山-1。2010年浙江省人民政府公布的第一批无居民海岛名称记为大漠岩礁。岸线长129米，面积1 187平方米，最高点高程5米。基岩岛，由上侏罗统茶湾组凝灰岩构成。无植被。

大漠石礁 (Dàmòshí Jiāo)

北纬29°24.8′，东经122°00.6′。位于宁波市象山县东南部海域，介于大漠岩礁与大漠块礁之间，距大陆最近点3.83千米。又名大漠山-2。《宁波市海岛志》（1994）、《浙江海岛志》（1998）、《全国海岛名称与代码》（2008）记为大漠山-2。2010年浙江省人民政府公布的第一批无居民海岛名称记为大漠石礁。该岛为大漠山岛北侧一石块，故名。岸线长105米，面积594平方米，最高点高程10米。基岩岛，由上侏罗统茶湾组凝灰岩构成。无植被。

大漠块礁 (Dàmòkuài Jiāo)

北纬29°24.8′，东经122°00.7′。位于宁波市象山县东南部海域，大漠石礁东侧，距大陆最近点 3.96 千米。又名大漠山 -3。《宁波市海岛志》（1994）、《浙江海岛志》（1998）、《全国海岛名称与代码》（2008）记为大漠山 -3。2010 年浙江省人民政府公布的第一批无居民海岛名称记为大漠块礁。岸线长 103 米，面积 746 平方米，最高点高程 9.6 米。基岩岛，由上侏罗统茶湾组凝灰岩构成。无植被。

大漠尾块礁 (Dàmòwěikuài Jiāo)

北纬 29°24.7′，东经 122°01.0′。位于宁波市象山县东南部海域，距大陆最近点 4.34 千米。又名大漠尾 -3、大漠尾岛 -3。《宁波市海岛志》（1994）记为大漠尾 -3。《浙江海岛志》（1998）、《全国海岛名称与代码》（2008）记为大漠尾岛 -3。2010 年浙江省人民政府公布的第一批无居民海岛名称记为大漠尾块礁。该岛为大漠尾屿附近一大石块，故名。岸线长 87 米，面积 419 平方米，最高点高程 10 米。基岩岛，由上侏罗统茶湾组凝灰岩构成。无植被。

大漠尾石礁 (Dàmòwěishí Jiāo)

北纬 29°24.7′，东经 122°00.9′。位于宁波市象山县东南部海域，介于大漠尾岩礁与大漠尾块礁之间，距大陆最近点 4.31 千米。又名大漠尾 -2、大漠尾岛 -2。《宁波市海岛志》（1994）记为大漠尾 -2。《浙江海岛志》（1998）、《全国海岛名称与代码》（2008）记为大漠尾岛 -2。2010 年浙江省人民政府公布的第一批无居民海岛名称记为大漠尾石礁。岸线长 104 米，面积 661 平方米，最高点高程 10 米。基岩岛，由上侏罗统茶湾组凝灰岩构成。无植被。

大漠尾岩礁 (Dàmòwěiyán Jiāo)

北纬 29°24.7′，东经 122°00.9′。位于宁波市象山县东南部海域，距大陆最近点 4.3 千米。又名大漠尾 -1、大漠尾岛 -1。《宁波市海岛志》（1994）记为大漠尾 -1。《浙江海岛志》（1998）、《全国海岛名称与代码》（2008）记为大漠尾岛 -1。2010 年浙江省人民政府公布的第一批无居民海岛名称记为大漠尾岩礁。岸线长 103 米，面积 551 平方米，最高点高程 5 米。基岩岛，由上侏罗统茶湾组凝灰岩构成。无植被。

大羊屿 (Dàyáng Yǔ)

北纬 29°24.5′，东经 121°58.3′。位于宁波市象山县东南部海域，距大陆最近点 200 米。《中国海洋岛屿简况》（1980）、《象山县海域地名简志》（1987）、《浙江省海域地名录》（1988）、《中国海域地名志》（1989）、《中国海域地名图集》（1991）、《宁波市海岛志》（1994）、《浙江海岛志》（1998）、《全国海岛名称与代码》（2008）、2010 年浙江省人民政府公布的第一批无居民海岛名称均记为大羊屿。以岛形似羊得名。岸线长 3 千米，面积 0.191 3 平方千米，最高点高程 66.9 米。基岩岛，由上侏罗统茶湾组凝灰岩构成。植被有人工栽种的苦楝、泡桐、油桐、黑松、茶等。岛上原有狩猎旅游开发，现已荒废。岛西南侧建有简易码头 1 座。

白马礁 (Báimǎ Jiāo)

北纬 29°24.5′，东经 122°00.0′。位于宁波市象山县东南部海域，距大陆最近点 2.87 千米。《浙江省海域地名录》（1988）、《宁波市海岛志》（1994）、《浙江海岛志》（1998）、《全国海岛名称与代码》（2008）、2010 年浙江省人民政府公布的第一批无居民海岛名称均记为白马礁。因岛形似白马而得名。岸线长 289 米，面积 3 523 平方米，最高点高程 13.6 米。基岩岛，由上侏罗统茶湾组凝灰岩构成。植被以草丛为主。

前面头礁 (Qiánmiàntóu Jiāo)

北纬 29°24.4′，东经 122°00.8′。位于宁波市象山县东南部海域，距大陆最近点 4.06 千米。《中国海域地名图集》（1991）标注为前面头礁。位于大漠山岛东南侧，如同前面头部，故名。岸线长 619 米，面积 0.010 8 平方千米，最高点高程 34.7 米。基岩岛，由上侏罗统茶湾组凝灰岩构成。植被以草丛、灌木为主。

中嘴小礁 (Zhōngzuǐ Xiǎojiāo)

北纬 29°24.4′，东经 122°00.4′。位于宁波市象山县东南部海域，距大陆最近点 3.5 千米。又名中嘴 -1、中嘴岛 -1。《宁波市海岛志》（1994）记为中嘴 -1。《浙江海岛志》（1998）、《全国海岛名称与代码》（2008）记为中嘴岛 -1。2010 年浙江省人民政府公布的第一批无居民海岛名称记为中嘴小礁。岸线长 126 米，面积 791 平方米，最高点高程 10 米。基岩岛，由上侏罗统茶湾组凝灰岩构成。植被以草丛为主。

中嘴岩礁 (Zhōngzuǐyán Jiāo)

北纬 29°24.4′，东经 122°00.4′。位于宁波市象山县东南部海域，距大陆最近点 3.56 千米。又名中嘴 -2、中嘴岛 -2。《宁波市海岛志》（1994）、《浙江海岛志》（1998）记为中嘴 -2。《全国海岛名称与代码》（2008）记为中嘴岛 -2。2010年浙江省人民政府公布的第一批无居民海岛名称记为中嘴岩礁。岸线长 57 米，面积 211 平方米，最高点高程 5 米。基岩岛，由上侏罗统茶湾组凝灰岩构成。植被以草丛为主。

蚊虫山小礁 (Wénchóngshān Xiǎojiāo)

北纬 29°24.2′，东经 122°10.2′。位于宁波市象山县东部海域，距大陆最近点 18.55 千米。《中国海域地名图集》（1991）标注为蚊虫山小礁。因该岛位于蚊虫山岛附近，且面积较小，故名。岸线长 75 米，面积 341 平方米，最高点高程 5 米。基岩岛，由火山凝灰岩构成。无植被，岩石间长有马蹄螺、紫菜等海生动植物。属韭山列岛海洋生态自然保护区。

西小羊屿 (Xīxiǎoyáng Yǔ)

北纬 29°24.1′，东经 121°58.1′。位于宁波市象山县东南部海域，小羊屿西南侧，距大陆最近点 1.28 千米。又名小羊屿、小羊屿 -1。《浙江省海域地名录》（1988）记为小羊屿。《宁波市海岛志》（1994）、《全国海岛名称与代码》（2008）记为小羊屿 -1。《浙江海岛志》（1998）记为 1691 号无名岛。2010 年浙江省人民政府公布的第一批无居民海岛名称记为西小羊屿。因该岛位于小羊屿西侧，故名。岸线长 250 米，面积 4 279 平方米，最高点高程 24 米。基岩岛，由上侏罗统茶湾组凝灰岩构成。植被以草丛、灌木为主。

大马鞍礁 (Dàmǎ'ān Jiāo)

北纬 29°24.1′，东经 122°10.5′。位于宁波市象山县东部海域，韭山列岛西南侧，距大陆最近点 19.04 千米。又名大马鞍。《中国海洋岛屿简况》（1980）、《象山县海域地名简志》（1987）记为大马鞍。《浙江省海域地名录》（1988）、《中国海域地名志》（1989）、《中国海域地名图集》（1991）、《宁波市海岛志》（1994）、《浙江海岛志》（1998）、《全国海岛名称与代码》（2008）、2010 年浙江省人民政府公布的第一批无居民海岛名称均记为大马鞍礁。因传说一将军因战败逃亡，在此丢失马鞍、马镫，又因礁形甚大，故名。岸线长 128 米，面积 885 平方米，最高点高程 12.1 米。基岩岛，由上侏罗统茶湾组角砾凝灰岩构成。无植被。属韭山列岛海洋生态自然保护区。

小羊屿 (Xiǎoyáng Yǔ)

北纬 29°24.1′，东经 121°58.1′。位于宁波市象山县东南部海域，西小羊屿东南，距大陆最近点 1.31 千米。《中国海洋岛屿简况》（1980）、《象山县海域地名简志》（1987）、《浙江省海域地名录》（1988）、《中国海域地名志》（1989）、《中国海域地名图集》（1991）、《宁波市海岛志》（1994）、《浙江海岛志》（1998）、《全国海岛名称与代码》（2008）、2010 年浙江省人民政府公布的第一批无居民海岛名称均记为小羊屿。因面积较北侧的大羊屿小，故名。岸线长 361 米，面积 8 425 平方米，最高点高程 25.5 米。基岩岛，由上侏罗统茶湾组角砾凝灰岩构成。植被以草丛、灌木为主，有白茅、芒萁、菝葜、黄檀、松树等。

马鞍石礁 (Mǎ'ānshí Jiāo)

北纬 29°24.1′，东经 122°10.5′。位于宁波市象山县东部海域，距大陆最近点 19.07 千米。又名大马鞍礁 -1。《宁波市海岛志》（1994）、《全国海岛名称与代码》（2008）记为大马鞍礁 -1。《浙江海岛志》（1998）记为 1690 号无名岛。2010 年浙江省人民政府公布的第一批无居民海岛名称记为马鞍石礁。该岛为大马鞍礁附近一石头块，故名。岸线长 125 米，面积 364 平方米，最高点高程 5 米。基岩岛，由上侏罗统茶湾组角砾凝灰岩构成。无植被。属韭山列岛海洋生态自然保护区。

外道礁 (Wàidào Jiāo)

北纬 29°23.2′，东经 122°12.2′。位于宁波市象山县东部海域，距大陆最近点 22.26 千米。《象山县海域地名简志》（1987）、《浙江省海域地名录》（1988）、《中国海域地名志》（1989）、《中国海域地名图集》（1991）均记为外道礁。

因该岛处道士帻礁、道士印礁西边，与其南面（里首）一礁形如双脚，故名。岸线长 41 米，面积 110 平方米，最高点高程 5 米。基岩岛，由火山凝灰岩构成。无植被。属韭山列岛海洋生态自然保护区。

道士印礁 (Dàoshiyìn Jiāo)

北纬 29°23.2′，东经 122°12.3′。位于宁波市象山县东部海域，外道礁与里道礁之间，距大陆最近点 22.39 千米。又名道士印。《象山县海域地名简志》（1987）记为道士印。《浙江省海域地名录》（1988）、《中国海域地名志》（1989）、《中国海域地名图集》（1991）、2010 年浙江省人民政府公布的第一批无居民海岛名称均记为道士印礁。以形似道士之印得名。岸线长 45 米，面积 106 平方米，最高点高程 4 米。基岩岛，由火山凝灰岩构成。无植被。属韭山列岛海洋生态自然保护区。

里道礁 (Lǐdào Jiāo)

北纬 29°23.2′，东经 122°12.3′。位于宁波市象山县东部海域，介于道士印礁与道士帻礁之间，距大陆最近点 22.42 千米。《象山县海域地名简志》（1987）、《浙江省海域地名录》（1988）、《中国海域地名图集》（1991）均记为里道礁。因与其北面外道礁的一礁形似双脚，故名。岸线长 18 米，面积 27 平方米，最高点高程 5 米。基岩岛，由火山凝灰岩构成。无植被。属韭山列岛海洋生态自然保护区。

道士帻礁 (Dàoshizé Jiāo)

北纬 29°23.2′，东经 122°12.3′。位于宁波市象山县东部海域，里道礁南 30 米，距大陆最近点 22.41 千米。又名道士帻。《中国海洋岛屿简况》（1980）、《象山县海域地名简志》（1987）记为道士帻。《浙江省海域地名录》（1988）、《中国海域地名志》（1989）、《中国海域地名图集》（1991）、《宁波市海岛志》（1994）、《浙江海岛志》（1998）、《全国海岛名称与代码》（2008）、2010 年浙江省人民政府公布的第一批无居民海岛名称均记为道士帻礁。因礁石乌黑，形如道士头巾，故名。岸线长 120 米，面积 981 平方米，最高点高程 5 米。基岩岛，由上侏罗统西山头组熔结凝灰岩构成。无植被。属韭山列岛海洋生态自然保护区。

铁墩北翼礁 (Tiědūn Běiyì Jiāo)

北纬 29°23.1′，东经 122°13.0′。位于宁波市象山县东部海域，距大陆最近点 23.38 千米。又名铁墩 -1、铁墩岛 -1、铁墩。《宁波市海岛志》（1994）记为铁墩 -1。《浙江海岛志》（1998）记为 1702 号无名岛。《全国海岛名称与代码》（2008）记为铁墩岛 -1。2010 年浙江省人民政府公布的第一批无居民海岛名称记为铁墩北翼礁。岸线长 495 米，面积 0.011 3 平方千米，最高点高程 22.9 米。基岩岛，由上侏罗统西山头组熔结凝灰岩构成。植被以草丛为主。属韭山列岛海洋生态自然保护区。

铁墩西翼礁 (Tiědūn Xīyì Jiāo)

北纬 29°23.1′，东经 122°12.9′。位于宁波市象山县东部海域，距大陆最近点 23.24 千米。又名铁墩 -2、铁墩岛 -2。《宁波市海岛志》（1994）记为铁墩 -2。《浙江海岛志》（1998）记为 1703 号无名岛。《全国海岛名称与代码》（2008）记为铁墩岛 -2。2010 年浙江省人民政府公布的第一批无居民海岛名称记为铁墩西翼礁。岸线长 316 米，面积 5 842 平方米，最高点高程 12.4 米。基岩岛，由上侏罗统西山头组熔结凝灰岩构成。植被以草丛为主。属韭山列岛海洋生态自然保护区。

积谷北岛 (Jīgǔ Běidǎo)

北纬 29°22.9′，东经 122°13.4′。位于宁波市象山县东部海域，距大陆最近点 24.14 千米。原为上积谷山岛的一部分，后界定为独立海岛。以处上积谷山岛北侧得名。岸线长 81 米，面积 393 平方米，最高点高程 10 米。基岩岛，由上侏罗统西山头组熔结凝灰岩构成。植被以草丛为主。属韭山列岛海洋生态自然保护区。

积谷小礁 (Jīgǔ Xiǎojiāo)

北纬 29°22.9′，东经 122°13.4′。位于宁波市象山县东部海域，上积谷山岛北 10 米，距大陆最近点 24.15 千米。又名积谷山 -1。《宁波市海岛志》（1994）、《全国海岛名称与代码》（2008）记为积谷山 -1。《浙江海岛志》（1998）记为 1707 号无名岛。2010 年浙江省人民政府公布的第一批无居民海岛名称记为积谷小礁。位于上积谷山岛附近，且面积较小，故名。岸线长 67 米，面积 229 平方米，最高点高程 10 米。基岩岛，由上侏罗统西山头组熔结凝灰岩构成。无植被。属韭山列岛海洋生态自然保护区。

小铜山小岛 (Xiǎotóngshān Xiǎodǎo)

北纬 29°22.9′，东经 122°13.6′。位于宁波市象山县东部海域，距大陆最近点 24.55 千米。岸线长 79 米，面积 226 平方米，最高点高程 4 米。基岩岛，由上侏罗统西山头组熔结凝灰岩构成。无植被。属韭山列岛海洋生态自然保护区。

积谷块岛 (Jīgǔkuài Dǎo)

北纬 29°22.9′，东经 122°13.6′。位于宁波市象山县东部海域，距大陆最近点 24.53 千米。岸线长 107 米，面积 770 平方米，最高点高程 10 米。基岩岛，由上侏罗统西山头组熔结凝灰岩构成。无植被。属韭山列岛海洋生态自然保护区。

积谷岩礁 (Jīgǔyán Jiāo)

北纬 29°22.9′，东经 122°13.3′。位于宁波市象山县东部海域，距大陆最近点 24 千米。又名积谷山 -2。《宁波市海岛志》（1994）、《全国海岛名称与代码》（2008）记为积谷山 -2。《浙江海岛志》（1998）记为 1710 号无名岛。2010 年浙江省人民政府公布的第一批无居民海岛名称记为积谷岩礁。岸线长 90 米，面积 430 平方米，最高点高程 6.1 米。基岩岛，由上侏罗统西山头组熔结凝灰岩构成。无植被。属韭山列岛海洋生态自然保护区。

铜帽北翼礁 (Tóngmào Běiyì Jiāo)

北纬 29°22.9′，东经 122°13.9′。位于宁波市象山县东部海域，距大陆最近点 25.07 千米。《象山县海域地名简志》（1987）、《浙江省海域地名录》（1988）、《中国海域地名志》（1989）、《中国海域地名图集》（1991）记为铜帽北翼礁。岸线长 121 米，面积 573 平方米，最高点高程 5 米。基岩岛，由火山凝灰岩构成。无植被。属韭山列岛海洋生态自然保护区。

铜山小礁 (Tóngshān Xiǎojiāo)

北纬 29°22.8′，东经 122°13.8′。位于宁波市象山县东部海域，距大陆最近点 24.97 千米。《象山县海域地名简志》（1987）、《浙江省海域地名录》（1988）、

《中国海域地名图集》（1991）记为铜山小礁。岸线长30米，面积67平方米，最高点高程4米。基岩岛，由火山凝灰岩构成。无植被。属韭山列岛海洋生态自然保护区。

铜帽南翼礁 (Tóngmào Nányì Jiāo)

北纬29°22.8′，东经122°13.9′。位于宁波市象山县东部海域，距大陆最近点25.09千米。《象山县海域地名简志》（1987）、《浙江省海域地名录》（1988）、《中国海域地名图集》（1991）均记为铜帽南翼礁。岸线长128米，面积879平方米，最高点高程5米。基岩岛，由火山凝灰岩构成。无植被。属韭山列岛海洋生态自然保护区。

小耳朵岛 (Xiǎo'ěrduo Dǎo)

北纬29°22.6′，东经122°13.5′。位于宁波市象山县东部海域，距大陆最近点24.57千米。该岛如一小石柱，形似小耳朵，故名。岸线长68米，面积97平方米，最高点高程7米。基岩岛，由上侏罗统西山头组熔结凝灰岩构成。无植被。属韭山列岛海洋生态自然保护区。

猪心头礁 (Zhūxīntóu Jiāo)

北纬29°22.3′，东经121°56.1′。位于宁波市象山县东南部海域，炮台山东，猪心头山东侧，距大陆最近点40米。《中国海域地名图集》（1991）、《浙江海岛志》（1998）、2010年浙江省人民政府公布的第一批无居民海岛名称均记为猪心头礁。岛以形得名。岸线长201米，面积1 614平方米，最高点高程8米。基岩岛，由上侏罗统西山头组熔结凝灰岩构成。无植被。

水桶岙礁 (Shuǐtǒng'ào Jiāo)

北纬29°21.7′，东经121°55.5′。位于宁波市象山县东南部海域，水桶岙东，距大陆最近点140米。《象山县海域地名简志》（1987）、《浙江省海域地名录》（1988）、《中国海域地名图集》（1991）均记为水桶岙礁。因位于水桶岙湾内，故名。岸线长144米，面积1 331平方米，最高点高程5米。基岩岛，由火山凝灰岩构成。无植被。

上道娘礁 (Shàngdàoniáng Jiāo)

北纬 29°21.6′，东经 121°59.3′。位于宁波市象山县南部海域，距大陆最近点 4 千米。又名上道娘、上道娘岛。别名上锅岛。《中国海洋岛屿简况》（1980）、《象山县海域地名简志》（1987）、《宁波市海岛志》（1994）记为上道娘。《中国海域地名志》（1989）、《浙江海岛志》（1998）记为上道娘岛。《浙江省海域地名录》（1988）、《中国海域地名图集》（1991）、《全国海岛名称与代码》（2008）、2010 年浙江省人民政府公布的第一批无居民海岛名称均记为上道娘礁。因传说，一仙人肩挑二山经此，被一孕妇识破，遂弃担而去，落成南、北二岛，称之道娘山。该岛居上（北）方，故名。岸线长 207 米，面积 2 056 平方米，最高点高程 7.9 米。基岩岛，由上侏罗统茶湾组凝灰岩构成。无植被。

猫爪礁 (Māozhuǎ Jiāo)

北纬 29°21.1′，东经 122°00.8′。位于宁波市象山县东南部海域，距大陆最近点 6.06 千米。又名猫礁、猫脚爪。《象山县海域地名简志》（1987）、《浙江省海域地名录》（1988）、《中国海域地名图集》（1991）均记为猫爪礁。因位于大猫山屿边，形似猫爪，故名。岸线长 62 米，面积 306 平方米，最高点高程 4.3 米。基岩岛，由火山凝灰岩构成。无植被。

田螺礁 (Tiánluó Jiāo)

北纬 29°21.1′，东经 122°01.5′。位于宁波市象山县东南部海域，介于田白礁与田螺头礁之间，距大陆最近点 7.04 千米。曾名白礁、二目卵子，又名田螺栏。因礁形狭长如栏杆，靠田螺头岛，故名田螺栏。1985 年 1 月定名田螺礁。《象山县海域地名简志》（1987）、《浙江省海域地名录》（1988）、《中国海域地名志》（1989）、《中国海域地名图集》（1991）、《宁波市海岛志》（1994）、《浙江海岛志》（1998）、《全国海岛名称与代码》（2008）、2010 年浙江省人民政府公布的第一批无居民海岛名称均记为田螺礁。岸线长 207 米，面积 1 344 平方米，最高点高程 4.9 米。基岩岛，由上侏罗统茶湾组凝灰岩构成。无植被。

田白礁 (Tiánbái Jiāo)

北纬 29°21.0′，东经 122°01.1′。位于宁波市象山县东南部海域，距大陆最近点 6.45 千米。曾名二目卵子，又名白礁。因岛上积有鸟粪，呈白色，故称白礁。因重名，1985 年更名为田白礁。《中国海洋岛屿简况》（1980）记为白礁。《象山县海域地名简志》（1987）、《浙江省海域地名录》（1988）、《中国海域地名志》（1989）、《中国海域地名图集》（1991）、《宁波市海岛志》（1994）、《浙江海岛志》（1998）、《全国海岛名称与代码》（2008）、2010 年浙江省人民政府公布的第一批无居民海岛名称均记为田白礁。岸线长 481 米，面积 0.010 3 平方千米，最高点高程 20.1 米。基岩岛，由上侏罗统茶湾组凝灰岩构成。植被以草丛为主。

里船相岛 (Lǐchuánxiāng Dǎo)

北纬 29°20.6′，东经 122°00.7′。位于宁波市象山县东南部海域，距大陆最近点 5.48 千米。又名里船相、二目山。《中国海洋岛屿简况》（1980）、《象山县海域地名简志》（1987）、《宁波市海岛志》（1994）、《浙江海岛志》（1998）、《全国海岛名称与代码》（2008）记为里船相。《浙江省海域地名录》（1988）、《中国海域地名志》（1989）、《中国海域地名图集》（1991）、2010 年浙江省人民政府公布的第一批无居民海岛名称均记为里船相岛。岸线长 1.03 千米，面积 0.061 5 平方千米，最高点高程 54.6 米。基岩岛，由上侏罗统茶湾组凝灰岩构成。植被以草丛、灌木为主，间有稀疏针叶林。

藕岙山屿 (Ǒu'àoshān Yǔ)

北纬 29°20.6′，东经 121°57.5′。位于宁波市象山县南部海域，紧邻牛轭山，距大陆最近点 470 米。又名牛轭山、藕岙山。因炮台山东侧有一牛角山，该岛在牛角山前面（即东侧），形似牛轭，故记为牛轭山，谐音为藕岙山。《中国海洋岛屿简况》（1980）、《象山县海域地名简志》（1987）、《浙江省海域地名录》（1988）、《中国海域地名志》（1989）、《中国海域地名图集》（1991）、《宁波市海岛志》（1994）、《浙江海岛志》（1998）、《全国海岛名称与代码》（2008）记为藕岙山。2010 年浙江省人民政府公布的第一批无居民海岛名称记为藕岙山屿。岸线长 589 米，面积 0.016 1 平方千米，最高点高程 32.5 米。基岩岛，由下白垩统朝川组流纹岩构成。植被以草丛、灌木为主，有白茅、芒、葛藤等。

牛轭山 (Niú'è Shān)

北纬 29°20.5′，东经 121°57.4′。位于宁波市象山县南部海域，紧邻藕岙山屿，距大陆最近点 290 米。《中国海域地名图集》（1991）标注为牛轭山。因该岛形似牛轭，故名。岸线长 440 米，面积 0.010 6 平方千米，最高点高程 21 米。基岩岛，由下白垩统朝川组流纹岩构成。植被以草丛、灌木为主。

枫世礁 (Fēngshì Jiāo)

北纬 29°19.9′，东经 121°48.9′。位于宁波市象山县南部海域，白礁水道里侧，距大陆最近点 240 米。曾名老鼠山、分水礁。《中国海洋岛屿简况》（1980）、《象山县海域地名简志》（1987）、《浙江省海域地名录》（1988）、《中国海域地名志》（1989）、《中国海域地名图集》（1991）、2010 年浙江省人民政府公布的第一批无居民海岛名称均记为枫世礁。因岛居关头埠与东溪港之间，原名分水礁，谐音为枫世礁。岸线长 183 米，面积 2 218 平方米，最高点高程 6 米。基岩岛，由火山凝灰岩构成。植被以草丛、灌木为主。

癞头礁 (Làitóu Jiāo)

北纬 29°19.7′，东经 121°49.4′。位于宁波市象山县南部海域，白礁水道里侧，关头埠关口，距大陆最近点 320 米。曾名来头礁，又名癞头山。《象山县海域地名简志》（1987）、《宁波市海岛志》（1994）、《浙江海岛志》（1998）、《全国海岛名称与代码》（2008）记为癞头山。《中国海洋岛屿简况》（1980）、《浙江省海域地名录》（1988）、《中国海域地名志》（1989）、《中国海域地名图集》（1991）、2010 年浙江省人民政府公布的第一批无居民海岛名称均记为癞头礁。因岩石裸露较多，远看形如秃子，故名。岸线长 201 米，面积 3 058 平方米，最高点高程 8 米。基岩岛，由火山凝灰岩构成。植被以草丛、灌木为主。

园水西岛 (Yuánshuǐ Xīdǎo)

北纬 29°19.5′，东经 121°50.1′。位于宁波市象山县南部海域，白礁水道里侧，关头埠内，紧邻园水礁，距大陆最近点 170 米。原为园水礁的一部分，后界定为独立海岛。因该岛位于园水礁西侧，故名。岸线长 21 米，面积 35 平方米，最高点高程 5 米。基岩岛，由火山凝灰岩构成。无植被。

园水礁 (Yuánshuǐ Jiāo)

北纬 29°19.5′，东经 121°50.1′。位于宁波市象山县南部海域，白礁水道里侧，关头埠内，紧邻园水西岛，距大陆最近点 150 米。曾名老鼠山、悬水礁，又名小老鼠山、远水礁。《浙江海岛志》（1998）记为小老鼠山，《象山县海域地名简志》（1987）、2010 年浙江省人民政府公布的第一批无居民海岛名称均记为园水礁。因礁高搁于泥滩上，平潮时潮水不及，故惯称远水礁。当地方言"远""悬""园"同音，故谐音园水礁，也称悬水礁。岸线长 40 米，面积 99 平方米，最高点高程 8.2 米。基岩岛，由火山凝灰岩构成。无植被。

颈头山礁 (Jǐngtóushān Jiāo)

北纬 29°18.7′，东经 121°49.1′。位于宁波市象山县南部海域，白礁水道里侧，距大陆最近点 40 米。又名颈头山。《宁波市海岛志》（1994）、《浙江海岛志》（1998）、《全国海岛名称与代码》（2008）记为颈头山。因岛形如头颈，故名。岸线长 187 米，面积 2 121 平方米，最高点高程 9.8 米。基岩岛，由上侏罗统茶湾组凝灰质砂岩、凝灰岩等构成。

屏风北岛 (Píngfēng Běidǎo)

北纬 29°18.0′，东经 122°00.1′。位于宁波市象山县南部海域，横长山屿东 1.2 千米，距大陆最近点 2.04 千米。岸线长 140 米，面积 1 465 平方米，最高点高程 8 米。基岩岛，由白垩统朝川组紫红色含角砾凝灰岩等构成。植被以草丛为主。

木杓岛 (Mùsháo Dǎo)

北纬 29°17.6′，东经 121°58.8′。位于宁波市象山县南部海域，距大陆最近点 710 米。岛呈圆形，形似木杓，故名。岸线长 336 米，面积 5 797 平方米，最高点高程 10 米。基岩岛，由上侏罗统九里坪组流纹（斑）岩构成。植被以草丛、灌木为主。

北块礁 (Běikuài Jiāo)

北纬 29°17.4′，东经 122°01.9′。位于宁波市象山县东南部海域，距大陆最近点 3.55 千米，属三岳山（群岛）。《象山县海域地名简志》（1987）、《浙江省海域地名录》（1988）、《中国海域地名志》（1989）、《中国海域地名图集》（1991）、《宁波市海岛志》（1994）、《浙江海岛志》（1998）、《全国海岛名称与代码》（2008）、2010 年浙江省人民政府公布的第一批无居民海岛名称均记为北块礁。因在三岳山群岛北面，且为一石块，故名。岸线长 187 米，面积 1 250 平方米，最高点高程 5 米。基岩岛，由上侏罗统西山头组熔结凝灰岩构成。无植被。

中岳礁 (Zhōngyuè Jiāo)

北纬 29°17.1′，东经 122°02.1′。位于宁波市象山县东南部海域，距大陆最近点 3.82 千米，属三岳山（群岛）。《中国海域地名图集》（1991）标注为中岳礁。岸线长 134 米，面积 583 平方米，最高点高程 5 米。基岩岛，由上侏罗统西山头组熔结凝灰岩构成。无植被。

碎碎礁 (Suìsuì Jiāo)

北纬 29°17.0′，东经 122°01.9′。位于宁波市象山县东南部海域，距大陆最近点 3.47 千米，属三岳山（群岛）。《象山县海域地名简志》（1987）、《浙江省海域地名录》（1988）、《中国海域地名图集》（1991）均记为碎碎礁。因该礁在海浪冲击下，岩石杂碎零乱，故名。岸线长 197 米，面积 1 388 平方米，最高点高程 12.8 米。基岩岛，由上侏罗统西山头组熔结凝灰岩构成。植被以草丛为主，岩隙间长有海生动植物。

背箕礁 (Bèijī Jiāo)

北纬 29°17.0′，东经 122°02.2′。位于宁波市象山县东南部海域，距大陆最近点 3.89 千米，属三岳山（群岛）。《象山县海域地名简志》（1987）、《浙江省海域地名录》（1988）、《中国海域地名志》（1989）、《中国海域地名图集》（1991）、《宁波市海岛志》（1994）、《浙江海岛志》（1998）、《全国海岛名称与代码》（2008）、2010 年浙江省人民政府公布的第一批无居民海岛名称均记为背箕礁。岸线长 157 米，面积 1 243 平方米，最高点高程 4.5 米。基岩岛，由上侏罗统西山头组熔结凝灰岩构成。无植被。

太婆礁 (Tàipó Jiāo)

北纬 29°16.9′，东经 121°59.5′。位于宁波市象山县南部海域，紧邻大陆，距大陆最近点 100 米。因礁圆，形如老太婆发结，故称老太婆礁。1985 年 2 月更名为太婆礁。《象山县海域地名简志》（1987）、《浙江省海域地名录》（1988）、《中国海域地名图集》（1991）、《宁波市海岛志》（1994）、《浙江海岛志》（1998）、《全国海岛名称与代码》（2008）、2010 年浙江省人民政府公布的第一批无居民海岛名称均记为太婆礁。岸线长 450 米，面积 6 137 平方米，最高点高程 4.5 米。基岩岛，由上侏罗统西山头组熔结凝灰岩构成。植被以草丛、灌木为主。

东咀头南岛 (Dōngzuǐtóu Nándǎo)

北纬 29°16.9′，东经 121°59.7′。位于宁波市象山县南部海域，紧邻大陆，距大陆最近点 10 米。原为大陆的一部分，后界定为独立海岛。以处大陆沿岸东咀头（山嘴）南侧而得名。岸线长 60 米，面积 227 平方米，最高点高程 7.1 米。基岩岛，由上侏罗统西山头组熔结凝灰岩构成。无植被。

稻桶石礁 (Dàotǒngshí Jiāo)

北纬 29°16.8′，东经 121°59.5′。位于宁波市象山县南部海域，介于太婆礁与大陆之间，距大陆最近点 100 米。又名太婆礁-1。《宁波市海岛志》（1994）、《全国海岛名称与代码》（2008）记为太婆礁-1。《浙江海岛志》（1998）记为1748 号无名岛。2010 年浙江省人民政府公布的第一批无居民海岛名称记为稻桶石礁。因该岛位于太婆礁附近，且面积相对较小，犹如稻桶石，故名。岸线长149 米，面积 1 229 平方米，最高点高程 10 米。基岩岛，由上侏罗统西山头组熔结凝灰岩构成。无植被。

稻桶石 (Dàotǒng Shí)

北纬 29°16.8′，东经 121°59.7′。位于宁波市象山县南部海域，二岳山岛西侧，紧邻大陆，距大陆最近点 0.01 千米。《象山县海域地名简志》（1987）、《中国海域地名图集》（1991）均记为稻桶石。岛以形得名。岸线长 97 米，面积 505 平方米，最高点高程 4.1 米。基岩岛，由火山凝灰岩构成。无植被。

鸡冠礁 (Jīguān Jiāo)

北纬 29°16.8′，东经 122°02.3′。位于宁波市象山县东南部海域，距大陆最近点 4.15 千米，属三岳山（群岛）。《象山县海域地名简志》（1987）、《浙江

省海域地名录》（1988）、《中国海域地名志》（1989）、《中国海域地名图集》
（1991）、《浙江海岛志》（1998）、2010 年浙江省人民政府公布的第一批无居
民海岛名称均记为鸡冠礁。因岛形似鸡冠而得名。岸线长 265 米，面积 2 815
平方米，最高点高程 5 米。基岩岛，由上侏罗统西山头组熔结凝灰岩构成。无
植被。

小平礁 (Xiǎopíng Jiāo)

北纬 29°16.8′，东经 121°59.7′。位于宁波市象山县南部海域，紧邻大陆，
距大陆最近点 100 米。《中国海域地名图集》（1991）标注为小平礁。因岛小又平，
故名。岸线长 81 米，面积 517 平方米，最高点高程 5.1 米。基岩岛，由火山凝
灰岩构成。无植被。

踏道下礁 (Tàdào Xiàjiāo)

北纬 29°16.7′，东经 121°59.6′。位于宁波市象山县南部海域，西邻鸡冠礁，
距大陆最近点 20 米，属三岳山（群岛）。《中国海域地名图集》（1991）、《浙
江海岛志》（1998）、《全国海岛名称与代码》（2008）、2010 年浙江省人民政府
公布的第一批无居民海岛名称中均记为踏道下礁。岸线长 98 米，面积 577 平方
米，最高点高程 4.1 米。基岩岛，由上侏罗统西山头组熔结凝灰岩构成。无植被。

大块礁 (Dàkuài Jiāo)

北纬 29°16.6′，东经 121°59.6′。位于宁波市象山县南部海域，踏道下礁南
200 米，距大陆最近点 10 米。因其面积最大，曾名大礁，又因重名，1985 年更
名为大块礁。《象山县海域地名简志》（1987）、《浙江省海域地名录》（1988）、《中
国海域地名志》（1989）、《中国海域地名图集》（1991）、《宁波市海岛志》（1994）、
《浙江海岛志》（1998）、《全国海岛名称与代码》（2008）、2010 年浙江省人民
政府公布的第一批无居民海岛名称均记为大块礁。因周环六礁，故统名七姐妹礁。
岸线长 159 米，面积 1 261 平方米，最高点高程 18.4 米。基岩岛，由上侏罗统
西山头组熔结凝灰岩构成。无植被。

高背礁 (Gāobèi Jiāo)

北纬 29°16.0′，东经 121°58.9′。位于宁波市象山县南部海域，婆婆礁东北

500 米，距大陆最近点 100 米。《象山县海域地名简志》（1987）、《浙江省海域地名录》（1988）、《中国海域地名志》（1989）、《中国海域地名图集》（1991）、《宁波市海岛志》（1994）、《浙江海岛志》（1998）、《全国海岛名称与代码》（2008）、2010 年浙江省人民政府公布的第一批无居民海岛名称均记为高背礁。因岛形圆而高，似拱起之背，故名。岸线长 202 米，面积 1 775 平方米，最高点高程 20.1 米。基岩岛，由上侏罗统西山头组熔结凝灰岩构成。植被以草丛、灌木为主，岩滩上长有紫菜、贻贝等。

小蚕舌礁 (Xiǎocánshé Jiāo)

北纬 29°16.0′，东经 122°02.3′。位于宁波市象山县东南部海域，距大陆最近点 3.95 千米。又名小蚕岛 -1。《宁波市海岛志》（1994）记为小蚕岛 -1。《浙江海岛志》（1998）记为 1764 号无名岛。2010 年浙江省人民政府公布的第一批无居民海岛名称记为小蚕舌礁。因位于小蚕屿边，形如舌头，故名。岸线长 135 米，面积 1 135 平方米，最高点高程 5 米。基岩岛，由上侏罗统西山头组熔结凝灰岩构成。无植被。

中雨伞礁 (Zhōngyǔsǎn Jiāo)

北纬 29°16.0′，东经 121°59.7′。位于宁波市象山县东南部海域，紧邻大陆，距大陆最近点 100 米。又名雨伞礁。《宁波市海岛志》（1994）、《浙江海岛志》（1998）记为雨伞礁。2010 年浙江省人民政府公布的第一批无居民海岛名称记为中雨伞礁。因岛形如雨伞，面积稍大，故名。岸线长 147 米，面积 1 445 平方米，最高点高程 13.9 米。基岩岛，由上侏罗统西山头组熔结凝灰岩构成。植被以草丛、灌木为主。

大蚕舌礁 (Dàcánshé Jiāo)

北纬 29°15.9′，东经 122°02.0′。位于宁波市象山县东南部海域，北邻大蚕岛，距大陆最近点 3.57 千米。又名大蚕岛 -1、大蚕。《宁波市海岛志》（1994）记为大蚕岛 -1。《浙江海岛志》（1998）记为 1766 号无名岛。2010 年浙江省人民政府公布的第一批无居民海岛名称记为大蚕舌礁。因位于大蚕岛边，形如舌头，故名。岸线长 232 米，面积 1 834 平方米，最高点高程 10 米。基岩岛，由上侏罗统西山头组熔结凝灰岩构成。无植被。

大蚕岛 (Dàcán Dǎo)

北纬29°15.9′，东经122°02.2′。位于宁波市象山县东南部海域，距大陆最近点3.62千米。曾名锁山、南岳，又名蚕山、大蚕、大蚕山。《中国海洋岛屿简况》（1980）记为蚕山。《象山县海域地名简志》（1987）记为大蚕。《浙江海岛志》（1998）记为大蚕山。《中国海域地名志》（1989）、《中国海域地名图集》（1991）、《宁波市海岛志》（1994）、《浙江省海域地名录》（1988）、《全国海岛名称与代码》（2008）、2010年浙江省人民政府公布的第一批无居民海岛名称均记为大蚕岛。因岛与其北之小蚕屿形似而大，故名。岸线长1.26千米，面积0.049平方千米，最高点高程45.5米。基岩岛，由上侏罗统西山头组熔结凝灰岩构成。植被以草丛、灌木为主，有藤、白茅、栀子、杜鹃、冬青和黑松等。岛东侧设有航标灯塔1座。

四礁岛 (Sìjiāo Dǎo)

北纬29°15.9′，东经121°59.8′。位于宁波市象山县东南部海域，紧邻大陆，距大陆最近点10米。又名四礁。《浙江海岛志》（1998）、2010年浙江省人民政府公布的第一批无居民海岛名称均记为四礁。因重名，第二次全国海域地名普查时更为今名。岸线长623米，面积0.0138平方千米，最高点高程23.5米。基岩岛，由上侏罗统西山头组熔结凝灰岩构成。无植被。

婆婆礁 (Pópo Jiāo)

北纬29°15.7′，东经121°58.8′。位于宁波市象山县东南部海域，距大陆最近点20米。曾名老太婆礁。因岛形似老婆婆站立，故名老太婆礁。因重名，1985年1月更名婆婆礁。《象山县海域地名简志》（1987）、《浙江省海域地名录》（1988）记为婆婆礁。岸线长40米，面积128平方米，最高点高程5米。基岩岛，由火山凝灰岩构成。无植被。

四礁 (Sì Jiāo)

北纬29°15.7′，东经121°58.8′。位于宁波市象山县东南部海域，圆上咀东500米，距大陆最近点120米。《象山县海域地名简志》（1987）、《浙江省海域地名录》（1988）、《中国海域地名图集》（1991）、《宁波市海岛志》（1994）、《全国海岛名称与代码》（2008）均记为四礁。因岛由四块礁石组成，故名。岸线长 82 米，面积 446 平方米，最高点高程 5 米。基岩岛，由上侏罗统西山头组熔结凝灰岩构成。无植被。

铜头牙岛 (Tóngtóuyá Dǎo)

北纬 29°14.3′，东经 122°00.7′。位于宁波市象山县东南部海域，紧邻铜头嘴礁，距大陆最近点 3.28 千米，属半招列岛。原为铜头嘴礁的一部分，后界定为独立海岛。因其犹如铜头岛东北的一颗牙，故名。岸线长 241 米，面积 2 306 平方米，最高点高程 15 米。基岩岛，由上侏罗统西山头组熔结凝灰岩构成。植被以草丛、灌木为主。

铜头嘴礁 (Tóngtóuzuǐ Jiāo)

北纬 29°14.3′，东经 122°00.7′。位于宁波市象山县东南部海域，距大陆最近点 3.28 千米，属半招列岛。又名铜头咀礁。《中国海域地名图集》（1991）标注为铜头咀礁。《浙江海岛志》（1998）、2010 年浙江省人民政府公布的第一批无居民海岛名称记为铜头嘴礁。因其系位于铜头岛东北一山嘴，故名。岸线长 449 米，面积 0.010 9 平方千米，最高点高程 24.1 米。基岩岛，由上侏罗统西山头组熔结凝灰岩构成。植被以草丛、灌木为主。

磨砻担礁 (Mólóngdàn Jiāo)

北纬 29°14.2′，东经 122°00.7′。位于宁波市象山县东南部海域，铜头岛正东 300 米，距大陆最近点 3.43 千米，属半招列岛。《象山县海域地名简志》（1987）、《浙江省海域地名录》（1988）、《中国海域地名志》（1989）、《中国海域地名图集》（1991）、《宁波市海岛志》（1994）、《浙江海岛志》（1998）、《全国海岛名称与代码》（2008）、2010 年浙江省人民政府公布的第一批无居民海岛名称均记为磨砻担礁。因岛形略呈丁字形，犹如磨粉的工具磨砻担，故名。岸线长 267 米，面积 4 273 平方米，最高点高程 11.6 米。基岩岛，由上侏罗统西山头组熔结凝灰岩构成。植被以草丛、灌木为主。

磨砻担牙岛 （Mólóngdànyá Dǎo）

北纬 29°14.1′，东经 122°00.7′。位于宁波市象山县东南部海域，距大陆最近点 3.63 千米，属半招列岛。因岛小，形如牙一般，故名。岸线长 225 米，面积 3 394 平方米，最高点高程 5 米。基岩岛，由上侏罗统西山头组熔结凝灰岩构成。无植被。岛上建有航标灯塔 1 座。

铜头岛 （Tóngtóu Dǎo）

北纬 29°13.9′，东经 122°00.2′。位于宁波市象山县东南部海域，牛栏基岛东 300 米，距大陆最近点 2.45 千米，属半招列岛。《中国海洋岛屿简况》（1980）、《象山县海域地名简志》（1987）、《浙江省海域地名录》（1988）、《中国海域地名志》（1989）、《中国海域地名图集》（1991）、《宁波市海岛志》（1994）、《浙江海岛志》（1998）、《全国海岛名称与代码》（2008）、2010 年浙江省人民政府公布的第一批无居民海岛名称均记为铜头岛。因主峰含铜名铜头山，岛以山名。岸线长 4.4 千米，面积 0.834 8 平方千米，最高点高程 172.7 米。基岩岛，由上侏罗统西山头组熔结凝灰岩构成。象山县人民政府在该岛发有林权证。

牛栏基岛 （Niúlánjī Dǎo）

北纬 29°13.6′，东经 121°59.3′。位于宁波市象山县南部海域，铜瓦门山东偏北 2 千米，介于铜头岛与萝卜山岛之间，距大陆最近点 890 米，属半招列岛。又名牛栏基。《中国海洋岛屿简况》（1980）、《象山县海域地名简志》（1987）、《宁波市海岛志》（1994）记为牛栏基。《浙江省海域地名录》（1988）、《中国海域地名志》（1989）、《中国海域地名图集》（1991）、《浙江海岛志》（1998）、《全国海岛名称与代码》（2008）、2010 年浙江省人民政府公布的第一批无居民海岛名称均记为牛栏基岛。因岛上有山，其形似牛，故名。岸线长 6.56 千米，面积 0.829 8 平方千米，最高点高程 134 米。基岩岛，由上侏罗统西山头组熔结凝灰岩构成。植被有竹林和野生水仙花、杜鹃等观赏植物。该岛以林业开发为主，象山县人民政府发有林权证。岛南侧中部建有围堤，用于围塘养殖，建有 2 间二层管理房。

小猪娘山岛 （Xiǎozhūniángshān Dǎo）

北纬 29°13.5′，东经 121°59.3′。位于宁波市象山县南部海域，牛栏基岛南

40 米，距大陆最近点 1.33 千米，属半招列岛。岸线长 99 米，面积 606 平方米，最高点高程 5 米。基岩岛，由上侏罗统西山头组熔结凝灰岩构成。植被以草丛、灌木为主。

鸡笼小礁 (Jīlóng Xiǎojiāo)

北纬 29°13.1′，东经 122°03.7′。位于宁波市象山县南部海域，檀头山岛正北 700 米，距大陆最近点 8.16 千米。又名鸡笼礁 -1。《宁波市海岛志》（1994）、《全国海岛名称与代码》（2008）记为鸡笼礁 -1。《浙江海岛志》（1998）记为 1782 号无名岛。2010 年浙江省人民政府公布的第一批无居民海岛名称记为鸡笼小礁。岸线长 333 米，面积 6 265 平方米，最高点高程 18 米。基岩岛，由上侏罗统西山头组熔结凝灰岩构成。无植被。

虾鱼礁 (Xiāyú Jiāo)

北纬 29°12.5′，东经 122°03.7′。位于宁波市象山县南部海域，檀头山岛正北 1.2 千米，距大陆最近点 8.62 千米。《象山县海域地名简志》（1987）、《浙江省海域地名录》（1988）、《中国海域地名图集》（1991）、《宁波市海岛志》（1994）、《浙江海岛志》（1998）、《全国海岛名称与代码》（2008）、2010 年浙江省人民政府公布的第一批无居民海岛名称均记为虾鱼礁。该岛以形而得名。岸线长 199 米，面积 2 829 平方米，最高点高程 4.5 米。基岩岛，由上侏罗统西山头组熔结凝灰岩构成。无植被。

东门岛 (Dōngmén Dǎo)

北纬 29°12.3′，东经 121°57.4′。位于宁波市象山县南部海域，隔石浦港与石浦镇对峙，距大陆最近点 220 米。曾名南辉山，又名东门山、天门山。《中国海洋岛屿简况》（1980）、《象山县海域地名简志》（1987）、《浙江省海域地名录》（1988）、《中国海域地名志》（1989）、《中国海域地名图集》（1991）、《宁波市海岛志》（1994）、《浙江海岛志》（1998）、《全国海岛名称与代码》（2008）均记为东门岛。因岛地处县南，与大陆、对面山岛构成筒瓦门水道和东门水道，故名。基岩岛。岸线长 9.52 千米，面积 1.959 4 平方千米，最高点高程 127.7 米。除东门、南江一带有小范围海积平地外，岛上大部分为上侏罗统茶湾组及相关的潜水山岩、脉岩构成的低丘陵。土壤有粗骨土、红壤、水稻土、潮土、滨海盐土。植被有针叶林、灌丛、芒草丛等。

有居民海岛。2011 年有住户 1 210 户，户籍人口 3 806 人，常住人口 3 000 人。全岛以捕捞业为主。拥有大马力钢质渔船 240 余艘。海水养殖面积 200 余亩。岛上建有老道头官基山麓妈祖庙、东门庙、城隍庙、王将军庙等大小庙宇 11 座，"二难先生"集资建造的门头山灯塔，《渔光曲》拍景纪念碑和遗存浙东第一烽堠、象山第一兵营、清炮台、古城门、海神桥和校场等文物遗迹。开发了以"渔家乐"为主题的旅游业。西侧建有 20 余座码头、3 家修造船厂及冷库和石化罐。

高礁尾岛 (Gāojiāowěi Dǎo)

北纬 29°12.2′，东经 122°03.4′。位于宁波市象山县东南部海域，檀头山岛正北 300 米，距大陆最近点 8.17 千米。岸线长 204 米，面积 2 579 平方米，最高点高程 12 米。基岩岛，由上侏罗统西山头组熔结凝灰岩构成。无植被。

檀长北小岛 (Táncháng Běixiǎo Dǎo)

北纬 29°12.0′，东经 122°03.0′。位于宁波市象山县东南部海域，檀头山岛大崩阔海湾东北首，距大陆最近点 7.7 千米。原为檀长北礁的一部分，后界定为独立海岛。因处檀长北礁边，且面积较小，故名。岸线长 62 米，面积 304 平方米，最高点高程 6 米。基岩岛，由上侏罗统西山头组熔结凝灰岩构成。无植被。

檀长北礁 (Táncháng Běijiāo)

北纬 29°12.0′，东经 122°03.0′。位于宁波市象山县东南部海域，南邻檀长礁，距大陆最近点 7.72 千米。又名长礁、檀长礁。《象山县海域地名简志》（1987）、《浙江省海域地名录》（1988）、《中国海域地名图集》（1991）均记为檀长礁。《宁波市海岛志》（1994）、《浙江海岛志》（1998）、《全国海岛名称与代码》（2008）记为长礁。2010 年浙江省人民政府公布的第一批无居民海岛名称记为檀长北礁。原檀长北小岛、檀长北礁统称为檀长礁。因该岛位于檀长礁北侧，故名。岸线长 100 米，面积 636 平方米，最高点高程 6.5 米。基岩岛，由上侏罗统西山头组熔结凝灰岩构成。无植被。

三珠礁 (Sānzhū Jiāo)

北纬 29°12.0′，东经 122°01.7′。位于宁波市象山县东南部海域，檀头山岛大苟头村西 100 米，距大陆最近点 5.78 千米。《象山县海域地名简志》（1987）、《浙江省海域地名录》（1988）、《中国海域地名志》（1989）、《中国海域地名图集》（1991）、2010 年浙江省人民政府公布的第一批无居民海岛名称均记为三珠礁。因该岛由三个圆而滑的礁块组成，故名。岸线长 154 米，面积 1 831 平方米，最高点高程 6 米。基岩岛，由火山凝灰岩构成。无植被。

秤柱礁 (Chèngzhù Jiāo)

北纬 29°11.7′，东经 121°59.7′。位于宁波市象山县东南部海域，距大陆最近点 3.55 千米。《中国海洋岛屿简况》（1980）、《浙江海岛志》（1998）、2010 年浙江省人民政府公布的第一批无居民海岛名称均记为秤柱礁。因形如秤柱，故名。岸线长 158 米，面积 1 442 平方米，最高点高程 16.5 米。基岩岛，由上侏罗统西山头组熔结凝灰岩构成。无植被。

切开礁 (Qiēkāi Jiāo)

北纬 29°11.7′，东经 122°02.0′。位于宁波市象山县东南部海域，檀头山岛大山头西侧，距大陆最近点 6.39 千米。又名切柴礁。《象山县海域地名简志》（1987）、《浙江省海域地名录》（1988）、《中国海域地名图集》（1991）记为切开礁。因礁与檀头山岛相连处有一裂缝，形似将两者切开，故名。岸线长 117 米，面积 970 平方米，最高点高程 4 米。基岩岛，由火山凝灰岩构成。无植被。

礁尾礁 (Jiāowěi Jiāo)

北纬 29°11.7′，东经 121°59.4′。位于宁波市象山县东南部海域，距大陆最近点 3.4 千米。2010 年浙江省人民政府公布的第一批无居民海岛名称记为礁尾礁。因该岛犹如尾巴，故名。岸线长 256 米，面积 3 810 平方米，最高点高程 15 米。基岩岛，由上侏罗统茶湾组凝灰质砂砾岩、熔结凝灰岩等构成。植被以草丛、灌木为主。

檀长礁 (Táncháng Jiāo)

北纬 29°11.6′，东经 122°02.8′。位于宁波市象山县南部海域，距大陆最

近点 7.72 千米。曾名长礁、蛤蟆礁。又名小蛤蟆礁。《象山县海域地名简志》
（1987）、《浙江省海域地名录》（1988）、《中国海域地名图集》（1991）记为
小蛤蟆礁。《宁波市海岛志》（1994）、《浙江海岛志》（1998）、《全国海岛名
称与代码》（2008）、2010 年浙江省人民政府公布的第一批无居民海岛名称均记
为檀长礁。该岛较长，且近檀头山岛，故名。岸线长 85 米，面积 346 平方米，
最高点高程 5 米。基岩岛，由火山凝灰岩构成。无植被。

小乌礁 (Xiǎowū Jiāo)

北纬 29°11.5′，东经 122°00.8′。位于宁波市象山县东南部海域，大乌礁东
北 1.8 千米，距大陆最近点 4.98 千米。《中国海洋岛屿简况》（1980）、《象山
县海域地名简志》（1987）、《浙江省海域地名录》（1988）、《中国海域地名志》
（1989）、《中国海域地名图集》（1991）、《宁波市海岛志》（1994）、《浙江海
岛志》（1998）、《全国海岛名称与代码》（2008）、2010 年浙江省人民政府公布
的第一批无居民海岛名称均记为小乌礁。因岩石色乌黑，面积小，故名。岸线
长 336 米，面积 6 176 平方米，最高点高程 10.1 米。基岩岛，由上侏罗统茶湾
组凝灰质砂砾岩、熔结凝灰岩等构成。植被以草丛为主。

刺癞礁 (Cìlài Jiāo)

北纬 29°11.4′，东经 122°04.3′。位于宁波市象山县东南部海域，距大陆最
近点 10.02 千米。《象山县海域地名简志》（1987）、《浙江省海域地名录》（1988）、
《中国海域地名图集》（1991）、《宁波市海岛志》（1994）、《浙江海岛志》（1998）、
《全国海岛名称与代码》（2008）、2010 年浙江省人民政府公布的第一批无居民海
岛名称均记为刺癞礁。因岛形似荆棘丛而得名。岸线长 427 米，面积 0.010 1 平
方千米，最高点高程 18 米。基岩岛，由上侏罗统西山头组熔结凝灰岩构成。无
植被。

外沙头岛 (Wàishātóu Dǎo)

北纬 29°11.3′，东经 122°02.6′。位于宁波市象山县东南部海域，距大陆最
近点 7.66 千米。原为檀头山岛的一部分，后界定为独立海岛。因位于檀头山岛
东侧沙滩北侧，故名。岸线长 54 米，面积 229 平方米，最高点高程 6 米。基岩

岛，由火山凝灰岩构成。无植被。

沙头礁 (Shātóu Jiāo)

北纬 29°11.2′，东经 122°02.8′，位于宁波市象山县东南部海域，距大陆最近点 8.07 千米。《象山县海域地名简志》（1987）、《浙江省海域地名录》（1988）、《中国海域地名志》（1989）、《中国海域地名图集》（1991）、《宁波市海岛志》（1994）、《浙江海岛志》（1998）、《全国海岛名称与代码》（2008）、2010 年浙江省人民政府公布的第一批无居民海岛名称均记为沙头礁。因其位于檀头山尾咀头（山嘴）与外沙头之间，以外沙头而得名。岸线长 268 米，面积 5 135 平方米，最高点高程 10 米。基岩岛，由上侏罗统西山头组熔结凝灰岩构成。无植被。

大乌礁 (Dàwū Jiāo)

北纬 29°11.2′，东经 121°59.7′。位于宁波市象山县东南部海域，距大陆最近点 4.28 千米。《中国海洋岛屿简况》（1980）、《象山县海域地名简志》（1987）、《浙江省海域地名录》（1988）、《中国海域地名图集》（1991）、《宁波市海岛志》（1994）、《浙江海岛志》（1998）、《全国海岛名称与代码》（2008）、2010 年浙江省人民政府公布的第一批无居民海岛名称均记为大乌礁。因岛岩石乌黑色，面积较大，故名。岸线长 870 米，面积 0.035 3 平方千米，最高点高程 32.9 米。基岩岛，由上侏罗统茶湾组凝灰质砂砾岩、熔结凝灰岩等构成。植被以草丛、灌木为主。

金铜钱礁 (Jīntóngqián Jiāo)

北纬 29°10.1′，东经 122°02.6′。位于宁波市象山县南部海域，距大陆最近点 8.96 千米。《象山县海域地名简志》（1987）、《浙江省海域地名录》（1988）、《中国海域地名志》（1989）、《中国海域地名图集》（1991）、2010 年浙江省人民政府公布的第一批无居民海岛名称均记为金铜钱礁。据传，渔民常在礁周围捕获大鱼，换得铜钱，故名。岸线长 46 米，面积 170 平方米，最高点高程 5 米。基岩岛，由火山岩构成。无植被。

双咀岩 (Shuāngzuǐ Yán)

北纬 29°10.0′，东经 122°02.2′。位于宁波市象山县东南部海域，距大陆最近点 8.71 千米。《浙江省海域地名录》（1988）、《中国海域地名图集》（1991）均记为双咀岩。因两块大石头，中间分开，形似双嘴，故名。岸线长 56 米，面积 215 平方米，最高点高程 8 米。基岩岛，由火山岩构成。无植被。

大牛角咀头 (Dàniújiǎo Zuǐtóu)

北纬 29°09.9′，东经 122°02.4′。位于宁波市象山县东南部海域，大牛角咀南 50 米，距大陆最近点 9.07 千米。《浙江省海域地名录》（1988）、《中国海域地名图集》（1991）均记为大牛角咀头。岸线长 55 米，面积 242 平方米，最高点高程 9 米。基岩岛，由火山岩构成。植被以草丛为主。

外开礁 (Wàikāi Jiāo)

北纬 29°09.7′，东经 122°03.0′。位于宁波市象山县东南部海域，距大陆最近点 9.95 千米。《象山县海域地名简志》（1987）、《浙江省海域地名录》（1988）、《中国海域地名志》（1989）、《中国海域地名图集》（1991）、《宁波市海岛志》（1994）、《浙江海岛志》（1998）、2010 年浙江省人民政府公布的第一批无居民海岛名称均记为外开礁。因岛西岩壁陡峭，犹如刀劈后向外分开，故名。岸线长 116 米，面积 1 074 平方米，最高点高程 13 米。基岩岛，由上侏罗统西山头组熔结凝灰岩构成。无植被。

金龙尾礁 (Jīnlóngwěi Jiāo)

北纬 29°09.7′，东经 121°58.8′。位于宁波市象山县南部海域，距大陆最近点 5.73 千米。又名金龙礁 -1。《宁波市海岛志》（1994）记为金龙礁 -1。《浙江海岛志》（1998）记为 1825 号无名岛。《象山县海域地名简志》（1987）、《浙江省海域地名录》（1988）、《中国海域地名志》（1989）、《中国海域地名图集》（1991）、2010 年浙江省人民政府公布的第一批无居民海岛名称均记为金龙尾礁。因岛处下湾门口，潮涨潮落时，浪花飞涌，惯称经浪礁，谐音为金龙礁。该岛处金龙礁东端，长如龙尾，故名。岸线长 404 米，面积 6 685 平方米，最高点高程 11 米。基岩岛，由火山岩构成。无植被。

万瑟礁 (Wànsè Jiāo)

北纬 29°09.6′，东经 121°58.7′。位于宁波市象山县南部海域，距大陆最近点 5.66 千米。又名万皮礁、金龙礁 -2。《象山县海域地名简志》（1987）、《浙江省海域地名录》（1988）、《中国海域地名图集》（1991）均记为万瑟礁。《浙江海岛志》（1998）记为 1829 号无名岛。《全国海岛名称与代码》（2008）记为金龙礁 -2。2010 年浙江省人民政府公布的第一批无居民海岛名称记为万瑟礁。因岩石扁滑，形似箬鳎鱼，惯称万皮礁，后讹音万瑟礁。岸线长 205 米，面积 2 844 平方米，最高点高程 14.2 米。基岩岛，由火山岩构成。植被以草丛为主。

金龙小礁 (Jīnlóng Xiǎojiāo)

北纬 29°09.6′，东经 121°58.7′。位于宁波市象山县南部海域，北邻万瑟礁，距大陆最近点 5.72 千米。《浙江海岛志》（1998）记为 1830 号无名岛。2010 年浙江省人民政府公布的第一批无居民海岛名称记为金龙小礁。岸线长 139 米，面积 1 220 平方米，最高点高程 5 米。基岩岛，由火山岩构成。植被以草丛为主。

玟杯屿 (Jiàobēi Yǔ)

北纬 29°09.6′，东经 122°01.4′。位于宁波市象山县东南部海域，檀头山孔村南 500 米海湾里，距大陆最近点 8.37 千米。曾名高背，又名交杯屿、柴埠头。《象山县海域地名简志》（1987）、《浙江省海域地名录》（1988）、《中国海域地名志》（1989）、《中国海域地名图集》（1991）、《宁波市海岛志》（1994）、《浙江海岛志》（1998）、2010 年浙江省人民政府公布的第一批无居民海岛名称均记为玟杯屿。《全国海岛名称与代码》（2008）记为交杯屿。岛以形似玟杯（船舵上的部件）得名。岸线长 272 米，面积 4 766 平方米，最高点高程 21.5 米。基岩岛，由上侏罗统西山头组熔结凝灰岩构成。植被以草丛、灌木为主。

乱子礁 (Luànzǐ Jiāo)

北纬 29°09.5′，东经 121°49.9′。位于宁波市象山县南部海域，三门山东北罗汉岩南 200 米，距大陆最近点 140 米。又名卵子礁。《象山县海域地名简志》（1987）记为卵子礁。《中国海洋岛屿简况》（1980）、《浙江省海域地名录》（1988）、《中国海域地名志》（1989）、《中国海域地名图集》（1991）、《宁波市海岛志》（1994）、《浙江海岛志》（1998）、《全国海岛名称与代码》（2008）、2010 年浙江省人民政府公布的第一批无居民海岛名称均记为乱子礁。岛以形得名，形如卵子，谐音为乱子礁。岸线长 128 米，面积 1 155 平方米，最高点高程 4 米。基岩岛，由上侏罗统西山头组熔结凝灰岩构成。无植被。

虾鱼翼屿 (Xiāyúyì Yǔ)

北纬 29°09.3′，东经 122°01.2′。位于宁波市象山县东南部海域，距大陆最近点 8.63 千米。《象山县海域地名简志》（1987）、《浙江省海域地名录》（1988）、《中国海域地名志》（1989）、《中国海域地名图集》（1991）、《宁波市海岛志》（1994）、《浙江海岛志》（1998）、《全国海岛名称与代码》（2008）、2010 年浙江省人民政府公布的第一批无居民海岛名称均记为虾鱼翼屿。因岛居于大虾鱼屿与小虾鱼礁之间，如虾鱼张翅，故名。岸线长 251 米，面积 4 094 平方米，最高点高程 20 米。基岩岛，由上侏罗统西山头组熔结凝灰岩构成。无植被。

碗盏礁 (Wǎnzhǎn Jiāo)

北纬 29°09.2′，东经 121°46.9′。位于宁波市象山县南部海域，距大陆最近点 1.73 千米。《象山县海域地名简志》（1987）、《浙江省海域地名录》（1988）、《中国海域地名志》（1989）、《中国海域地名图集》（1991）、2010 年浙江省人民政府公布的第一批无居民海岛名称均记为碗盏礁。该岛以形如碗盏而得名。岸线长 48.5 米，面积 163 平方米，最高点高程 4.5 米。基岩岛，由火山凝灰岩构成。无植被。岛上建有航标灯塔 1 座。

小虾鱼礁 (Xiǎoxiāyú Jiāo)

北纬 29°09.2′，东经 122°01.2′。位于宁波市象山县东南部海域，大虾鱼屿南 50 米，距大陆最近点 8.72 千米。又名小虾鱼岛。《象山县海域地名简志》（1987）、《浙江省海域地名录》（1988）、《中国海域地名志》（1989）、《中国海域地名图集》（1991）、《宁波市海岛志》（1994）、《浙江海岛志》（1998）、《全国海岛名称与代码》（2008）、2010 年浙江省人民政府公布的第一批无居民海岛名称均记为小虾鱼礁。因形似虾鱼，且面积较小，故名。岸线长 194 米，面积 2 820 平方米，最高点高程 6 米。基岩岛，由上侏罗统西山头组熔结凝灰岩构成。

无植被。

泥螺尾岛 (Níluówěi Dǎo)

北纬 29°07.9′，东经 122°03.1′，位于宁波市象山县东南部海域，北邻泥螺岛，距大陆最近点 12.47 千米。因邻近泥螺岛，形似尾巴，故名。岸线长 916 米，面积 0.047 平方千米，最高点高程 45 米。基岩岛，由上侏罗统西山头组熔结凝灰岩、凝灰质砂砾岩等构成。植被以草丛、灌木为主。

高塘岛 (Gāotáng Dǎo)

北纬 29°07.4′，东经 121°49.8′。位于宁波市象山县石浦镇西南海域，南田岛西侧，距大陆最近点 0.81 千米。曾名龙泉塘，因箬渔山龙潭坑清泉而得名，后以该岛塘田地势较高，故名高塘岛。又名尖洋岛。《中国海洋岛屿简况》（1980）记为尖洋岛。《象山县海域地名简志》（1987）、《浙江省海域地名录》（1988）、《中国海域地名志》（1989）、《中国海域地名图集》（1991）、《宁波市海岛志》（1994）、《浙江海岛志》（1998）、《全国海岛名称与代码》（2008）均记为高塘岛。岸线长 40.31 千米，面积 40.367 6 平方千米，最高点高程 282.2 米。地势西北和东南高，中间低平，中心港呈北东—南西方向横贯其间。基岩岛，岩石为上侏罗统西山头组火山岩，岩性以流纹质熔结凝灰岩为主。土壤有盐土、潮土、水稻土、粗骨土等。植被以马尾松林、黑松林、杉木林等针叶林为主，另有阔叶林、竹林、灌丛、草丛、沼生和水生植被等。有大片以柑橘园为主的土本栽培植被和水田、平畈地旱地和坡地旱地植被。潮间带植被主要有盐地鼠尾栗群系和糙叶苔草群系。岛上有耕地 2 万亩，岛周浅海滩涂 3 万亩。

有居民海岛，该岛为高塘岛乡人民政府驻地，设有 17 个行政村、1 个居民区。2009 年户籍人口 16 782 人，常住人口 16 564 人。产业以农渔业为主，由粮食生产、柑橘生产、海洋捕捞、水产养殖等四大块组成。梭子蟹养殖、紫菜养殖、柑橘种植分别为该岛农业的第一、第二和第三大主导产业。2001 年 2 月，该乡被浙江省海洋与渔业局命名为"梭子蟹之乡"。

南田岛 (Nántián Dǎo)

北纬 29°07.4′，东经 121°56.0′。位于宁波市象山县石浦镇南侧海域，距大陆最近点 1.22 千米。曾名大南田、牛头山。又名南田峙。民国《象山县志·卷二》载："内多膏腴田"，因其地处县南，故名南田岛。《中国海洋岛屿简况》（1980）记为南田峙。《象山县海域地名简志》（1987）、《浙江省海域地名录》（1988）、《中国海域地名志》（1989）、《中国海域地名图集》（1991）、《宁波市海岛志》（1994）、《浙江海岛志》（1998）、《全国海岛名称与代码》（2008）记为南田岛。岸线长 72.52 千米，面积 87.590 5 平方千米，最高点高程 405.4 米。基岩岛，岩石绝大部分为上侏罗统西山头组流纹质熔结凝灰岩，其次是分布于岛东北部的上侏罗统茶湾组凝灰质砂砾岩、砂岩、沉积凝灰岩、熔结凝灰岩等。海蚀地貌发育，有海蚀崖、海蚀洞、海蚀槽等。土壤有滨海盐土、潮土、水稻土、红壤类、粗骨土。植被有以马尾松林、黑松林为主的针叶林，珍稀植物有全缘冬青、白鹃梅灌丛等。与高塘岛、东门岛共同拥有石浦水道及蜊门、下湾门等水道。周围有金七门、中界山、鹤浦、石浦等锚地可避风。鹤浦港水深大部分在 5 米以上，可建 500～1 000 吨级中小型码头。蜊门、下湾门也具建港条件。

有居民海岛，为鹤浦镇人民政府驻地，设 47 个行政村，4 个居委会。2009年户籍人口 29 790 人，常住人口 28 449 人。鹤浦镇是宁波市第二渔业大镇，渔业人口近 1 万人，有渔船 600 多艘，海淡水养殖面积 2.68 万亩，拥有省级现代化海水养殖示范园区和省内规模最大的紫菜加工育苗中心。有各类企业 287 家，临港型工业突出，造船企业已具备建造万吨级轮船能力，是宁波市著名船舶修造基地。已开发旅游业，有大沙、风门口等景区。

北帽翼礁 (Běimàoyì Jiāo)

北纬 29°06.3′，东经 122°01.9′。位于宁波市象山县东南海域，南田岛东，猫头洋中部，距大陆最近点 13.62 千米。又名纱帽屿 -1、中帽翼礁。《宁波市海岛志》（1994）、《全国海岛名称与代码》（2008）记为纱帽屿 -1。《浙江海岛志》（1998）记为 1858 号无名岛。《象山县海域地名简志》（1987）、《浙江省海域地名录》（1988）、《中国海域地名志》（1989）、《中国海域地名图集》（1991）记为北帽翼礁。2010 年浙江省人民政府公布的第一批无居民海岛名称记为中帽翼礁。该岛与另一岛分别处纱帽屿两侧，犹纱帽两翼，此岛居北，故名。

岸线长 110 米，面积 877 平方米，最高点高程 5.5 米。基岩岛，由火山凝灰岩构成。无植被。

中帽翼礁 (Zhōngmàoyì Jiāo)

北纬 29°06.3′，东经 122°01.9′。位于宁波市象山县东南部海域，南田岛东，猫头洋中部，距大陆最近点 13.68 千米。又名北帽翼礁、纱帽屿 -2。《浙江海岛志》（1998）记为 1860 号无名岛。《宁波市海岛志》（1994）、《全国海岛名称与代码》（2008）记为纱帽屿 -2。2010 年浙江省人民政府公布的第一批无居民海岛名称记为北帽翼礁。该岛处于南、北帽翼礁之间，故名。岸线长 290 米，面积 3 267 平方米，最高点高程 20.6 米。基岩岛，由火山凝灰岩构成。植被以草丛、灌木为主。

断滨园山礁 (Duànbīnyuánshān Jiāo)

北纬 29°06.3′，东经 121°58.7′。位于宁波市象山县南部海域，北邻断坝屿，距大陆最近点 10.92 千米。又名断滨圆山。《宁波市海岛志》（1994）、《浙江海岛志》（1998）、《全国海岛名称与代码》（2008）记为断滨圆山。2010 年浙江省人民政府公布的第一批无居民海岛名称记为断滨园山礁。该岛与断坝屿相距甚近，且多悬崖峭壁，似与断坝屿断开，当地习称断滨园山礁。岸线长 520 米，面积 6 783 平方米，最高点高程 24.2 米。基岩岛，由上侏罗统西山头组熔结凝灰岩构成。植被以草丛、灌木为主。

南帽翼礁 (Nánmàoyì Jiāo)

北纬 29°06.2′，东经 122°01.8′。位于宁波市象山县东南部海域，南田岛东，猫头洋中部，距大陆最近点 13.8 千米。又名纱帽翼礁、纱帽屿 -2。《象山县海域地名简志》（1987）、《浙江省海域地名录》（1988）、《中国海域地名图集》（1991）记为南帽翼礁。《浙江海岛志》（1998）记为纱帽翼礁。《宁波市海岛志》（1994）、《全国海岛名称与代码》（2008）记为纱帽屿 -2。2010 年浙江省人民政府公布的第一批无居民海岛名称记为南帽翼礁。因该礁犹如纱帽两翼，居南，故名。岸线长 102 米，面积 654 平方米，最高点高程 7 米。基岩岛，由火山凝灰岩构成。无植被。

大渔埠头礁 (Dàyúbùtóu Jiāo)

北纬 29°05.7′，东经 121°57.7′。位于宁波市象山县南部海域，风门口西，距大陆最近点 11.44 千米。《象山县海域地名简志》（1987）、《浙江省海域地名录》（1988）、《中国海域地名图集》（1991）记为大渔埠头礁。该岛周围昔产大鱼，故名。岸线长 66 米，面积 347 平方米，最高点高程 4 米。基岩岛，由火山凝灰岩构成。无植被。

光头礁 (Guāngtóu Jiāo)

北纬 29°05.4′，东经 121°52.3′。位于宁波市象山县南部海域，藤棚屿正东 300 米，距大陆最近点 8.27 千米。岛圆而滑似和尚头，故名和尚头。因重名，1985 年 1 月更名光头礁。《象山县海域地名简志》（1987）、《浙江省海域地名录》（1988）、《中国海域地名志》（1989）、《中国海域地名图集》（1991）、2010 年浙江省人民政府公布的第一批无居民海岛名称均记为光头礁。岸线长 82 米，面积 395 平方米，最高点高程 4 米。基岩岛，由火山岩构成。无植被。岛上建有航标灯塔 1 座。

大箩礁 (Dàluó Jiāo)

北纬 29°05.4′，东经 121°52.2′。位于宁波市象山县南部海域，藤棚屿正东 300 米，距大陆最近点 8.23 千米。《象山县海域地名简志》（1987）、《浙江省海域地名录》（1988）、《中国海域地名志》（1989）、《中国海域地名图集》（1991）均记为大箩礁。岛以形似大箩得名。岸线长 62 米，面积 213 平方米，最高点高程 4 米。基岩岛，由火山岩构成。无植被。

藤棚屿 (Téngpéng Yǔ)

北纬 29°05.3′，东经 121°52.0′。位于宁波市象山县南部海域，高塘岛东南 750 米，距大陆最近点 8.23 千米。《象山县海域地名简志》（1987）、《浙江省海域地名录》（1988）、《中国海域地名志》（1989）、《中国海域地名图集》（1991）、《浙江海岛志》（1998）、《宁波市海岛志》（1994）、《全国海岛名称与代码》（2008）、2010 年浙江省人民政府公布的第一批无居民海岛名称均记为藤棚屿。因岛上葛藤遍地皆是，故名。岸线长 802 米，面积 0.018 5 平方千米，最高点高程 25.1 米。基岩岛，由上侏罗统西山头组熔结凝灰岩构成。

大埠尾岛 (Dàbùwěi Dǎo)

北纬 29°05.2′，东经 121°58.4′。位于宁波市象山县南部海域，鬼礁山屿西 900 米，距大陆最近点 12.73 千米。岸线长 119 米，面积 1 003 平方米，最高点高程 5 米。基岩岛，由上侏罗统西山头组熔结凝灰岩构成。无植被。

中埠头岛 (Zhōngbùtóu Dǎo)

北纬 29°05.0′，东经 121°58.1′。位于宁波市象山县南部海域，紧邻南田岛，距大陆最近点 12.84 千米。原为南田岛的一部分，后界定为独立海岛。岸线长 64 米，面积 251 平方米，最高点高程 5 米。基岩岛，由火山凝灰岩构成。无植被。

上扁担礁 (Shàngbiǎndan Jiāo)

北纬 29°04.9′，东经 121°57.9′。位于宁波市象山县南部海域，紧邻南田岛，距大陆最近点 12.83 千米。《浙江海岛志》（1998）记为 1881 号无名岛。2010 年浙江省人民政府公布的第一批无居民海岛名称记为上扁担礁。因有三岛位于南田岛东侧岸线展布，形状均似扁担，该岛居北（上），故名。岸线长 71 米，面积 405 平方米，最高点高程 5 米。基岩岛，由火山凝灰岩构成。无植被。

花岙岛 (Huā'ào Dǎo)

北纬 29°04.9′，东经 121°48.7′。位于宁波市象山县南部海域，高塘岛南 400 米，距大陆最近点 6.22 千米。原名花鸟岛、悬岙岛，别名大佛岛、大佛头岛。民国《南田志略》载："花岙其时名为悬岙，悬与花音相转。"又因岛上有一山，雄峻挺拔，山顶一岩，圆而光滑，形如大佛之头。民国《象山县志》引《浙江通志》"大佛头，县南 150 里，高出海中诸山数百丈，周一百余里，日本人入贡以此山为向导"，岛以山名，亦称大佛头岛。《象山县海域地名简志》（1987）、《浙江省海域地名录》（1988）、《中国海域地名志》（1989）、《中国海域地名图集》（1991）、《宁波市海岛志》（1994）、《浙江海岛志》（1998）、《全国海岛名称与代码》（2008）均记为花岙岛。原名悬岙，当地悬与花音相似，故名花岙。

岸线长 27.84 千米，面积 16.015 1 平方千米，最高点高程 308.5 米。基岩岛，由上侏罗统西山头组熔结凝灰岩及晚白垩世潜正长斑岩构成。岛四周岬湾相间，岸线曲折，且多海蚀洞穴，岛东南天作塘和清水岙两海湾内海滩宽广，多卵石。岸滩和海域沉积有砾石、砂砾、中细砂、粉砂和黏土质粉砂等。以基岩海岸为主，人工海岸主要分布在西北部，其中砂砾质海岸长约 1 千米，主要分布在西南和东南湾岙内。岛中部德人山一带植物生长较好。有针叶林、阔叶林、竹林等，间有灌丛、草丛。

有居民海岛，该岛原有花岙岛村和大塘里村 2 个村，后合并为花岙岛村，隶属高塘岛乡。2011 年户籍人口 923 人，常住人口 550 人。居民主要从事海洋捕捞和浅海养殖、围塘养殖，包括紫菜、南美白对虾等养殖。岛上旅游业有花岙石林、农家乐等。岛上道路四通八达，连接每个自然村。北侧建有渡轮码头，白天约 1 小时一班船。

小埠头岛 (Xiǎobùtóu Dǎo)

北纬 29°04.9′，东经 121°57.8′。位于宁波市象山县南部海域，紧邻南田岛，距大陆最近点 12.78 千米。原为南田岛的一部分，后界定为独立海岛。岸线长 88 米，面积 471 平方米，最高点高程 5 米。基岩岛，由火山凝灰岩构成。无植被。

箬帽礁 (Ruòmào Jiāo)

北纬 29°04.9′，东经 121°57.9′。位于宁波市象山县南部海域，北距南田岛 40 米，距大陆最近点 12.88 千米。《象山县海域地名简志》（1987）、《浙江省海域地名录》（1988）、《中国海域地名志》（1989）、《中国海域地名图集》（1991）、《宁波市海岛志》（1994）、《浙江海岛志》（1998）、《全国海岛名称与代码》（2008）、2010 年浙江省人民政府公布的第一批无居民海岛名称均记为箬帽礁。因岛呈圆形，且四周基岩多裸露，形若箬帽，故名。岸线长 188 米，面积 2 397 平方米，最高点高程 10 米。基岩岛，由上侏罗统西山头组熔结凝灰岩构成。无植被。

中扁担礁 (Zhōngbiǎndan Jiāo)

北纬 29°04.8′，东经 121°57.6′。位于宁波市象山县南部海域，紧邻南田岛，距大陆最近点 12.7 千米。《浙江省海域地名录》（1988）记为 1886 号无名岛。2010 年浙江省人民政府公布的第一批无居民海岛名称记为中扁担礁。因有三岛位于南田岛东侧岸线展布，形状均似扁担，该岛居中，故名。岸线长 219 米，面积 2 885 平方米，最高点高程 10 米。基岩岛，由火山凝灰岩构成。无植被。

小清凉屿 (Xiǎoqīngliáng Yǔ)

北纬 29°04.4′，东经 121°50.1′。位于宁波市象山县南部海域，花岙岛东，距大陆最近点 9.4 千米。曾名小清凉士。《中国海洋岛屿简况》（1980）、《象山县海域地名简志》（1987）、《浙江省海域地名录》（1988）、《中国海域地名志》（1989）、《中国海域地名图集》（1991）、《宁波市海岛志》（1994）、《浙江海岛志》（1998）、《全国海岛名称与代码》（2008）、2010 年浙江省人民政府公布的第一批无居民海岛名称均记为小清凉屿。岸线长 336 米，面积 8 488 平方米，最高点高程 27 米。基岩岛，由上侏罗统西山头组熔结凝灰岩构成。植被以草丛、灌木为主。

扁屿岩礁 (Biǎnyǔyán Jiāo)

北纬 29°04.4′，东经 121°54.3′。位于宁波市象山县南部海域，炮台山东南 250 米，紧邻扁屿小礁，距大陆最近点 10.81 千米。《浙江海岛志》（1998）记为 1894 号无名岛。2010 年浙江省人民政府公布的第一批无居民海岛名称记为扁屿岩礁。岸线长 84 米，面积 418 平方米，最高点高程 5 米。基岩岛，由上侏罗统西山头组熔结凝灰岩构成。无植被。

扁屿小礁 (Biǎnyǔ Xiǎojiāo)

北纬 29°04.4′，东经 121°54.3′。位于宁波市象山县南部海域，炮台山东南 250 米，距大陆最近点 10.82 千米。又名扁屿 -1。《浙江海岛志》（1998）记为 1895 号无名岛。《宁波市海岛志》（1994）、《全国海岛名称与代码》（2008）记为扁屿 -1。2010 年浙江省人民政府公布的第一批无居民海岛名称记为扁屿小礁。岸线长 164 米，面积 1 707 平方米，最高点高程 15 米。基岩岛，由上侏罗统西山头组熔结凝灰岩构成。植被以草丛、灌木为主。

两爿礁 (Liǎngpán Jiāo)

北纬 29°04.1′，东经 121°57.6′。位于宁波市象山县南部海域，南田岛东南侧倒船岙北岸，距大陆最近点 13.71 千米。又名两片礁。《全国海岛名称与代码》（2008）记为两片礁。《象山县海域地名简志》（1987）、《浙江省海域地名录》

（1988）、《中国海域地名志》（1989）、《宁波市海岛志》（1994）、《浙江海岛志》（1998）、2010 年浙江省人民政府公布的第一批无居民海岛名称均记为两爿礁。因岛断裂成二爿，基岩多裸露，故名。岸线长 339 米，面积 4 751 平方米，最高点高程 21 米。基岩岛，由上侏罗统西山头组熔结凝灰岩构成。无植被。

清凉礁 (Qīngliáng Jiāo)

北纬 29°04.1′，东经 121°49.8′。位于宁波市象山县南部海域，花岙岛东侧，紧邻花岙岛，距大陆最近点 9.96 千米。《浙江海岛志》（1998）、2010 年浙江省人民政府公布的第一批无居民海岛名称均记为清凉礁。岸线长 69 米，面积 263 平方米，最高点高程 18.2 米。基岩岛，由上侏罗统西山头组熔结凝灰岩构成。植被以草丛、灌木为主。

娘主脚岛 (Niángzhǔjiǎo Dǎo)

北纬 29°04.0′，东经 121°49.8′。位于宁波市象山县南部海域，花岙岛东侧，介于花岙岛与娘主头岛之间，距大陆最近点 10.06 千米。原为花岙岛的一部分，后界定为独立海岛。为娘主头岛西侧一小岛，形如小脚，故名。岸线长 74 米，面积 334 平方米，最高点高程 10 米。基岩岛，由上侏罗统西山头组熔结凝灰岩构成。无植被。

娘主头岛 (Niángzhǔtóu Dǎo)

北纬 29°04.0′，东经 121°49.9′。位于宁波市象山县南部海域，花岙岛东侧，介于天作塘与清水岙之间，西距娘主脚岛 20 米，距大陆最近点 10.07 千米。又名娘主头、娘主头礁、郎鸡山嘴。《中国海洋岛屿简况》（1980）、《象山县海域地名简志》（1987）、《宁波市海岛志》（1994）、《全国海岛名称与代码》（2008）均记为娘主头。《浙江省海域地名录》（1988）、《中国海域地名志》（1989）、《中国海域地名图集》（1991）、《浙江海岛志》（1998）均记为娘主头岛。2010 年浙江省人民政府公布的第一批无居民海岛名称记为娘主头礁。因岛形似乳房奶头，方言俗称娘主头，故名。岸线长 164 米，面积 1 386 平方米，最高点高程 17.5 米。基岩岛，由上侏罗统西山头组熔结凝灰岩构成。植被以草丛为主。属花岙岛海上石林景区。

花岙小岛 (Huā'ào Xiǎodǎo)

北纬 29°04.0′，东经 121°48.5′。位于宁波市象山县南部海域，紧邻花岙岛，距大陆最近点 10.1 千米。又名花岙 -1。《宁波市海岛志》（1994）记为花岙 -1。因其系位于花岙岛西南一小岛，第二次全国海域地名普查时更为今名。岸线长 52 米，面积 166 平方米，最高点高程 4.8 米。基岩岛，由火山岩构成。无植被。

东炮弹礁 (Dōngpàodàn Jiāo)

北纬 29°03.4′，东经 121°49.4′。位于宁波市象山县南部海域，花岙岛炮台山东南端，紧邻花岙岛，距大陆最近点 11.21 千米。因礁处炮台山东南端东侧，该处有两块大石头，此为东侧一块，1985 年 1 月取名东炮弹礁。《象山县海域地名简志》（1987）、《浙江省海域地名录》（1988）、《中国海域地名图集》（1991）均记为东炮弹礁。岸线长 22 米，面积 38 平方米，最高点高程 4 米。基岩岛，由火山岩构成。无植被。

西炮弹礁 (Xīpàodàn Jiāo)

北纬 29°03.4′，东经 121°49.4′。位于宁波市象山县南部海域，花岙岛炮台山东南端，紧邻花岙岛，距大陆最近点 11.22 千米。因处炮台山东南端东侧，该处有两块大石头，此为西侧一块，1985 年 1 月取名西炮弹礁。《象山县海域地名简志》（1987）、《浙江省海域地名录》（1988）、《中国海域地名图集》（1991）均记为西炮弹礁。岸线长 34 米，面积 78 平方米，最高点高程 4 米。基岩岛，由火山岩构成。无植被。

庎厨门礁 (Jièchúmén Jiāo)

北纬 29°03.4′，东经 121°49.3′。位于宁波市象山县南部海域，紧邻花岙岛，距大陆最近点 11.24 千米。《象山县海域地名简志》（1987）、《浙江省海域地名录》（1988）、《中国海域地名图集》（1991）均记为庎厨门礁。因礁面壁立，形如庎橱（菜橱），故名。岸线长 58 米，面积 268 平方米，最高点高程 5 米。基岩岛，由火山岩构成。无植被。

牌位礁 (Páiwèi Jiāo)

北纬 29°03.2′，东经 121°48.8′。位于宁波市象山县南部海域，距大陆最近点 10.85 千米。《象山县海域地名简志》（1987）、《浙江省海域地名录》（1988）、《中国海域地名图集》（1991）、《宁波市海岛志》（1994）、《浙江海岛志》（1998）、《全国海岛名称与代码》（2008）、2010 年浙江省人民政府公布的第一批无居民海岛名称均记为牌位礁。因岛形似旧时上供常用的牌位，故名。岸线长 107 米，面积 465 平方米，最高点高程 5 米。基岩岛，由上侏罗统西山头组熔结凝灰岩构成。无植被。

香炉碗礁 (Xiānglúwǎn Jiāo)

北纬 29°03.1′，东经 121°48.6′。位于宁波市象山县南部海域，距大陆最近点 10.54 千米。《中国海域地名图集》（1991）标注为香炉碗礁。岛以形如香炉碗而得名。岸线长 81 米，面积 417 平方米，最高点高程 5 米。基岩岛，由上侏罗统西山头组熔结凝灰岩构成。无植被。

稻杆蓬礁 (Dàogǎnpéng Jiāo)

北纬 29°03.0′，东经 121°48.3′。位于宁波市象山县南部海域，老爷门水道中间，距大陆最近点 10.04 千米。《象山县海域地名简志》（1987）、《浙江省海域地名录》（1988）、《中国海域地名志》（1989）、《中国海域地名图集》（1991）、《宁波市海岛志》（1994）、《浙江海岛志》（1998）、《全国海岛名称与代码》（2008）均记为稻杆蓬礁。因岛呈圆形，顶尖犹如稻草蓬，故名。岸线长 238 米，面积 4 067 平方米，最高点高程 12.5 米。基岩岛，由上侏罗统西山头组熔结凝灰岩构成。植被以草丛、灌木为主。

南山东岛 (Nánshān Dōngdǎo)

北纬 29°02.6′，东经 121°56.6′。位于宁波市象山县南部海域，距大陆最近点 15.29 千米。岸线长 678 米，面积 0.025 平方千米，最高点高程 45.5 米。基岩岛，由上侏罗统西山头组熔结凝灰岩构成。植被以草丛、灌木为主。

小甲山东岛 (Xiǎojiǎshān Dōngdǎo)

北纬 29°02.4′，东经 121°49.0′。位于宁波市象山县南部海域，花岙岛南 1.6 千米，距大陆最近点 10.6 千米。原为小甲山屿的一部分，后界定为独立海岛。因处小甲山屿东侧而得名。岸线长 473 米，面积 0.012 1 平方千米，最高点高程

20 米。基岩岛，由上侏罗统西山头组熔结凝灰岩构成。植被以草丛、灌木为主。

蟹礁 (Xiè Jiāo)

北纬 29°02.3′，东经 121°55.5′。位于宁波市象山县南部海域，距大陆最近点 15.03 千米。《象山县海域地名简志》（1987）、《浙江省海域地名录》（1988）、《中国海域地名志》（1989）、《中国海域地名图集》（1991）、《宁波市海岛志》（1994）、《浙江海岛志》（1998）、《全国海岛名称与代码》（2008）、2010 年浙江省人民政府公布的第一批无居民海岛名称均记为蟹礁。以岛形似蟹趴在海中得名。岸线长 217 米，面积 3 250 平方米，最高点高程 5.2 米。基岩岛，由上侏罗统西山头组熔结凝灰岩构成。无植被。

骑马礁 (Qímǎ Jiāo)

北纬 29°02.2′，东经 121°56.0′。位于宁波市象山县南部海域，距大陆最近点 15.59 千米。《象山县海域地名简志》（1987）、《浙江省海域地名录》（1988）、《中国海域地名图集》（1991）、《宁波市海岛志》（1994）、《浙江海岛志》（1998）、《全国海岛名称与代码》（2008）、2010 年浙江省人民政府公布的第一批无居民海岛名称均记为骑马礁。岛以形得名。岸线长 193 米，面积 2 059 平方米，最高点高程 4 米。基岩岛，由上侏罗统西山头组熔结凝灰岩构成。无植被。

油鬶屿 (Yóubèng Yǔ)

北纬 29°01.9′，东经 122°00.9′。位于宁波市象山县南部海域，距大陆最近点 19.8 千米。因岛形似油鬶（瓮一类的器皿），故名。曾名油瓶屿，谐音称油碰峙。《中国海洋岛屿简况》（1980）记为油鬶峙。《象山县海域地名简志》（1987）、《浙江省海域地名录》（1988）、《中国海域地名志》（1989）、《中国海域地名图集》（1991）、《宁波市海岛志》（1994）、《浙江海岛志》（1998）、《全国海岛名称与代码》（2008）、2010 年浙江省人民政府公布的第一批无居民海岛名称均记为油鬶屿。岸线长 378 米，面积 0.010 8 平方千米，最高点高程 29.1 米。基岩岛，由上侏罗统九里坪组流纹（斑）岩构成。植被以草丛、灌木为主。

草鞋襻屿 (Cǎoxiépàn Yǔ)

北纬 29°00.3′，东经 121°53.7′。位于宁波市象山县南部海域，草鞋屿西，距大陆最近点 17.29 千米。又名草鞋祥屿、草鞋襟屿。《象山县海域地名简志》（1987）记为草鞋祥屿。《中国海域地名图集》（1991）标注为草鞋襟屿。《中国海域地名志》（1989）、《浙江海岛志》（1998）、《全国海岛名称与代码》（2008）、2010 年浙江省人民政府公布的第一批无居民海岛名称均记为草鞋襟屿。该岛圆平，居草鞋耙山屿和草鞋屿西侧，似鞋襻，故名。岸线长 260 米，面积 4 839 平方米，最高点高程 17.7 米。基岩岛，由上侏罗统西山头组熔结凝灰岩构成。植被以草丛、灌木为主。

草鞋屿 (Cǎoxié Yǔ)

北纬 29°00.3′，东经 121°53.8′。位于宁波市象山县南部海域，草鞋耙山屿西南，距大陆最近点 17.39 千米。《中国海洋岛屿简况》（1980）、《象山县海域地名简志》（1987）、《浙江省海域地名录》（1988）、《中国海域地名志》（1989）、《中国海域地名图集》（1991）、《宁波市海岛志》（1994）、《浙江海岛志》（1998）、《全国海岛名称与代码》（2008）、2010 年浙江省人民政府公布的第一批无居民海岛名称均记为草鞋屿。岛形如草鞋，西踵东趾，故名。岸线长 327 米，面积 7 116 平方米，最高点高程 17 米。基岩岛，由上侏罗统西山头组熔结凝灰岩构成。植被以草丛为主。

牛粪北礁 (Niúfèn Běijiāo)

北纬 28°54.1′，东经 122°16.4′。位于宁波市象山县东南部海域，南邻牛粪礁，距大陆最近点 45.82 千米。又名牛粪礁-1。《浙江海岛志》（1998）记为 2008 号无名岛。《宁波市海岛志》（1994）、《全国海岛名称与代码》（2008）记为牛粪礁-1。2010 年浙江省人民政府公布的第一批无居民海岛名称记为牛粪北礁。因处牛粪礁北侧而得名。岸线长 165 米，面积 1 187 平方米，最高点高程 20.5 米。基岩岛，由上白垩统塘上组集块角砾岩、角砾凝灰岩等构成。无植被。属渔山列岛海洋生态特别保护区。

牛粪西礁 (Niúfèn Xījiāo)

北纬 28°54.1′，东经 122°16.3′。位于宁波市象山县东南部海域，东邻牛粪礁，距大陆最近点 45.82 千米。又名牛粪礁-2。《浙江海岛志》（1998）记为 2010

号无名岛。《宁波市海岛志》（1994）、《全国海岛名称与代码》（2008）记为牛粪礁-2。2010年浙江省人民政府公布的第一批无居民海岛名称记为牛粪西礁。因该岛位于牛粪礁西侧，故名。岸线长128米，面积703平方米，最高点高程18.2米。基岩岛，由上白垩统塘上组集块角砾岩、角砾凝灰岩等构成。无植被。附近海域为国家体育局批准设置的海钓基地。属渔山列岛海洋生态特别保护区。

牛粪礁 (Niúfèn Jiāo)

北纬28°54.1′，东经122°16.4′。位于宁波市象山县东南部海域，紧邻牛粪北礁、牛粪西礁，距大陆最近点45.85千米。又名牛屙礁。《中国海洋岛屿简况》（1980）、《象山县海域地名简志》（1987）、《浙江省海域地名录》（1988）、《中国海域地名志》（1989）、《中国海域地名图集》（1991）、《宁波市海岛志》（1994）、《浙江海岛志》（1998）、《全国海岛名称与代码》（2008）、2010年浙江省人民政府公布的第一批无居民海岛名称均记为牛粪礁。岛形似一堆牛粪，故名。岸线长405米，面积7 729平方米，最高点高程27.5米。基岩岛，由上白垩统塘上组集块角砾岩、角砾凝灰岩等构成。无植被。附近海域为国家体育局批准设置的海钓基地。属渔山列岛海洋生态特别保护区。

大白带礁 (Dàbáidài Jiāo)

北纬28°53.6′，东经122°15.3′。位于宁波市象山县东南部海域，北渔山岛西北450米，东距中白带礁20米，距大陆最近点45.5千米。又名大白带、大背带。《中国海洋岛屿简况》（1980）、《象山县海域地名简志》（1987）记为大白带。《浙江省海域地名录》（1988）、《中国海域地名志》（1989）、《中国海域地名图集》（1991）、《宁波市海岛志》（1994）、《浙江海岛志》（1998）、《全国海岛名称与代码》（2008）、2010年浙江省人民政府公布的第一批无居民海岛名称均记为大白带礁。礁石表面因风化出现较多白色宽阔的带状痕迹，故名。岸线长244米，面积3 590平方米，最高点高程11.9米。基岩岛，由上白垩统塘上组集块角砾岩、角砾凝灰岩等构成。无植被。附近海域为国家体育局批准设置的海钓基地。属渔山列岛海洋生态特别保护区。

中白带礁 (Zhōngbáidài Jiāo)

北纬 28°53.6′，东经 122°15.3′。位于宁波市象山县东南部海域，介于大白带礁与小白带礁之间，距大陆最近点 45.6 千米。又名中白带、中背带。《中国海洋岛屿简况》（1980）记为中白带。《象山县海域地名简志》（1987）、《浙江省海域地名录》（1988）、《中国海域地名志》（1989）、《中国海域地名图集》（1991）、《宁波市海岛志》（1994）、《浙江海岛志》（1998）、《全国海岛名称与代码》（2008）、2010 年浙江省人民政府公布的第一批无居民海岛名称均记为中白带礁。礁石表面由于风化而出现较多白色宽阔的带状痕迹，且位于大白带礁和小白带礁之间，位置居中，故名。岸线长 306 米，面积 3 608 平方米，最高点高程 4.8 米。基岩岛，由上白垩统塘上组集块角砾岩、角砾凝灰岩等构成。无植被。附近海域为国家体育局批准设置的海钓基地。属渔山列岛海洋生态特别保护区。

小白带礁 (Xiǎobáidài Jiāo)

北纬 28°53.5′，东经 122°15.4′。位于宁波市象山县东南部海域，距大陆最近点 45.76 千米。又名小背带。《象山县海域地名简志》（1987）、《浙江省海域地名录》（1988）、《中国海域地名志》（1989）、《宁波市海岛志》（1994）、2010 年浙江省人民政府公布的第一批无居民海岛名称均记为小白带礁。因位于大白带与中白带附近，且面积较小，故名。岸线长 122 米，面积 1 036 平方米，最高点高程 4 米。基岩岛，由上白垩统塘上组集块角砾岩、角砾凝灰岩等构成。无植被。附近海域为国家体育局批准设置的海钓基地。属渔山列岛海洋生态特别保护区。

伏虎礁 (Fúhǔ Jiāo)

北纬 28°53.3′，东经 122°16.4′。位于宁波市象山县东南部海域，南距尖虎礁 10 米，距大陆最近点 47 千米，属五虎礁（群岛）。又名五虎礁。《中国海洋岛屿简况》（1980）记为五虎礁。《象山县海域地名简志》（1987）、《浙江省海域地名录》（1988）、《中国海域地名志》（1989）、《中国海域地名图集》（1991）、《宁波市海岛志》（1994）、《浙江海岛志》（1998）、《全国海岛名称与代码》

（2008）、2010年浙江省人民政府公布的第一批无居民海岛名称均记为伏虎礁。岛以形如伏虎得名。岸线长663米，面积0.022 2平方千米，最高点高程46.6米。基岩岛，由上白垩统塘上组集块角砾岩、角砾凝灰岩等构成。植被以草丛为主。是中华人民共和国公布的中国领海基点海岛，领海基点碑伫立于岛顶。附近海域为国家体育局批准设置的海钓基地。属渔山列岛海洋生态特别保护区。

竹桥屿 (Zhúqiáo Yǔ)

北纬28°53.3′，东经122°15.8′。位于宁波市象山县东南部海域，南距狭本礁60米，距大陆最近点46.45千米。《象山县海域地名简志》（1987）、《浙江省海域地名录》（1988）、《中国海域地名志》（1989）、《宁波市海岛志》（1994）、《浙江海岛志》（1998）、《全国海岛名称与代码》（2008）、2010年浙江省人民政府公布的第一批无居民海岛名称均记为竹桥屿。岸线长309米，面积4 318平方米，最高点高程21.6米。基岩岛，由上白垩统塘上组集块角砾岩、角砾凝灰岩等构成。无植被。附近海域为国家体育局批准设置的海钓基地。属渔山列岛海洋生态特别保护区。

尖虎礁 (Jiānhǔ Jiāo)

北纬28°53.2′，东经122°16.4′。位于宁波市象山县东南部海域，仔虎礁南20米，北距伏虎礁10米，距大陆最近点47.06千米，属五虎礁（群岛）。《象山县海域地名简志》（1987）、《浙江省海域地名录》（1988）、《中国海域地名图集》（1991）、《宁波市海岛志》（1994）、《浙江海岛志》（1998）、《全国海岛名称与代码》（2008）、2010年浙江省人民政府公布的第一批无居民海岛名称均记为尖虎礁。岛顶部尖削，故名。岸线长299米，面积4 083平方米，最高点高程41.1米。基岩岛，由上白垩统塘上组集块角砾岩、角砾凝灰岩等构成。植被以草丛为主。附近海域为国家体育局批准设置的海钓基地。属渔山列岛海洋生态特别保护区。

伏虎头岛 (Fúhǔtóu Dǎo)

北纬28°53.2′，东经122°16.4′。位于宁波市象山县东南部海域，西距尖虎礁10米，南距尖虎头岛10米，距大陆最近点47.16千米，属五虎礁（群岛）。

原为尖虎礁的一部分，后界定为独立海岛。因处伏虎礁南侧，形似虎头，故名。岸线长 55 米，面积 167 平方米，最高点高程 10 米。基岩岛，由上白垩统塘上组集块角砾岩、角砾凝灰岩等构成。无植被。附近海域为国家体育局批准设置的海钓基地。属渔山列岛海洋生态特别保护区。

狭本礁 (Xiáběn Jiāo)

北纬 28°53.2′，东经 122°15.8′。位于宁波市象山县东南部海域，北距竹桥屿 60 米，距大陆最近点 46.51 千米。《象山县海域地名简志》（1987）、《浙江省海域地名录》（1988）、《宁波市海岛志》（1994）、《浙江海岛志》（1998）、《全国海岛名称与代码》（2008）、2010 年浙江省人民政府公布的第一批无居民海岛名称均记为狭本礁。岸线长 150 米，面积 1 176 平方米，最高点高程 10 米。基岩岛，由上白垩统塘上组集块角砾岩、角砾凝灰岩等构成。无植被。附近海域为国家体育局批准设置的海钓基地。属渔山列岛海洋生态特别保护区。

尖虎头岛 (Jiānhǔtóu Dǎo)

北纬 28°53.2′，东经 122°16.4′。位于宁波市象山县东南部海域，西距尖虎礁 30 米，北距伏虎头岛 10 米，距大陆最近点 47.16 千米，属五虎礁（群岛）。原为尖虎礁的一部分，后界定为独立海岛。处尖虎礁东侧，形如虎头，故名。岸线长 82 米，面积 417 平方米，最高点高程 10 米。基岩岛，由上白垩统塘上组集块角砾岩、角砾凝灰岩等构成。无植被。

仔虎礁 (Zǎihǔ Jiāo)

北纬 28°53.2′，东经 122°16.4′。位于宁波市象山县东南部海域，伏虎礁南 90 米，距大陆最近点 47.15 千米，属五虎礁（群岛）。《象山县海域地名简志》（1987）、《浙江省海域地名录》（1988）、《中国海域地名志》（1989）、《中国海域地名图集》（1991）、《宁波市海岛志》（1994）、《浙江海岛志》（1998）、《全国海岛名称与代码》（2008）、2010 年浙江省人民政府公布的第一批无居民海岛名称均记为仔虎礁。因岛小且紧贴伏虎礁，故名。岸线长 326 米，面积 3 417 平方米，最高点高程 39.9 米。基岩岛，由上白垩统塘上组集块角砾岩、角砾凝灰岩等构成。无植被。附近海域为国家体育局批准设置的海钓基地。属渔山列岛海洋生态特别保护区。

仔虎头岛 (Zǎihǔtóu Dǎo)

北纬 28°53.2′，东经 122°16.4′。位于宁波市象山县东南部海域，西距仔虎礁 20 米，距大陆最近点 47.24 千米，属五虎礁（群岛）。原为仔虎礁的一部分，后界定为独立海岛。因处仔虎礁东侧，形如虎头，故名。岸线长 66 米，面积 294 平方米，最高点高程 10 米。基岩岛，由上白垩统塘上组集块角砾岩、角砾凝灰岩等构成。无植被。附近海域为国家体育局批准设置的海钓基地。属渔山列岛海洋生态特别保护区。

平虎礁 (Pínghǔ Jiāo)

北纬 28°53.2′，东经 122°16.2′。位于宁波市象山县东南部海域，伏虎礁西南 280 米，距大陆最近点 46.92 千米，属五虎礁（群岛）。《中国海洋岛屿简况》（1980）、《象山县海域地名简志》（1987）、《浙江省海域地名录》（1988）、《中国海域地名志》（1989）、《中国海域地名图集》（1991）、《宁波市海岛志》（1994）、《浙江海岛志》（1998）、《全国海岛名称与代码》（2008）、2010 年浙江省人民政府公布的第一批无居民海岛名称均记为平虎礁。岛顶较平，故名。岸线长 280 米，面积 4 029 平方米，最高点高程 10.7 米。基岩岛，由上白垩统塘上组集块角砾岩、角砾凝灰岩等构成。无植被。附近海域为国家体育局批准设置的海钓基地。属渔山列岛海洋生态特别保护区。

高虎礁 (Gāohǔ Jiāo)

北纬 28°53.2′，东经 122°16.4′。位于宁波市象山县东南部海域，仔虎礁南 10 米，距大陆最近点 47.22 千米，属五虎礁（群岛）。《象山县海域地名简志》（1987）、《浙江省海域地名录》（1988）、《中国海域地名志》（1989）、《中国海域地名图集》（1991）、《宁波市海岛志》（1994）、《浙江海岛志》（1998）、《全国海岛名称与代码》（2008）、2010 年浙江省人民政府公布的第一批无居民海岛名称均记为高虎礁。因岛挺拔，为五虎礁之最高者，故名。岸线长 343 米，面积 4 448 平方米，最高点高程 53.6 米。基岩岛，由上白垩统塘上组集块角砾岩、角砾凝灰岩等构成。植被以草丛为主。附近海域为国家体育局批准设置的海钓基地。属渔山列岛海洋生态特别保护区。

多伦礁 (Duōlún Jiāo)

北纬 28°53.1′，东经 122°15.8′。位于宁波市象山县东南部海域，距大陆最近点 46.64 千米。《象山县海域地名简志》(1987)、《浙江省海域地名录》(1988)、《中国海域地名志》(1989)、《中国海域地名图集》(1991)、《宁波市海岛志》(1994)、《浙江海岛志》(1998)、《全国海岛名称与代码》(2008)、2010 年浙江省人民政府公布的第一批无居民海岛名称均记为多伦礁。岸线长 525 米，面积 8 897 平方米，最高点高程 13.2 米。基岩岛，由上白垩统塘上组集块角砾岩、角砾凝灰岩等构成。无植被。属渔山列岛海洋生态特别保护区。

坟碑礁 (Fénbēi Jiāo)

北纬 28°53.1′，东经 122°15.1′。位于宁波市象山县东南部海域，距大陆最近点 46.01 千米。又名坟碑屿。《浙江海岛志》(1998)、《全国海岛名称与代码》(2008) 记为坟碑屿。《象山县海域地名简志》(1987)、《浙江省海域地名录》(1988)、《中国海域地名志》(1989)、《中国海域地名图集》(1991)、《宁波市海岛志》(1994)、2010 年浙江省人民政府公布的第一批无居民海岛名称均记为坟碑礁。因岛北一礁块矗立如坟碑，故名。岸线长 381 米，面积 8 708 平方米，最高点高程 29.2 米。基岩岛，由上白垩统塘上组集块角砾岩、角砾凝灰岩等构成。植被以草丛为主。附近海域为国家体育局批准设置的海钓基地。属渔山列岛海洋生态特别保护区。

观音礁 (Guānyīn Jiāo)

北纬 28°53.0′，东经 122°15.8′。位于宁波市象山县东南部海域，距大陆最近点 46.74 千米。《象山县海域地名简志》(1987)、《浙江省海域地名录》(1988)、《中国海域地名志》(1989)、《中国海域地名图集》(1991)、《宁波市海岛志》(1994)、《浙江海岛志》(1998)、《全国海岛名称与代码》(2008)、2010 年浙江省人民政府公布的第一批无居民海岛名称均记为观音礁。因岛上一岩石形如站立观音塑像，故名。岸线长 564 米，面积 7 622 平方米，最高点高程 45.1 米。基岩岛，由上白垩统塘上组集块角砾岩、角砾凝灰岩等构成。无植被。

附近海域为国家体育局批准设置的海钓基地。属渔山列岛海洋生态特别保护区。

观排礁 (guānpái Jiāo)

北纬 28°53.0′，东经 122°15.8′。位于宁波市象山县东南部海域，北邻观音礁 10 米，距大陆最近点 46.84 千米。又名小观音礁。《中国海域地名志》(1989)、《浙江海岛志》(1998)、2010 年浙江省人民政府公布的第一批无居民海岛名称均记为观排礁。因紧邻观音礁，并排矗立，故名。岸线长 217 米，面积 1 588 平方米，最高点高程 19.1 米。基岩岛，由上白垩统塘上组集块角砾岩、角砾凝灰岩等构成。无植被。附近海域为国家体育局批准设置的海钓基地。属渔山列岛海洋生态特别保护区。

塔西西岛 (Tǎxī Xīdǎo)

北纬 28°53.0′，东经 122°15.4′。位于宁波市象山县东南部海域，距大陆最近点 24.2 千米。原为塔西礁的一部分，后界定为独立海岛。以处塔西礁西侧得名。岸线长 15 米，面积 18 平方米，最高点高程 10 米。基岩岛，由上白垩统塘上组集块角砾岩、角砾凝灰岩等构成。无植被。属渔山列岛海洋生态特别保护区。

塔西礁 (Tǎxī Jiāo)

北纬 28°53.0′，东经 122°15.4′。位于宁波市象山县东南部海域，西距破城礁 20 米，距大陆最近点 46.57 千米。《象山县海域地名简志》(1987)、《浙江省海域地名录》(1988)、《中国海域地名志》(1989)、《宁波市海岛志》(1994)、《浙江海岛志》(1998)、《全国海岛名称与代码》(2008)、2010 年浙江省人民政府公布的第一批无居民海岛名称均记为塔西礁。岸线长 133 米，面积 561 平方米，最高点高程 18.5 米。基岩岛，由上白垩统塘上组集块角砾岩、角砾凝灰岩等构成。无植被。附近海域为国家体育局批准设置的海钓基地。属渔山列岛海洋生态特别保护区。

破城礁 (Pòchéng Jiāo)

北纬 28°53.0′，东经 122°15.3′。位于宁波市象山县东南部海域，距大陆最近点 46.54 千米。《象山县海域地名简志》(1987)、《浙江省海域地名录》(1988)、2010 年浙江省人民政府公布的第一批无居民海岛名称均记为破城礁。因位于仙人桥边（又称破城），故名。岸线长 186 米，面积 1 097 平方米，最高点高程 8 米。基岩岛，由上白垩统塘上组集块角砾岩、角砾凝灰岩等构成。无植被。属渔山列岛海洋生态特别保护区。

羊头礁 (Yángtóu Jiāo)

北纬 28°53.0′，东经 122°14.8′。位于宁波市象山县东南部海域，距大陆最近点 45.95 千米。《浙江海岛志》（1998）、2010 年浙江省人民政府公布的第一批无居民海岛名称均记为羊头礁。岛以形似羊头得名。岸线长 344 米，面积 4 906 平方米，最高点高程 29.2 米。基岩岛，由上白垩统塘上组集块角砾岩、角砾凝灰岩等构成。无植被。附近海域为国家体育局批准设置的海钓基地。属渔山列岛海洋生态特别保护区。

鸡屙礁 (Jī'ē Jiāo)

北纬 28°52.9′，东经 122°15.4′。位于宁波市象山县东南部海域，破城礁南 20 米，距大陆最近点 46.57 千米。《象山县海域地名简志》（1987）、《浙江省海域地名录》（1988）、《中国海域地名志》（1989）、2010 年浙江省人民政府公布的第一批无居民海岛名称均记为鸡屙礁。因岛圆而黑，形似一堆鸡屙物，故名。岸线长 109 米，面积 754 平方米，最高点高程 8 米。基岩岛，由上白垩统塘上组集块角砾岩、角砾凝灰岩等构成。无植被。属渔山列岛海洋生态特别保护区。

南小乌岛 (Nánxiǎowū Dǎo)

北纬 28°52.0′，东经 122°14.4′。位于宁波市象山县东南部海域，距大陆最近点 47.06 千米。又名小乌礁。《象山县海域地名简志》（1987）记为小乌礁。第二次全国海域地名普查时更名为南小乌岛。因位于大礁（曾名大乌礁）西南端，面积小，又位于宁波海域南侧，故名。岸线长 37 米，面积 83 平方米，最高点高程 4 米。基岩岛，由上白垩统塘上组集块角砾岩、角砾凝灰岩等构成。无植被。属渔山列岛海洋生态特别保护区。

大礁 (Dà Jiāo)

北纬 28°52.0′，东经 122°14.4′。位于宁波市象山县东南部海域，南小乌岛北 20 米，距大陆最近点 47.09 千米。其形似鸟，又名大鸟礁。《象山县海域地名简志》（1987）、《浙江省海域地名录》（1988）、《中国海域地名志》（1989）、《中国海域地名图集》（1991）、《宁波市海岛志》（1994）、《浙江海岛志》（1998）、《全国海岛名称与代码》（2008）、2010年浙江省人民政府公布的第一批无居民海岛名称均记为大礁。因该岛在渔山周围岛屿中为最大，故名。岸线长404米，面积7 118平方米，最高点高程34.7米。基岩岛，由上白垩统塘上组集块角砾岩、角砾凝灰岩等构成。无植被。附近海域为国家体育局批准设置的海钓基地。属渔山列岛海洋生态特别保护区。

小山礁 (Xiǎoshān Jiāo)

北纬28°51.9′，东经122°14.4′。位于宁波市象山县东南部海域，距大陆最近点47.2千米。《象山县海域地名简志》（1987）、《浙江省海域地名录》（1988）、《中国海域地名志》（1989）、2010年浙江省人民政府公布的第一批无居民海岛名称均记为小山礁。岸线长55米，面积218平方米，最高点高程6米。基岩岛，由上白垩统塘上组集块角砾岩、角砾凝灰岩等构成。无植被。附近海域为国家体育局批准设置的海钓基地。属渔山列岛海洋生态特别保护区。

观通礁 (Guāntōng Jiāo)

北纬28°51.8′，东经122°14.3′。位于宁波市象山县东南部海域，距大陆最近点47.24千米。《象山县海域地名简志》（1987）、《浙江省海域地名录》（1988）、《中国海域地名志》（1989）、2010年浙江省人民政府公布的第一批无居民海岛名称均记为观通礁。因处渔山列岛观通站东侧，故名。岸线长29米，面积44平方米，最高点高程5米。基岩岛，由上白垩统塘上组集块角砾岩、角砾凝灰岩等构成。无植被。附近海域为国家体育局批准设置的海钓基地。属渔山列岛海洋生态特别保护区。

南湾咀岛 (Nánwānzuǐ Dǎo)

北纬28°51.6′，东经122°13.5′。位于宁波市象山县东南部海域，距大陆最近点46.7千米。岸线长65米，面积202平方米，最高点高程7米。基岩岛，由上白垩统塘上组集块角砾岩、角砾凝灰岩等构成。无植被。附近海域为国家体育局批准设置的海钓基地。属渔山列岛海洋生态特别保护区。

心肝屿 (Xīn'gān Yǔ)

北纬 28°51.6′，东经 122°14.2′。位于宁波市象山县东南部海域，距大陆最近点 47.43 千米。又名心肝礁、南夹礁。《象山县海域地名简志》（1987）、《浙江省海域地名录》（1988）、《中国海域地名志》（1989）记为心肝礁。《浙江省海域地名录》（1988）、《全国海岛名称与代码》（2008）记为南夹礁。2010 年浙江省人民政府公布的第一批无居民海岛名称记为心肝屿。因岛形似心肝，故名。岸线长 256 米，面积 3 309 平方米，最高点高程 9 米。基岩岛，由上白垩统塘上组集块角砾岩、角砾凝灰岩等构成。无植被。属渔山列岛海洋生态特别保护区。

拉克礁 (Lākè Jiāo)

北纬 28°51.5′，东经 122°14.3′。位于宁波市象山县东南部海域，距大陆最近点 47.64 千米。又名拉克、冷克礁。拉克礁为当地百姓惯称。岸线长 93 米，面积 542 平方米，最高点高程 5 米。基岩岛，由上白垩统塘上组集块角砾岩、角砾凝灰岩等构成。无植被。附近海域为国家体育局批准设置的海钓基地。属渔山列岛海洋生态特别保护区。

南夹礁 (Nánjiā Jiāo)

北纬 28°51.5′，东经 122°14.2′。位于宁波市象山县东南部海域，距大陆最近点 47.6 千米。曾名拉克。《象山县海域地名简志》（1987）、《浙江省海域地名录》（1988）、《中国海域地名志》（1989）、《中国海域地名图集》（1991）、《宁波市海岛志》（1994）、《浙江海岛志》（1998）、《全国海岛名称与代码》（2008）、2010 年浙江省人民政府公布的第一批无居民海岛名称均记为南夹礁。岸线长 109 米，面积 348 平方米，最高点高程 25.5 米。基岩岛，由上白垩统塘上组集块角砾岩、角砾凝灰岩等构成。无植被。附近海域为国家体育局批准设置的海钓基地。属渔山列岛海洋生态特别保护区。

白石山岛 (Báishíshān Dǎo)

北纬 29°30.3′，东经 121°36.0′。位于宁波市宁海县东北部海域，象山港内，西南与中央山岛相距 150 米，南邻白石水道，距大陆最近点 1.7 千米，属强蛟群岛。又名白石山。宋宝庆《四明志·卷二十一》：象山县境"西北到奉化县界二百四十五里，一鄞港中流白。石山为界"。《中国海洋岛屿简况》（1980）、《浙江海岛志》（1998）记为白石山。《宁海县地名志》（1988）、《浙江省海域地名录》（1988）、《中国海域地名志》（1989）、《中国海域地名图集》（1991）、《宁波市海岛志》（1994）、《全国海岛名称与代码》（2008）记为白石山岛。因系晚侏罗世酸性熔岩构成，色白而得名。基岩岛。原为马鞍岗、白石山、龟鱼嘴三岛，后经围垦相连。岸线长 7.33 千米，面积 0.935 7 平方千米，最高点高程 74.7 米。

有居民海岛。2011 年有户籍人口 1 人。岛上有海水养殖塘，常住 2 名管理人员。南侧有农垦场、淡水池。岛东南侧中部建有简易码头 1 座。最东端建有航标灯塔 1 座。

铜锤礁 (Tóngchuí Jiāo)

北纬 29°29.9′，东经 121°35.2′。位于宁波市宁海县东北部海域，象山港内，介于中央山岛与白石山岛之间，距大陆最近点 1.91 千米，属强蛟群岛。《宁海县地名志》（1988）、《浙江省海域地名录》（1988）、《中国海域地名志》（1989）、《中国海域地名图集》（1991）均记为铜锤礁。因形似铜锤，故名。岸线长 84 米，面积 393 平方米，最高点高程 6 米。基岩岛，由酸性熔岩构成。无植被。

中央山岛 (Zhōngyāngshān Dǎo)

北纬 29°29.7′，东经 121°34.9′。位于宁波市宁海县东北部海域，象山港内黄墩港口，距大陆最近点 1.36 千米，属强蛟群岛。又名中央山、青水门山、清水门山。《中国海洋岛屿简况》（1980）、《浙江海岛志》（1998）记为中央山。《宁海县地名志》（1988）、《浙江省海域地名录》（1988）、《中国海域地名志》（1989）、《中国海域地名图集》（1991）、《宁波市海岛志》（1994）、《全国海岛名称与代码》（2008）均记为中央山岛。岸线长 4.4 千米，面积 0.372 3 平方千米，最高点高程 74.4 米。基岩岛，由上侏罗统九里坪组流纹岩等构成。有针叶林，竹林，木本、草本栽培植被等。1981 年中央农牧渔业部征用该岛，在岛上设农业部动物隔离饲养场（畜牧兽医总站中央山岛实验场），并建 3 幢管理房。有标准海塘及养殖塘，主要养殖南美白对虾、梭子蟹。建有码头 3 座、风力发电设备 1 座。

横山岛 (Héngshān Dǎo)

北纬 29°29.5′，东经 121°32.0′。位于宁波市宁海县东北部海域，象山港内，狮子口东南侧，马岛西北 1.3 千米，距大陆最近点 1.19 千米，属强蛟群岛。又名横山、小普陀。《中国海洋岛屿简况》（1980）、《中国海域地名志》（1989）记为横山。《宁海县地名志》（1988）、《浙江省海域地名录》（1988）、《中国海域地名图集》（1991）、《宁波市海岛志》（1994）、《浙江海岛志》（1998）、《全国海岛名称与代码》（2008）均记为横山岛。因岛形无论于何方平视，皆成横形，状似"山"字，故名。岸线长 2.28 千米，面积 0.175 6 平方千米，最高点高程 51 米。基岩岛，岛体大部分为下白垩统朝川组紫红色砂岩、粉砂岩、凝灰岩、熔结凝灰岩等构成的低丘陵，海蚀地貌不发育；海积平地甚小，主要为港湾堆积。岛上土壤有滨海盐土类、潮土类、水稻土类、红壤类、粗骨土类等。植被有苦槠林、香樟林、马尾松林、竹林等。2013 年岛上户籍人口 1 人，常住人口 3 人。建有寺庙 1 座，渔民每次捕鱼季节都会上岛参拜，祈求平安归来。该岛是宁海湾旅游基地，建有悬浮码头 1 座。

狗山东岛 (Gǒushān Dōngdǎo)

北纬 29°29.3′，东经 121°35.1′。位于宁波市宁海县东北部海域，象山港内，居白石水道中部，距大陆最近点 840 米，属强蛟群岛。岸线长 213 米，面积 2 809 平方米，最高点高程 4.3 米。基岩岛，由上侏罗统九里坪组流纹岩构成。植被以草丛为主。岛上建有航标灯塔 1 座。

双山西岛 (Shuāngshān Xīdǎo)

北纬 29°29.0′，东经 121°27.1′。位于宁波市宁海县东北部海域，象山港内铁狮涂中部，距大陆最近点 170 米。第二次全国海域地名普查时命今名。岸线长 167 米，面积 1 338 平方米，最高点高程 17.5 米。基岩岛，由燕山晚期二长花岗岩构成。植被以草丛、灌木为主。岛边建有石砌堤。附近是围网养殖区。退潮时有泥滩与大陆相连，可行人，时有游客登岛观光。

小担岛 (Xiǎodàn Dǎo)

北纬 29°28.8′，东经 121°33.2′。位于宁波市宁海县东北部海域，象山港内黄墩港口，紧邻担屿，距大陆最近点 1.41 千米，属强蛟群岛。原为担屿的一部分，后界定为独立海岛。因位于担屿东侧一海岛，面积小，故名。岸线长 183 米，面积 1 964 平方米，最高点高程 6.2 米。基岩岛，由上侏罗统九里坪组流纹岩构成。植被以草丛、灌木为主。

担屿 (Dàn Yǔ)

北纬 29°28.8′，东经 121°33.1′。位于宁波市宁海县东北部海域，象山港内黄墩港口，居马岛和大、小狗卵礁之间，距大陆最近点 1.42 千米，属强蛟群岛。以形似扁担而得名。又名小末士、单屿、小麦屿。《中国海洋岛屿简况》（1980）记为小末士。《宁海县地名志》（1988）、《浙江省海域地名录》（1988）、《中国海域地名志》（1989）、《中国海域地名图集》（1991）、《宁波市海岛志》（1994）、《浙江海岛志》（1998）、《全国海岛名称与代码》（2008）中均记为担屿。2010 年浙江省人民政府公布的第一批无居民海岛名称记为小麦屿。岸线长 559 米，面积 0.013 7 平方千米，最高点高程 21.2 米。基岩岛，由上侏罗统九里坪组流纹岩构成。植被以草丛、灌木为主。

北洋屿 (Běiyáng Yǔ)

北纬 29°28.6′，东经 121°32.1′。位于宁波市宁海县东北部海域，象山港内，黄墩港口洋屿涂中部，南洋屿西北 160 米，距大陆最近点 1.07 千米，属强蛟群岛。曾名龙眼睛、杨峙、双峙。《宁海县地名志》（1988）、《浙江省海域地名录》（1988）、《中国海域地名志》（1989）、《中国海域地名图集》（1991）、《宁波市海岛志》（1994）、《浙江海岛志》（1998）、《全国海岛名称与代码》（2008）、2010 年浙江省人民政府公布的第一批无居民海岛名称均记为北洋屿。因与南洋屿岛形、大小略同，当地惯称两屿，后谐音为洋屿。该岛居北，故名。岸线长 333 米，面积 7 579 平方米，最高点高程 24.9 米。基岩岛，由下白垩统朝川组凝灰岩、凝灰质砂岩等构成。植被以草丛、灌木为主，有马尾松等。

南洋屿 (Nányáng Yǔ)

北纬 29°28.5′，东经 121°32.2′。位于宁波市宁海县东北部海域，象山港内，黄墩港口洋屿涂中部，北洋屿东南 160 米，距大陆最近点 980 米，属强蛟群岛。曾名双士、双峙，又名狮子口。《宁海县地名志》(1988)、《浙江省海域地名录》(1988)、《中国海域地名志》(1989)、《中国海域地名图集》(1991)、《宁波市海岛志》(1994)、《浙江海岛志》(1998)、《全国海岛名称与代码》(2008)、2010 年浙江省人民政府公布的第一批无居民海岛名称均记为南洋屿。因与北洋屿岛形、大小略同，当地惯称两屿，后谐音为洋屿。该岛居南，故名。岸线长 404 米，面积 8 842 平方米，最高点高程 23.6 米。基岩岛，由下白垩统朝川组凝灰岩、凝灰质砂岩等构成。植被以草丛、灌木为主。

寺前礁 (Sìqián Jiāo)

北纬 29°28.4′，东经 121°32.8′。位于宁波市宁海县东北部海域，象山港内黄墩港口，距大陆最近点 1.47 千米，属强蛟群岛。又名铁沙岛 -1。《宁海县地名志》(1988)、《浙江省海域地名录》(1988)、《中国海域地名图集》(1991) 记为寺前礁。《宁波市海岛志》(1994)、《全国海岛名称与代码》(2008) 记为铁沙岛 -1。岸线长 141 米，面积 1 437 平方米，最高点高程 10.4 米。基岩岛，由上侏罗统九里坪组流纹岩构成。植被以草丛、灌木为主。

小水屿 (Xiǎoshuǐ Yǔ)

北纬 29°14.3′，东经 121°47.3′。位于宁波市宁海县东部海域，白礁水道内，水屿东北 70 米，距大陆最近点 410 米。《浙江省海域地名录》(1988)、《中国海域地名志》(1989)、《中国海域地名图集》(1991)、《宁波市海岛志》(1994)、《浙江海岛志》(1998)、《全国海岛名称与代码》(2008)、2010 年浙江省人民政府公布的第一批无居民海岛名称均记为小水屿。因紧邻水屿，且面积较小，故名。岸线长 109 米，面积 759 平方米，最高点高程 9.8 米。基岩岛，由上侏罗统西山头组熔结凝灰岩构成。植被以草丛、灌木为主。

水屿 (Shuǐ Yǔ)

北纬 29°14.2′，东经 121°47.2′。位于宁波市宁海县东部海域，白礁水道内，小水屿西南 70 米，距大陆最近点 450 米。《中国海洋岛屿简况》(1980)、《宁海县地名志》(1988)、《浙江省海域地名录》(1988)、《中国海域地名志》(1989)、

《中国海域地名图集》（1991）、《宁波市海岛志》（1994）、《浙江海岛志》（1998）、《全国海岛名称与代码》（2008）、2010 年浙江省人民政府公布的第一批无居民海岛名称均记为水屿。因在三门湾北部白礁水道内，取"水中之山"之意命名。岸线长 532 米，面积 0.016 3 平方千米，最高点高程 32.9 米。基岩岛，由上侏罗统西山头组熔结凝灰岩构成。植被有人工栽培的针叶林等。岛顶端建有乳白色航标灯塔 1 座。

越溪小岛 (Yuèxī Xiǎodǎo)

北纬 29°13.2′，东经 121°32.5′。位于宁波市宁海县东南部海域，双盘涂中部，距大陆最近点 220 米。又名小礁。《宁海县地名志》（1988）、《浙江省海域地名录》（1988）、《中国海域地名志》（1989）、《中国海域地名图集》（1991）记为小礁。越溪东面有并列二礁，该礁较小，故称小礁。因省内重名，第二次全国海域地名普查时以其所处越溪镇更为今名。岸线长 70 米，面积 281 平方米，最高点高程 5 米。基岩岛，由火山凝灰岩构成。无植被。

子礁 (Zǐ Jiāo)

北纬 29°12.4′，东经 121°36.6′。位于宁波市宁海县东南部海域，力洋港中部，距大陆最近点 810 米，属三山（群岛）。因以傍近寡妇礁，似寡妇之子依母而立，原称小礁，1985 年更名为子礁。《宁海县地名志》（1988）、《浙江省海域地名录》（1988）、《中国海域地名图集》（1991）均记为子礁。岸线长 194 米，面积 1 092 平方米，最高点高程 4 米。基岩岛，由火山凝灰岩构成。植被以草丛为主。

秤锤山 (Chèngchuí Shān)

北纬 29°12.0′，东经 121°36.5′。位于宁波市宁海县东南部海域，力洋港西侧，距大陆最近点 970 米，属三山（群岛）。《中国海洋岛屿简况》（1980）、《宁海县地名志》（1988）、《浙江省海域地名录》（1988）、《中国海域地名志》（1989）、《中国海域地名图集》（1991）、《宁波市海岛志》（1994）、《浙江海岛志》（1998）、《全国海岛名称与代码》（2008）均记为秤锤山。因在三门湾力洋港西侧，形似秤锤，故名。岸线长 943 米，面积 0.044 1 平方千米，最高点高程 49.8 米。基岩岛，由上侏罗统九里坪组流纹斑岩构成。

开井山岛 (Kāijǐngshān Dǎo)

北纬 29°11.7′，东经 121°35.6′。位于宁波市宁海县东南部海域，三山涂中，介于青山港与力洋港之间，距大陆最近点 2.32 千米，属三山（群岛）。又名三山、开井山。《中国海洋岛屿简况》（1980）记为三山。《浙江海岛志》（1998）记为开井山。《浙江省海域地名录》（1988）、《宁海县地名志》（1988）、《中国海域地名志》（1989）、《中国海域地名图集》（1991）、《宁波市海岛志》（1994）、《全国海岛名称与代码》（2008）记为开井山岛。从前附近渔民出海捕鱼，为就近汲取淡水，遂在此岛南部开井一口，井水清澈，久旱不涸，至今尚存，岛由此而得名。岸线长 2.91 千米，面积 0.296 5 平方千米，最高点高程 87.2 米。基岩岛，由上侏罗统西山头组熔结凝灰岩构成。有针叶林、木本栽培植物，及人工栽种的松幼林、枫树、杉树等。1974 年岛上建办了宁海县海水养殖场三山苗种分场，从事蟶蛏和泥蚶苗种繁殖，1986 年县海水养殖场场址迁此。现有 60 亩对虾塘。有正式场员 7 人，住房 20 余间，8 千瓦发电机 1 台。另有蔬菜基地 5 亩，柑橘3 亩。岛南侧有大潮码头 1 座。

韭屿 (Jiǔ Yǔ)

北纬 29°10.9′，东经 121°32.6′。位于宁波市宁海县东南部海域，双盘涂南部，距大陆最近点 640 米。又名九屿。《中国海洋岛屿简况》（1980）记为九屿。《宁海县地名志》（1988）、《浙江省海域地名录》（1988）、《中国海域地名志》（1989）、《中国海域地名图集》（1991）、《宁波市海岛志》（1994）、《浙江海岛志》（1998）、《全国海岛名称与代码》（2008）记为韭屿。因岛多野韭菜，故名。岸线长 206 米，面积 2 387 平方米，最高点高程 9.8 米。基岩岛，由上侏罗统茶湾组凝灰质砂砾岩、凝灰岩等构成。植被以草丛、灌木为主。四周滩涂养殖蟹、虾等。

桔柿山屿 (Júshìshān Yǔ)

北纬 29°09.5′，东经 121°28.8′。位于宁波市宁海县东南部海域，旗门港北部，紧邻大陆，距大陆最近点 170 米。又名桔市山、桔柿山、橘柿山。《中国海洋岛屿简况》（1980）记为桔市山。《宁海县地名志》（1988）、《浙江省海域地名录》（1988）、《中国海域地名志》（1989）、《宁波市海岛志》（1994）、《全国海岛名称与代码》（2008）均记为桔柿山。《浙江海岛志》（1998）记为橘柿山。2010 年浙江省人民政府公布的第一批无居民海岛名称记为桔柿山屿。岛呈圆形如橘似柿，故名。岸线长 444 米，面积 0.013 8 平方千米，最高点高程 18.2 米。基岩岛，由上侏罗统茶湾组凝灰质砂砾岩构成。植被以草丛、灌木为主。

牛屎屿 (Niúshǐ Yǔ)

北纬 29°09.2′，东经 121°40.0′。位于宁波市宁海县东南部海域，猫头水道北端，距大陆最近点 1.81 千米。又名牛哑屿。《中国海洋岛屿简况》（1980）、《宁海县地名志》（1988）、《浙江省海域地名录》（1988）、《中国海域地名志》（1989）、《中国海域地名图集》（1991）、《宁波市海岛志》（1994）、《浙江海岛志》（1998）、《全国海岛名称与代码》（2008）、2010 年浙江省人民政府公布的第一批无居民海岛名称均记为牛屎屿。岛呈土堆形，远望像一堆牛屎，以形似而得名。岸线长 268 米，面积 3 897 平方米，最高点高程 15.5 米。基岩岛，由上侏罗统九里坪组流纹斑岩构成。植被以草丛、灌木为主，有白茅等。

大壳岛 (Dàké Dǎo)

北纬 29°09.1′，东经 121°40.5′。位于宁波市宁海县东南部海域，下洋涂中部，距大陆最近点 2.22 千米。又名大壳、大壳屿。《中国海洋岛屿简况》（1980）记为大壳。《宁海县地名志》（1988）、《浙江省海域地名录》（1988）、《中国海域地名志》（1989）、《中国海域地名图集》（1991）、《宁波市海岛志》（1994）、《浙江海岛志》（1998）、《全国海岛名称与代码》（2008）均记为大壳岛。2010 年浙江省人民政府公布的第一批无居民海岛名称记为大壳屿。因水道底部沉积大量贝壳，俗称壳门，又因该岛位于壳门西首，较东首之小壳岛大，故名。岸线长 510 米，面积 0.012 9 平方千米，最高点高程 31 米。基岩岛，由上侏罗统九里坪组流纹斑岩构成。植被以草丛、灌木为主。

大柴门岛 (Dàcháimén Dǎo)

北纬 29°08.3′，东经 121°40.7′。位于宁波市宁海县东南部海域，满山水道西北端，与木蛇岛相对峙，距大陆最近点 3.42 千米。曾名大北极门岛，又名大柴门。《中国海洋岛屿简况》（1980）记为大柴门。《宁海县地名志》（1988）、

《浙江省海域地名录》（1988）、《中国海域地名志》（1989）、《中国海域地名图集》（1991）、《宁波市海岛志》（1994）、《浙江海岛志》（1998）、《全国海岛名称与代码》（2008）、2010 年浙江省人民政府公布的第一批无居民海岛名称均记为大柴门岛。因与木蛇岛对峙似门户，中间有一宽大深水道，俗称大柴门，以岛近大柴门，故名。岸线长 1.4 千米，面积 0.087 7 平方千米，最高点高程 68 米。基岩岛，由上侏罗统九里坪组流纹斑岩构成。

木蛇岛 (Mùshé Dǎo)

北纬 29°08.0′，东经 121°40.5′。位于宁波市宁海县东南部海域，满山水道西北端，与大柴门岛相对峙，距大陆最近点 3.96 千米。又名木杓、木蛇屿。《中国海洋岛屿简况》（1980）记为木杓。《宁海县地名志》（1988）、《浙江省海域地名录》（1988）、《中国海域地名志》（1989）、《中国海域地名图集》（1991）、《宁波市海岛志》（1994）、《浙江海岛志》（1998）、《全国海岛名称与代码》（2008）中均记为木蛇岛。2010 年浙江省人民政府公布的第一批无居民海岛名称记为木蛇屿。以形似木杓，当地"木杓"与"木蛇"谐音，故名木蛇岛。岸线长 743 米，面积 0.014 9 平方千米，最高点高程 31 米。基岩岛，由上侏罗统九里坪组流纹斑岩构成。植被以草丛、灌木为主，有针叶林等。

夹城岛 (Jiāchéng Dǎo)

北纬 29°32.6′，东经 121°37.7′。位于宁波市奉化市东南部海域，象山港内，南邻单城山屿，距大陆最近点 150 米。曾名单城，又名单成。《中国海洋岛屿简况》（1980）记为单成。《浙江省海域地名录》（1988）、《中国海域地名志》（1989）、《中国海域地名图集》（1991）、《宁波市海岛志》（1994）、《浙江海岛志》（1998）、《全国海岛名称与代码》（2008）均记为夹城岛。因岛居夹城江南，故名。岸线长 1.21 千米，面积 0.070 9 平方千米，最高点高程 38 米。基岩岛，由上侏罗统茶湾组凝灰质砂砾岩、凝灰岩等构成。植被以草丛、灌木为主。岛周边建有养殖用房，现基本荒废。

扁担头岛 (Biǎndantóu Dǎo)

北纬 29°32.5′，东经 121°38.0′。位于宁波市奉化市东南部海域，象山港内，北邻夹城岛，距大陆最近点 510 米。又名扁担山。《中国海域地名志》（1989）记为扁担山。第二次全国海域地名普查时更名为扁担头岛。因形如扁担的一头，故名。岸线长 466 米，面积 8 679 平方米，最高点高程 9 米。基岩岛，由上侏罗统茶湾组凝灰质砂砾岩、凝灰岩等构成。植被以草丛、灌木为主。

悬山 (Xuán Shān)

北纬 29°31.6′，东经 121°34.3′。位于宁波市奉化市东部海域，象山港内，西邻桐照港，距大陆最近点 250 米。《中国海洋岛屿简况》（1980）、《浙江省海域地名录》（1988）、《中国海域地名志》（1989）、《中国海域地名图集》（1991）、《宁波市海岛志》（1994）、《浙江海岛志》（1998）、《全国海岛名称与代码》（2008）均记为悬山。因岛孤悬海中，故名。岸线长 10.61 千米，面积 2.306 5 平方千米，最高点高程 137 米。基岩岛，由上侏罗统茶湾组凝灰质砂砾岩、凝灰岩等构成。植被有针叶林、阔叶林、竹林、木本栽培植被等。岛东南侧有一长 2 000 米的人工堤，堤内为近代淤积的海积平地，内侧有晚更新世早期的坡洪积物。西端和南侧山嘴有废弃冷冻厂厂房，东侧建有海通石油供应站，油库、房子原为水产品冷冻厂，常住 2 人。东侧有围塘养殖，常住 2 人。南部海域有牡蛎养殖。西侧有养鸡场，常住 1 人。岛上有耕地 230 亩。奉化市人民政府在该岛发有林权证。

灵昆岛 (Língkūn Dǎo)

北纬 27°57.5′，东经 120°54.4′。位于温州市龙湾区东北部海域，瓯江入海口，距瓯江北岸 1.81 千米，南岸 2.24 千米，西与温州扶贫经济开发区遥遥对视，北与乐清市一衣带水，南与温州永强机场隔水相望，距大陆最近点 1.68 千米。又名温州岛。清光绪《永嘉县志·卷二》"瓯海"条云："有双昆山为海门，遂入于海，海山之际常有蜃气凝结，忽为楼台城橹，忽为旗帜甲马锦幔，光彩动人。"当地人以为灵气所钟，遂以"灵"字名山，故有大灵昆、小灵昆之称，全称灵昆山，岛以山名。《中国海洋岛屿简况》（1980）记为温州岛。《浙江省海域地名录》（1988）、《中国海域地名志》（1989）、《中国海域地名图集》（1991）、《浙江海岛志》（1998）和《全国海岛名称与代码》（2008）均记为灵昆岛。岸线长 30.18 千米，面积 31.793 2 平方千米，最高点高程 42.5 米。由瓯江河口泥沙冲积而成，组成物质主要是粉砂、沙泥互层和粉砂质黏土。始为新月形沙坝，单昆山和双昆山分居两沙洲顶端，中隔一涂浦（后取名为官河江）。清光绪《永嘉县志·卷二》"瓯江口"下注称："口在府城之东九十里，有二洲曰：大灵昆、小灵昆。"沙洲依山逐年向东淤积伸展，面积日渐扩大，合二为一，形成灵昆岛。地势低洼，西端单昆山，海拔 42.5 米；双昆山海拔 31.2 米；双昆山西又有披牌山海拔 33.5 米。岸线平直少曲折，西端为岩岸，余皆为黏土堤岸。四周滩涂环绕，东面是面积广阔的灵昆浅滩，向东延伸与洞头县仰舌沙嘴连接。岛屿平坦开阔，绿树荫荫。岛上平均气温 17.7℃，最冷月（1 月）均温 7.7℃，最热月（7 月）均温 27.6℃，无霜期 270 天。

有居民海岛，为龙湾区灵昆街道驻地。设有沙塘段、海思、王相、叶先、北段、上岩头等 9 个行政村，共 39 个自然村。2011 年 6 月户籍人口 21 600 人，常住人口 18 114 人，以农业为主，近涂养殖业为辅。拥有 60 多平方千米近海海水养殖面积。滩涂水域有鱼类、虾蟹、花蚶等水产品，特产有枳壳和灵昆鸡，传统工艺制品有十字挑花布。有 858 亩果园，以橘和葡萄为主。岛四周筑堤塘 18 千米，种植木麻黄、马尾松等防护林 10 万多株。林木为岛上一大景观，植有各种树木近百万棵，纵横成列，以榔榆、木麻黄、桉树居多，间有百年老榕树，曾被评为浙江省"绿色小城镇"。土壤分水稻土、潮土、滨海土三类。种植水稻为主，并有黄豆、大麦、小麦、柑橘、蔗糖、油菜籽等。物产有柚、葡萄、西瓜、黄桃等瓜果，青蟹、对虾、文蛤等海产，皆以质优而闻名。全岛河网纵横交叉呈"十"字状，中部有一条干河，东西长 7 千米，南北长 3 千米，水渠 39 条，形成灌溉网。建有陡门 7 座，水塘、水库 14 座，总蓄水量达 250 万立方米。有大陆饮水工程连接至岛上。交通便捷，岛西端与大陆有灵昆大桥相连，从温州市区乘公共汽车可达。有灵霓大堤与洞头县霓屿岛相连，该堤也称灵霓北堤，全长 14.5 千米，是中国目前最长的跨海大堤。岛分瓯江口为南北两口，北口水道是温州港客货轮主航道，南口水道自双昆山麓至瓯江南岸已建一座堵江促淤潜坝，仅可通小型船只。南有海思码头，北有北段、单昆两码头，100 吨船只均可停泊作业，北段码头有班轮往返龙湾永强、温州市区、乐清里隆等地。

三星西岛 (Sānxīng Xīdǎo)

北纬 28°01.2′，东经 121°04.2′。位于温州市洞头县三星礁西侧，距三星礁 22 米，距大陆最近点 6.96 千米，属洞头列岛。因处三星礁西面，第二次全国海域地名普查时命今名。基岩岛，岸线长 75 米，面积 350 平方米，最高点高程 10 米。长有草丛、灌木。

三星礁 (Sānxīng Jiāo)

北纬 28°01.2′，东经 121°04.3′。位于温州市洞头县三星西岛与小乌星屿之间，距小乌星屿 6 米，距大陆最近点 7 千米，属洞头列岛。又名小乌星、三星屿。《中国海洋岛屿简况》（1980）记为小乌星。《浙江省洞头县地名志》（1987）、《浙江省海域地名录》（1988）、《中国海域地名志》（1989）、《中国海域地名图集》（1991）、《浙江海岛志》（1998）和《全国海岛名称与代码》（2008）记为三星屿。2010 年浙江省人民政府公布的第一批无居民海岛名称记为三星礁。岸线长 257 米，面积 3 524 平方米，最高点高程 18 米。基岩岛，出露岩石为上侏罗统高坞组熔结凝灰岩，土层薄，长有草丛、灌木。岛东南侧水较深，一般深约 5.5 米。

小乌星屿 (Xiǎowūxīng Yǔ)

北纬 28°01.2′，东经 121°04.3′。位于温州市洞头县海域，距大陆最近点 7.09 千米，属洞头列岛。《中国海洋岛屿简况》（1980）、《浙江省洞头县地名志》（1987）、《浙江省海域地名录》（1988）、《中国海域地名志》（1989）、《中国海域地名图集》（1991）、《浙江海岛志》（1998）、《全国海岛名称与代码》（2008）和 2010 年浙江省人民政府公布的第一批无居民海岛名称均记为小乌星屿。该岛西邻三星礁，岸线长 217 米，面积 2 744 平方米，最高点高程 17.3 米。基岩岛，出露岩石为上侏罗统高坞组熔结凝灰岩，土层薄。岛西南侧多淤泥，东北侧为乐清湾口，水深 5.5 ～ 19 米。有灯桩 1 座。

乌星南岛 (Wūxīng Nándǎo)

北纬 28°01.0′，东经 121°04.4′。隶属于温州市洞头县，距大陆最近点 7.3 千米，属洞头列岛。第二次全国海域地名普查时命今名。基岩岛，岸线长 57 米，面积 208 平方米，最高点高程 10 米。

黄泥山屿 (Huángníshān Yǔ)

北纬 28°00.9′，东经 121°04.3′。隶属于温州市洞头县，距大陆最近点 7.16 千米，属洞头列岛。1985 年定名为黄泥山屿，一直沿用至今。岛泥呈黄色，故名。《中国海洋岛屿简况》（1980）、《浙江省洞头县地名志》（1987）、《浙江省海域地名录》（1988）、《中国海域地名志》（1989）、《中国海域地名图集》（1991）、《浙江海岛志》（1998）、《全国海岛名称与代码》（2008）和 2010 年浙江省人民政府公布的第一批无居民海岛名称均记为黄泥山屿。岸线长 174 米，面积 2 065 平方米，最高点高程 12.5 米。基岩岛，出露岩石为上侏罗统高坞组熔结凝灰岩，表土薄。

鸭屿 (Yā Yǔ)

北纬 28°00.9′，东经 121°03.0′。位于温州市洞头县黄狗盘屿北侧 48 米，距大陆最近点 5.05 千米，属洞头列岛。又名乌鲗屿。《中国海洋岛屿简况》（1980）记为乌鲗屿。《浙江省洞头县地名志》（1987）、《浙江省海域地名录》（1988）、《中国海域地名志》（1989）、《中国海域地名图集》（1991）、《浙江海岛志》（1998）、《全国海岛名称与代码》（2008）和 2010 年浙江省人民政府公布的第一批无居民海岛名称均记为鸭屿。以岛形似鸭子得名。岸线长 850 米，面积 0.018 5 平方千米，最高点高程 28.6 米。基岩岛，出露岩石为上侏罗统高坞组熔结凝灰岩，土层较薄。西南部沿岸较平缓，东北部沿岸陡峭。周围海域水深 6.5～10.2 米。

黄狗盘屿 (Huánggǒupán Yǔ)

北纬 28°00.8′，东经 121°03.0′。位于温州市洞头县北小门岛西北侧，距北小门岛 160 米，距大陆最近点 5.29 千米，属洞头列岛。又名浦屿。《中国海洋岛屿简况》（1980）记为浦屿。《浙江省洞头县地名志》（1987）、《浙江省海域地名录》（1988）、《中国海域地名志》（1989）、《中国海域地名图集》（1991）、《浙江海岛志》（1998）、《全国海岛名称与代码》（2008）和 2010 年浙江省人民政府公布的第一批无居民海岛名称均记为黄狗盘屿。因岛形似一只狗盘卧于地，且岛岩呈黄色，故名。岸线长 426 米，面积 6 868 平方米，最高点高程 23.3 米。基岩岛，出露岩石为上侏罗统高坞组熔结凝灰岩，土层较薄。

鳄鱼岛 (Èyú Dǎo)

北纬 28°00.8′，东经 121°02.9′。位于温州市洞头县黄狗盘屿西侧，距黄狗盘屿 17 米，距大陆最近点 5.25 千米，属洞头列岛。因岛形似鳄鱼状，第二次全国海域地名普查时命今名。岸线长 140 米，面积 526 平方米，最高点高程 8 米。基岩岛，由灰色岩石构成。无植被。

双色岛 (Shuāngsè Dǎo)

北纬 28°00.7′，东经 121°15.9′。隶属于温州市洞头县，距大陆最近点 5.04 千米，属洞头列岛。因该岛由两种颜色分明的岩石构成，第二次全国海域地名普查时命今名。基岩岛，岸线长 45 米，面积 161 平方米，最高点高程 4 米。无植被。属温州洞头南北爿山海洋特别保护区。

北小门岛 (Běixiǎomén Dǎo)

北纬 28°00.7′，东经 121°03.2′。位于温州市洞头县小门岛西北侧，距小门岛 709 米，距大陆最近点 5.49 千米，属洞头列岛。曾名小门山，别名大五星。清光绪《玉环厅志·卷一》载："小门山，因水道名而得。"中华人民共和国成立后更名为北小门岛。《中国海洋岛屿简况》（1980）、《浙江省洞头县地名志》（1987）、《浙江省海域地名录》（1988）、《中国海域地名志》（1989）、《中国海域地名图集》（1991）、《浙江海岛志》（1998）、《全国海岛名称与代码》（2008）和 2010 年浙江省人民政府公布的第一批无居民海岛名称均记为北小门岛。因南隔小门水道近小门岛，故名。岸线长 2.84 千米，面积 0.220 5 平方千米，最高点高程 76.9 米。基岩岛，出露岩石为上侏罗统高坞组熔结凝灰岩。西北部海岸平缓，岸外为泥滩，东北部沿岸较陡，水深 3～10.4 米。岛上土层较薄，主要植被有白茅草丛、野青茅草丛、芒萁、杜鹃灌草丛。有房屋 5 间，渔汛期有渔民居住，曾开垦种植，现已荒芜。周围海域为浅海渔场，产毛虾、小杂鱼等。属温州洞头南北爿山海洋特别保护区。

官财屿 (Guāncái Yǔ)

北纬 28°00.7′，东经 121°03.6′。位于温州市洞头县北小门岛东侧，距北小门岛 58 米，距大陆最近点 6.32 千米，属洞头列岛。原名棺材屿。因岛形似棺材而得名，后文字雅化为官财屿。《中国海洋岛屿简况》（1980）、《浙江省洞头县地名志》（1987）、《浙江省海域地名录》（1988）、《中国海域地名图集》（1991）、《浙江海岛志》（1998）和《全国海岛名称与代码》（2008）均记为棺材屿。《中国海域地名志》（1989）、2010 年浙江省人民政府公布的第一批无居民海岛名称记为官财屿。岸线长 458 米，面积 6 730 平方米，最高点高程 18 米。基岩岛，出露岩石为上侏罗统高坞组熔结凝灰岩，土层较薄。四周水深 2.8 ～ 10.4 米。

珠宝岛 (Zhūbǎo Dǎo)

北纬 28°00.7′，东经 121°03.7′。位于温州市洞头县官财屿东 1 米，距大陆最近点 6.48 千米，属洞头列岛。因岛上岩石风化成粒状，似珠宝，第二次全国海域地名普查时命今名。基岩岛。岸线长 124 米，面积 826 平方米，最高点高程 6 米。无植被。

双爿山屿 (Shuāngpánshān Yǔ)

北纬 28°00.6′，东经 121°15.9′。位于温州市洞头县，北爿山岛南侧，距北爿山岛 5 米，距大陆最近点 5.18 千米，属洞头列岛。《浙江海岛志》（1998）、2010 年浙江省人民政府公布的第一批无居民海岛名称均记为双爿山屿。岸线长 262 米，面积 2 377 平方米，最高点高程 16 米。基岩岛，出露岩石为上侏罗统高坞组熔结凝灰岩。无植被。属温州洞头南北爿山海洋特别保护区。

双爿间岛 (Shuāngpánjiān Dǎo)

北纬 28°00.6′，东经 121°15.9′。位于温州市洞头县双爿山屿南侧，距双爿山屿 28 米，距大陆最近点 5.24 千米，属洞头列岛。因处双爿门礁和双爿山屿之间，第二次全国海域地名普查时命今名。基岩岛，岸线长 30 米，面积 70 平方米，最高点高程 3 米。无植被。属温州洞头南北爿山海洋特别保护区。

蛙岛 （Wā Dǎo）

北纬 28°00.6′，东经 121°15.9′。位于温州市洞头县蛙头岛东侧，距蛙头岛 2 米，距大陆最近点 5.24 千米，属洞头列岛。因岛形似青蛙，第二次全国海域地名普查时命今名。基岩岛，岸线长 32 米，面积 80 平方米，最高点高程 5 米。无植被。属温州洞头南北爿山海洋特别保护区。

蛙头岛 （Wātóu Dǎo）

北纬 28°00.6′，东经 121°15.9′。位于温州市洞头县双爿门礁西北侧，距双爿门礁 8 米，距大陆最近点 5.24 千米，属洞头列岛。因岛形酷似蛙头，第二次全国海域地名普查时命今名。岸线长 42 米，面积 116 平方米，最高点高程 4 米。基岩岛，由灰色岩石构成，侵蚀严重。无植被。属温州洞头南北爿山海洋特别保护区。

双爿门礁 （Shuāngpánmén Jiāo）

北纬 28°00.6′，东经 121°15.9′。位于温州市洞头县北爿山岛南侧，距北爿山岛 73 米，距大陆最近点 5.25 千米，属洞头列岛。《浙江省洞头县地名志》（1987）、《浙江省海域地名录》（1988）、《中国海域地名图集》（1991）、《浙江海岛志》（1998）和《全国海岛名称与代码》（2008）均记为双爿门礁。岸线长 202 米，面积 2 141 平方米，最高点高程 14 米。基岩岛，出露岩石为上侏罗统高坞组熔结凝灰岩。无植被。属温州洞头南北爿山海洋特别保护区。

望隔岛 （Wànggé Dǎo）

北纬 28°00.6′，东经 121°15.9′。位于温州市洞头县双爿门礁东南侧，距双爿门礁 44 米，距大陆最近点 5.31 千米，属洞头列岛。站在岛上能看到隔礁，第二次全国海域地名普查时命今名。岸线长 119 米，面积 809 平方米，最高点高程 4 米。基岩岛，由灰色岩石构成。无植被。属温州洞头南北爿山海洋特别保护区。

北瓜瓢岛 （Běiguāpiáo Dǎo）

北纬 28°00.5′，东经 121°02.9′。位于温州市洞头县瓜瓢礁北侧，距瓜瓢礁 14 米，距大陆最近点 5.46 千米，属洞头列岛。因处瓜瓢礁北面，第二次全国海域地名普查时命今名。基岩岛。岸线长 48 米，面积 162 平方米，最高点高程 9 米。无植被。

瓜瓢礁 (Guāpiáo Jiāo)

北纬 28°00.5′，东经 121°02.9′。位于温州市洞头县小门岛西侧，距小门岛 1.07 千米，距大陆最近点 5.43 千米，属洞头列岛。又名瓜瓢屿、瓜飘屿、荼屿。《中国海洋岛屿简况》（1980）、《浙江省洞头县地名志》（1987）、《浙江省海域地名录》（1988）、《中国海域地名志》（1989）、《中国海域地名图集》（1991）、《浙江海岛志》（1998）和《全国海岛名称与代码》（2008）记为瓜瓢屿。2010 年浙江省人民政府公布的第一批无居民海岛名称记为瓜瓢礁。因岛形似瓜瓢而得名。岸线长 210 米，面积 2 419 平方米。岛上有单峰，最高处海拔 10 米。基岩岛，出露岩石为上侏罗统高坞组熔结凝灰岩，土层薄。西北侧为泥滩，东南侧水深 7 米。

隔礁 (Gé Jiāo)

北纬 28°00.4′，东经 121°15.8′。隶属于温州市洞头县，距大陆最近点 5.45 千米，属洞头列岛。《浙江省洞头县地名志》（1987）、《浙江省海域地名录》（1988）、《中国海域地名图集》（1991）、《浙江海岛志》（1998）、《全国海岛名称与代码》（2008）和 2010 年浙江省人民政府公布的第一批无居民海岛名称均记为隔礁。岸线长 204 米，面积 2 580 平方米，最高点高程 11.4 米。基岩岛，出露岩石为上侏罗统高坞组熔结凝灰岩。无植被。属温州洞头南北爿山海洋特别保护区。

饭盒礁 (Fànhé Jiāo)

北纬 28°00.2′，东经 121°15.5′。隶属于温州市洞头县，距大陆最近点 5.82 千米，属洞头列岛。《中国海洋岛屿简况》（1980）、《浙江省洞头县地名志》（1987）和《浙江省海域地名录》（1987）均记为饭盒礁。因岛形状似饭盒，故名。岸线长 109 米，面积 836 平方米，最高点高程 5.9 米。基岩岛，出露岩石为凝灰岩，基岩裸露。无植被。属温州洞头南北爿山海洋特别保护区。

小门岛 (Xiǎomén Dǎo)

北纬 27°59.9′，东经 121°03.7′。位于温州市洞头县大门镇大门岛西北侧，距大门岛 807 米，距大陆最近点 5.44 千米，属洞头列岛。清光绪八年《永嘉县志》和清光绪六年《玉环厅志》都记为"大门"，中华人民共和国成立初期改名为"小门"，沿用至今。《中国海洋岛屿简况》(1980)、《浙江省洞头县地名志》(1987)、《浙江省海域地名录》(1988)、《中国海域地名志》(1989)、《中国海域地名图集》(1991)、《浙江海岛志》(1998) 和《全国海岛名称与代码》(2008) 均记为小门岛。因比大门岛小，且其西北侧有水道曰小门，故名。岸线长 15.35 千米，面积 4.829 2 平方千米，最高点高程 138.9 米。岛略呈哑铃形，两头大，中间小，东北至西南走向。基岩岛，出露岩石为上侏罗统高坞组熔结凝灰岩及燕山晚期钾长花岗岩。地貌以低丘陵为主，有零星海积平地分布。土壤有红泥土、石砂土等，植被主要有针叶林（黑松林与少量马尾松林）、白茅草丛、草本栽培植被，间有少量沼生和水生植被、木本栽培植被。

有居民海岛。有小门、东屿 2 个行政村，8 个自然村。2011 年 6 月有户籍人口 2 744 人，常住人口 700 人。产业以渔业、石化为主，兼营农业。渔业以紫菜养殖为主，农林牧业以油菜、蔬菜种植为主。有城乡公交、电力电信设施等公共服务。岛上水电都来自大门岛。该岛是温州石化中转储运基地，建有亚洲最大的常温高压液化石油气中转站。有 5 万吨级油气码头及连接内陆的油气输送管道，主要经营石油液化气、石油制品、沥青等。建有码头 8 座、石化码头 3 座、村级简易码头 5 个。有小门大桥连接大门岛，在建大门大桥连接乐清翁垟。

海蜇礁 (Hǎizhé Jiāo)

北纬 27°59.8′，东经 121°12.3′。位于温州市洞头县鹿西岛北侧，距鹿西岛 19 米，距大陆最近点 5.54 千米，属洞头列岛。《浙江省洞头县地名志》(1987)、《浙江省海域地名录》(1988)、《中国海域地名志》(1989) 和《中国海域地名图集》(1991) 均记为海蜇礁。因处蜇鱼岙附近，当地俗称海蜇为蜇鱼，故名。岸线长 158 米，面积 1 738 平方米，最高点高程 6.9 米。基岩岛，出露岩石为凝灰岩。无植被。该岛有海堤与鹿西岛相连，有简易码头 1 座。

草笠屿 (Cǎolì Yǔ)

北纬 27°59.8′，东经 121°14.3′。位于温州市洞头县，西近鹿西岛，相距 282 米，距大陆最近点 6.5 千米，属洞头列岛。《中国海洋岛屿简况》（1980）、《浙江省洞头县地名志》（1987）、《浙江省海域地名录》（1988）和《中国海域地名图集》（1991）均记为草笠屿。岛以形似草笠得名。岸线长 165 米，面积 1 524 平方米，最高点高程 6 米。基岩岛，出露岩石为酸性熔结凝灰岩。无植被。周围水深 25 米。

舢舨礁 (Shānbǎn Jiāo)

北纬 27°59.6′，东经 121°14.1′。位于温州市洞头县鹿西岛东北侧，距鹿西岛 63 米，距大陆最近点 6.74 千米，属洞头列岛。《浙江省洞头县地名志》（1987）、《浙江省海域地名录》（1988）和《中国海域地名图集》（1991）均记为舢舨礁。因岛状似舢舨而得名。岸线长 222 米，面积 2 909 平方米，最高点高程 8 米。基岩岛，出露岩石为凝灰岩。无植被。

水牛礁 (Shuǐniú Jiāo)

北纬 27°59.5′，东经 121°04.0′。位于温州市洞头县，小门岛东南偏南侧，距小门岛 26 米，距大陆最近点 7.93 千米，属洞头列岛。《浙江省洞头县地名志》（1987）、《浙江省海域地名录》（1988）、《中国海域地名图集》（1991）、《浙江海岛志》（1998）和 2010 年浙江省人民政府公布的第一批无居民海岛名称均记为水牛礁。岛以形似水牛得名。岸线长 118 米，面积 1 029 平方米，最高点高程 13.6 米。基岩岛，出露岩石为上侏罗统高坞组熔结凝灰岩。

小海鸥礁 (Xiǎohǎi'ōu Jiāo)

北纬 27°59.5′，东经 121°14.0′。位于温州市洞头县鹿西岛东北偏东侧，距鹿西岛 176 米，距大陆最近点 7 千米，属洞头列岛。又名海鸥礁。《中国海洋岛屿简况》（1980）、《浙江省洞头县地名志》（1987）、《浙江省海域地名录》（1988）、《中国海域地名志》（1989）、《中国海域地名图集》（1991）和《浙江海岛志》（1998）均记为海鸥礁。2010 年浙江省人民政府公布的第一批无居民海岛名称记为小海鸥礁。因该岛常年有海鸥栖息，且面积小，故名。岸线长 326 米，面积 1 937 平方米，最高点高程 9.6 米。基岩岛，出露岩石为上侏罗统高坞组熔结凝灰岩。无植被。

白龙屿 (Báilóng Yǔ)

北纬 27°59.3′，东经 121°13.8′。位于温州市洞头县，鹿西岛东侧，距鹿西岛 547 米，距大陆最近点 7.19 千米，属洞头列岛。《中国海洋岛屿简况》（1980）、《浙江省洞头县地名志》（1987）、《浙江省海域地名录》（1988）、《中国海域地名志》（1989）、《中国海域地名图集》（1991）、《浙江海岛志》（1998）、《全国海岛名称与代码》（2008）和 2010 年浙江省人民政府公布的第一批无居民海岛名称均记为白龙屿。因岛形狭长，岩色白，状似白龙游海，故名。岸线长 1.82 千米，面积 0.038 平方千米，最高点高程 30.7 米。基岩岛，出露岩石为上侏罗统高坞组熔结凝灰岩，表土稍薄。

鹿西岛 (Lùxī Dǎo)

北纬 27°59.2′，东经 121°11.6′。位于温州市洞头县鹿西乡，地处洞头列岛东北部，西隔黄大峡水道邻大门岛，东山坪南侧，距东山坪 25.77 千米，距大陆最近点 4.71 千米。曾名鹿西山、东臼山、平头山，又名鹿栖岛、平顶山。明嘉靖《温州府志·卷二》载："鹿西山，去城东南二百四十里，沧溟四环，据海道之冲。"清光绪《永嘉县志》载："鹿西山，宋建炎后置砦兵。"清光绪《玉环厅志》载为东臼山，"中为山坪，南为鹿西"。《中国海洋岛屿简况》（1980）、《浙江省洞头县地名志》（1987）、《浙江省海域地名录》（1988）和《中国海域地名志》（1989）、《中国海域地名图集》（1991）、《浙江海岛志》（1998）均记为鹿西岛。据传，早年岛上有鹿群栖息，鹿栖谐音为鹿西，故名。

岛呈弧瓢形，东西长 6.7 千米，南北宽 1.3 千米。面积 8.711 7 平方千米，岸线长 32.19 千米。地势西北高，东南低。全岛有 9 座小山峰，主峰烟墩岗顶海拔 233 米。出露岩石为熔结凝灰岩。山岭相连，中部山顶平坦。土壤皆为红壤。西北及东北山丘有部分黑松、马尾松。岸线曲折，多港湾，岸坡较陡，为基岩海岸。西北沿岸有少量泥涂，水深 4 米，其余沿岸水深 8～31 米。

有居民海岛，为洞头县鹿西乡人民政府驻地，有 11 个自然村。2011 年 6 月户籍人口 5 573 人，常住人口 8 112 人。产业以渔业为主，产虾皮、七星鱼、带鱼、墨鱼、鲳鱼等。有中学 1 所、小学 2 所、广播站、文化站、卫生院等。鹿西澳是主要港口，建有码头，有至温州、洞头、玉环坎门、乐清等航线定期班轮。海运可直达上海、宁波、福州等地。明清为海防要地。岛上尚存建于宋建炎年间的烟墩岗烽火台。

左门岛 (Zuǒmén Dǎo)

北纬 27°59.1′，东经 121°13.6′。位于温州市洞头县门礁西侧，距门礁 7 米，距大陆最近点 7.65 千米，属洞头列岛。该岛在门礁西侧（左面），第二次全国海域地名普查时命今名。基岩岛。岸线长 71 米，面积 308 平方米，最高点高程 7 米。无植被。

门礁 (Mén Jiāo)

北纬 27°59.1′，东经 121°13.6′。位于温州市洞头县白龙屿西南侧，距白龙屿 8 米，距大陆最近点 7.65 千米，属洞头列岛。《浙江省洞头县地名志》（1987）、《中国海域地名图集》（1991）、《浙江海岛志》（1998）和 2010 年浙江省人民政府公布的第一批无居民海岛名称均记为门礁。因位于白龙屿与鹿西岛中间水道的南面入口，故名。岸线长 164 米，面积 1 803 平方米，最高点高程 9.8 米。基岩岛，出露岩石为熔结凝灰岩。以基岩海岸为主。无植被。

豆腐岩 (Dòufu Yán)

北纬 27°59.1′，东经 121°05.6′。位于温州市洞头县大门岛北侧，距大门岛 85 米，距大陆最近点 8.25 千米，属洞头列岛。清乾隆《永嘉县志·卷十》载："大门门外有豆腐岩"。《浙江省洞头县地名志》（1987）、《中国海域地名志》（1989）和《中国海域地名图集》（1991）均记为豆腐岩。以岛形似豆腐块得名。岸线长 97 米，面积 370 平方米，最高点高程 8 米。岛上有两组节理非常清晰的岩石互相垂直，乃海浪长期沿着节理面的裂隙侵蚀所致。以基岩海岸为主。无植被。

浆桩礁 (Jiāngzhuāng Jiāo)

北纬 27°59.0′，东经 121°05.3′。位于温州市洞头县大门岛北侧，距大门岛 6 米，距大陆最近点 8.75 千米，属洞头列岛。《浙江省洞头县地名志》（1987）、《浙江省海域地名录》（1988）和《中国海域地名图集》（1991）均记为浆桩礁。基岩岛。岸线长 43 米，面积 144 平方米，最高点高程 36.6 米。植被以草丛、灌木为主。

南帆岛 (Nánfān Dǎo)

北纬 27°58.9′，东经 121°11.9′。位于温州市洞头县鹿西岛东南偏南侧，距鹿西岛 3 米，距大陆最近点 7 千米，属洞头列岛。因位于南山下，形似帆状，第二次全国海域地名普查时命今名。岸线长 63 米，面积 317 平方米，最高点高程 7 米。基岩岛，以基岩海岸为主。无植被。

南船岛 (Nánchuán Dǎo)

北纬 27°58.9′，东经 121°11.5′。位于温州市洞头县鹿西岛东南偏南侧，距鹿西岛 8 米，距大陆最近点 6.83 千米，属洞头列岛。因位于南山下，形似船状，第二次全国海域地名普查时命今名。岸线长 162 米，面积 1 443 平方米，最高点高程 7 米。基岩岛，以基岩海岸为主。无植被。

仰天东岛 (Yǎngtiān Dōngdǎo)

北纬 27°58.9′，东经 121°12.3′。位于温州市洞头县鹿西岛东南偏南侧，距鹿西岛 13 米，距大陆最近点 7.2 千米，属洞头列岛。因位于仰天澳东侧，第二次全国海域地名普查时命今名。岸线长 134 米，面积 978 平方米，最高点高程 8 米。基岩岛，以基岩海岸为主。无植被。

仰天外岛 (Yǎngtiān Wàidǎo)

北纬 27°58.9′，东经 121°12.1′。位于温州市洞头县鹿西岛东南偏南侧，距鹿西岛 31 米，距大陆最近点 7.19 千米，属洞头列岛。因位于仰天澳外，第二次全国海域地名普查时命今名。岸线长 145 米，面积 1 078 平方米，最高点高程 9 米。基岩岛，以基岩海岸为主。无植被。

蓬礁 (Péng Jiāo)

北纬 27°58.8′，东经 121°07.6′。位于温州市洞头县大门岛东北侧，距大门岛 70 米，距大陆最近点 6.89 千米，属洞头列岛。《浙江省洞头县地名志》（1987）、《浙江省海域地名录》（1988）和《中国海域地名图集》（1991）均记为蓬礁。据当地群众惯称定名。岸线长 38 米，面积 116 平方米，最高点高程 6 米。基岩岛，出露岩石为钾长花岗岩。以基岩海岸为主。无植被。

跃龙门岛 (Yuèlóngmén Dǎo)

北纬 27°58.7′，东经 121°11.4′。位于温州市洞头县鹿西岛西南偏南侧，距鹿西岛 7 米，距大陆最近点 7.08 千米，属洞头列岛。因位于仰天澳内，岛对面为白鲤鱼岛，取鲤鱼跃龙门之意，第二次全国海域地名普查时命今名。岸线长 79 米，面积 389 平方米，最高点高程 8 米。基岩岛，以基岩海岸为主。无植被。

白鲤鱼岛 (Báilǐyú Dǎo)

北纬 27°58.7′，东经 121°11.4′。位于温州市洞头县鹿西岛西南偏南侧，距鹿西岛 3 米，距大陆最近点 7.23 千米，属洞头列岛。因岛体呈长条状，上部呈白色，似鲤鱼背，第二次全国海域地名普查时命今名。基岩岛。岸线长 126 米，面积 558 平方米，最高点高程 11 米。以基岩海岸为主。植被以草丛为主。

沙岙礁 (Shā'ào Jiāo)

北纬 27°58.6′，东经 121°07.9′。位于温州市洞头县大门岛东北侧，距大门岛 2 米，距大陆最近点 6.98 千米，属洞头列岛。《浙江省洞头县地名志》（1987）、《浙江省海域地名录》（1988）和《中国海域地名图集》（1991）均记为沙岙礁。因位于沙岙口外，故名。岸线长 30 米，面积 71 平方米，最高点高程 7 米。基岩岛，出露岩石为花岗岩。以基岩海岸为主。植被以草丛为主。

猪头咀 (Zhūtóuzuǐ)

北纬 27°58.2′，东经 121°08.2′。位于温州市洞头县大门岛东侧，距大门岛 14 米，距大陆最近点 7.59 千米，属洞头列岛。《中国海域地名图集》（1991）标注为猪头咀。据当地群众惯称定名。基岩岛。岸线长 174 米，面积 1 750 平方米，最高点高程 28 米。

耙礁 (Pá Jiāo)

北纬 27°58.2′，东经 121°08.2′。位于温州市洞头县大门岛东侧，距大门岛 36 米，距大陆最近点 7.58 千米，属洞头列岛。曾名耙挪礁。《浙江省洞头县地名志》（1987）、《浙江省海域地名录》（1988）和《中国海域地名图集》（1991）均记为耙礁。因该礁形似耙挪（一种似耙子的农具），故名耙挪礁，简称耙礁。岸线长 139 米，面积 917 平方米，最高点高程 8 米。基岩岛，出露岩石为钾长花岗岩。植被以草丛和乔木为主。附近区域为海损多发地。

东咀头礁 (Dōngzuǐtóu Jiāo)

北纬 27°58.1′，东经 121°11.0′。位于温州市洞头县鹿西岛西南偏南侧，距鹿西岛 22 米，距大陆最近点 8.12 千米，属洞头列岛。《浙江省洞头县地名志》（1987）、《浙江省海域地名录》（1988）和《中国海域地名图集》（1991）均记为东咀头礁。因位于东咀头（岬角）外侧，据当地群众惯称定名。岸线长 95 米，面积 566 平方米，最高点高程 8 米。基岩岛，出露岩石为凝灰岩。以基岩海岸为主。植被以草丛和乔木为主。

鲳鱼礁 (Chāngyú Jiāo)

北纬 27°58.1′，东经 121°10.5′。位于温州市洞头县鹿西岛西南偏南 117 米，距大陆最近点 7.88 千米，属洞头列岛。《浙江省洞头县地名志》（1987）、《浙江省海域地名录》（1988）和《中国海域地名图集》（1991）均记为鲳鱼礁。以地处鲳鱼礁村澳口南侧得名。岸线长 55 米，面积 197 平方米，最高点高程 4.4 米。基岩岛，出露岩石为凝灰岩。以基岩海岸为主。无植被。

东路外礁 (Dōnglùwài Jiāo)

北纬 27°58.1′，东经 121°11.0′。位于温州市洞头县鹿西岛西南偏南侧近旁，距大陆最近点 8.14 千米，属洞头列岛。《浙江省洞头县地名志》（1987）、《中国海域地名图集》（1991）记为东路外礁。据当地群众惯称定名。岸线长 92 米，面积 500 平方米，最高点高程 8 米。基岩岛，出露岩石为凝灰岩。以基岩海岸为主。植被以草丛和乔木为主。

外鹰岩 (Wàiyīng Yán)

北纬 27°58.0′，东经 121°08.5′。位于温州市洞头县大门岛东侧 192 米，距大陆最近点 7.98 千米，属洞头列岛。《浙江省洞头县地名志》（1987）、《浙江省海域地名录》（1988）和《中国海域地名图集》（1991）均记为外鹰岩。因位于鹰岩礁外侧（东面），故名。岸线长 23 米，面积 38 平方米，最高点高程 5.4 米。基岩岛，出露岩石为钾长花岗岩。以基岩海岸为主。无植被。

大门岛 (Dàmén Dǎo)

北纬 27°57.9′，东经 121°05.5′。位于温州市洞头县大门镇海域，瓯江口外北侧，东隔黄大峡水道为鹿西岛，南、西临温州湾，东南距县城北岙街道 15.5 千米，距大陆最近点 6.51 千米，属洞头列岛。曾名青奥、青奥山、黄在隩、黄大岙、黄大岙山、大门山、青奥门。《中国海域地名志》（1989）载："据传，昔永嘉郡守颜延之，见岛上古木参天，野花遍地，青翠欲滴。一侍从问：'颜老爷，此岛何名？'颜郡守信口答道：'此青奥也。'"明万历《温州府志·卷一》载："青奥山，两山如门名青岙门。"清光绪八年《永嘉县志》称此岛"两山对峙如门，亦名青奥门"。岛名自始而得。清光绪《玉环厅志·卷一》又记为黄在隩，因岛南部有一大港湾，近岸沙滩远望一片黄色，故名。清光绪《浙江沿海图说》载："黄大岙，异名大门山。"20 世纪 50 年代初正式命名为大门岛。《中国海洋岛屿简况》（1980）、《浙江省洞头县地名志》（1987）、《浙江省海域地名录》（1988）、《中国海域地名图集》（1991）、《浙江海岛志》（1998）等记为大门岛。以该岛与其西北侧的小门岛之间的大门水道得名。

基岩岛。岸线长 47.79 千米，面积 28.777 8 平方千米。岛呈东西走向，形如倒"凹"字，峰高岗密。海拔超过 200 米的山峰有 17 座，烟墩山为最高峰，海拔 391.8 米。出露岩石大部分为钾长花岗岩，西端为凝灰岩。土壤多为红壤，少量水稻土、潮土。植被以黑松、马尾松为主。海岸曲折多港湾，多为基岩海岸。东南、东北侧沿岸均较陡，水深 7～29 米。岛南、西、北面有大片泥涂。四周水道交错，除北侧大门水道、东北侧黄大峡外，还有南侧的北水道，此系船舶进出温州港的主航道。

有居民海岛，为洞头县大门镇政府驻地。有1镇2乡，4个居委会和20个村委会，辖90个自然村。2011年6月户籍人口9 247人，常住人口12 900人。经济以渔业为主，渔业历史悠久。清光绪《玉环厅志·卷一》载："黄大岙山，夏秋时海蜇旺生，商贩云集环山诸埠。"今主要海产品有带鱼、乌贼、七星鱼、紫菜、对虾等。工业有水产品加工、机械、修理、五金电器和石料加工等。岛上有耕地，种植水稻、蕃薯、大麦、小麦、油菜等。有橘林500余亩，茶树100余亩。水源较充足，有水库6座。花岗岩资源丰富，开采加工后用于化工、建筑等行业，产品畅销。岛上有宋建炎年间建的龟岩烽火台、城门洞、龟岩、石和尚等名胜古迹。岛南、西侧均有围堤，其中南侧筑堤1 738米，垦地2 023亩，建有对虾养殖场。乌仙头营盘基、仁前涂等处建有小盐场。有公路3条，计10.2千米。半环岛公路正在施工。南部建有300吨级潭头码头，北面有头岩码头，可供百吨左右船只停泊；西部、东部的仁前涂、营盘基、西浪、观音礁、东浪、石浦、沙岙等处筑有简易固定的码道或埠头，有至温州、瓯海、乐清、玉环、洞头等航线。至邻近岛屿有民间渡船通行。海运可直达上海、宁波、福州等地。

稻杆垛东岛 (Dàogǎnduò Dōngdǎo)

北纬27°57.8′，东经121°11.4′。隶属于温州市洞头县，距大陆最近点8.79千米，属洞头列岛。第二次全国海域地名普查时命今名。基岩岛。岸线长94米，面积509平方米，最高点高程10米。四周以基岩海岸为主。无植被。

洞头观音礁 (Dòngtóu Guānyīn Jiāo)

北纬27°57.8′，东经121°08.4′。位于温州市洞头县大门岛东侧近旁，距大陆最近点8.26千米，属洞头列岛。曾名观音礁。《中国海域地名图集》（1991）标注为观音礁。因省内重名，位于洞头县，第二次全国海域地名普查时更为今名。基岩岛。岸线长242米，面积2 540平方米，最高点高程16米。以基岩海岸为主，南、北面有沙滩。主要植被为松树。

小卧兔岛 (Xiǎowòtù Dǎo)

北纬27°57.8′，东经121°11.1′。隶属于温州市洞头县，距大陆最近点8.75

千米，属洞头列岛。因位于卧兔岛边，面积小于卧兔岛，第二次全国海域地名普查时命今名。基岩岛。岸线长 21 米，面积 29 平方米，最高点高程 8 米。以基岩海岸为主。无植被。

卧兔岛 (Wòtù Dǎo)

北纬 27°57.8′，东经 121°11.1′。隶属于温州市洞头县，距大陆最近点 8.75千米，属洞头列岛。因近观形似趴着的兔子，第二次全国海域地名普查时命今名。基岩岛。岸线长 60 米，面积 249 平方米，最高点高程 20 米。以基岩海岸为主。无植被。

西头山屿 (Xītóushān Yǔ)

北纬 27°57.7′，东经 121°11.1′。位于温州市洞头县鹿西岛南侧 834 米，距大陆最近点 8.77 千米，属洞头列岛。又名犁头主、犁头嘴、犁头咀、西山头屿。因山形尖，突出海面似犁头，又名犁头嘴。《中国海洋岛屿简况》（1980）记为犁头主。《浙江海岛志》（1998）记为西山头屿。《浙江省洞头县地名志》（1987）、《浙江省海域地名录》（1988）、《中国海域地名志》（1989）、《中国海域地名图集》（1991）、《全国海岛名称与代码》（2008）和 2010 年浙江省人民政府公布的第一批无居民海岛名称记为西头山屿。岸线长 166 米，面积 2 005 平方米，最高点高程 21.8 米。基岩岛，出露岩石为熔结凝灰岩，无表土。以基岩海岸为主。

石林岛 (Shílín Dǎo)

北纬 27°57.7′，东经 121°08.1′。位于温州市洞头县大门岛东侧近旁，距大陆最近点 8.58 千米，属洞头列岛。因岛体状似林木，第二次全国海域地名普查时命今名。基岩岛。岸线长 60 米，面积 286 平方米，最高点高程 7.5 米。植被以草丛、灌木为主。

二童子岛 (Èrtóngzǐ Dǎo)

北纬 27°57.5′，东经 121°08.1′。位于温州市洞头县大门岛东侧近旁，距大陆最近点 8.89 千米，属洞头列岛。因位于洞头观音礁澳附近，状似两童子，第二次全国海域地名普查时命今名。基岩岛。岸线长 223 米，面积 1 350 平方米，最高点高程 16 米。

鸡母娘礁 (Jīmǔniáng Jiāo)

北纬 27°57.5′，东经 121°08.6′。位于温州市洞头县大门岛东南侧近旁，距大陆最近点 8.8 千米，属洞头列岛。《浙江省洞头县地名志》（1987）、《浙江省海域地名录》（1988）、《中国海域地名志》（1989）、《中国海域地名图集》（1991）、《浙江海岛志》（1998）、《全国海岛名称与代码》（2008）和 2010 年浙江省人民政府公布的第一批无居民海岛名称均记为鸡母娘礁。因由多块岩石堆成，状似母鸡领小鸡，故名。岸线长 201 米，面积 2 248 平方米，最高点高程 30 米。基岩岛，出露岩石为钾长花岗岩。

梳妆台岛 (Shūzhuāngtái Dǎo)

北纬 27°57.4′，东经 121°08.6′。位于温州市洞头县大门岛东南侧近旁，距大陆最近点 8.87 千米，属洞头列岛。因岛体状似梳妆台，第二次全国海域地名普查时命今名。基岩岛。岸线长 106 米，面积 668 平方米，最高点高程 21 米。以基岩海岸为主。无植被。

扇贝岛 (Shànbèi Dǎo)

北纬 27°57.3′，东经 121°08.0′。位于温州市洞头县大门岛东南侧近旁，距大陆最近点 9.21 千米，属洞头列岛。因岛体状似扇贝，第二次全国海域地名普查时命今名。基岩岛。岸线长 107 米，面积 679 平方米，最高点高程 6.5 米。以基岩海岸为主。无植被。

西头岩 (Xītóu Yán)

北纬 27°57.3′，东经 121°04.1′。位于温州市洞头县大门岛南侧滩地，距大门岛 28 米，距大陆最近点 9.73 千米，属洞头列岛。又名岩门头、西头、西头岩岛。《浙江海岛志》（1998）记为西头岩岛。《浙江省洞头县地名志》（1987）、《中国海域地名志》（1989）、《中国海域地名图集》（1991）和《全国海岛名称与代码》（2008）均记为西头岩。因处大门岛近岸，与岛隔有一门水道，当地惯称岩门头，又因位于沙岩村西侧，故名。岸线长 70 米，面积 332 平方米，最高点高程 31 米。基岩岛，出露岩石由燕山晚期二长花岗斑岩组成。植被以草丛、灌木为主。

小雪山岛 (Xiǎoxuěshān Dǎo)

北纬 27°57.1′，东经 121°07.4′。位于温州市洞头县大门岛东南侧近旁，距大陆最近点 9.88 千米，属洞头列岛。因岛体较小，又状似雪山，第二次全国海域地名普查时命今名。基岩岛。岸线长 86 米，面积 589 平方米，最高点高程 7 米。植被以草丛、灌木为主。

西昌岛 (Xīchāng Dǎo)

北纬 27°57.0′，东经 121°07.3′。位于温州市洞头县大门岛东南侧近旁，距大陆最近点 10.05 千米，属洞头列岛。因处昌儿岗屿西面，第二次全国海域地名普查时命今名。基岩岛。岸线长 102 米，面积 724 平方米，最高点高程 12 米。

昌儿岗屿 (Chāng'érgǎng Yǔ)

北纬 27°57.0′，东经 121°07.3′。位于温州市洞头县大门岛东南侧近旁，距大陆最近点 10.11 千米，属洞头列岛。曾名昌儿岗。《浙江省洞头县地名志》（1987）、《中国海域地名志》（1989）、《中国海域地名图集》（1991）记为昌儿岗屿。因岛形状似小鲳鱼，"鲳"谐音为"昌"，故名。岸线长 133 米，面积 927 平方米，最高点高程 7 米。基岩岛，出露岩石为钾长花岗岩。以基岩海岸为主。无植被。

猪槽礁 (Zhūcáo Jiāo)

北纬 27°56.9′，东经 121°07.2′。位于温州市洞头县大门岛东南侧近旁，距大陆最近点 10.23 千米，属洞头列岛。《浙江省洞头县地名志》（1987）记为猪槽礁。以形似猪槽得名。基岩岛。岸线长 335 米，面积 2 120 平方米，最高点高程 8 米。以基岩海岸为主。无植被。

东头礁 (Dōngtóu Jiāo)

北纬 27°56.8′，东经 121°13.6′。位于温州市洞头县两头山屿东北侧 52 米，距大陆最近点 11.5 千米，属洞头列岛。《浙江省洞头县地名志》（1987）、《浙江省海域地名录》（1988）和《中国海域地名图集》（1991）记为东头礁。因处两头山屿东北侧，故名。岸线长 88 米，面积 513 平方米，最高点高程 6 米。基岩岛，出露岩石为凝灰岩。以基岩海岸为主。无植被。

两头山屿 （Liǎngtóushān Yǔ）

北纬 27°56.8′，东经 121°13.5′。位于温州市洞头县鹿西岛东南侧 4.4 千米，距大陆最近点 11.46 千米，属洞头列岛。又名两头山。《中国海洋岛屿简况》（1980）记为两头山。《浙江省洞头县地名志》（1987）、《浙江省海域地名录》（1988）、《中国海域地名志》（1989）、《中国海域地名图集》（1991）、《浙江海岛志》（1998）、《全国海岛名称与代码》（2008）和 2010 年浙江省人民政府公布的第一批无居民海岛名称均记为两头山屿。因远望岛两端都似山头，故名。岸线长 661 米，面积 0.015 4 平方千米，最高点高程 26.5 米。基岩岛，出露岩石为熔结凝灰岩，无表土。以基岩海岸为主。

茅草东上岛 （Máocǎo Dōngshàng Dǎo）

北纬 27°56.8′，东经 121°13.4′。位于温州市洞头县茅草屿东北偏东侧 15 米，距大陆最近点 11.51 千米，属洞头列岛。该岛为茅草屿东面的两个小海岛之一，居北（上），第二次全国海域地名普查时命今名。基岩岛。岸线长 31 米，面积 78 平方米，最高点高程 7 米。以基岩海岸为主。无植被。

茅草东下岛 （Máocǎo Dōngxià Dǎo）

北纬 27°56.7′，东经 121°13.4′。位于温州市洞头县茅草屿东偏北侧 14 米，距大陆最近点 11.52 千米，属洞头列岛。该岛为茅草屿东面的两个小海岛之一，居南（下），第二次全国海域地名普查时命今名。基岩岛。岸线长 32 米，面积 81 平方米，最高点高程 7 米。以基岩海岸为主。无植被。

茅草屿 （Máocǎo Yǔ）

北纬 27°56.7′，东经 121°13.3′。位于温州市洞头县两头山屿西侧 100 米，距大陆最近点 11.43 千米，属洞头列岛。《中国海洋岛屿简况》（1980）、《浙江省洞头县地名志》（1987）、《浙江省海域地名录》（1988）、《中国海域地名志》（1989）、《中国海域地名图集》（1991）、《浙江海岛志》（1998）、《全国海岛名称与代码》（2008）和 2010 年浙江省人民政府公布的第一批无居民海岛名称均记为茅草屿。因岛上植被多为茅草而得名。岸线长 645 米，面积 0.019 6 平方千米，最高点高程 26.2 米。基岩岛，出露岩石为晚侏罗世流纹质玻屑凝灰岩，土层较厚。植被以草丛、灌木为主。

西头岛 (Xītóu Dǎo)

北纬 27°56.7′，东经 121°13.4′。位于温州市洞头县两头山屿西南侧 7 米，距大陆最近点 11.55 千米，属洞头列岛。因与东头礁相对，位于两头山屿西侧，第二次全国海域地名普查时命今名。基岩岛。岸线长 136 米，面积 1 161 平方米，最高点高程 9 米。以基岩海岸为主。无植被。

青菱屿 (Qīnglíng Yǔ)

北纬 27°56.6′，东经 121°04.8′。位于温州市洞头县大门岛南侧 647 米，距大陆最近点 11.21 千米，属洞头列岛。《中国海洋岛屿简况》（1980）、《浙江省洞头县地名志》（1987）、《浙江省海域地名录》（1988）、《中国海域地名志》（1989）、《中国海域地名图集》（1991）、《浙江海岛志》（1998）和 2010 年浙江省人民政府公布的第一批无居民海岛名称均记为青菱屿。因形似菱角，且山上草木茂盛，常年一片青，故名。基岩岛。岸线长 797 米，面积 0.026 8 平方千米，最高点高程 49.5 米。岛上有 2 间小房屋，渔汛期有人居住。两边建有促淤堤。附近海域系定置渔业作业区，产毛虾、小杂鱼等。

大山一岛 (Dàshān Yīdǎo)

北纬 27°56.4′，东经 121°13.1′。位于温州市洞头县大山岛东北偏北侧 96 米，距大陆最近点 11.95 千米，属洞头列岛。按方位由北到南，加序数得名。基岩岛。岸线长 163 米，面积 1 082 平方米，最高点高程 7 米。以基岩海岸为主。无植被。

大龟岛 (Dàguī Dǎo)

北纬 27°56.4′，东经 121°13.1′。位于温州市洞头县大山岛东北偏北侧 84 米，距大陆最近点 12.01 千米，属洞头列岛。因形似大海龟浮出水面，第二次全国海域地名普查时命今名。基岩岛。岸线长 86 米，面积 461 平方米，最高点高程 9 米。以基岩海岸为主。无植被。

大山二岛 (Dàshān Èrdǎo)

北纬 27°56.4′，东经 121°13.1′。位于温州市洞头县大山岛东北偏北侧 26 米，距大陆最近点 12 千米，属洞头列岛。按方位由北到南，加序数得名。基岩岛。

岸线长 220 米，面积 3 089 平方米，最高点高程 13 米。以基岩海岸为主。无植被。

大山三岛 (Dàshān Sāndǎo)

北纬 27°56.3′，东经 121°13.1′。位于温州市洞头县大山岛东北侧 15 米，距大陆最近点 12.07 千米，属洞头列岛。按方位由北到南，加序数得名。基岩岛。岸线长 213 米，面积 2 056 平方米，最高点高程 12 米。以基岩海岸为主。无植被。

大山四岛 (Dàshān Sìdǎo)

北纬 27°56.3′，东经 121°13.1′。位于温州市洞头县大山岛东北侧 21 米，距大陆最近点 12.11 千米，属洞头列岛。按方位由北到南，加序数得名。基岩岛。岸线长 160 米，面积 1 552 千米，最高点高程 8 米。以基岩海岸为主。无植被。

半爿礁 (Bànpán Jiāo)

北纬 27°56.3′，东经 121°12.9′。位于温州市洞头县大山岛西北侧 13 米，距大陆最近点 12.06 千米，属洞头列岛。《浙江省洞头县地名志》（1987）、《浙江省海域地名录》（1988）、《中国海域地名志》（1989）和《中国海域地名图集》（1991）均记为半爿礁。因一面陡壁，形似半爿岩，故名。岸线长 87 米，面积 468 平方米，最高点高程 16 米。基岩岛，出露岩石为凝灰岩。以基岩海岸为主。无植被。

大山五岛 (Dàshān Wǔdǎo)

北纬 27°56.3′，东经 121°13.1′。位于温州市洞头县大山岛东侧 14 米，距大陆最近点 12.21 千米，属洞头列岛。按方位由北到南，加序数得名。基岩岛。岸线长 113 米，面积 528 平方米，最高点高程 8 米。以基岩海岸为主。无植被。

拔刀礁 (Bádāo Jiāo)

北纬 27°56.2′，东经 121°13.0′。位于温州市洞头县大山岛东南偏南侧 39 米，距大陆最近点 12.27 千米，属洞头列岛。《浙江省洞头县地名志》（1987）、《中国海域地名图集》（1991）记为拔刀礁。以当地群众惯称定名。岸线长 101 米，面积 727 平方米，最高点高程 6 米。基岩岛，出露岩石为凝灰岩。以基岩海岸为主。无植被。

大笔北礁 (Dàbǐ Běijiāo)

北纬 27°55.4′，东经 121°10.0′。位于温州市洞头县状元岙岛东北、大笔架屿北侧，距大笔架屿 30 米，距大陆最近点 12.63 千米，属洞头列岛。《浙江省洞头县地名志》（1987）、《浙江省海域地名录》（1988）、《中国海域地名图集》（1991）、《浙江海岛志》（1998）、《全国海岛名称与代码》（2008）和 2010 年浙江省人民政府公布的第一批无居民海岛名称均记为大笔北礁。以处大笔架屿北侧得名。岸线长 95 米，面积 417 平方米，最高点高程 6 米。基岩岛，出露岩石为凝灰岩。以基岩海岸为主。无植被。

象背岛 (Xiàngbèi Dǎo)

北纬 27°55.4′，东经 121°10.0′。位于温州市洞头县，大笔架屿西北近侧，距大陆最近点 12.68 千米，属洞头列岛。因形似大象渡水，且头背露出水面，第二次全国海域地名普查时命今名。基岩岛。岸线长 83 米，面积 443 平方米，最高点高程 8 米。以基岩海岸为主。无植被。

大笔架屿 (Dàbǐjià Yǔ)

北纬 27°55.4′，东经 121°10.0′。位于温州市洞头县状元岙岛东北侧，距状元岙岛 1.65 千米，距大陆最近点 12.65 千米，属洞头列岛。又名大笔架礁、笔架礁。清乾隆《温州府志·卷八》载为大笔架礁。清光绪《浙江沿海图说》载："笔架礁，译名裂岩"，"大笔架凡五峰，高者离水面十二丈。有奇峰，奇而黄，盖岛而名为礁也"。因形如笔架，原名笔架礁。因与附近礁重名，且比其大，1985 年更为今名。《中国海洋岛屿简况》（1980）、《浙江省洞头县地名志》（1987）、《浙江省海域地名录》（1988）、《中国海域地名志》（1989）、《中国海域地名图集》（1991）、《浙江海岛志》（1998）、《全国海岛名称与代码》（2008）和 2010 年浙江省人民政府公布的第一批无居民海岛名称均记为大笔架屿。岸线长 1.18 千米，面积 0.015 7 平方千米，最高点高程 42.8 米。基岩岛，出露岩石为晚侏罗世流纹质玻屑凝灰岩。以基岩海岸为主。有航标灯塔 1 座，国家测量标志 1 个。

大笔西礁 (Dàbǐ Xījiāo)

北纬 27°55.3′，东经 121°09.8′。位于温州市洞头县状元岙岛东北、大笔架屿西南端岸外，距大陆最近点 12.87 千米，属洞头列岛。《浙江省洞头县地名志》（1987）、《浙江省海域地名录》（1988）、《中国海域地名图集》（1991）、《浙江海岛志》（1998）、《全国海岛名称与代码》（2008）和 2010 年浙江省人民政府公布的第一批无居民海岛名称均记为大笔西礁。以处大笔架屿西侧得名。岸线长 95 米，面积 487 平方米，最高点高程 11.2 米。基岩岛，出露岩石为凝灰岩。植被以草丛、灌木为主。

猴头岛 (Hóutóu Dǎo)

北纬 27°55.2′，东经 121°09.8′。位于温州市洞头县大笔架屿西南侧 18 米，距大陆最近点 12.91 千米，属洞头列岛。因从外远观，岛尖状似猴头，第二次全国海域地名普查时命今名。基岩岛。岸线长 49 米，面积 156 平方米，最高点高程 9 米。以基岩海岸为主。无植被。

大笔南礁 (Dàbǐ Nánjiāo)

北纬 27°55.2′，东经 121°09.8′。位于温州市洞头县状元岙岛东北侧、大笔架屿西南端岸外，距大笔架屿 14 米，距大陆最近点 12.89 千米，属洞头列岛。《浙江省洞头县地名志》（1987）、《浙江省海域地名录》（1988）、《中国海域地名图集》（1991）、《浙江海岛志》（1998）、《全国海岛名称与代码》（2008）和 2010 年浙江省人民政府公布的第一批无居民海岛名称均记为大笔南礁。以处大笔架屿南侧得名。岸线长 222 米，面积 2 041 平方米，最高点高程 30.5 米。基岩岛，出露岩石为凝灰岩。植被以草丛、灌木为主。

青山岛 (Qīngshān Dǎo)

北纬 27°55.0′，东经 121°06.7′。位于温州市洞头县大门镇状元岙岛西北侧，距状元岙岛 12.89 千米，距大陆最近点 13.01 千米，属洞头列岛。又名重山、青山。清光绪《玉环厅志》曾称重山。清乾隆《温州府志》载："中有重山（即鸡笼屿）。"据传，昔日岛上草木繁茂，四季常青，后更名为青山，1985 年定为今名。《中国海洋岛屿简况》（1980）、《浙江省洞头县地名志》（1987）、《浙江省海域地名录》（1988）、《中国海域地名志》（1989）、《中国海域地名图集》（1991）、《浙江海岛志》（1998）、《全国海岛名称与代码》（2008）和 2010年浙江省人民政府公布的第一批无居民海岛名称均记为青山岛。岸线长 7.77 千米，面积 1.360 7 平方千米，最高点高程 226.5 米。基岩岛，出露岩石为燕山晚期花岗斑岩和晚侏罗世流纹质玻屑凝灰岩。

有居民海岛。岛上有 1 个自然村。2011 年 6 月户籍人口 15 人。有石头房十几间，无人常住，有季节性居住居民，以张网作业和海水养殖为主。有输电高架塔，西北角有 1 处海底电缆登陆点。西侧有石料开采区，已停采。

朝天北岛 (Cháotiān Běidǎo)

北纬 27°54.7′，东经 121°07.5′。位于温州市洞头县青山岛东南侧 692 米，距大陆最近点 14.18 千米，属洞头列岛。因位于朝天礁北面，第二次全国海域地名普查时命今名。基岩岛。岸线长 42 米，面积 109 平方米，最高点高程 9 米。植被以草丛、灌木为主。

黄北岛 (Huángběi Dǎo)

北纬 27°54.7′，东经 121°07.5′。位于温州市洞头县青山岛东南侧 707 米，距大陆最近点 14.18 千米，属洞头列岛。因位于元觉黄岛北面，第二次全国海域地名普查时命今名。基岩岛。岸线长 55 米，面积 140 平方米，最高点高程 8 米。以基岩海岸为主。无植被。

元觉黄岛 (Yuánjué Huángdǎo)

北纬 27°54.7′，东经 121°07.5′。位于温州市洞头县青山岛东南侧 680 米，距大陆最近点 14.19 千米，属洞头列岛。因属元觉街道，岩石黄色，第二次全国海域地名普查时命今名。基岩岛。岸线长 141 米，面积 821 平方米，最高点高程 17 米。长有草丛。有太阳能供电的航标灯塔 1 座。

朝天礁 (Cháotiān Jiāo)

北纬 27°54.7′，东经 121°07.5′。位于温州市洞头县青山岛东南侧 678 米，距大陆最近点 14.23 千米，属洞头列岛。《浙江省洞头县地名志》（1987）、《浙江海岛志》（1998）、2010 年浙江省人民政府公布的第一批无居民海岛名称均记为朝天礁。因远观似面朝天空的礁岩，故名。岸线长 56 米，面积 177 平方米，最高点高程 14.9 米。基岩岛，出露岩石为凝灰岩。长有草丛。

朝天南岛 (Cháotiān Nándǎo)

北纬 27°54.7′，东经 121°07.5′。位于温州市洞头县青山岛东南侧 628 米，距大陆最近点 14.24 千米，属洞头列岛。因位于朝天礁南侧，第二次全国海域地名普查时命今名。基岩岛。岸线长 225 米，面积 1 812 平方米，最高点高程 15 米。长有草丛。

小笔架北岛 (Xiǎobǐjià Běidǎo)

北纬 27°54.6′，东经 121°07.5′。位于温州市洞头县青山岛东南侧 648 米，距大陆最近点 14.29 千米，属洞头列岛。因位于小笔架岛北侧，第二次全国海域地名普查时命今名。基岩岛。岸线长 45 米，面积 85 平方米，最高点高程 6.5 米。有少量草丛。

小笔架岛 (Xiǎobǐjià Dǎo)

北纬 27°54.6′，东经 121°07.4′。位于温州市洞头县青山岛东南侧 609 米，距大陆最近点 14.31 千米，属洞头列岛。因邻近小笔架礁，第二次全国海域地名普查时命今名。基岩岛。岸线长 139 米，面积 490 平方米，最高点高程 8 米。有少量草丛。

板壁礁 (Bǎnbì Jiāo)

北纬 27°54.6′，东经 121°09.2′。位于温州市洞头县状元岙岛东北侧 104 米，距大陆最近点 14.02 千米，属洞头列岛。《浙江省洞头县地名志》（1987）、《浙江省海域地名录》（1988）、《中国海域地名志》（1989）、《中国海域地名图集》（1991）、《浙江海岛志》（1998）、《全国海岛名称与代码》（2008）和 2010 年浙江省人民政府公布的第一批无居民海岛名称均记为板壁礁。因岛皆为板壁似的陡岩，植被稀少，故名。岸线长 374 米，面积 4 295 平方米，最高点高程 22.6 米。基岩岛，出露岩石为凝灰岩。有少量草丛。有大地控制点 1 个。

板壁南岛 (Bǎnbì Nándǎo)

北纬 27°54.6′，东经 121°09.2′。位于温州市洞头县状元岙岛东北侧 87 米，距大陆最近点 14.12 千米，属洞头列岛。因位于板壁礁南面，第二次全国海域地名普查时命今名。基岩岛。岸线长 17 米，面积 23 平方米，最高点高程 7 米。以基岩海岸为主。无植被。

鞋子岛 (Xiézi Dǎo)

北纬 27°54.5′，东经 121°09.3′。位于温州市洞头县状元岙岛东北侧 142 米，距大陆最近点 14.17 千米，属洞头列岛。因岛形似鞋子，第二次全国海域地名普查时命今名。基岩岛。岸线长 38 米，面积 115 平方米，最高点高程 9 米。以基岩海岸为主。无植被。

鹭鸶礁 (Lùsī Jiāo)

北纬 27°54.5′，东经 121°09.0′。位于温州市洞头县状元岙岛东北侧近旁，距大陆最近点 14.17 千米，属洞头列岛。又名和尚礁。《中国海洋岛屿简况》（1980）记为和尚礁。因岛顶圆而光滑，形似和尚头，故名和尚礁。又因岛上常有鹭鸶栖息，1985 年更名为鹭鸶礁，沿用至今。《浙江省洞头县地名志》（1987）、《浙江省海域地名录》（1988）、《中国海域地名志》（1989）、《中国海域地名图集》（1991）、《浙江海岛志》（1998）、《全国海岛名称与代码》（2008）和 2010 年浙江省人民政府公布的第一批无居民海岛名称均记为鹭鸶礁。岸线长 296 米，面积 4 305 平方米，最高点高程 30.6 米。基岩岛，出露岩石为凝灰岩。岛上地势不平，有少量草丛、灌木。

鹭鸶外礁 (Lùsī Wàijiāo)

北纬 27°54.5′，东经 121°09.1′。位于温州市洞头县状元岙岛东北侧近旁，距大陆最近点 14.23 千米，属洞头列岛。《浙江省洞头县地名志》（1987）、《浙江海岛志》（1998）和 2010 年浙江省人民政府公布的第一批无居民海岛名称均记为鹭鸶外礁。因该岛位于鹭鸶礁外侧（东面），故名。岸线长 79 米，面积 369 平方米，最高点高程 10 米。基岩岛，出露岩石为凝灰岩。有少量草丛、灌木。

板壁内礁 (Bǎnbì Nèijiāo)

北纬 27°54.5′，东经 121°09.1′。位于温州市洞头县状元岙岛东北侧近旁，距大陆最近点 14.23 千米，属洞头列岛。《浙江省洞头县地名志》（1987）、《中国海域地名图集》（1991）记为板壁内礁。因位于板壁礁内侧（西南侧），故名。岸线长 33 米，面积 52 平方米，最高点高程 9.5 米。基岩岛，出露岩石为凝灰岩。岛上长有灌木。

百佛岛 (Bǎifó Dǎo)

北纬 27°54.5′，东经 121°09.0′。位于温州市洞头县状元岙岛东北侧近旁，距大陆最近点 14.25 千米，属洞头列岛。因岛上岩石形态各异，似有上百尊佛像矗立在岩石上，第二次全国海域地名普查时命今名。基岩岛。岸线长 35 米，面积 100 平方米，最高点高程 10 米。以基岩海岸为主。无植被。

百佛西岛 (Bǎifó Xīdǎo)

北纬 27°54.5′，东经 121°09.0′。位于温州市洞头县状元岙岛东北侧近旁，距大陆最近点 14.26 千米，属洞头列岛。因位于百佛岛西侧，第二次全国海域地名普查时命今名。基岩岛。岸线长 37 米，面积 93 平方米，最高点高程 9.5 米。以基岩海岸为主。无植被。

小园礁 (Xiǎoyuán Jiāo)

北纬 27°54.5′，东经 121°08.8′。位于温州市洞头县状元岙岛东北侧近旁，距大陆最近点 14.31 千米，属洞头列岛。《中国海域地名图集》（1991）标注为小园礁。因岛呈圆形，面积较小，故名。基岩岛。岸线长 23 米，面积 41 平方米，最高点高程 5.8 米。岛上长有灌木。

元觉东岛 (Yuánjué Dōngdǎo)

北纬 27°53.8′，东经 121°08.8′。位于温州市洞头县状元岙岛东北偏东侧近旁，距大陆最近点 15.61 千米，属洞头列岛。因位于元觉街道东部，第二次全国海域地名普查时命今名。基岩岛。岸线长 114 米，面积 846 平方米，最高点高程 11 米。岛上有少量草丛。

北蛙岛 (Běiwā Dǎo)

北纬 27°53.7′，东经 121°08.5′。位于温州市洞头县状元岙岛东侧近旁，距大陆最近点 15.75 千米，属洞头列岛。因位于蛙岛北侧，第二次全国海域地名普查时命今名。基岩岛。岸线长 15 米，面积 17 平方米，最高点高程 7 米。以基岩海岸为主。无植被。

南蛙岛 (Nánwā Dǎo)

北纬 27°53.7′，东经 121°08.5′。位于温州市洞头县状元岙岛东侧近旁，距大陆最近点 15.77 千米，属洞头列岛。因形似青蛙，与北蛙岛相对，第二次全国海域地名普查时命今名。基岩岛。岸线长 27 米，面积 58 平方米，最高点高程 5.2 米。以基岩海岸为主。无植被。

小相思岙岛 (Xiǎoxiāngsī'ào Dǎo)

北纬 27°53.6′，东经 121°08.4′。位于温州市洞头县状元岙岛东侧近旁，距大陆最近点 16.03 千米，属洞头列岛。因位于相思岙内，面积小于相思岙岛，第二次全国海域地名普查时命今名。基岩岛。岸线长 32 米，面积 59 平方米，最高点高程 5.8 米。以基岩海岸为主。无植被。

相思岙岛 (Xiāngsī'ào Dǎo)

北纬 27°53.6′，东经 121°08.4′。位于温州市洞头县洞头列岛中段，状元岙岛东侧近旁，东南距县城北岙街道 11 千米，距大陆最近点 16.03 千米。因位于相思岙内，第二次全国海域地名普查时命今名。基岩岛。岸线长 52 米，面积 150 平方米，最高点高程 6.5 米。岛上有少量草丛。

状元岙岛 (Zhuàngyuán'ào Dǎo)

北纬 27°53.5′，东经 121°07.7′。位于温州市洞头县元觉街道洞头列岛中部，东南距县城北岙街道 6 千米，距大陆最近点 14.21 千米。曾名状元隩山，又名状元岙。清光绪六年《玉环厅志》记为状元隩山。《中国海洋岛屿简况》（1980）记为状元岙。《浙江省洞头县地名志》（1987）、《浙江省海域地名录》（1988）、《中国海域地名志》（1989）、《中国海域地名图集》（1991）和《浙江海岛志》（1998）均记为状元岙岛。岛上曾有人中过状元，该村得名状元岙，岛以村命名。岸线长 26.92 千米，面积 6.428 4 平方千米，最高点高程 231.9 米。土壤有滨海盐土、粗骨木、红壤。基岩岛，出露岩石北部及东南部以流纹斑岩为主，中、西南部以凝灰岩为主，东部尚有钾长花岗岩出露。山丘起伏，平展地段很少，耕地仅占 6.5%，且多在山坡上。林木主要是松树，有蛇、蛙、鼠等野生动物。

有居民海岛，为洞头县元觉街道驻地。岛上有 8 个行政村，11 个自然村。2011 年 6 月户籍人口 3 433 人，常住人口 8 806 人。工业主要为水产品加工业和鱼粉饲料工业。岛上耕地均为旱地，主要种植番薯、蚕豆、麦类、马铃薯、油菜等。有初级中学 1 所，小学 4 所。建于清代的沙角天后宫为县级文物保护单位。有状元大桥连接状元岙岛。有 35 千伏海底电缆接华东电力网。有 300 吨级客货运码头 1 座，另有客货、渔用码头 8 座。

糕儿礁 (Gāo'ér Jiāo)

北纬 27°53.1′，东经 121°08.6′。位于温州市洞头县状元岙岛东南侧 69 米，距大陆最近点 16.87 千米，属洞头列岛。《浙江海岛志》（1998）记为 2685 号无名岛。2010 年浙江省人民政府公布的第一批无居民海岛名称记为糕儿礁。以岛形似年糕得名。岸线长 159 米，面积 1 827 平方米，最高点高程 10 米。基岩岛，出露岩石为燕山晚期钾长花岗岩。以基岩海岸为主。无植被。

花岗北岛 (Huāgǎng Běidǎo)

北纬 27°53.0′，东经 121°08.6′。位于温州市洞头县状元岙岛东南侧 30 米，距大陆最近点 16.93 千米，属洞头列岛。因位于花岗岛北面，第二次全国海域地名普查时命今名。基岩岛。岸线长 164 米，面积 1 560 平方米，最高点高程 33 米。植被以草丛、灌木为主。

箬笠屿 (Ruòlì Yǔ)

北纬 27°53.0′，东经 121°03.0′。位于温州市洞头县霓屿岛东北偏北侧 678 米，距大陆最近点 13.85 千米，属洞头列岛。又名箬笠礁。《中国海洋岛屿简况》（1980）、《浙江海岛志》（1998）和《全国海岛名称与代码》（2008）均记为箬笠礁。《浙江省洞头县地名志》（1987）、《浙江省海域地名录》（1988）、《中国海域地名志》（1989）、《中国海域地名图集》（1991）和 2010 年浙江省人民政府公布的第一批无居民海岛名称均记为箬笠屿。因状似箬笠而得名。岸线长 204 米，面积 3 001 平方米，最高点高程 15.6 米。基岩岛，出露岩石为晚侏罗世流纹质晶屑凝灰岩。以基岩海岸为主。

花岗岛 (Huāgǎng Dǎo)

北纬 27°52.8′，东经 121°08.7′。位于温州市洞头县元觉街道大三盘岛与状元吞岛之间，距状元吞岛 97 米，距大陆最近点 17.13 千米，属洞头列岛。又名花矸岛。《中国海洋岛屿简况》（1980）记为花矸岛。《浙江省洞头县地名志》（1987）、《浙江省海域地名录》（1988）、《中国海域地名志》（1989）、《中国海域地名图集》（1991）、《浙江海岛志》（1998）、《全国海岛名称与代码》（2008）和 2010 年浙江省人民政府公布的第一批无居民海岛名称均记为花岗岛。因岛上山峰形似花瓣，故名。岸线长 3.06 千米，面积 0.305 6 平方千米，最高点高程 96.8 米。基岩岛，出露岩石为燕山晚期钾长花岗岩。地势东高西低，东面沿岸多礁石，东北部海岸岩石陡峭，西南沿岸低缓有砂砾沉积。土壤以棕红泥土、棕红沙土为主。

有居民海岛，有 1 个行政村。2011 年 6 月户籍人口 693 人，常住人口 698 人。花岗古渔村建筑风格具有海岛特色。有 1 所小学，建有 1 座简易村级码头。岛北侧有一因填海堤坝围成的海域可供渔船避风。水电已纳入城乡水电供应系统。有温州至洞头公路经过，南与洞头大桥相连，北与花岗大桥相连，开通至县城的城乡公交车。

孤屿东岛 (Gūyǔ Dōngdǎo)

北纬 27°52.7′，东经 121°08.9′。位于温州市洞头县花岗岛东南侧 79 米，距大陆最近点 17.55 千米，属洞头列岛。因位于孤屿东侧，第二次全国海域地名普查时命今名。基岩岛。岸线长 58 米，面积 182 平方米，最高点高程 5.1 米。以基岩海岸为主。无植被。

金笠屿 (Jīnlì Yǔ)

北纬 27°52.7′，东经 121°08.3′。位于温州市洞头县花岗岛西南侧 135 米，距大陆最近点 17.66 千米，属洞头列岛。《中国海洋岛屿简况》（1980）、《浙江省洞头县地名志》（1987）、《浙江省海域地名录》（1988）、《中国海域地名图集》（1991）、《浙江海岛志》（1998）、《全国海岛名称与代码》（2008）和 2010 年浙江省人民政府公布的第一批无居民海岛名称均记为金笠屿。因状似箬笠，且呈金黄色，故名。岸线长272米，面积4479平方米，最高点高程33.3米。基岩岛，出露岩石为晚侏罗世流纹质玻屑凝灰岩。以基岩海岸为主。岛南侧海域有围堤养殖。与花岗岛填海相连。

花岗西岛 (Huāgǎng Xīdǎo)

北纬27°52.6′，东经121°08.3′。位于温州市洞头县花岗岛西南侧163米，距大陆最近点17.77千米，属洞头列岛。《浙江海岛志》（1998）记为2692号无名岛。因位于花岗岛西面，第二次全国海域地名普查时命今名。岸线长83米，面积427平方米，最高点高程5米。基岩岛，出露岩石为燕山晚期钾长花岗岩。无植被。

下尾北岛 (Xiàwěi Běidǎo)

北纬27°52.6′，东经121°10.2′。位于温州市洞头县大三盘岛东北侧6米，距大陆最近点17.89千米，属洞头列岛。因位于北岙街道下尾村北侧，第二次全国海域地名普查时命今名。基岩岛。岸线长256米，面积2099平方米，最高点高程6米。以基岩海岸为主。无植被。

大横礁 (Dàhéng Jiāo)

北纬27°52.5′，东经121°10.0′。位于温州市洞头县大三盘岛东北侧54米，距大陆最近点17.86千米，属洞头列岛。《浙江省洞头县地名志》（1987）、《浙江省海域地名录》（1988）、《中国海域地名志》（1989）、《中国海域地名图集》（1991）、《浙江海岛志》（1998）和2010年浙江省人民政府公布的第一批无居民海岛名称均记为大横礁。因岛体较大，横置于大三盘岛北侧，故名。岸线长250米，面积2539平方米，最高点高程9.3米。基岩岛，出露岩石为凝灰岩。以基岩海岸为主。无植被。

小横礁 (Xiǎohéng Jiāo)

北纬27°52.5′，东经121°09.9′。位于温州市洞头县大三盘岛北侧偏东岸外45米，距大陆最近点17.94千米，属洞头列岛。《浙江省洞头县地名志》（1987）、《浙江省海域地名录》（1988）、《中国海域地名志》（1989）、《中国海域地名图集》（1991）、《浙江海岛志》（1998）、《全国海岛名称与代码》（2008）和2010

年浙江省人民政府公布的第一批无居民海岛名称均记为小横礁。因居大横礁西侧，且比大横礁小，故名。岸线长 120 米，面积 708 平方米，最高点高程 5 米。基岩岛，出露岩石为凝灰岩。以基岩海岸为主。无植被。

岙尾屿 (Àowěi Yǔ)

北纬 27°52.5′，东经 121°01.8′。位于温州市洞头县霓屿岛西北滩涂上，距霓屿岛 81 米，距大陆最近点 13.58 千米，属洞头列岛。又名尾岙屿、屿岙尾。《中国海域地名志》（1989）记为尾岙屿。《浙江省洞头县地名志》（1987）、《浙江省海域地名录》（1988）、《中国海域地名图集》（1991）、《浙江海岛志》（1998）和《全国海岛名称与代码》（2008）均记为岙尾屿。因该岛位于下桐岙尾部（东北部），故名。面积 5 132 平方米，岸线长 281 米，最高点高程 27.1 米。基岩岛，出露岩石为晚侏罗世流纹质玻屑熔结凝灰岩。有通信基站和电网高架。

深门山岛 (Shēnménshān Dǎo)

北纬 27°52.4′，东经 121°05.8′。位于温州市洞头县霓屿街道西北 6.7 千米，霓屿岛东北侧 941 米，距大陆最近点 17.53 千米，属洞头列岛。又名深门山、毛龙山。清光绪《浙江沿海图说》载为深门山。《中国海洋岛屿简况》（1980）记为毛龙山。《浙江海岛志》（1998）记为深门山。《浙江省洞头县地名志》（1987）、《浙江省海域地名录》（1988）、《中国海域地名志》（1989）、《中国海域地名图集》（1991）和《全国海岛名称与代码》（2008）记为深门山岛。因其东侧为深门水道，岛以水道得名。岸线长 1.5 千米，面积 0.101 9 平方千米，最高点高程 55.4 米。基岩岛，出露岩石为晚侏罗世流纹质玻屑凝灰岩、晶屑玻屑熔结凝灰岩夹沉积岩。岛上有高架输电电缆经过。洞头至温州连岛公路穿岛而过。有窄门大桥相连浅门山。建有深门隧道 1 座。岛南侧有紫菜养殖。

浅门礁 (Qiǎnmén Jiāo)

北纬 27°52.2′，东经 121°05.1′。位于温州市洞头县霓屿岛东北侧 40 米，距大陆最近点 17.3 千米，属洞头列岛。《浙江省洞头县地名志》（1987）、《中国海域地名图集》（1991）和《中国海域地名志》（1989）均记为浅门礁。因位于浅门水道而得名。岸线长 40 米，面积 72 平方米，最高点高程 4.1 米。基岩岛，出露岩石为凝灰岩。以基岩海岸为主。无植被。

大三盘岛 (Dàsānpán Dǎo)

北纬 27°52.1′，东经 121°09.6′。位于温州市洞头县北岙街道洞头列岛中段，洞头岛北侧 388 米，距大陆最近点 17.92 千米。又名三盘、大三盘。清光绪《玉环厅志·卷一》载："三盘山在黄大岙南四十里，中隔一江，列小山三座，形似盘盂，故名三盘。"《中国海洋岛屿简况》(1980) 记为大三盘。《浙江省洞头县地名志》(1987)、《浙江省海域地名录》(1988)、《中国海域地名志》(1989) 和《浙江海岛志》(1998) 记为大三盘岛。

岸线长 12.44 千米，面积 1.742 2 平方千米，最高点高程 89.2 米。基岩岛，出露岩石为上侏罗统西山头组熔结凝灰岩夹凝灰质砂岩、粉砂岩。出露的晚侏罗世潜火山岩为霏细斑岩。地貌以低丘陵为主，极少平地。基岩海岸海蚀地貌发育，有海蚀柱、海蚀槽、海蚀洞、海蚀拱桥等，东南侧海蚀崖特别发育。岛东部森林植被较好，黑松林密度较高。西部土层瘠薄，近年来人工造林，但幼林长势较差。周围海域游泳生物主要由鱼类和甲壳类组成。

有居民海岛，岛上有 5 个行政村。2011 年 6 月户籍人口 4 700 人，常住人口 5 270 人。工业以水产加工和鱼粉饲料生产为主。水产品加工历史悠久，有三矾提干海蜇皮、海味火锅佐料和盒装虾米等名特优产品。有初级中学 1 所，小学 1 所，东北侧有旅游度假村 1 处，南侧有海上渔家乐 2 家，西侧隧道旁建有酒店 1 家，西侧有海洋观测站 1 家。岛东部的懒沙滩是天然海滨浴场，平坦柔韧，已辟为旅游景点。有古炮台遗址，为县级文物保护单位。岛上有耕地，均为旱地，主要种植番薯、马铃薯、蚕豆、油菜等。附近海域有网箱和藻类养殖。有村级简易码头 4 座，通村公路 1 条，与洞头县城开通公交车。岛上水电供应已纳入洞头县城市政管理系统。

解网礁 (Jiěwǎng Jiāo)

北纬 27°52.1′，东经 121°10.1′。位于温州市洞头县大三盘岛东侧 2 米，距大陆最近点 18.68 千米，属洞头列岛。1985 年根据群众惯称命名。《浙江省洞

头县地名志》（1987）、《中国海域地名志》（1989）、《中国海域地名图集》（1991）
记为解网礁。岸线长 119 米，面积 782 平方米，最高点高程 8 米。基岩岛，出
露岩石为凝灰岩。植被以灌木和乔木为主。

佛头岩 (Fótóu Yán)

北纬 27°52.0′，东经 121°10.9′。位于温州市洞头县洞头岛东北侧 637 米，
距大陆最近点 19 千米，属洞头列岛。因状似佛头，当地群众惯称佛头岩，1985
年正式命名。《浙江省洞头县地名志》（1987）、《中国海域地名志》（1989）、
《中国海域地名图集》（1991）均记为佛头岩。因远望似佛祖仰头思考，故名。
岸线长 155 米，面积 1 051 平方米，最高点高程 8 米。基岩岛，出露岩石为凝
灰岩。岛上长有草丛。

桐桥尾北岛 (Tóngqiáowěi Běidǎo)

北纬 27°52.0′，东经 121°11.4′。位于温州市洞头县洞头岛东北侧 11.11 千米，
距大陆最近点 19.14 千米，属洞头列岛。因位于桐桥尾屿北面，第二次全国海
域地名普查时命今名。基岩岛。岸线长 164 米，面积 1 195 平方米，最高点高
程 9 米。以基岩海岸为主。无植被。

桐桥尾屿 (Tóngqiáowěi Yǔ)

北纬 27°52.0′，东经 121°11.4′。位于温州市洞头县洞头岛东北侧 10.57 千米，
距大陆最近点 19.16 千米，属洞头列岛。又名桐桥屿尾。《浙江省洞头县地名志》
（1987）记为桐桥屿尾。《浙江省海域地名录》（1988）、《中国海域地名志》
（1989）、《中国海域地名图集》（1991）、《浙江海岛志》（1998）和 2010 年
浙江省人民政府公布的第一批无居民海岛名称均记为桐桥尾屿。因位于北岙街
道桐桥村的东面尾端，故名。岸线长 364 米，面积 2 906 平方米，最高点高程
13.6 米。基岩岛，出露岩石为燕山晚期钾长花岗岩。岛上长有草丛。

胜利岙岛 (Shènglì'ào Dǎo)

北纬 27°51.9′，东经 121°11.2′。位于温州市洞头县北岙街道洞头岛东北端
岸外，距县城北岙镇 4.4 千米，距洞头岛 7 米，距大陆最近点 18.99 千米，属洞
头列岛。曾名棺材岙。因 1952 年洞头列岛解放时，曾于此发生激烈战斗，我人

民解放军得胜，更名为胜利岙，1985 年定今名。《浙江省洞头县地名志》（1987）、《中国海域地名志》（1989）、《中国海域地名图集》（1991）和《浙江海岛志》（1998）均记为胜利岙岛。

岸线长 4.17 千米，面积 0.365 5 平方千米，最高点高程 104.2 米。基岩岛，出露岩石为上侏罗统高坞组熔结凝灰岩及燕山晚期钾长花岗岩。地貌属低丘陵。岛北有胜利岙湾，夏秋季节多南风，可供渔船停泊避风。岙口西侧有礁石王洞鼻岩，沿岸陡峭险峻。土壤主要有红壤类的棕红泥土、砂黏质棕红泥、棕红黏泥和滨海盐土类的滩涂泥等。有针叶林和草丛栽培植被。岛上有两口水井，水质良好。岛北端有鲤鱼石、一线桥、三兽峰等自然景观。

有居民海岛。2011 年 6 月户籍人口 1 044 人，常住人口 1 045 人。居民以渔业为主，有少量耕地，主要种植番薯。岛上电力、电信等已与洞头岛接通。建有渔用码头 1 座。建有胜利桥连接洞头岛。有旅游交通线路和公路通洞头岛。建有胜利岙战斗纪念雕塑以纪念洞头列岛全部解放。建有海霞军事主题公园，为洞头县爱国主义教育基地和红色旅游点。

乱头屿 (Luàntóu Yǔ)

北纬 27°51.8′，东经 121°09.9′。位于温州市洞头县三盘港内，北距大三盘岛 329 米，距大陆最近点 19.16 千米，属洞头列岛。《浙江省洞头县地名志》（1987）、《浙江省海域地名录》（1988）、《中国海域地名志》（1989）、《浙江海岛志》（1998）、《全国海岛名称与代码》（2008）和 2010 年浙江省人民政府公布的第一批无居民海岛名称均记为乱头屿。该岛由两个相连小屿组成，形似二粒睾丸，俗称睾丸屿，后雅化为今名。岸线长 573 米，面积 6 390 平方米，最高点高程 17.4 米。基岩岛，出露岩石为上侏罗统高坞组熔结凝灰岩。以基岩海岸为主。

霓北岛 (Níběi Dǎo)

北纬 27°51.8′，东经 121°03.8′。位于温州市洞头县霓屿岛东北侧 27 米，距大陆最近点 16.47 千米，属洞头列岛。因位于霓屿岛北面，第二次全国海域地名普查时命今名。基岩岛。岸线长 27 米，面积 33 平方米，最高点高程 6.5 米。以基岩海岸为主。无植被。

牛屿礁 (Niúyǔ Jiāo)

北纬 27°51.7′，东经 121°10.0′。位于温州市洞头县洞头岛北侧 17 米，距大陆最近点 19.43 千米，属洞头列岛。曾名龙回头、牛屎屿。《中国海洋岛屿简况》（1980）记为龙回头。因形似牛屎堆，当地群众惯称"牛屎屿"，1985 年定名牛屿礁。《浙江省洞头县地名志》（1987）、《浙江省海域地名录》（1988）记为牛屿礁。岸线长 72 米，面积 301 平方米，最高点高程 5.4 米。基岩岛，出露岩石为凝灰岩。以基岩海岸为主。无植被。

鳓礁 (Lè Jiāo)

北纬 27°51.6′，东经 121°10.6′。位于温州市洞头县洞头岛东北端西侧 27 米，距大陆最近点 19.65 千米，属洞头列岛。《浙江省洞头县地名志》（1987）、《浙江省海域地名录》（1988）、《中国海域地名志》（1989）、《中国海域地名图集》（1991）、《浙江海岛志》（1998）和 2010 年浙江省人民政府公布的第一批无居民海岛名称均记为鳓礁。因早年该岛附近旺发鳓鱼，故名。岸线长 114 米，面积 808 平方米，最高点高程 7.4 米。基岩岛，出露岩石为上侏罗统高坞组熔结凝灰岩。植被以草丛、灌木为主。

鳓礁南岛 (Lèjiāo Nándǎo)

北纬 27°51.6′，东经 121°10.6′。位于温州市洞头县洞头岛东北端西侧近旁，距大陆最近点 19.68 千米，属洞头列岛。因位于鳓礁南侧，第二次全国海域地名普查时命今名。基岩岛。岸线长 71 米，面积 226 平方米，最高点高程 6.8 米。以基岩海岸为主。无植被。

闸门北岛 (Zhámén Běidǎo)

北纬 27°51.6′，东经 121°10.1′。位于温州市洞头县洞头岛东北偏北侧近旁，距大陆最近点 19.61 千米，属洞头列岛。因位于杨文工业基地泄洪闸门北侧，第二次全国海域地名普查时命今名。基岩岛。岸线长 87 米，面积 246 平方米，最高点高程 5.6 米。以基岩海岸为主。无植被。

闸门东岛 (Zhámén Dōngdǎo)

北纬 27°51.6′，东经 121°10.1′。位于温州市洞头县洞头岛东北偏北侧近旁，距大陆最近点 19.62 千米，属洞头列岛。因位于杨文工业基地泄洪闸门东侧，第二次全国海域地名普查时命今名。基岩岛。岸线长 62 米，面积 161 平方米，最高点高程 5.2 米。以基岩海岸为主。无植被。

三个屿 (Sān'gè Yǔ)

北纬 27°51.6′，东经 121°08.3′。位于温州市洞头县大三盘岛西南侧 523 米，距大陆最近点 19.62 千米，属洞头列岛。曾名三个盘、小三盘。《中国海洋岛屿简况》（1980）记为三个盘。由三个小山岗组成，状似盘盂，1985 年定名三个屿。也称小三盘。《浙江省洞头县地名志》（1987）、《浙江省海域地名录》（1988）、《中国海域地名图集》（1991）、《浙江海岛志》（1998）、《全国海岛名称与代码》（2008）和 2010 年浙江省人民政府公布的第一批无居民海岛名称均记为三个屿。岸线长 398 米，面积 5 057 平方米，最高点高程 14.9 米。基岩岛，出露岩石为晚侏罗世流纹质熔结凝灰岩。建有石头房数间，有石头砌成的小路通往山顶石头房，有养殖户季节性居住。

霓屿岛 (Níyǔ Dǎo)

北纬 27°51.6′，东经 121°02.7′。位于温州市洞头县霓屿街道洞头列岛中段，东南距县城北岙街道 11 千米，东近状元岙岛，距大陆最近点 13.41 千米。又名倪岙山、霓岙山、霓屿、霓屿山。明弘治《温州府志·卷三》载："倪岙山，在海中，有龙潭。"清乾隆《永嘉县志·卷二》称霓岙山。清光绪《浙江沿海图说》始称霓屿。民国《重修浙江通志稿·第九册》（1948）载有霓屿。《中国海洋岛屿简况》（1980）、《浙江省洞头县地名志》（1987）、《浙江省海域地名录》（1988）、《中国海域地名志》（1989）、《中国海域地名图集》（1991）、《浙江海岛志》（1998）均记为霓屿岛。岛上山脉相连成弧形，远望状似霓虹挂空，故名。

岸线长 33.16 千米，面积 11.474 2 平方千米，最高点高程 331.6 米。基岩岛，出露岩石绝大部分为上侏罗统高坞组熔结凝灰岩，仅岛东北端出露燕山晚期钾长花岗岩。低丘陵地势比较和缓，岛东端及西南端丘陵顶部尤为平缓，有少量海积平地分布。土壤有滨海盐土、红壤、粗骨木 3 个土类。岛北面为黄大岙水道，系温州港万吨级船舶进出港航道。岛东南与状元岙岛之间有深门水道，南通洞头峡，北接黄大岙南水道，南北走向，形似漏斗，可通航百吨船舶。

有居民海岛，为洞头县霓屿街道驻地。2011 年 6 月户籍人口 7 035 人，常住人口 12 067 人。有初级中学 2 所，小学 7 所，电视差转台 3 座，个体电影院 1 座，卫生院 2 所。居民大多以渔业为主，辅以种植业。主要种植番薯、大豆、油菜等。工业有以渔业服务为主的织网、制绳、修船等手工工业及水产品加工、鱼粉饲料、机械电器等工业。布袋岙有 300 吨级钢筋混凝土结构框架式码头 1 座。有渔用和客货交通混用码道 13 座，分布于桐岙、布袋岙、上社、下社、石子岙、正岙、下朗、长坑垄、天岙。有浅门大桥连接浅门山，灵霓大堤与灵昆岛连接。岛上有 35 千伏海底电缆连华东电网。

贩艚礁 (Fàncáo Jiāo)

北纬 27°51.5′，东经 121°10.8′。位于温州市洞头县洞头岛东北侧岸外，距大陆最近点 19.87 千米，属洞头列岛。《浙江省洞头县地名志》（1987）、《浙江海岛志》（1998）、2010 年浙江省人民政府公布的第一批无居民海岛名称均记为贩艚礁。因早时有贩艚船触此礁，故名。岸线长 122 米，面积 805 平方米，最高点高程 5 米。基岩岛，出露岩石为燕山晚期钾长花岗岩。岛上长有草丛。

镜礁 (Jìng Jiāo)

北纬 27°51.5′，东经 121°11.0′。位于温州市洞头县洞头岛东北侧湾岙内，距洞头岛 21 米，距大陆最近点 19.99 千米，属洞头列岛。《浙江省洞头县地名志》（1987）、《浙江海岛志》（1998）和 2010 年浙江省人民政府公布的第一批无居民海岛名称均记为镜礁。因该岛系一片薄岩耸立，似一面镜子，故名。岸线长 166 米，面积 786 平方米，最高点高程 10 米。基岩岛，出露岩石为燕山晚期钾长花岗岩。植被以草丛、灌木为主。

大屿头屿 (Dàyǔtóu Yǔ)

北纬 27°51.4′，东经 121°11.4′。位于温州市洞头县洞头岛东北侧 100 米，距大陆最近点 20.33 千米，属洞头列岛。曾名双人照镜，又名大屿头、大屿头岛。《浙江省洞头县地名志》（1987）记为大屿头。《浙江省海域地名录》（1988）、《中国海域地名志》（1989）、《中国海域地名图集》（1991）、《浙江海岛志》（1998）、《全国海岛名称与代码》（2008）记为大屿头岛。2010 年浙江省人民政府公布的第一批无居民海岛名称记为大屿头屿。岸线长 209 米，面积 1 993 平方米，最高点高程 19.1 米。基岩岛，出露岩石为晚侏罗世流纹质晶屑凝灰岩。以基岩海岸为主。岛上长有草丛。

屏风岛 (Píngfēng Dǎo)

北纬 27°51.3′，东经 121°11.4′。位于温州市洞头县洞头岛东北侧近旁，距大陆最近点 20.41 千米，属洞头列岛。因岛上岩石扁平直立，似一道屏风，第二次全国海域地名普查时命今名。基岩岛。岸线长 93 米，面积 392 平方米，最高点高程 33 米。植被以草丛、灌木为主。

镜台礁 (Jìngtái Jiāo)

北纬 27°51.1′，东经 121°11.5′。位于温州市洞头县洞头岛东北大山尖东侧岸外，距大陆最近点 20.77 千米，属洞头列岛。《浙江省洞头县地名志》（1987）、《浙江省海域地名录》（1988）、《中国海域地名图集》（1991）、《浙江海岛志》（1998）和 2010 年浙江省人民政府公布的第一批无居民海岛名称均记为镜台礁。因岛呈长形，位于镜礁东南侧，似镜台，故名。岸线长 88 米，面积 420 平方米，最高点高程 5.5 米。基岩岛，出露岩石为上侏罗统西山头组熔结凝灰岩。植被以草丛、灌木为主。

鸽蛋石 (Gēdàn Shí)

北纬 27°51.1′，东经 121°11.5′。位于温州市洞头县洞头岛东北侧近旁，距大陆最近点 20.81 千米，属洞头列岛。《浙江省洞头县地名志》（1987）、《浙江省海域地名录》（1988）和《中国海域地名图集》（1991）均记为鸽蛋石。因岛呈椭圆形，似石蛋，且位于鸽尾礁村东侧，故名。岸线长 52 米，面积 144 平方米，最高点高程 6.3 米。基岩岛，出露岩石为凝灰岩。岛上长有灌木。

小朴西岛 (Xiǎopò Xīdǎo)

北纬 27°51.1′，东经 121°07.3′。位于温州市洞头县洞头岛西北侧 23 米，距大陆最近点 20.76 千米，属洞头列岛。因位于小朴村西，第二次全国海域地名普查时命今名。基岩岛。岸线长 118 米，面积 679 平方米，最高点高程 7 米。以基岩海岸为主。无植被。

屿头礁 (Yǔtóu Jiāo)

北纬 27°50.9′，东经 121°11.3′。位于温州市洞头县洞头岛东北偏东侧 4 米，距大陆最近点 21.09 千米，属洞头列岛。《浙江海岛志》（1998）记为 2718 号无名岛。2010 年浙江省人民政府公布的第一批无居民海岛名称记为屿头礁。因位于大屿头屿北侧，且面积较小，故名。基岩岛。岸线长 191 米，面积 1 209 平方米，最高点高程 15.2 米。岛上长有草丛。

外山鼻岛 (Wàishānbí Dǎo)

北纬 27°50.8′，东经 121°04.0′。位于温州市洞头县霓屿岛东南侧 7 米，距大陆最近点 18.15 千米，属洞头列岛。因邻近外山鼻，第二次全国海域地名普查时命今名。基岩岛。岸线长 151 米，面积 721 平方米，最高点高程 20 米。植被以草丛、灌木为主。

中心岩岛 (Zhōngxīnyán Dǎo)

北纬 27°50.7′，东经 121°10.4′。位于温州市洞头县洞头岛东沙岙北妈祖宫东南岸外，距洞头岛 58 米，距大陆最近点 21.29 千米，属洞头列岛。《浙江海岛志》（1998）、2010 年浙江省人民政府公布的第一批无居民海岛名称记为中心岩岛。因该岛位于当地澳口中心，故名。岸线长 117 米，面积 584 平方米，最高点高程 5 米。基岩岛，出露岩石为上侏罗统西山头组熔结凝灰岩。无植被。

笔架南屿 (Bǐjià Nányǔ)

北纬 27°50.5′，东经 121°14.1′。位于温州市洞头县洞头岛东侧，距洞头岛 5.03 千米，距大陆最近点 22.98 千米，属洞头列岛。《浙江海岛志》（1998）、2010 年浙江省人民政府公布的第一批无居民海岛名称记为笔架南屿。岸线长 347 米，面积 3 820 平方米，最高点高程 35 米。基岩岛，出露岩石为上侏罗统西山头组熔结凝灰岩。植被以草丛、灌木为主。

小霓屿 (Xiǎoní Yǔ)

北纬 27°50.3′，东经 121°00.0′。位于温州市洞头县霓屿岛西南侧 1.65 千米，

距大陆最近点 13.11 千米，属洞头列岛。又名小霓屿山。《中国海洋岛屿简况》
（1980）记为小霓屿山。《浙江省洞头县地名志》（1987）、《浙江省海域地名
录》（1988）、《中国海域地名志》（1989）、《中国海域地名图集》（1991）、《浙
江海岛志》（1998）、《全国海岛名称与代码》（2008）和2010年浙江省人民政
府公布的第一批无居民海岛名称均记为小霓屿。因位于霓屿岛西南侧，且比其
小，故名。岸线长 868 米，面积 0.034 8 平方千米，最高点高程 35.1 米。基岩岛，
出露岩石为上侏罗统高坞组熔结凝灰岩。植被以草丛和乔木为主。有石头房数间，
渔汛期有渔民居住。附近海域为渔业定置张网作业区，盛产虾类。

黄屿北礁 (Huángyǔ Běijiāo)

北纬 27°50.3′，东经 121°00.3′。位于温州市洞头县霓屿岛西南侧15.21 千米，
距大陆最近点 13.72 千米，属洞头列岛。《浙江海岛志》（1998）、2010 年浙江
省人民政府公布的第一批无居民海岛名称记为黄屿北礁。岸线长 114 米，面积
728 平方米，最高点高程 4.5 米。基岩岛，出露岩石为上侏罗统高坞组熔结凝灰
岩。岛上长有灌木。

小霓屿西岛 (Xiǎoníyǔ Xīdǎo)

北纬27°50.3′，东经120°60.0′。位于温州市洞头县霓屿岛西南侧21.33 千米，
距大陆最近点 13.2 千米，属洞头列岛。因位于小霓屿西侧，第二次全国海域地
名普查时命今名。基岩岛。岸线长 46 米，面积 128 平方米，最高点高程 4.6 米。
以基岩海岸为主。无植被。

两头拔岩 (Liǎngtóubá Yán)

北纬27°50.3′，东经121°00.0′。位于温州市洞头县霓屿岛西南侧20.91 千米，
距大陆最近点 13.22 千米，属洞头列岛。《浙江省洞头县地名志》（1987）、《浙
江省海域地名录》（1988）、《中国海域地名志》（1989）和《中国海域地名图集》
（1991）均记为两头拔岩。岛呈长形且两头尖，似被拔长了的样子，故名。岸
线长 89 米，面积 595 平方米，最高点高程 6.3 米。基岩岛，出露岩石为凝灰岩。
以基岩海岸为主。无植被。

洞头岛 (Dòngtóu Dǎo)

北纬27°50.2′，东经121°08.6′。位于温州市洞头县，西北距温州市区53千米，距大陆最近点19.46千米，属洞头列岛。曾名洞头山、洞荒山、凤凰山。清光绪《浙江沿海图说》载："洞头山，译名洞荒山。"清光绪《玉环厅志》记为岛西山脉为洞头山，与半屏之间水道为洞头门，岛南岙口被称为洞头岙，故名。民国《重修浙江通志稿·第九册》（1948）载："洞头山，西图名凤凰山。"《中国海洋岛屿简况》（1980）、《浙江省洞头县地名志》（1987）、《浙江省海域地名录》（1988）、《中国海域地名志》（1989）、《中国海域地名图集》（1991）和《浙江海岛志》（1998）记为洞头岛。据传，在岛南曾有一洞穴与对面半屏岛相通，系娘娘佛往返两岛之幽径，半屏岛一端为尾，称之娘娘洞尾，洞头岛一端为首，称之娘娘洞头。

岸线长50.43千米，面积28.438 8平方千米，最高点高程226米。基岩岛，岛上大部分为上侏罗统高坞组和西山头组熔结凝灰岩覆盖，燕山晚期侵入的二长花岗斑岩和钾长花岗岩分别出露于岛的西部和东北端，晚侏罗世潜霏细斑岩仅分布于岛的西部。陆域地貌主要有侵蚀、剥蚀地貌和堆积地貌。土壤有滨海盐土、潮土、水稻土、红壤、粗骨木等5个土类，9个亚类，10个土属，22个土种。岛上拥有多种珍稀濒危植物，常见的有倒卵叶算盘子、海滨假还阳参、香菇、全缘贯众、番杏、拟漆姑、海桐、二叶人字草、丁葵草、野桐、枔木、滨枔、日本百金花、滨旋花、苦槛蓝、茵陈蒿、海滨狗哇花等。北沙乡东沙村有1株树龄200余年的无柄小叶榕树，是洞头列岛最大的古树。

有居民海岛，是洞头县人民政府驻地岛。2011年6月户籍人口44 590人，常住人口44 900人。有完全中学1所，初级中学4所，小学20所，中技、职高各1所。文化设施主要有工人文化宫、图书馆、新华书店、影剧院、调频广播电台、电视转播台、有线电视台等。科研单位有县水产科学研究所。医疗卫生设施有洞头县人民医院、县中医门诊部、县卫生防疫站和县妇幼保健站，并有乡镇卫生院4家。工业以医药、化工及鱼粉加工为主，还有酿造、印刷、建材、工艺北雕、纺织等行业。该岛位于瓯江口处，不仅是军事要地，在对外贸易上也有一定优势。元代，民间就有直接对外经商活动，当时的后垏已成为浙南沿海重要商埠。抗日战争胜利后，对台贸易一度繁荣。1987 年被批准成为对台贸易自营口岸和台轮泊锚地，并开始对台渔轮输出劳务。主要港口有三盘港、洞头渔港、东沙港。三盘港为洞头列岛海陆交通运输之要津，全县客货运输之中枢，1986 年被定为国轮出口点，也是省级渔港。岛上燕子山脚中段建有 1 000 吨级货运码头 1 座，东侧建有 500 吨级客运专用码头 1 座。洞头港系国家一级渔港，也是浙南地区最大的天然避风港。

黄屿南礁 (Huángyǔ Nánjiāo)

北纬 27°50.2′，东经 121°00.3′。位于温州市洞头县霓屿岛西南侧 16.13 千米，距大陆最近点 13.69 千米，属洞头列岛。又名外乌礁。《浙江省洞头县地名志》（1987）、《中国海域地名志》（1989）记为外乌礁。因居里乌礁外侧而得名。《浙江海岛志》（1998）、2010 年浙江省人民政府公布的第一批无居民海岛名称记为黄屿南礁。岸线长 102 米，面积 684 平方米，最高点高程 6.4 米。基岩岛，出露岩石为上侏罗统高坞组熔结凝灰岩。岛上长有草丛。

内鸟礁 (Nèiniǎo Jiāo)

北纬 27°50.2′，东经 121°10.5′。位于温州市洞头县海域，距洞头岛 18 米，距大陆最近点 22.22 千米，属洞头列岛。《浙江海岛志》（1998）记为 2733 号无名岛。2010 年浙江省人民政府公布的第一批无居民海岛名称记为内鸟礁。因位于鸟屿内侧而得名。岸线长 165 米，面积 1 136 平方米，最高点高程 12.5 米。基岩岛，出露岩石为上侏罗统高坞组熔结凝灰岩。植被以草丛、灌木为主。

木梳礁 (Mùshū Jiāo)

北纬 27°50.2′，东经 121°14.7′。位于温州市洞头县洞头岛东侧，距大陆最近点 23.64 千米，属洞头列岛。《浙江省洞头县地名志》（1987）、《浙江省海域地名录》（1988）、《中国海域地名志》（1989）、《中国海域地名图集》（1991）、《浙江海岛志》（1998）、《全国海岛名称与代码》（2008）和 2010 年浙江省人民政府公布的第一批无居民海岛名称均记为木梳礁。因岛状似木梳，故名。岸线长 452 米，面积 6 560 平方米，最高点高程 21.4 米。基岩岛，出露岩石为上侏罗统西山头组熔结凝灰岩。植被以草丛、灌木为主。

北猫屿 (Běimāo Yǔ)

北纬 27°50.2′，东经 121°14.4′。位于温州市洞头县洞头岛东侧 51.04 千米，距大陆最近点 23.51 千米，属洞头列岛。曾名猫屿。《中国海洋岛屿简况》（1980）、《浙江省洞头县地名志》（1987）、《浙江省海域地名录》（1988）、《中国海域地名志》（1989）、《中国海域地名图集》（1991）、《浙江海岛志》（1998）、《全国海岛名称与代码》（2008）和 2010 年浙江省人民政府公布的第一批无居民海岛名称均记为北猫屿。因岛形似猫，又因重名且位于北，故名。岸线长 522 米，面积 0.013 5 平方千米，最高点高程 27.7 米。基岩岛，出露岩石为上侏罗统高坞组熔结凝灰岩。岛上长有草丛。

里乌礁 (Lǐwū Jiāo)

北纬 27°50.2′，东经 120°59.8′。位于温州市洞头县霓屿西南侧，东北距小霓屿约 320 米，距大陆最近点 12.94 千米，属洞头列岛。《浙江省洞头县地名志》（1987）、《浙江海岛志》（1998）和 2010 年浙江省人民政府公布的第一批无居民海岛名称均记为里乌礁。因礁石呈黑色，又位于小霓屿近岸，故名。岸线长 213 米，面积 2 338 平方米，最高点高程 6.8 米。基岩岛，出露岩石为上侏罗统高坞组熔结凝灰岩。无植被。

内龟尾礁 (Nèiguīwěi Jiāo)

北纬 27°50.0′，东经 121°15.0′。位于温州市洞头县洞头岛东侧，距大陆最近点 24.13 千米，属洞头列岛。又名巷口礁。《浙江省洞头县地名志》（1987）记为巷口礁。《浙江海岛志》（1998）记为 2740 号无名岛。2010 年浙江省人民政府公布的第一批无居民海岛名称记为内龟尾礁。因居外龟尾礁内侧（西北侧），故名。岸线长 265 米，面积 2 633 平方米，最高点高程 5 米。基岩岛，出露岩石为上侏罗统西山头组熔结凝灰岩。无植被。

外龟尾礁 (Wàiguīwěi Jiāo)

北纬 27°50.0′，东经 121°15.0′。位于温州市洞头县洞头岛东侧，距大陆最近点 24.18 千米，属洞头列岛。又名鸡蛋石。《浙江省洞头县地名志》（1987）

记为鸡蛋石。《浙江海岛志》（1998）记为 2741 号无名岛。2010 年浙江省人民政府公布的第一批无居民海岛名称记为外龟尾礁。因居内龟尾礁外侧（东南侧），故名。岸线长 241 米，面积 2 589 平方米，最高点高程 5.5 米。基岩岛，出露岩石为上侏罗统西山头组熔结凝灰岩。无植被。

过巷屿 （Guòxiàng Yǔ）

北纬 27°49.9′，东经 121°10.6′。位于温州市洞头县洞头岛东南侧 24 米，距大陆最近点 22.77 千米，属洞头列岛。又名棺材屿、过港屿。《浙江省洞头县地名志》（1987）、《浙江省海域地名录》（1988）、《中国海域地名志》（1989）、《中国海域地名图集》（1991）、2010 年浙江省人民政府公布的第一批无居民海岛名称均记为过巷屿。《浙江海岛志》（1998）记为过港屿。因岛形似棺材，别名棺材屿，又因与洞头岛相隔一沟似巷，故名过巷屿。岸线长 485 米，面积 8 600 平方米，最高点高程 21 米。基岩岛，出露岩石为上侏罗统高坞组熔结凝灰岩。以基岩海岸为主，地势平坦。

下腰尾 （Xiàyāowěi）

北纬 27°49.9′，东经 121°10.5′。位于温州市洞头县洞头岛东南侧 7 米，距大陆最近点 22.79 千米，属洞头列岛。以当地群众惯称定名。基岩岛。岸线长 40 米，面积 130 平方米，最高点高程 12 米。无植被。

向天北岛 （Xiàngtiān Běidǎo）

北纬 27°49.8′，东经 121°10.4′。位于温州市洞头县洞头岛东南侧近旁，距大陆最近点 22.93 千米，属洞头列岛。因位于向天礁北面，第二次全国海域地名普查时命今名。基岩岛。面积 543 平方米，岸线长 105 米，最高点高程 50 米。植被以草丛、灌木为主。

向天礁 （Xiàngtiān Jiāo）

北纬 27°49.8′，东经 121°10.4′。位于温州市洞头县洞头岛东南侧 26 米，距大陆最近点 22.96 千米，属洞头列岛。因距洞头县海岸很近，又名岸边礁。《浙江省洞头县地名志》（1987）记为岸边礁。《浙江海岛志》（1998）记为 2743 号无名岛。2010 年浙江省人民政府公布的第一批无居民海岛名称记为向天礁。岸线长 38 米，面积 98 平方米，最高点高程 22 米。基岩岛，出露岩石为上侏罗统高坞组熔结凝灰岩。植被以草丛、灌木为主。

向天南岛 (Xiàngtiān Nándǎo)

北纬 27°49.8′，东经 121°10.4′。位于温州市洞头县洞头岛东南侧 8 米，距大陆最近点 22.96 千米，属洞头列岛。因位于向天礁南面，第二次全国海域地名普查时命今名。基岩岛。面积 309 平方米，岸线长 85 米，最高点高程 19 米。岛上长有草丛。

洞头北礁 (Dòngtóu Běijiāo)

北纬 27°49.6′，东经 121°12.3′。位于温州市洞头县洞头岛东南侧 24.47 千米，距大陆最近点 23.74 千米，属洞头列岛。《中国海域地名志》（1989）、《中国海域地名图集》（1991）记为北礁。因省内重名，位于洞头县，第二次全国海域地名普查时更为今名。基岩岛。面积 216 平方米，岸线长 57 米，最高点高程 6 米。无植被。

赤屿 (Chì Yǔ)

北纬 27°49.6′，东经 121°12.2′。位于温州市洞头县洞头岛东南侧 26.62 千米，距大陆最近点 23.74 千米，属洞头列岛。原名赤礁。岩石略呈赤色，故名赤礁。1985 年定名赤屿。《中国海洋岛屿简况》（1980）、《浙江省洞头县地名志》（1987）、《浙江省海域地名录》（1988）、《中国海域地名志》（1989）、《中国海域地名图集》（1991）、《全国海岛名称与代码》（2008）和 2010 年浙江省人民政府公布的第一批无居民海岛名称均记为赤屿。岸线长 324 米，面积 6 437 平方米，最高点高程 26.7 米。基岩岛，出露岩石为燕山晚期花岗岩。岛上长有草丛。有灯桩 1 座。

大丘园礁 (Dàqiūyuán Jiāo)

北纬 27°49.6′，东经 121°13.4′。位于温州市洞头县洞头岛东面，距大陆最近点 24.24 千米，属洞头列岛。《浙江省洞头县地名志》（1987）、《浙江省海域地名录》（1988）、《中国海域地名志》（1989）、《中国海域地名图集》（1991）、《浙江海岛志》（1998）、《全国海岛名称与代码》（2008）和 2010 年浙江省人民政府公布的第一批无居民海岛名称均记为大丘园礁。岸线长 203 米，面积 1 759 平方米，最高点高程 9.6 米。基岩岛，出露岩石为燕山晚期花岗岩。无植被。

大丘园西岛 (Dàqiūyuán Xīdǎo)

北纬 27°49.6′，东经 121°13.3′。位于温州市洞头县洞头岛东面，距大陆最近点 24.28 千米，属洞头列岛。因位于大丘园礁西，第二次全国海域地名普查时命今名。岸线长 209 米，面积 1 734 平方米，最高点高程 11 米。基岩岛，出露岩石为燕山晚期花岗岩。植被以草丛、灌木为主。

大丘园南岛 (Dàqiūyuán Nándǎo)

北纬 27°49.5′，东经 121°13.3′。位于温州市洞头县洞头岛东面，距大陆最近点 24.32 千米，属洞头列岛。因位于大丘园礁南，第二次全国海域地名普查时命今名。岸线长 229 米，面积 2 101 平方米，最高点高程 10 米。基岩岛，出露岩石为燕山晚期花岗岩。无植被。

外沟礁 (Wàigōu Jiāo)

北纬 27°49.5′，东经 121°13.2′。位于温州市洞头县洞头岛东面，距大陆最近点 24.29 千米，属洞头列岛。又名外河仔。《浙江海岛志》（1998）记为 2748 号无名岛。《浙江省洞头县地名志》（1987）、2010 年浙江省人民政府公布的第一批无居民海岛名称记为外沟礁。因位于内沟礁外侧（北侧），故名。岸线长 211 米，面积 1 733 平方米，最高点高程 11 米。基岩岛，出露岩石为燕山晚期花岗岩。无植被。

内沟礁 (Nèigōu Jiāo)

北纬 27°49.5′，东经 121°13.2′。位于温州市洞头县洞头岛东面，距大陆最近点 24.34 千米，属洞头列岛。《浙江海岛志》（1998）记为 2747 号无名岛。2010 年浙江省人民政府公布的第一批无居民海岛名称记为内沟礁。因位于外沟礁内侧（南侧），故名。岸线长 206 米，面积 1 565 平方米，最高点高程 12.1 米。基岩岛，出露岩石为燕山晚期花岗岩。无植被。

牛鼻孔礁 (Niúbíkǒng Jiāo)

北纬 27°49.5′，东经 121°12.7′。位于温州市洞头县洞头岛东面，距大陆最近点 24.19 千米，属洞头列岛。《浙江省洞头县地名志》（1987）、《浙江省海域地名录》（1988）、《中国海域地名志》（1989）、《中国海域地名图集》（1991）、《浙江海岛志》（1998）、《全国海岛名称与代码》（2008）和 2010 年浙江省人民政府公布的第一批无居民海岛名称均记为牛鼻孔礁。因岛上有一洞，形似牛鼻孔而得名。岸线长 124 米，面积 1 000 平方米，最高点高程 14.6 米。基岩岛，出露岩石为燕山晚期花岗岩。植被以草丛、灌木为主。

簟皮礁 (Diànpí Jiāo)

北纬 27°49.3′，东经 121°13.0′。隶属于温州市洞头县，距大陆最近点 24.67 千米，属洞头列岛。岛顶较平坦，像晒谷子用的簟皮，故名。又名南角礁。《浙江省洞头县地名志》（1987）记为南角礁。《浙江海岛志》（1998）记为 2752 号无名岛。2010 年浙江省人民政府公布的第一批无居民海岛名称记为簟皮礁。岸线长 143 米，面积 1 300 平方米，最高点高程 12.2 米。基岩岛，出露岩石为燕山晚期花岗岩。无植被。

尖石屿 (Jiānshí Yǔ)

北纬 27°49.2′，东经 121°10.6′。位于温州市洞头县，洞头岛东南偏南侧，距洞头岛 10 米，距大陆最近点 24.05 千米，属洞头列岛。《中国海洋岛屿简况》（1980）、《浙江省洞头县地名志》（1987）、《浙江省海域地名录》（1988）、《中国海域地名志》（1989）、《中国海域地名图集》（1991）、《浙江海岛志》（1998）、《全国海岛名称与代码》（2008）和 2010 年浙江省人民政府公布的第一批无居民海岛名称均记为尖石屿。岛呈尖形，故名。岸线长 202 米，面积 2 437 平方米，最高点高程 39.6 米。基岩岛，出露岩石为上侏罗统高坞组熔结凝灰岩、晶屑凝灰岩，土层极薄。以基岩海岸为主。无植被。岛上建有戚继光石像，有索桥与洞头岛相连，是洞头旅游区景点之一。

梅花礁 (Méihuā Jiāo)

北纬 27°49.2′，东经 121°04.9′。位于温州市洞头县洞头岛西南侧 400 米，距大陆最近点 21.38 千米，属洞头列岛。又名牛粪礁。《浙江省洞头县地名志》（1987）、《浙江省海域地名录》（1988）、《中国海域地名志》（1989）、《中国海域地名图集》（1991）、《浙江海岛志》（1998）、《全国海岛名称与代码》（2008）和 2010 年浙江省人民政府公布的第一批无居民海岛名称均记为梅花礁。因形似梅花而得名。岸线长 153 米，面积 1 074 平方米，最高点高程 9.6 米。基岩岛，出露岩石为花岗岩。无植被。岛西、南、北面均为重要航道。建有太阳能供电的航标灯塔 1 座，为来往航船导航。

岙仔口 (Àozǎikǒu)

北纬 27°49.2′，东经 121°06.6′。位于温州市洞头县洞头岛西南侧近旁，距大陆最近点 23.05 千米，属洞头列岛。因该岛地处岙仔村口门处，故名。基岩岛。岸线长 181 米，面积 1 763 平方米，最高点高程 8.5 米。植被以草丛、灌木为主。

仙叠西岛 (Xiāndié Xīdǎo)

北纬 27°49.2′，东经 121°09.5′。位于温州市洞头县洞头岛东南偏南侧 23 米，距大陆最近点 24.05 千米，属洞头列岛。因位于仙叠岩西面，第二次全国海域地名普查时命今名。基岩岛。面积 112 平方米，岸线长 48 米，最高点高程 5.3 米。无植被。

岙仔口西岛 (Àozǎikǒu Xīdǎo)

北纬 27°49.2′，东经 121°06.5′。位于温州市洞头县洞头岛西南侧 22 米，距大陆最近点 23.02 千米，属洞头列岛。因位于岙仔口西面，第二次全国海域地名普查时命今名。基岩岛。面积 512 平方米，岸线长 110 米，最高点高程 8 米。岛上长有灌木。

内圆屿 (Nèiyuán Yǔ)

北纬 27°49.1′，东经 121°09.3′。位于温州市洞头县半屏岛北端东侧，距半屏岛 218 米，距大陆最近点 24.14 千米，属洞头列岛。又名园屿带、圆屿带、内园屿、圆屿台。《中国海洋岛屿简况》（1980）记为园屿带。《浙江省海域地名录》（1988）、《中国海域地名志》（1989）、《中国海域地名图集》（1991）、《全国海岛名称与代码》（2008）记为内园屿。《浙江省洞头县地名志》（1987）、《浙江海岛志》（1998）、2010 年浙江省人民政府公布的第一批无居民海岛名称记为内圆屿。因岛呈圆形，别名圆屿带。又因重名，且邻近洞头岛，更名为内圆屿。

岸线长 284 米，面积 4 668 平方米，最高点高程 36.9 米。基岩岛，出露岩石为上侏罗统高坞组熔结凝灰岩。土层较薄，有草丛、灌木。四周皆陡崖，附近多礁石。

门口屿 (Ménkǒu Yǔ)

北纬 27°49.1′，东经 121°12.7′。隶属于温州市洞头县，距大陆最近点 24.81 千米，属洞头列岛。又名门仔口。《浙江省洞头县地名志》（1987）、《浙江省海域地名录》（1988）、《中国海域地名志》（1989）、《中国海域地名图集》（1991）、《浙江海岛志》（1998）、《全国海岛名称与代码》（2008）和 2010 年浙江省人民政府公布的第一批无居民海岛名称均记为门口屿。岸线长 158 米，面积 1 493 平方米，最高点高程 11 米。基岩岛，出露岩石为燕山晚期花岗岩。基岩裸露，无表土，无植被。

半潮南岛 (Bàncháo Nándǎo)

北纬 27°49.1′，东经 121°09.3′。位于温州市洞头县半屏岛东北侧 216 米，距大陆最近点 24.23 千米，属洞头列岛。因位于半潮礁（低潮高地）南面，第二次全国海域地名普查时命今名。基岩岛。面积 54 平方米，岸线长 30 米，最高点高程 5 米。无植被。

浅沟北岛 (Qiǎn'gōu Běidǎo)

北纬 27°49.1′，东经 121°09.3′。位于温州市洞头县半屏岛东北侧 234 米，距大陆最近点 24.26 千米，属洞头列岛。因位于浅沟礁（低潮高地）北侧，第二次全国海域地名普查时命今名。基岩岛。面积 212 平方米，岸线长 65 米，最高点高程 5.3 米。无植被。

小竹北礁 (Xiǎozhú Běijiāo)

北纬 27°49.1′，东经 121°12.7′。属洞头列岛，距大陆最近点 24.92 千米。《浙江海岛志》（1998）、2010 年浙江省人民政府公布的第一批无居民海岛名称记为小竹北礁。岸线长 93 米，面积 327 平方米，最高点高程 4.8 米。基岩岛，出露岩石为上侏罗统高坞组熔结凝灰岩。无植被。

巷仔屿 (Xiàngzǎi Yǔ)

北纬 27°49.0′，东经 121°10.4′。位于温州市洞头县洞头岛东南偏南 16 米，距大陆最近点 24.43 千米,属洞头列岛。曾名棺材屿。《中国海洋岛屿简况》（1980）、《浙江省洞头县地名志》（1987）、《浙江省海域地名录》（1988）、《中国海域地名志》（1989）、《中国海域地名图集》（1991）、《浙江海岛志》（1998）、《全国海岛名称与代码》（2008）和 2010 年浙江省人民政府公布的第一批无居民海岛名称均记为巷仔屿。因与洞头岛相隔一沟似巷仔,1985 年命今名。岸线长 456 米,面积 7 134 平方米,最高点高程 26.8 米。基岩岛,出露岩石为燕山晚期花岗岩。土层较薄,有草丛。以基岩海岸为主。岛上有太阳能供电航标灯塔 1 座。

麻雀礁 (Máquè Jiāo)

北纬 27°49.0′,东经 121°09.1′。位于温州市洞头县半屏岛东北侧、墨鱼礁西南侧,距半屏岛 7 米,距大陆最近点 24.43 千米,属洞头列岛。因该岛附近的一帆峰,群众习称麻雀屿,1985 年该岛定名麻雀礁。《浙江省洞头县地名志》（1987）、《中国海域地名图集》（1991）、《浙江海岛志》（1998）和 2010 年浙江省人民政府公布的第一批无居民海岛名称均记为麻雀礁。岸线长 95 米,面积 490 平方米,最高点高程 6.5 米。基岩岛,出露岩石为凝灰岩。以基岩海岸为主。无植被。

海猪槽岩 (Hǎizhūcáo Yán)

北纬 27°49.0′,东经 121°09.0′。位于温州市洞头县半屏岛东北侧、元宝礁南侧,距半屏岛 3 米,距大陆最近点 24.45 千米,属洞头列岛。《浙江省洞头县地名志》（1987）、《浙江省海域地名录》（1988）和《中国海域地名图集》（1991）均记为海猪槽岩。岛呈长形,似一个猪槽,故名。岸线长 27 米,面积 35 平方米,最高点高程 4.6 米。基岩岛,出露岩石为凝灰岩。无植被。

元宝礁 (Yuánbǎo Jiāo)

北纬 27°49.0′,东经 121°09.1′。位于温州市洞头县半屏岛东北侧、海猪槽岩东北侧,距半屏岛 47 米,距大陆最近点 24.46 千米,属洞头列岛。《浙江省洞头县地名志》（1987）、《中国海域地名图集》（1991）、《浙江海岛志》（1998）和 2010 年浙江省人民政府公布的第一批无居民海岛名称均记为元宝礁。该岛形似元宝，故名。岸线长 44 米，面积 116 平方米，最高点高程 5.5 米。基岩岛，出露岩石为凝灰岩。无植被。

印子礁 (Yìnzi Jiāo)

北纬 27°48.9′，东经 121°09.0′。位于温州市洞头县半屏岛东北侧 23 米，距大陆最近点 24.53 千米，属洞头列岛。《浙江省洞头县地名志》（1987）记为印子礁。因与金印礁遥相呼应，故名。岸线长 41 米，面积 65 平方米，最高点高程 7 米。基岩岛，出露岩石为凝灰岩，基岩裸露。无植被。

金印礁 (Jīnyìn Jiāo)

北纬 27°48.9′，东经 121°09.0′。位于温州市洞头县半屏岛东北侧 10 米，距大陆最近点 24.55 千米，属洞头列岛。《浙江海岛志》（1998）、2010 年浙江省人民政府公布的第一批无居民海岛名称记为金印礁。因形似一枚印章，且礁石呈金黄色，故名。基岩岛。岸线长 39 米，面积 93 平方米，最高点高程 12 米。无植被。

半屏东岛 (Bànpíng Dōngdǎo)

北纬 27°48.8′，东经 121°09.0′。位于温州市洞头县半屏岛东侧 6 米，距大陆最近点 24.8 千米，属洞头列岛。因位于半屏岛东侧，第二次全国海域地名普查时命今名。基岩岛。岸线长 159 米，面积 1 408 平方米，最高点高程 22 米。无植被。

外赤屿 (Wàichì Yǔ)

北纬 27°48.8′，东经 121°12.7′。位于温州市洞头县东游岛东侧，距大陆最近点 25.42 千米，属洞头列岛。别名赤礁、红台。《浙江省洞头县地名志》（1987）、《浙江省海域地名录》（1988）、《中国海域地名志》（1989）、《浙江海岛志》（1998）、《全国海岛名称与代码》（2008）、2010 年浙江省人民政府公布的第一批无居民海岛名称均记为外赤屿。岩石略呈赤色，且与赤屿相比位于外侧（东面），1985 年定名外赤屿。岸线长 418 米，面积 9 290 平方米，最高点高程 27.8 米。基岩岛，出露岩石为燕山晚期花岗岩。植被以草丛、灌木为主。

龙眼礁 (Lóngyǎn Jiāo)

北纬 27°48.8′，东经 120°56.6′。位于温州市洞头县霓屿岛西南侧，距霓屿岛 80.51 千米，距大陆最近点 9.68 千米。又名龙目礁、蝙蝠礁。《浙江省洞头县地名志》（1987）、《浙江省海域地名录》（1988）、《中国海域地名志》（1989）记为龙眼礁。因岛上有两个小洞，像两只眼睛，故名龙眼礁。因礁两侧各有两个干出礁，形似蝙蝠，又名蝙蝠礁。岸线长 154 米，面积 985 平方米，最高点高程 4.5 米。基岩岛，出露岩石为凝灰岩。无植被。有太阳能供电航标灯塔 1 座。

金印东岛 (Jīnyìn Dōngdǎo)

北纬 27°48.7′，东经 121°08.9′。位于温州市洞头县半屏岛东侧 22 米，距大陆最近点 24.9 千米，属洞头列岛。因位于金印礁东侧，第二次全国海域地名普查时命今名。基岩岛。面积 442 平方米，岸线长 81 米，最高点高程 20 米。无植被。

小瞿岛 (Xiǎoqú Dǎo)

北纬 27°48.5′，东经 121°05.5′。位于温州市洞头县洞头岛西南侧 1 千米，距大陆最近点 22.45 千米，属洞头列岛。又名小瞿山。《中国海洋岛屿简况》（1980）记为小瞿山。《浙江省洞头县地名志》（1987）、《浙江省海域地名录》（1988）、《中国海域地名志》（1989）、《中国海域地名图集》（1991）、《浙江海岛志》（1998）、《全国海岛名称与代码》（2008）和 2010 年浙江省人民政府公布的第一批无居民海岛名称均记为小瞿岛。因邻近大瞿岛，且比其小，故名。岸线长 1.76 千米，面积 0.148 2 平方千米，最高点高程 66.6 米。基岩岛，出露岩石为上侏罗统高坞组熔结凝灰岩。土层较厚，植被以黑松林和白茅草丛为主。渔汛期间有渔民登岛暂住。岛上建有电网高架设施。岛东侧建有航标灯塔 1 座。

八仙礁 (Bāxiān Jiāo)

北纬 27°48.5′，东经 121°05.6′。位于温州市洞头县小瞿岛东侧岸外 2 米，距大陆最近点 22.92 千米，属洞头列岛。因位于鼻下巍（岬角）附近，又名鼻下尾礁。因"鼻下"方言发音近"八仙"，故名。《浙江省洞头县地名志》（1987）记为鼻下尾礁。《浙江海岛志》（1998）记为 2768 号无名岛。2010 年浙江省人民政府公布的第一批无居民海岛名称记为八仙礁。岸线长 175 米，面积 993 平方米，最高点高程 19.1 米。基岩岛，出露岩石为燕山晚期二长花岗斑岩。无植被。

龙肚岩 (Lóngdù Yán)

北纬 27°48.3′，东经 121°08.7′。位于温州市洞头县半屏岛东侧 46 米，牛屎礁北侧，距大陆最近点 25.72 千米，属洞头列岛。《浙江省洞头县地名志》（1987）、《浙江省海域地名录》（1988）记为龙肚岩。因位于龙头崖南侧，故名。岸线长 59 米，面积 143 平方米，最高点高程 4.3 米。基岩岛，出露岩石为凝灰岩。无植被。

老人头岩 (Lǎoréntóu Yán)

北纬 27°48.3′，东经 121°08.7′。位于温州市洞头县城北岙街道南 3.55 千米，半屏岛东侧 21 米，龙肚岩北侧，距大陆最近点 25.75 千米，属洞头列岛。《浙江省洞头县地名志》（1987）、《浙江省海域地名录》（1988）记为老人头岩。因岛形似一尊老人头像，故名。岸线长 128 米，面积 909 平方米，最高点高程 5.8 米。基岩岛，出露岩石为凝灰岩。无植被。

中瞿岛 (Zhōngqú Dǎo)

北纬 27°48.2′，东经 121°05.4′。位于温州市洞头县洞头岛西南 17.15 千米，距大陆最近点 22.6 千米，属洞头列岛。因地处大瞿岛与小瞿岛中间，曾称中瞿山，1985 年改为今名。《中国海洋岛屿简况》（1980）记为中瞿山。《浙江省洞头县地名志》（1987）、《浙江省海域地名录》（1988）、《中国海域地名志》（1989）、《中国海域地名图集》（1991）、《浙江海岛志》（1998）和 2010 年浙江省人民政府公布的第一批无居民海岛名称均记为中瞿岛。岸线长 1.33 千米，面积 0.077 8 平方千米，最高点高程 61.1 米。基岩岛，出露岩石为燕山晚期花岗岩。土层较厚。岛北侧设有海底电缆入海标志。岛上有高架电线通过。

半屏岛 (Bànpíng Dǎo)

北纬 27°48.2′，东经 121°08.3′。位于温州市洞头县洞头岛南侧 215 米，距大陆最近点 24.08 千米，属洞头列岛。又名半屏山、半面山。清光绪时期书籍均用半屏山之名，当时当地百姓惯称半屏山。《中国海洋岛屿简况》（1980）

记为半面山。《浙江省洞头县地名志》（1987）、《浙江省海域地名录》（1988）、《中国海域地名志》（1989）、《中国海域地名图集》（1991）、《浙江海岛志》（1998）均记为半屏岛。因岛东部沿岸为断崖峭壁，全岛犹如斧劈成的半座山，故名半面山，"半屏"为"半面"的雅化谐音，1985年定名为半屏岛。岸线长14.3千米，面积2.437 3平方千米，最高点高程146.4米。基岩岛，出露岩石为上侏罗统高坞组熔结凝灰岩，岛西部出露的燕山晚期侵入岩为石英正长斑岩。地貌以低丘陵为主，地势平缓。

有居民海岛，隶属于洞头县东屏街道。有4个行政村，13个自然村，2011年6月户籍人口4 156人，常住人口4 298人。渔民多从事渔业生产，主要有机动船对网、拖网、定置张网、钓石斑鱼等作业。有纺织器材厂、水产加工厂等乡村企业。有中学1所、小学1所及医院、电影院等。岛东侧海域有藻类养殖。岛上公路通过半屏大桥与洞头县环岛公路相连，现已开通至洞头县城的城乡公交车。有码头1座。岛上水电已纳入洞头城乡水电供应系统。半屏山景点是洞头旅游景区之一，岛礁地貌独特，被誉为"神州海上第一屏"。

大疤礁 (Dàbā Jiāo)

北纬27°47.7′，东经121°08.0′。位于温州市洞头县半屏岛西南偏南侧17米，距大陆最近点26.61千米，属洞头列岛。《浙江省洞头县地名志》（1987）、《浙江省海域地名录》（1988）记为大疤礁。因位于大疤山附近，故名。岸线长23米，面积36平方米，最高点高程12米。基岩岛，出露岩石为凝灰岩。无植被。

擎天岛 (Qíngtiān Dǎo)

北纬27°47.7′，东经121°08.3′。位于温州市洞头县半屏岛南侧17米，距大陆最近点26.87千米，属洞头列岛。因该岛形状充满霸气，如一柱擎天，第二次全国海域地名普查时命今名。岸线长47米，面积175平方米，最高点高程15米。基岩岛。岛上地形陡峭挺拔，长有草丛。

偏南岙礁 (Piānnán'ào Jiāo)

北纬27°47.7′，东经121°08.0′。位于温州市洞头县半屏岛西南偏南侧4米，距大陆最近点26.71千米，属洞头列岛。《浙江省洞头县地名志》（1987）、《浙江省海域地名录》（1988）记为偏南岙礁。岸线长 33 米，面积 65 平方米，最高点高程 22 米。基岩岛，出露岩石为凝灰岩。无植被。

半屏南岛 （Bànpíng Nándǎo）

北纬 27°47.7′，东经 121°08.3′。位于温州市洞头县半屏岛南侧 24 米，距大陆最近点 26.88 千米，属洞头列岛。因位于半屏岛南侧，第二次全国海域地名普查时命今名。基岩岛。岸线长 288 米，面积 2 233 平方米，最高点高程 8 米。岛上长有草丛。

烟囱北岛 （Yāncōng Běidǎo）

北纬 27°47.7′，东经 121°07.9′。位于温州市洞头县半屏岛西南侧 21 米，距大陆最近点 26.62 千米，属洞头列岛。因位于烟囱岛北侧，第二次全国海域地名普查时命今名。基岩岛。岸线长 72 米，面积 172 平方米，最高点高程 9 米。岛上地势起伏较大，有草丛、灌木。

烟囱岛 （Yāncōng Dǎo）

北纬 27°47.7′，东经 121°07.9′。位于温州市洞头县半屏岛西南侧 8 米，距大陆最近点 26.63 千米，属洞头列岛。因该岛矗立挺拔，形似烟囱，第二次全国海域地名普查时命今名。基岩岛。岸线长 101 米，面积 557 平方米，最高点高程 8 米。植被以草丛、灌木为主。

圆北岛 （Yuánběi Dǎo）

北纬 27°47.6′，东经 121°07.9′。位于温州市洞头县半屏岛西南侧，距半屏岛 35 米，距大陆最近点 26.72 千米，属洞头列岛。因岛位于半屏岛与北策岛之间东北门水道的北面，且岛呈圆形，第二次全国海域地名普查时命今名。基岩岛。岸线长 73 米，面积 345 平方米，最高点高程 6 米。植被以草丛、灌木为主。

半官屿 （Bànguān Yǔ）

北纬 27°47.6′，东经 121°08.5′。位于温州市洞头县半屏岛东南侧 144 米，距大陆最近点 26.93 千米，属洞头列岛。原名半脚屿、牛脚屿。因与南侧牛脚屿重名，故更名为半官屿。《中国海洋岛屿简况》（1980）记为半脚屿。《浙江省洞头县地名志》（1987）、《浙江省海域地名录》（1988）、《中国海域地名志》

（1989）、《中国海域地名图集》（1991）、《浙江海岛志》（1998）和 2010 年浙江省人民政府公布的第一批无居民海岛名称均记为半官屿。岸线长 1.11 千米，面积 0.026 8 平方千米，最高点高程 44.4 米。基岩岛，出露岩石为燕山晚期石英正长斑岩及上侏罗统高坞组熔结凝灰岩。植被主要有白茅草丛和松树。以基岩海岸为主。

圆锥岛 (Yuánzhuī Dǎo)

北纬 27°47.6′，东经 121°07.9′。位于温州市洞头县半屏岛西南侧 18 米，距大陆最近点 26.74 千米，属洞头列岛。因岛形似圆锥体，第二次全国海域地名普查时命今名。基岩岛。岸线长 113 米，面积 564 平方米，最高点高程 18 米。岛上地势起伏较大，有草丛、灌木。

圆锥西岛 (Yuánzhuī Xīdǎo)

北纬 27°47.6′，东经 121°07.9′。位于温州市洞头县半屏岛西南侧 28 米，距大陆最近点 26.75 千米，属洞头列岛。因位于圆锥岛西面，第二次全国海域地名普查时命今名。基岩岛。岸线长 37 米，面积 88 平方米，最高点高程 15 米。岛上地势起伏较大，有草丛。

烟筒岩岛 (Yāntongyán Dǎo)

北纬 27°47.5′，东经 121°08.5′。位于温州市洞头县半官屿东南侧 22 米，距大陆最近点 27.16 千米，属洞头列岛。因其形似烟筒，第二次全国海域地名普查时命今名。基岩岛。岸线长 187 米，面积 2 169 平方米，最高点高程 10 米。无植被。

牛脚屿 (Niújiǎo Yǔ)

北纬 27°47.5′，东经 121°08.6′。位于温州市洞头县半官屿东南侧 205 米，距大陆最近点 27.25 千米，属洞头列岛。《中国海域地名志》（1989）、《浙江海岛志》（1998）、2010 年浙江省人民政府公布的第一批无居民海岛名称均记为牛脚屿。因形似牛脚，故名。岸线长 229 米，面积 3 097 平方米，最高点高程 15.2 米。基岩岛，出露岩石为上侏罗统高坞组熔结凝灰岩。岛上长有草丛。岛顶部有太阳能供电灯塔 1 座。

牛鼻屿 (Niúbí Yǔ)

北纬 27°47.4′，东经 121°07.8′。位于温州市洞头县半屏岛南端岸外 42 米，距大陆最近点 26.90 千米，属洞头列岛。又名牛鼻仔。《浙江省洞头县地名志》（1987）、《浙江省海域地名录》（1988）、《中国海域地名志》（1989）、《中国海域地名图集》（1991）、《浙江海岛志》（1998）、《全国海岛名称与代码》（2008）和 2010 年浙江省人民政府公布的第一批无居民海岛名称均记为牛鼻屿。因岛上有一岩洞，状似牛鼻孔，故名。岸线长 298 米，面积 3 491 平方米，最高点高程 22.7 米。基岩岛，出露岩石为燕山晚期石英正长斑岩。以基岩海岸为主。岛上长有草丛。

牛鼻南岛 (Niúbí Nándǎo)

北纬 27°47.3′，东经 121°07.8′。位于温州市洞头县半屏岛南端岸外 145 米，距大陆最近点 26.97 千米，属洞头列岛。因处在牛鼻屿南侧，第二次全国海域地名普查时命今名。基岩岛。岸线长 106 米，面积 537 平方米，最高点高程 20 米。无植被。

半屏西岛 (Bànpíng Xīdǎo)

北纬 27°47.3′，东经 121°07.8′。位于温州市洞头县半屏岛西南侧 196 米，距大陆最近点 27.01 千米，属洞头列岛。因位于半屏岛西侧，第二次全国海域地名普查时命今名。基岩岛。岸线长 142 米，面积 872 平方米，最高点高程 22 米。岛上长有草丛。南侧有太阳能供电灯塔 1 座。东北侧海域有羊栖菜养殖。

大瞿岛 (Dàqú Dǎo)

北纬 27°47.2′，东经 121°04.9′。位于温州市洞头县洞头岛西南侧 28.89 千米，距大陆最近点 21.96 千米，属洞头列岛。又名大瞿山、渡居。清乾隆《永嘉县志》和清光绪《玉环厅志》记为大瞿山。《中国海洋岛屿简况》（1980）记为大瞿山。1985 年定名大瞿岛，沿用至今。《浙江省洞头县地名志》（1987）、《浙江省海域地名录》（1988）、《中国海域地名志》（1989）、《中国海域地名图集》（1991）、《浙江海岛志》（1998）和《全国海岛名称与代码》（2008）均记为大瞿岛。岛上最早居民多因生活贫困，从大陆渡海迁居而来，度饥逃荒，故称渡居，大瞿为其谐音。岸线长 8.13 千米，面积 2.310 8 平方千米，最高点高程 239.2 米。基岩岛，出露岩石为燕山晚期花岗岩，西南部为上侏罗统高坞组熔结凝灰岩。岛上分布较多珍稀濒危植物，如蜈蚣兰、全缘冬青、黄花石斛、蔓九节、厚叶石斑木、冬青卫矛、龙须藤等。

有居民海岛，隶属于洞头县东屏街道。有大瞿行政村，2011 年 6 月户籍人口 460 人，常住人口 460 人。岛西北部有藻类养殖。大瞿村南面建有交通码头 1 座，开通至洞头岛的渡船。西北侧有航标灯塔 1 座。北侧有电缆入海标志。岛上电力已纳入洞头县供电系统，水由岛上水库供应。

大瞿西岛 (Dàqú Xīdǎo)

北纬 27°46.8′，东经 121°04.4′。位于温州市洞头县大瞿岛西南侧 9 米，距大陆最近点 22.27 千米，属洞头列岛。因位于大瞿岛西面，第二次全国海域地名普查时命今名。基岩岛。岸线长 61 米，面积 218 平方米，最高点高程 8.5 米。岛上长有草丛。

小乌罗礁 (Xiǎowūluó Jiāo)

北纬 27°46.7′，东经 121°08.7′。位于温州市洞头县北策岛东北侧，距大陆最近点 28.61 千米，属洞头列岛。又名小木梳礁。《浙江省洞头县地名志》(1987)、《浙江省海域地名录》(1988)、《中国海域地名志》(1989)、《中国海域地名图集》(1991) 均记为小乌罗礁。因位于乌罗礁西北侧，且比其小，故名。岸线长 87 米，面积 506 平方米，最高点高程 8 米。基岩岛，出露岩石为凝灰岩。岛上地势低平，无植被。

大瞿南岛 (Dàqú Nándǎo)

北纬 27°46.7′，东经 121°05.0′。位于温州市洞头县大瞿岛南侧 25 米，距大陆最近点 23.28 千米，属洞头列岛。因位于大瞿岛南面，第二次全国海域地名普查时命今名。基岩岛。面积 79 平方米，岸线长 32 米，最高点高程 6 米。无植被。

北策岛 (Běicè Dǎo)

北纬 27°46.5′，东经 121°08.0′。位于温州市洞头县半屏岛南侧 1.25 千米，距大陆最近点 27.41 千米，属洞头列岛。又名北策。《中国海洋岛屿简况》（1980）记为北策。《浙江省洞头县地名志》（1987）、《浙江省海域地名录》（1988）、《中国海域地名志》（1989）、《中国海域地名图集》（1991）、《浙江海岛志》（1998）和 2010 年浙江省人民政府公布的第一批无居民海岛名称均记为北策岛。因邻近南策岛，且位其北侧，故名。岸线长 4.75 千米，面积 0.746 7 平方千米，最高点高程 158.2 米。基岩岛，出露岩石北部为晚侏罗世潜辉绿岩，南部为晚侏罗世潜霏细斑岩。东部沿岸地势较平缓，岸外有砾石、岩块带；北部和西部岩岸较陡峭。岛上土层较厚。有石屋数间，渔汛期间有人暂住。岛东北部有导航灯塔 1 座，北部有电缆入海标志。岛上有高架电线通过。岛南面有张网作业区。

虎洞岛 (Hǔdòng Dǎo)

北纬 27°46.4′，东经 121°08.5′。位于温州市洞头县北策岛东侧 57 米，距大陆最近点 28.6 千米，属洞头列岛。曾名虎人屁股、西策山、肚尔山。《浙江省洞头县地名志》（1987）、《浙江省海域地名录》（1988）、《中国海域地名志》（1989）、《中国海域地名图集》（1991）、《浙江海岛志》（1998）、2010 年浙江省人民政府公布的第一批无居民海岛名称记为虎洞岛。因岛上有浪蚀洞，状似老虎屁股，故名。岸线长 1.98 千米，面积 0.162 5 平方千米，最高点高程 121.1 米。基岩岛，出露岩石为晚侏罗世潜霏细斑岩，土层较薄。东部沿岸陡峭，西部沿岸有砂砾带。

外烛台礁 (Wàizhútái Jiāo)

北纬 27°46.0′，东经 121°08.1′。位于温州市洞头县南策岛东北侧 76 米，距大陆最近点 28.49 千米，属洞头列岛。又名烛台礁。《浙江省洞头县地名志》（1987）记为烛台礁。《浙江海岛志》（1998）记为 2792 号无名岛。2010 年浙江省人民政府公布的第一批无居民海岛名称记为外烛台礁。因形似一只蜡烛台耸立，且位于南策岛外侧（东北侧），故名。岸线长 144 米，面积 1 390 平方米，最高点高程 16.5 米。基岩岛，出露岩石为燕山晚期闪长玢岩。植被以草丛、灌木为主。

耳环礁 （Ěrhuán Jiāo）

北纬 27°45.9′，东经 121°08.6′。位于温州市洞头县东策岛西北侧 13 米，距大陆最近点 29.35 千米，属洞头列岛。当地群众惯称金耳环。《浙江省洞头县地名志》（1987）、《中国海域地名志》（1989）和《中国海域地名图集》（1991）均记为耳环礁。岸线长 73 米，面积 340 平方米，最高点高程 8 米。基岩岛，出露岩石为凝灰岩。无植被。

东策东岛 （Dōngcè Dōngdǎo）

北纬 27°45.8′，东经 121°09.0′。位于温州市洞头县东策岛东侧 11 米，距大陆最近点 29.98 千米，属洞头列岛。因位于东策岛东面，第二次全国海域地名普查时命今名。基岩岛。岸线长 109 米，面积 618 平方米，最高点高程 10 米。岛上地势较陡，有草丛。

洞口北岛 （Dòngkǒu Běidǎo）

北纬 27°45.8′，东经 121°09.0′。位于温州市洞头县东策岛东侧 6 米，距大陆最近点 29.98 千米，属洞头列岛。因位于洞口礁北侧，第二次全国海域地名普查时命今名。基岩岛。岸线长 46 米，面积 131 平方米，最高点高程 4.8 米。岛上地势较陡，有草丛。

洞口礁 （Dòngkǒu Jiāo）

北纬 27°45.8′，东经 121°09.0′。位于温州市洞头县东策岛东北侧、拐礁东侧，距东策岛 47 米，距大陆最近点 30.02 千米，属洞头列岛。别名乌鸦洞口礁。《浙江省洞头县地名志》（1987）、《浙江省海域地名录》（1988）记为洞口礁。因位于乌鸦洞口附近，故名。岸线长 26 米，面积 31 平方米，最高点高程 11.5 米。基岩岛，出露岩石为凝灰岩。岛上地势较陡，无植被。

南策岛 （Náncè Dǎo）

北纬 27°45.7′，东经 121°08.0′。位于温州市洞头县县城北岙街道南 8.8 千米，北策岛南侧 300 米，距大陆最近点 27.83 千米，属洞头列岛。又名南策山、南策。清称南策山，为海防要地之一。《中国海洋岛屿简况》（1980）记为南策。《浙江省洞头县地名志》（1987）、《浙江省海域地名录》（1988）、《中国海域地名志》（1989）、《中国海域地名图集》（1991）、《浙江海岛志》（1997）和《全国海岛名称与代码》（2008）记为南策岛。因位于洞头列岛南部前沿，昔日常有海贼出没，南策为南贼方言谐音，故名。岸线长 5.6 千米，面积 1.038 平方千米，最高点高程 183.6 米。基岩岛，出露岩石为上侏罗统西山头组熔结凝灰岩，仅东端出露燕山晚期闪长玢岩。

有居民海岛。2011 年 6 月户籍人口 549 人，常住人口 549 人。以渔业为主，盛产虾皮。耕地以种植番薯为主。岛上布有电力设备，已纳入城乡供电系统。有小水库。岛西北侧有交通码头 1 座，南侧有测风塔 1 座。北侧海域有张网作业区。

东策西岛 (Dōngcè Xīdǎo)

北纬 27°45.7′，东经 121°08.5′。位于温州市洞头县东策岛西侧 18 米，距大陆最近点 29.28 千米，属洞头列岛。因位于东策岛西面，第二次全国海域地名普查时命今名。基岩岛。岸线长 48 米，面积 182 平方米，最高点高程 7.5 米。无植被。

东策岛 (Dōngcè Dǎo)

北纬 27°45.7′，东经 121°08.7′。位于温州市洞头县南策岛东侧 166 米，距大陆最近点 29.23 千米，属洞头列岛。又名东策。《中国海洋岛屿简况》（1980）、《浙江省洞头县地名志》（1987）、《浙江省海域地名录》（1988）、《中国海域地名志》（1989）、《中国海域地名图集》（1991）、《浙江海岛志》（1998）、《全国海岛名称与代码》（2008）和 2010 年浙江省人民政府公布的第一批无居民海岛名称均记为东策岛。因邻近南策岛，且居其东面，故名。岸线长 4.32 千米，面积 0.4799 平方千米，最高点高程 178.1 米。基岩岛，出露岩石为晚侏罗世流纹质玻屑凝灰岩、晶屑玻屑凝灰岩。

刀礁 (Dāo Jiāo)

北纬 27°45.6′，东经 121°09.0′。位于温州市洞头县东策岛东南侧 2 米，距大陆最近点 30.11 千米，属洞头列岛。《浙江省洞头县地名志》（1987）记为刀礁。因形似刀状，故名。岸线长 100 米，面积 586 平方米，最高点高程 15 米。基岩岛，出露岩石为凝灰岩。无植被。

双头浪屿 (Shuāngtóulàng Yǔ)

北纬 27°45.6′，东经 121°09.0′。位于温州市洞头县县城北岙街道南 8.7 千米，东策岛东南侧 12 米，距大陆最近点 30.13 千米，属洞头列岛。曾名铁线桥，别名船能屿。《中国海洋岛屿简况》（1980）、《浙江省洞头县地名志》（1987）、《浙江省海域地名录》（1988）《中国海域地名志》（1989）《中国海域地名图集》（1991）《浙江海岛志》（1998）和 2010 年浙江省人民政府公布的第一批无居民海岛名称均记为双头浪屿。因其上有一岩洞，两头相通，时有涌浪，故名。岸线长 458 米，面积 9 458 平方米，最高点高程 43.9 米。基岩岛，出露岩石为晚侏罗世流纹质玻屑凝灰岩、晶屑玻屑凝灰岩。地势较陡，表土较薄，长有草丛、灌木。

老鹰北岛 (Lǎoyīng Běidǎo)

北纬 27°45.5′，东经 121°09.2′。位于温州市洞头县老鹰屿东北偏北侧 33 米，距大陆最近点 30.43 千米，属洞头列岛。因位于老鹰屿北面，第二次全国海域地名普查时命今名。基岩岛。岸线长 88 米，面积 452 平方米，最高点高程 5.5 米。无植被。

老鹰中岛 (Lǎoyīng Zhōngdǎo)

北纬 27°45.5′，东经 121°09.2′。位于温州市洞头县老鹰屿东北偏北侧 22 米，距大陆最近点 30.43 千米，属洞头列岛。位于老鹰屿与老鹰北岛之间，第二次全国海域地名普查时命今名。基岩岛，面积 356 平方米，岸线长 98 米，最高点高程 5.8 米。无植被。

分叉岛 (Fēnchǎ Dǎo)

北纬 27°45.5′，东经 121°09.2′。位于温州市洞头县老鹰屿东北偏北侧 57 米，距大陆最近点 30.51 千米，属洞头列岛。因岛一端分叉呈"Y"形，第二次全国海域地名普查时命今名。基岩岛。岸线长 62 米，面积 152 平方米，最高点高程 6 米。无植被。

水烟筒礁 (Shuǐyāntong Jiāo)

北纬 27°45.5′，东经 121°09.2′。位于温州市洞头县老鹰屿东北偏北侧 40 米，距大陆最近点 30.5 千米，属洞头列岛。《浙江省洞头县地名志》（1987）、《浙江省海域地名录》（1988）记为水烟筒礁。因形似一支水烟筒而得名。岸线长49米，面积138平方米，最高点高程11米。基岩岛，出露岩石为凝灰岩。无植被。

北先礁 (Běixiān Jiāo)

北纬27°45.5′，东经121°08.5′。位于温州市洞头县东策岛西南岸外12米，距大陆最近点29.52千米，属洞头列岛。又名北先岛。《浙江海岛志》（1998）记为北先岛。2010年浙江省人民政府公布的第一批无居民海岛名称记为北先礁。以当地群众惯称定名。岸线长153米，面积1 057平方米，最高点高程12米。基岩岛，出露岩石为上侏罗统西山头组熔结凝灰岩。岛上长有草丛。

老鹰屿 (Lǎoyīng Yǔ)

北纬27°45.4′，东经121°09.1′。位于温州市洞头县东策岛东南侧193米，距大陆最近点30.28千米，属洞头列岛。又名荔叶屿。《中国海洋岛屿简况》（1980）记为荔叶屿。《浙江省洞头县地名志》（1987）、《浙江省海域地名录》（1988）、《中国海域地名志》（1989）、《中国海域地名图集》（1991）、《浙江海岛志》（1998）、2010年浙江省人民政府公布的第一批无居民海岛名称均记为老鹰屿。以形似老鹰得名。岸线长1.18千米，面积0.034 7平方千米，最高点高程69.3米。基岩岛，出露岩石为上侏罗统西山头组熔结凝灰岩。四周岩石陡峭，土层薄。

鹰礁 (Yīng Jiāo)

北纬27°45.4′，东经121°09.2′。位于温州市洞头县老鹰屿东侧20米，距大陆最近点30.58千米，属洞头列岛。又名老鹰东礁、老鹰屿仔尾、老鹰山。《浙江省洞头县地名志》（1987）记为老鹰东礁，当地群众惯称老鹰屿仔尾。《浙江海岛志》（1998）记为老鹰山。2010年浙江省人民政府公布的第一批无居民海岛名称记为鹰礁。因位于老鹰屿东侧，且面积较小，故名。岸线长177米，面积1 661平方米，最高点高程17.2米。基岩岛，出露岩石为上侏罗统西山头组熔结凝灰岩。岛上地势陡峭，有草丛。

北潮礁 (Běicháo Jiāo)

北纬27°45.4′，东经121°07.7′。位于温州市洞头县南策岛西南偏南侧11米，距大陆最近点28.37千米，属洞头列岛。又名北流鼻仔礁。《浙江省洞头县地名志》（1987）记为北潮礁。因其北侧喇叭口状小吞影响，周边潮流较急，故名。岸线长154米，面积480平方米，最高点高程5米。基岩岛，出露岩石为凝灰岩。无植被。

四屿 (Sì Yǔ)

北纬27°45.0′，东经121°09.5′。位于温州市洞头县东策岛东南侧2.15千米，距大陆最近点31.19千米，属洞头列岛。又名嫫岛。清光绪《浙江沿海图说》记为四屿。《中国海洋岛屿简况》（1980）记为嫫岛。《浙江省洞头县地名志》（1987）、《浙江省海域地名录》（1988）、《中国海域地名志》（1989）、《中国海域地名图集》（1991）、《浙江海岛志》（1998）、《全国海岛名称与代码》（2008）和2010年浙江省人民政府公布的第一批无居民海岛名称均记为四屿。在周围邻近五个岛屿（南猫屿、无草屿、香花屿、四屿、五屿）中，按自南向北的顺序排列为四，故名。岸线长836米，面积0.0216平方千米，最高点高程22.1米。基岩岛，出露岩石为上侏罗统西山头组熔结凝灰岩、晶屑凝灰岩。岛上长有草丛。

香花北岛 (Xiānghuā Běidǎo)

北纬27°45.0′，东经121°10.1′。位于温州市洞头县香花屿北侧14米，距大陆最近点31.88千米，属洞头列岛。因其位于香花屿北侧，第二次全国海域地名普查时命今名。基岩岛，面积171平方米，岸线长54米，最高点高程15米。无植被。

香花东岛 (Xiānghuā Dōngdǎo)

北纬27°45.0′，东经121°10.1′。位于温州市洞头县香花屿东北偏北侧2米，距大陆最近点31.92千米，属洞头列岛。因位于香花屿东北侧，第二次全国海域地名普查时命今名。基岩岛。岸线长35米，面积95平方米，最高点高程5.9米。无植被。

香花屿 (Xiānghuā Yǔ)

北纬27°44.9′，东经121°10.1′。位于温州市洞头县东策岛东南侧约2.15千米，距大陆最近点31.9千米，属洞头列岛。又名佛岛。《中国海洋岛屿简况》

（1980）记为佛岛。《浙江省洞头县地名志》（1987）、《浙江省海域地名录》（1988）、《中国海域地名志》（1989）、《中国海域地名图集》（1991）、《浙江海岛志》（1998）、《全国海岛名称与代码》（2008）和 2010 年浙江省人民政府公布的第一批无居民海岛名称均记为香花屿。因岛形似花得名。岸线长 790 米，面积 0.025 平方千米，最高点高程 34.1 米。基岩岛，出露岩石为上侏罗统西山头组熔结凝灰岩。植被以草丛、灌木为主。

无草屿 (Wúcǎo Yǔ)

北纬 27°44.9′，东经 121°09.4′。位于温州市洞头县四屿南侧 198 米，距大陆最近点 31.31 千米，属洞头列岛。又名鸽岛。《中国海洋岛屿简况》（1980）记为鸽岛。《浙江省洞头县地名志》（1987）、《浙江省海域地名录》（1988）、《中国海域地名志》（1989）、《中国海域地名图集》（1991）、《浙江海岛志》（1998）、《全国海岛名称与代码》（2008）和 2010 年浙江省人民政府公布的第一批无居民海岛名称均记为无草屿。因岛上无草而得名。岸线长 449 米，面积 0.011 6 平方千米，最高点高程 12 米。基岩岛，出露岩石为上侏罗统西山头组熔结凝灰岩，基岩裸露。无植被。

南猫屿 (Nánmāo Yǔ)

北纬 27°44.7′，东经 121°09.9′。位于温州市洞头县香花屿西南侧 330 米，距大陆最近点 32.06 千米，属洞头列岛。因岛形似猫而得名。且位于洞头列岛南部，1985 年更名为南猫屿。又名孳岛。《中国海洋岛屿简况》（1980）记为孳岛。《浙江省洞头县地名志》（1987）、《浙江省海域地名录》（1988）、《中国海域地名志》（1989）、《中国海域地名图集》（1991）、《浙江海岛志》（1998）、《全国海岛名称与代码》（2008）和 2010 年浙江省人民政府公布的第一批无居民海岛名称均记为南猫屿。岸线长 436 米，面积 9 506 平方米，最高点高程 17.6 米。基岩岛，出露岩石为上侏罗统西山头组熔结凝灰岩。岛上长有草丛。常年有成群海鸟栖息，主要有海鸥、海燕、贼鸥、白鹳、白鹭等。

孳南岛 (Zīnán Dǎo)

北纬 27°44.7′，东经 121°09.9′。位于温州市洞头县南猫屿东南侧 11 米，距大陆最近点 32.21 千米，属洞头列岛。因位于南猫屿（曾名孳岛）南面，第二次全国海域地名普查时命今名。基岩岛。面积 78 平方米，岸线长 35 米，最高点高程 5.7 米。无植被。

北摆屿 (Běibǎi Yǔ)

北纬 27°42.8′，东经 121°11.0′。位于温州市洞头县东策岛东南侧 6 千米，洞头列岛南部，距大陆最近点 35.31 千米。又名北摆。《中国海洋岛屿简况》（1980）记为北摆。《浙江省洞头县地名志》（1987）、《浙江省海域地名录》（1988）、《中国海域地名志》（1989）、《中国海域地名图集》（1991）、《浙江海岛志》（1998）、《全国海岛名称与代码》（2008）和 2010 年浙江省人民政府公布的第一批无居民海岛名称均记为北摆屿。因两个岛屿邻近并摆，该岛位于北侧，故名。岸线长 681 米，面积 0.017 平方千米，最高点高程 31.7 米。基岩岛，出露岩石为上侏罗统西山头组熔结凝灰岩和晶屑凝灰岩。岛上长有草丛。常年有成群海鸟栖息，主要有海鸥、海燕、贼鸥、白鹳、白鹭等，与南摆屿并称鸟岛。岛东部有太阳能供电灯塔 1 座，灯塔南北两侧各有小路。

南摆屿 (Nánbǎi Yǔ)

北纬 27°42.7′，东经 121°10.3′。位于温州市洞头县东策岛东南侧，东距北摆屿 900 米，距大陆最近点 34.41 千米，属洞头列岛。又名南摆。《中国海洋岛屿简况》（1980）记为南摆。《浙江省洞头县地名志》（1987）、《浙江省海域地名录》（1988）、《中国海域地名志》（1989）、《中国海域地名图集》（1991）、《浙江海岛志》（1997）、《全国海岛名称与代码》（2008）和 2010 年浙江省人民政府公布的第一批无居民海岛名称均记为南摆屿。因两个岛屿邻近并摆，该岛处南，故名。岸线长 619 米，面积 0.018 7 平方千米，最高点高程 25 米。基岩岛，出露岩石为上侏罗统西山头组熔结凝灰岩和晶屑凝灰岩。岛上长有草丛。常年有成群海鸟栖息，与北摆屿并称鸟岛。

双峰东岛 (Shuāngfēng Dōngdǎo)

北纬 27°41.9′，东经 121°08.4′。隶属于温州市洞头县，距大陆最近点 32.77 千米，属洞头列岛。第二次全国海域地名普查时命今名。基岩岛。面积

236 平方米，岸线长 67 米，最高点高程 6 米。无植被。

双峰中岛 (Shuāngfēng Zhōngdǎo)

北纬 27°41.8′，东经 121°08.3′。隶属于温州市洞头县，距大陆最近点 32.77 千米，属洞头列岛。第二次全国海域地名普查时命今名。基岩岛。面积 125 平方米，岸线长 40 米，最高点高程 5.5 米。岛上地势低平，无植被。

小峰屿 (Xiǎofēng Yǔ)

北纬 27°41.7′，东经 121°08.4′。位于温州市洞头县南策岛南侧 69.93 千米，距大陆最近点 32.78 千米，属洞头列岛。又名双峰山、双峰山岛、双峰山 -2、双峰山岛 -2、结壳山。岛有南北两个小山峰，故称双峰山。又因周围海域蛎壳资源丰富，别名结壳山。《中国海洋岛屿简况》（1980）记为双峰山。《浙江省洞头县地名志》（1987）、《浙江省海域地名录》（1988）、《中国海域地名志》（1989）、《中国海域地名图集》（1991）记为双峰山岛。《浙江海岛志》（1998）记为双峰山 -2。《全国海岛名称与代码》（2008）记为双峰山岛 -2。2010 年浙江省人民政府公布的第一批无居民海岛名称记为小峰屿。原双峰山岛主要由两个海岛组成，此岛较小，故名。基岩岛。岸线长 470 米，面积 0.014 2 平方千米，最高点高程 44.8 米。岛上地势起伏，土层较薄，有草丛、灌木。

双峰南礁 (Shuāngfēng Nánjiāo)

北纬 27°41.7′，东经 121°08.4′。位于温州市洞头县小峰屿南侧 50 米，距大陆最近点 32.93 千米，属洞头列岛。《浙江海岛志》（1998）记为 2821 号无名岛。2010 年浙江省人民政府公布的第一批无居民海岛名称记为双峰南礁。岸线长 237 米，面积 3 657 平方米，最高点高程 5 米。基岩岛，出露岩石为晚侏罗世潜菲细斑岩。无植被。

复顶礁 (Fùdǐng Jiāo)

北纬 27°41.4′，东经 121°07.3′。位于温州市洞头县小峰屿西南侧 17.48 千米，距大陆最近点 31.84 千米，属洞头列岛。《中国海洋岛屿简况》（1980）、《浙江省洞头县地名志》（1987）、《浙江省海域地名录》（1988）、《中国海域地名志》（1989）、《浙江海岛志》（1998）、《全国海岛名称与代码》（2008）和 2010

年浙江省人民政府公布的第一批无居民海岛名称均记为复顶礁。因岛形似一铁锅覆盖在海面上，当地群众惯称扑锅礁，后由"覆鼎"谐音异写为"复顶"而得名。岸线长 344 米，面积 8 115 平方米，最高点高程 8.5 米。基岩岛，出露岩石为上侏罗统西山头组熔结凝灰岩和晶屑凝灰岩。无植被。有太阳能供电灯塔 1 座。

罾排山屿 (Zēngpáishān Yǔ)

北纬 27°38.2′，东经 120°40.5′。位于温州市平阳县横舟屿东北侧海域，距大陆最近点 10 米。2010 年浙江省人民政府公布的第一批无居民海岛名称记为罾排山屿。"罾"是当地渔民称呼鱼网名，以前当地村民常在岛上晒鱼网，故名。基岩岛。岸线长 171 米，面积 1 540 平方米，最高点高程 11.2 米。植被以草丛、灌木为主。岛上建有海鲜排档。

横舟屿 (Héngzhōu Yǔ)

北纬 27°38.1′，东经 120°40.1′。位于温州市平阳县水桶南礁东北侧，距大陆最近点 20 米。2010 年浙江省人民政府公布的第一批无居民海岛名称记为横舟屿。因涨潮时远看似一艘大船横卧在岸边，故名。基岩岛。岸线长 227 米，面积 3 574 平方米，最高点高程 13.4 米。岛上建有海鲜大排档，有吊桥与大陆相连，夏季常有大量游客来此观海吃海鲜。岛上水电来自大陆。

水桶南礁 (Shuǐtǒng Nánjiāo)

北纬 27°38.1′，东经 120°40.1′。位于温州市平阳县横舟屿西南侧 3 米，距大陆最近点 50 米。《中国海域地名图集》(1991) 标注为水桶南礁。因岛呈长条形，酷似水桶，故名。基岩岛。岸线长 16 米，面积 20 平方米，最高点高程 5 米。无植被。

瓜瓢岩礁 (Guāpiáoyán Jiāo)

北纬 27°37.6′，东经 120°40.1′。隶属于温州市平阳县，距大陆最近点 210 米。又名瓜瓢岩。2010 年浙江省人民政府公布的第一批无居民海岛名称记为瓜瓢岩礁。因岛形似瓜瓢，故名。基岩岛。岸线长 189 米，面积 2 565 平方米，最高点高程 14.1 米。植被以草丛、灌木为主。

灰熊岛 （Huīxióng Dǎo）

北纬 27°36.8′，东经 120°39.2′。位于温州市平阳县屋背礁东北侧，距大陆最近点 20 米。因涨潮时露出部分似仰天号啕的灰熊头部，第二次全国海域地名普查时命今名。基岩岛。岸线长 53 米，面积 223 平方米，最高点高程 5 米。无植被。

屋背礁 （Wūbèi Jiāo）

北纬 27°36.8′，东经 120°39.1′。位于温州市平阳县灰熊岛西南侧，距大陆最近点 20 米。《中国海域地名图集》（1991）标注为屋背礁。因岛外形似瓦片房的屋顶，故名。基岩岛。岸线长 52 米，面积 217 平方米，最高点高程 7 米。无植被。

危险礁 （Wēixiǎn Jiāo）

北纬 27°36.7′，东经 120°38.6′。位于温州市平阳县礁门礁西北侧，距大陆最近点 10 米。《中国海域地名图集》（1991）标注为危险礁。由于该岛离大陆很近，岛体窄长，渔船经过易发生危险，故名。基岩岛。岸线长 37 米，面积 108 平方米，最高点高程 5 米。无植被。

礁门礁 （Jiāomén Jiāo）

北纬 27°36.6′，东经 120°38.6′。位于温州市平阳县危险礁东南侧，距大陆最近点 50 米。《中国海域地名图集》（1991）标注为礁门礁。基岩岛。岸线长 20 米，面积 30 平方米，最高点高程 6 米。无植被。

老步尾屿 （Lǎobùwěi Yǔ）

北纬 27°35.7′，东经 120°39.1′。位于温州市平阳县大陆四沙村东南，距大陆最近点 1.15 千米。《浙江海岛志》（1997）记为 2908 号无名岛。2010 年浙江省人民政府公布的第一批无居民海岛名称记为老步尾屿。因该岛靠近杨屿山，形似老虎尾巴，当地村民也称老虎尾，与老步尾谐音，故名。岸线长 267 米，面积 4 060 平方米，最高点高程 11 米。基岩岛，出露岩石为上侏罗统高坞组熔结凝灰岩。植被以草丛、灌木为主。

三屿 （Sān Yǔ）

北纬 27°34.4′，东经 120°44.2′。位于温州市平阳县鳌江口外北侧，东北距上头屿 2.5 千米，距大陆最近点 8.8 千米。又名三屿山。民国《平阳县志·卷三》载："四屿山西南为三屿山。"《中国海洋岛屿简况》（1980）、《浙江省平阳县地名录》（1986）、《浙江省海域地名录》（1988）、《中国海域地名志》（1989）、《浙江海岛志》（1998）、《全国海岛名称与代码》（2008）和 2010 年浙江省人民政府公布的第一批无居民海岛名称均记为三屿。因该岛与上头屿、上二屿等海岛排列成一线，处第三，故名。岸线长 357 米，面积 7 234 平方米，最高点高程 16.1 米。基岩岛。出露岩石为上侏罗统高坞组熔结凝灰岩。岛上多岩石，少泥土。长有草丛、灌木等，有蛙、蛇、鼠等动物生存。岛上建有简陋庙宇 1 座，有国家大地控制点标志 1 个。渔汛期间大陆渔民常来此捕鱼。

上二屿 (Shàng'èr Yǔ)

北纬 27°33.9′，东经 120°43.8′。位于温州市平阳县鳌江口外北侧，三屿西南，距上头屿 1.46 千米，距大陆最近点 8.84 千米。原名二屿。《浙江海岛志》（1998）载："因鳌江口外的岛屿一字排列，该岛为第二个屿，故名二屿。为免与南麂列岛的二屿重名，1983 年更名为上二屿。"《中国海洋岛屿简况》（1980）、《浙江省平阳县地名录》（1986）、《浙江省海域地名录》（1988）、《中国海域地名志》（1989）、2010 年浙江省人民政府公布的第一批无居民海岛名称记为上二屿。《全国海岛名称与代码》（2008）仍记为二屿。因该岛与上头屿、三屿等海岛排列成一线，处第二，位居南麂岛二屿之北（上），故名。岸线长 417 米，面积 0.012 9 平方千米，最高点高程 29.4 米。基岩岛，出露岩石为上侏罗统高坞组熔结凝灰岩，多岩石，少泥土，岸边岩石陡峭。岛上建有铁塔 1 座，从山顶到岛边修有阶梯。

上头屿 (Shàngtou Yǔ)

北纬 27°33.4′，东经 120°43.0′。位于温州市平阳县上二屿西南侧，距长腰山屿 3.32 千米，距大陆最近点 7.92 千米。原名头屿山、头屿。民国《平阳县志·卷三》载为头屿山。为免与南麂列岛的头屿重名而改称上头屿。《中国海洋岛屿简况》（1980）、《平阳县地名录》（1986）、《浙江省海域地名录》（1988）、《中国海域地名志》（1989）、《浙江海岛志》（1998）和 2010 年浙江省人民政府公布的第一批无居民海岛名称均记为上头屿。因该岛与上二屿、三屿等岛排列成一线，处第一，故名。岛形似扇贝，西北—东南走向。岸线长 905 米，面积 0.038 2 平方千米，最高点高程 57.9 米。基岩岛，出露岩石为上侏罗统高坞组熔结凝灰岩。岛上有太阳能供电的灯塔和气象站，有阶梯道路通往灯塔。

中屿 (Zhōng Yǔ)

北纬 27°29.6′，东经 121°05.6′。隶属于温州市平阳县，距大陆最近点 40.11 千米，属南麂列岛。《浙江省海域地名录》（1988）、《中国海域地名志》（1989）、《浙江海岛志》（1998）、《全国海岛名称与代码》（2008）和 2010 年浙江省人民政府公布的第一批无居民海岛名称均记为中屿。因位于大檑山、小檑山、笔架山之间，故名。岛呈椭圆形，东西走向。岸线长 340 米，面积 7 242 平方米，最高点高程 20.7 米。基岩岛，出露岩石为上侏罗统高坞组熔结凝灰岩。长有草丛、灌木。属南麂列岛海洋自然保护区。

溜竹礁 (Liūzhú Jiāo)

北纬 27°29.6′，东经 121°05.8′。位于温州市平阳县中屿东侧，距大陆最近点 40.36 千米，属南麂列岛。又名流竹礁。《平阳县地名志》（1985）、《浙江省海域地名录》（1988）、《浙江海岛志》（1998）、《全国海岛名称与代码》（2008）和 2010 年浙江省人民政府公布的第一批无居民海岛名称均记为溜竹礁。据传，从前竹屿山有竹林成荫，竹运时需溜过该礁，故名。基岩岛。岸线长 208 米，面积 1 840 平方米，最高点高程 6.5 米。无植被。属南麂列岛海洋自然保护区。

中心礁 (Zhōngxīn Jiāo)

北纬 27°29.5′，东经 121°05.5′。位于温州市平阳县大岙湾口门南侧，距大陆最近点 39.87 千米，属南麂列岛。《平阳县地名志》（1985）、《浙江省海域地名录》（1988）、《中国海域地名志》（1989）、《浙江海岛志》（1998）、《全国海岛名称与代码》（2008）和 2010 年浙江省人民政府公布的第一批无居民海岛名称均记为中心礁。岸线长 168 米，面积 1 121 平方米，最高点高程 7 米。基岩岛，出露岩石为上侏罗统高坞组熔结凝灰岩。以基岩海岸为主。无植被。属南麂列岛海洋自然保护区。

大鸬鹚礁 (Dàlúcí Jiāo)

北纬 27°29.1′，东经 121°05.9′。位于温州市平阳县鸬鹚礁东北侧，距小榴山 28 米，距大陆最近点 40.53 千米，属南麂列岛。《浙江海岛志》（1998）记为 2935 号无名岛。2010 年浙江省人民政府公布的第一批无居民海岛名称记为大鸬鹚礁。位于鸬鹚礁北侧，面积大于鸬鹚礁，故名。岸线长 200 米，面积 2 261 平方米，最高点高程 8.2 米。基岩岛，出露岩石为上侏罗统高坞组熔结凝灰岩。植被以草丛、灌木为主。属南麂列岛海洋自然保护区。

小榴山 (Xiǎoléi Shān)

北纬 27°29.0′，东经 121°05.8′。隶属于温州市平阳县，西南距南麂岛 1.82 千米，距大陆最近点 40.16 千米，属南麂列岛。又名小榴山 -2、小榴山屿。因岛形似小榴网开张之状，故名。《平阳县地名志》（1985）、《浙江省海域地名录》（1988）、《中国海域地名志》（1989）和《浙江海岛志》（1998）均记为小榴山。《全国海岛名称与代码》（2008）记为小榴山 -2。2010 年浙江省人民政府公布的第一批无居民海岛名称记为小榴山屿。岸线长 867 米，面积 0.028 6 平方千米，最高点高程 56.8 米。基岩岛，出露岩石为上侏罗统高坞组熔结凝灰岩。长有草丛、灌木。属南麂列岛海洋自然保护区。

小榴山屿 (Xiǎoléishān Yǔ)

北纬 27°29.0′，东经 121°05.7′。位于温州市平阳县鸬鹚礁西北侧，距小榴山 4 米，距大陆最近点 40.06 千米，属南麂列岛。又名小榴山、小榴山 -1。《平阳县地名志》（1985）、《浙江省海域地名录》（1988）、《中国海域地名志》（1989）和《浙江海岛志》（1998）均记为小榴山。《全国海岛名称与代码》（2008）均记为小榴山 -1。2010 年浙江省人民政府公布的第一批无居民海岛名称记为小榴山屿。岸线长 864 米，面积 0.021 7 平方千米，最高点高程 56.8 米。基岩岛，出露岩石为上侏罗统高坞组熔结凝灰岩。长有草丛、灌木等植物。属南麂列岛海洋自然保护区。

鸬鹚礁 (Lúcí Jiāo)

北纬 27°28.9′，东经 121°05.8′。位于温州市平阳县小榴山屿东南侧，距小橄山屿 111 米，距大陆最近点 40.38 千米，属南麂列岛。《平阳县地名志》（1985）、《中国海域地名志》（1989）和《浙江省海域地名录》（1988）均记为鸬鹚礁。因形似鸬鹚，故名。基岩岛。岸线长 186 米，面积 797 平方米，最高点高程 6.2 米。以基岩海岸为主。无植被。

龙头屿东岛 (Lóngtóuyǔ Dōngdǎo)

北纬 27°28.7′，东经 121°03.7′。隶属于温州市平阳县，距南麂岛 12 米，距大陆最近点 36.95 千米，属南麂列岛。第二次全国海域地名普查时命今名。基岩岛。岸线长 23 米，面积 40 平方米，最高点高程 5.6 米。以基岩海岸为主。无植被。属南麂列岛海洋自然保护区。

后麂西岛 (Hòujǐ Xīdǎo)

北纬 27°28.6′，东经 121°07.3′。隶属于温州市平阳县，距大陆最近点 42.91 千米，属南麂列岛。第二次全国海域地名普查时命今名。基岩岛。岸线长 37 米，面积 97 平方米，最高点高程 5.2 米。无植被。属南麂列岛海洋自然保护区。

后麂南礁 (Hòujǐ Nánjiāo)

北纬 27°28.3′，东经 121°07.5′。位于温州市平阳县稻挑山西北侧，距大陆最近点 43.21 千米，属南麂列岛。《浙江海岛志》（1998）记为 2942 号无名岛。2010 年浙江省人民政府公布的第一批无居民海岛名称记为后麂南礁。因位于后麂山西南而得名。基岩岛。岸线长 104 米，面积 622 平方米，最高点高程 6.1 米。无植被。属南麂列岛海洋自然保护区。

竹屿 (Zhú Yǔ)

北纬 27°28.3′，东经 121°06.6′。隶属于温州市平阳县鳌江镇，距南麂岛 1.38 千米，距大陆最近点 41.03 千米，属南麂列岛。民国《平阳县志·舆地志》载："大雷山东南里许为竹屿山，昔时南麂及竹屿诸岛并编户入二十四都。"《平阳县地名志》（1985）、《浙江省海域地名录》（1988）、《中国海域地名志》（1989）、《浙江海岛志》（1998）和《全国海岛名称与代码》（2008）均记为竹屿。据传，岛南面山坳从前竹林成荫，故名竹屿。岸线长 6.04 千米，面积 0.765 4 平方千米，最高点高程 108 米。基岩岛，出露岩石为燕山晚期钾长花岗岩。年平均气温 17.8℃，春夏多雨雾，夏秋多台风，冬季盛行西北风。岛上有鹰、鸥、黄鼠狼、水獭、蛙、鼠等野生动物。岸边岩壁和礁石上有贻贝、藤壶、牡蛎等。附近海域产中国毛虾、墨鱼、龙虾、带鱼、小黄鱼、梭子蟹等。

有居民海岛，2011 年 6 月户籍人口 180 人。岛上有旱地，种植番薯和少量蔬菜。岛南面建有许多石头平房和二层楼房。有简易码头 3 个，水井多处。岛上有国际航标灯塔 1 座，塔高 7.8 米，灯光射程 16 海里。有渔民季节性在此定置张网，是南麂渔场的重要渔区。属南麂列岛海洋自然保护区。

南风礁 (Nánfēng Jiāo)

北纬 27°28.3′，东经 121°04.9′。位于温州市平阳县龙头屿东岛东南侧，距南麂岛 8 米，距大陆最近点 38.92 千米，属南麂列岛。《浙江海岛志》（1998）记为 2941 号无名岛。2010 年浙江省人民政府公布的第一批无居民海岛名称记为南风礁。南风季节，后隆村民到此岛附近即知风大小，故名南风礁。岸线长 87 米，面积 442 平方米，最高点高程 12.8 米。基岩岛，出露岩石为燕山晚期钾长花岗岩，无平地，无植被。属南麂列岛海洋自然保护区。

竹屿南一岛 (Zhúyǔ Nányī Dǎo)

北纬 27°28.0′，东经 121°06.5′。位于温州市平阳县竹屿南二岛西北侧，距竹屿 51 米，距大陆最近点 41.58 千米，属南麂列岛。第二次全国海域地名普查时命今名。因在竹屿周围，加序数得名。基岩岛。岸线长 105 米，面积 501 平方米，最高点高程 14.8 米。无植被。属南麂列岛海洋自然保护区。

竹屿南二岛 (Zhúyǔ Nán'èr Dǎo)

北纬 27°28.0′，东经 121°06.6′。位于温州市平阳县竹屿南一岛东南侧 116 米，距大陆最近点 41.69 千米，属南麂列岛。第二次全国海域地名普查时命今名。因在竹屿周围，加序数得名。基岩岛。岸线长 87 米，面积 511 平方米，最高点高程 5.7 米。无植被。属南麂列岛海洋自然保护区。

竹屿南三岛 (Zhúyǔ Nánsān Dǎo)

北纬 27°28.1′，东经 121°06.8′。位于温州市平阳县竹屿与竹屿南四岛之间，距竹屿 5 米，距大陆最近点 42.08 千米，属南麂列岛。第二次全国海域地名普查时命今名。因在竹屿周围，加序数得名。基岩岛。岸线长 43 米，面积 87 平方米，最高点高程 10.3 米。无植被。属南麂列岛海洋自然保护区。

竹屿南四岛 (Zhúyǔ Nánsì Dǎo)

北纬 27°28.1′，东经 121°06.9′。位于温州市平阳县竹屿南三岛东南侧，距竹屿 11 米，距大陆最近点 42.14 千米，属南麂列岛。第二次全国海域地名普查时命今名。因在竹屿周围，加序数得名。基岩岛。岸线长 114 米，面积 591 平方米，最高点高程 6.2 米。无植被。属南麂列岛海洋自然保护区。

稻挑山 (Dàotiāo Shān)

北纬 27°28.1′，东经 121°07.8′。位于温州市平阳县竹屿东南侧，距大陆最近点 43.51 千米，属南麂列岛。又名无毛山、串担山。《平阳县地名志》（1985）、《浙江省海域地名录》（1988）、《中国海域地名志》（1989）、《浙江海岛志》（1998）、《全国海岛名称与代码》（2008）均记为稻挑山。因其形似挑稻用的串担，故名。岸线长 1.04 千米，面积 0.029 8 平方千米，最高点高程 40.6 米。基岩岛，出露岩石为燕山晚期钾长花岗岩。岛上长有草丛、灌木等植物。有太阳能供电航标灯塔 1 座。该岛顶部有中华人民共和国公布的稻挑山领海基点方位碑。属南麂列岛海洋自然保护区。

鼠托尾礁 (Shǔtuōwěi Jiāo)

北纬 27°28.1′，121°06.7′。位于温州市平阳县竹屿南四岛与竹屿南五岛之间，距竹屿 16 米，距大陆最近点 41.88 千米，属南麂列岛。《浙江海岛志》（1998）、2010 年浙江省人民政府公布的第一批无居民海岛名称记为鼠托尾礁。因该岛形状似上山的老鼠，尾拖入海，故名。基岩岛。岸线长 189 米，面积 1 372 平方米，最高点高程 30.2 米。属南麂列岛海洋自然保护区。

南麂岛 (Nánjǐ Dǎo)

北纬 27°27.9′，东经 121°04.2′。位于温州市平阳县鳌江镇竹屿西侧，距大陆最近点 35.2 千米，属南麂列岛。又名南麂、南麂山。曾名南杞山、南己山、南岐山、南箕山。明《郑和航海图》即有"南杞山"的记载。《中国海洋岛屿简况》（1980）、《浙江省海域地名录》（1988）、《中国海域地名志》

（1989）、《中国海域地名图集》（1991）、《浙江海岛志》（1998）均记为南麂岛。因从高处俯瞰，岛形似昂首向东方飞奔的麂（一种小型的鹿），位于浙江省南部海域，故名。

岸线长 32.76 千米，面积 7.669 5 平方千米，最高点高程 229.1 米。基岩岛，出露岩石中南部主要为钾长花岗岩，西北部为灰紫色流纹质晶玻屑熔结凝灰岩，火焜澳两侧分布有石英闪长岩。丘陵顶面普遍较平缓，局部较陡峭，多石蛋、独立石及倒石堆。岛周围有后隆嘴、大山嘴等 5 个岬角，有国姓澳、马祖澳、火焜澳 3 个海湾。土壤有红壤、粗骨土、滨海盐土、风沙土和潮土 5 个土类。有维管植物 126 科 401 属 628 种，其中海岛特有种上狮紫珠为浙江仅见。四周海域产毛虾、海蜒、带鱼、墨鱼、七星鱼、梭子蟹、鲳鱼、小黄鱼等，岩壁和暗礁处有名贵的石斑鱼及野生紫菜、贻贝、触嘴等贝、藻类。水产资源丰富，是浙南重要渔场之一。

有居民海岛。设鳌江镇南麂社区，下辖 11 个行政村。2011 年 6 月户籍人口 2 054 人，常住人口 1 950 人。经济以渔业为主，养殖贻贝、藻类、对虾等。岛上有旱地，主种番薯。建有小学、卫生院、电影院、广播站、仓储基地等。筑有简易公路，通往各岙口。建有码头 1 座，用于客轮隔日与鳌江镇通航。海底有电力电缆与大陆联通。为南麂列岛海洋自然保护区的主岛。

大沙岙北岛 (Dàshā'ào Běidǎo)

北纬 27°27.8′，东经 121°03.9′。位于温州市平阳县虎屿东北侧，距南麂岛 5 米，距大陆最近点 37.25 千米，属南麂列岛。因位于大沙岙北面，第二次全国海域地名普查时命今名。基岩岛。岸线长 27 米，面积 47 平方米，最高点高程 5.6 米。无植被。属南麂列岛海洋自然保护区。

空心屿 (Kōngxīn Yǔ)

北纬 27°27.5′，东经 120°57.9′。位于温州市平阳县南麂岛大山嘴西 7.7 千米，南距上马鞍岛 630 米，距大陆最近点 27.37 千米，属南麂列岛。曾名空心寺。《平阳县地名志》（1985）、《浙江省海域地名录》（1988）、《中国海域地名志》（1989）、《浙江海岛志》（1998）、《全国海岛名称与代码》（2008）和 2010 年浙江省人民政府公布的第一批无居民海岛名称均记为空心屿。因岛上有海蚀洞，通透两边，故名。岸线长315米，面积4 649平方米，最高点高程37.2米。基岩岛，出露岩石为上侏罗统高坞组熔结凝灰岩。岛上长有草丛和灌木。

空心南一岛 (Kōngxīn Nányī Dǎo)

北纬27°27.5′，东经120°57.9′。位于温州市平阳县空心屿与空心南二岛之间，距空心屿15米，距大陆最近点27.46千米，属南麂列岛。因是位于空心屿南面第一个岛，第二次全国海域地名普查时命今名。基岩岛。岸线长40米，面积106平方米，最高点高程8.1米。无植被。属南麂列岛海洋自然保护区。

空心南二岛 (Kōngxīn Nán'èr Dǎo)

北纬27°27.5′，东经120°57.9′。位于温州市平阳县空心南一岛与空心南三岛之间，距空心屿58米，距大陆最近点27.47千米，属南麂列岛。因是位于空心屿南面第二个岛，第二次全国海域地名普查时命今名。基岩岛。岸线长56米，面积214平方米，最高点高程26米。岛上长有草丛。属南麂列岛海洋自然保护区。

空心南三岛 (Kōngxīn Nánsān Dǎo)

北纬27°27.5′，东经120°57.9′。位于温州市平阳县空心南二岛与空心南四岛之间，距空心屿84米，距大陆最近点27.48千米，属南麂列岛。因是位于空心屿南面第三个岛，第二次全国海域地名普查时命今名。基岩岛。岸线长33米，面积80平方米，最高点高程6米。无植被。属南麂列岛海洋自然保护区。

空心南四岛 (Kōngxīn Nánsì Dǎo)

北纬27°27.5′，东经120°57.9′。位于温州市平阳县空心南三岛东南侧，距空心屿119米，距大陆最近点27.5千米，属南麂列岛。因是位于空心屿南面第四个岛，第二次全国海域地名普查时命今名。基岩岛。岸线长44米，面积124平方米，最高点高程11.2米。无植被。属南麂列岛海洋自然保护区。

虎屿 (Hǔ Yǔ)

北纬27°27.5′，东经121°03.9′。位于温州市平阳县南麂岛大沙岙内东南部，距南麂岛西南侧570米，距大陆最近点37.11千米，属南麂列岛。《平阳县地名志》（1985）、《浙江省海域地名录》（1988）、《中国海域地名志》（1989）、《浙江海岛志》（1998）、《全国海岛名称与代码》（2008）和 2010 年浙江省人民政府公布的第一批无居民海岛名称均记为虎屿。以岛形似虎得名。岸线长 722 米，面积 0.023 6 平方千米，最高点高程 50.8 米。基岩岛，出露岩石为燕山晚期钾长花岗岩。属南麂列岛海洋自然保护区。设有保护区核心区警示碑。

大隆礁 (Dàlóng Jiāo)

北纬 27°27.3′，东经 121°05.1′。位于温州市平阳县，距南麂岛 18 米，距大陆最近点 39.26 千米，属南麂列岛。《浙江海岛志》（1998）记为 2953 号无名岛。2010 年浙江省人民政府公布的第一批无居民海岛名称记为大隆礁。该岛在南麂岛三盘尾观景台上，可见岩石向南明显突出，故名。基岩岛。岸线长 54 米，面积 193 平方米，最高点高程 7.8 米。无植被。属南麂列岛海洋自然保护区。

大隆南礁 (Dàlóng Nánjiāo)

北纬 27°27.3′，东经 121°05.9′。位于温州市平阳县南麂岛大沙岙东侧岬角岸外，距南麂岛 8 米，距大陆最近点 40.65 千米，属南麂列岛。《浙江海岛志》（1998）记为 2951 号无名岛。2010 年浙江省人民政府公布的第一批无居民海岛名称记为大隆南礁。该岛位于大隆礁南边，故名。岸线长 150 米，面积 965 平方米，最高点高程 27.7 米。基岩岛，出露岩石为燕山晚期钾长花岗岩。岩石裸露，无平地。无植被。属南麂列岛海洋自然保护区。

大山礁 (Dàshān Jiāo)

北纬 27°27.3′，东经 121°03.8′。位于温州市平阳县大山礁东岛西北侧，距南麂岛 37 米，距大陆最近点 37.25 千米，属南麂列岛。别名龙船礁。《平阳县地名志》（1985）、《浙江省海域地名录》（1988）和《中国海域地名志》（1989）均记为大山礁。该岛位于大山（南麂岛渔民称高山为大山）附近，故名。岛呈长条形，东南—西北走向。岸线长 53 米，面积 167 平方米，最高点高程 5.1 米。基岩岛，出露岩石为燕山晚期钾长花岗岩，系裸露基岩。无植被。属南麂列岛海洋自然保护区。

大山礁东岛 (Dàshānjiāo Dōngdǎo)

北纬 27°27.3′，东经 121°03.9′。位于温州市平阳县大山礁东南侧，距南麂岛 65 米，距大陆最近点 37.28 千米，属南麂列岛。因位于大山礁东面，第二次全国海域地名普查时命今名。基岩岛。岸线长 70 米，面积 156 平方米，最高点高程 6.2 米。无植被。属南麂列岛海洋自然保护区。

四排尾岛 （Sìpáiwěi Dǎo）

北纬 27°27.3′，东经 121°05.2′。隶属于温州市平阳县，距南麂岛 4 米，距大陆最近点 39.38 千米，属南麂列岛。第二次全国海域地名普查时命今名。基岩岛。岸线长 191 米，面积 865 平方米，最高点高程 7.2 米。无植被。属南麂列岛海洋自然保护区。

西观岛 （Xīguān Dǎo）

北纬 27°27.2′，东经 121°05.9′。位于温州市平阳县猴子岛与大隆南礁之间，距南麂岛 14 米，距大陆最近点 40.7 千米，属南麂列岛。因位于洞头观音礁西面，第二次全国海域地名普查时命今名。基岩岛。岸线长 28 米，面积 49 平方米，最高点高程 6.7 米。无植被。属南麂列岛海洋自然保护区。

猴子岛 （Hóuzi Dǎo）

北纬 27°27.2′，东经 121°06.0′。位于温州市平阳县西观岛东南侧，距南麂岛 10 米，距大陆最近点 40.77 千米，属南麂列岛。因其顶上一块岩石似猴子，第二次全国海域地名普查时命今名。岸线长 157 米，面积 798 平方米，最高点高程 28.6 米。基岩岛，出露岩石为燕山晚期钾长花岗岩。岩石裸露，无平地。无植被。

西舟东礁 （Xīzhōu Dōngjiāo）

北纬 27°27.1′，东经 120°57.0′。位于温州市平阳县上马鞍岛西侧 1.16 千米，距大陆最近点 25.95 千米，属南麂列岛。又名西舟 -2。《浙江海岛志》（1998）记为 2955 号无名岛。《全国海岛名称与代码》（2008）记为西舟 -2。2010 年浙江省人民政府公布的第一批无居民海岛名称记为西舟东礁。因位于西舟礁东侧，故名。岸线长 106 米，面积 559 平方米，最高点高程 8.4 米。基岩岛，出露岩石为上侏罗统高坞组熔结凝灰岩，基岩裸露。植被以草丛、灌木为主。

西舟礁 （Xīzhōu Jiāo）

北纬 27°27.1′，东经 120°56.9′。位于温州市平阳县上马鞍岛西侧 1.21 千米，距大陆最近点 25.89 千米，属南麂列岛。又名西舟 -1。《平阳县地名志》（1985）、《中国海域地名志》（1989）、《浙江海岛志》（1998）和 2010 年浙江省人民政府公布的第一批无居民海岛名称均记为西舟礁。《全国海岛名称与代码》（2008）记为西舟 -1。因位置在南麂列岛西部，形似船（舟），故名。岸线长 145 米，面积 1 113 平方米，最高点高程 8.4 米。基岩岛，出露岩石为上侏罗统高坞组熔结凝灰岩，基岩裸露。无植被。

上马鞍岛 (Shàngmǎ'ān Dǎo)

北纬 27°27.1′，东经 120°57.8′。位于温州市平阳县西舟礁东南侧，距下马鞍岛 5.61 千米，距大陆最近点 27.14 千米，属南麂列岛。又名马鞍山、马鞍屿、上马鞍。《中国海域地名志》（1989）载"明清名马鞍山"。《平阳县地名志》（1985）、《浙江省海域地名录》（1988）、《中国海域地名志》（1989）、《浙江海岛志》（1998）和《全国海岛名称与代码》（2008）均记为上马鞍岛。因岛中之山形，两端高，中间平坦，状如马鞍，原称马鞍屿；又因南麂列岛中有两个马鞍屿，此岛处于上首（北面），故名。岸线长 1.47 千米，面积 0.097 平方千米，最高点高程 83.5 米。基岩岛，出露岩石为上侏罗统高坞组熔结凝灰岩。岛上建有航标灯塔 1 座。属南麂列岛海洋自然保护区，建有保护区核心区警示碑 1 个。

上马鞍北礁 (Shàngmǎ'ān Běijiāo)

北纬 27°27.2′，东经 120°58.0′。位于温州市平阳县上马鞍岛东北侧 8 米，距大陆最近点 27.54 千米，属南麂列岛。《浙江海岛志》（1998）记为 2954 号无名岛。2010 年浙江省人民政府公布的第一批无居民海岛名称记为上马鞍北礁。因位于上马鞍岛北侧，故名。岸线长 324 米，面积 6 971 平方米，最高点高程 25.3 米。基岩岛，出露岩石为上侏罗统高坞组熔结凝灰岩。岩石裸露，无平地。长有草丛和灌木。属南麂列岛海洋自然保护区。

蜡烛礁 (Làzhú Jiāo)

北纬 27°27.0′，东经 121°03.9′。位于温州市平阳县南麂岛大沙岙西侧口门附近，距南麂岛 26 米，距大陆最近点 37.38 千米，属南麂列岛。《浙江海岛志》

（1998）记为2958号无名岛。2010年浙江省人民政府公布的第一批无居民海岛名称记为蜡烛礁。因岛形如蜡烛，故名。岸线长214米，面积1385平方米，最高点高程24.2米。基岩岛，出露岩石为燕山晚期钾长花岗岩。岩石裸露，无平地。植被以草丛、灌木为主。属南麂列岛海洋自然保护区。

小蜡烛礁 (Xiǎolàzhú Jiāo)

北纬27°27.0′，东经121°04.0′。位于温州市平阳县南麂岛大沙岙西侧口门附近，距南麂岛49米，距大陆最近点37.46千米，属南麂列岛。《浙江海岛志》（1998）记为2960号无名岛。2010年浙江省人民政府公布的第一批无居民海岛名称记为小蜡烛礁。因位于蜡烛礁东南侧，且面积小于蜡烛礁，故名。岸线长94米，面积362平方米，最高点高程43.8米。基岩岛，出露岩石为上侏罗统高坞组熔结凝灰岩。植被以草丛、灌木为主。属南麂列岛海洋自然保护区。

大山西岛 (Dàshān Xīdǎo)

北纬27°27.0′，东经121°03.6′。隶属于温州市平阳县，距南麂岛16米，距大陆最近点36.91千米，属南麂列岛。该岛位于南麂岛西南大山西侧，当地称高山为大山，第二次全国海域地名普查时命今名。基岩岛。岸线长23米，面积37平方米，最高点高程8.1米。植被以草丛、灌木为主。属南麂列岛海洋自然保护区。

头屿北岛 (Tóuyǔ Běidǎo)

北纬27°27.0′，东经121°06.2′。位于温州市平阳县二屿西北侧，距南麂岛12米，距大陆最近点41.2千米，属南麂列岛。因其在头屿北面，第二次全国海域地名普查时命今名。基岩岛。岸线长29米，面积60平方米，最高点高程6.1米。无植被。属南麂列岛海洋自然保护区。

二屿 (Èr Yǔ)

北纬27°26.9′，东经121°06.3′。位于温州市平阳县南麂岛东南端头屿岸外，有礁滩相连，距南麂岛26米，距大陆最近点41.16千米，属南麂列岛。《平阳县地名志》（1985）、《浙江省海域地名录》（1988）、《中国海域地名志》（1989）、《浙江海岛志》（1998）、《全国海岛名称与代码》（2008）和2010年浙江省人民政府公布的第一批无居民海岛名称均记为二屿。因火焜澳东面有三个屿，此屿由西北向东南排列第二，故名。岸线长 561 米，面积 0.018 1 平方千米，最高点高程 43.8 米。基岩岛，出露岩石为燕山晚期钾长花岗岩。植被以草丛、灌木为主。属南麂列岛海洋自然保护区。

二屿东岛 (Èryǔ Dōngdǎo)

北纬 27°26.9′，东经 121°06.3′。位于温州市平阳县小屿西北侧，距南麂岛 3 米，距大陆最近点 41.37 千米，属南麂列岛。因其在二屿东面，第二次全国海域地名普查时命今名。基岩岛。岸线长 46 米，面积 81 平方米，最高点高程 6.7 米。无植被。属南麂列岛海洋自然保护区。

屿尾北礁 (Yǔwěi Běijiāo)

北纬 27°26.9′，东经 121°04.0′。位于温州市平阳县南麂岛大沙岙西侧岬角南端，距南麂岛 5 米，距大陆最近点 37.53 千米，属南麂列岛。《浙江海岛志》（1998）记为 2961 号无名岛。2010 年浙江省人民政府公布的第一批无居民海岛名称记为屿尾北礁。岸线长 181 米，面积 1 965 平方米，最高点高程 29.3 米。基岩岛，出露岩石为燕山晚期钾长花岗岩。岩石裸露，无平地。植被以草丛、灌木为主。属南麂列岛海洋自然保护区。

小屿 (Xiǎo Yǔ)

北纬 27°26.8′，东经 121°06.4′。位于温州市平阳县南麂岛东南端外侧 343 米，距大陆最近点 41.5 千米，属南麂列岛。又名虎屿头。《平阳县地名志》（1985）、《浙江省海域地名录》（1988）、《中国海域地名志》（1989）、《浙江海岛志》（1998）、《全国海岛名称与代码》（2008）和 2010 年浙江省人民政府公布的第一批无居民海岛名称均记为小屿。因火焜澳东面有三个屿，此屿较小，故名。岸线长 615 米，面积 0.025 3 平方千米，最高点高程 47.1 米。基岩岛，出露岩石为燕山晚期钾长花岗岩。植被以草丛、灌木为主。

门西礁 (Ménxī Jiāo)

北纬 27°26.8′，东经 121°03.5′。隶属于温州市平阳县，距大陆最近点 36.67 千米，属南麂列岛。《平阳县地名志》（1985）载："因在门屿西面离岸

70 米外的海中，故记为门西礁。"《浙江省海域地名录》（1988）记为门西礁。基岩岛。岸线长 60 米，面积 231 平方米，最高点高程 4.1 米。无植被。

破屿北礁 (Pòyǔ Běijiāo)

北纬 27°26.5′，东经 121°02.0′。位于温州市平阳县南麂岛西南，东南距破屿 311 米，距大陆最近点 34.25 千米，属南麂列岛。又名小破屿 -1。《浙江海岛志》（1998）记为 2966 号无名岛。《全国海岛名称与代码》（2008）记为小破屿 -1。2010 年浙江省人民政府公布的第一批无居民海岛名称记为破屿北礁。因位于破屿北面，故名。岸线长 352 米，面积 3 966 平方米，最高点高程 19.7 米。基岩岛，出露岩石为燕山晚期钾长花岗岩。植被以草丛、灌木为主。有灯塔 1 座，南麂列岛国家级海洋自然保护区核心区警示碑 1 个。属南麂列岛海洋自然保护区。

小破屿西岛 (Xiǎopòyǔ Xīdǎo)

北纬 27°26.5′，东经 121°01.9′。位于温州市平阳县小破屿西北侧，距破屿北礁 54 米，距大陆最近点 34.2 千米，属南麂列岛。因位于小破屿西北侧，第二次全国海域地名普查时命今名。基岩岛。岸线长 80 米，面积 454 平方米，最高点高程 6.5 米。无植被。属南麂列岛海洋自然保护区。

蛇头礁 (Shétóu Jiāo)

北纬 27°26.5′，东经 121°04.0′。隶属于温州市平阳县，距大陆最近点 37.6 千米，属南麂列岛。《浙江海岛志》（1998）记为 2965 号无名岛。2010 年浙江省人民政府公布的第一批无居民海岛名称记为蛇头礁。因岛上岩石似蛇头昂首挺立，故名。岸线长 688 米，面积 0.012 7 平方千米，最高点高程 22.2 米。基岩岛，出露岩石为燕山晚期钾长花岗岩。岩石裸露，无平地。植被以草丛、灌木为主。

小破屿 (Xiǎopò Yǔ)

北纬 27°26.4′，东经 121°02.0′。位于温州市平阳县破屿西北侧，距破屿北礁 30 米，距大陆最近点 34.36 千米，属南麂列岛。又名小破屿 -2。《平阳县地名志》（1985）载："因小屿大都由乱石构成，比破屿小，故称为小破屿。"《浙江省海域地名录》（1988）、《中国海域地名志》（1989）记为小破屿。《浙江海岛志》（1998）记为 2967 号无名岛。《全国海岛名称与代码》（2008）记为小破屿 -2。

2010 年浙江省人民政府公布的第一批无居民海岛名称记为小破屿。因岛上岩石杂乱不堪，面积比破屿小，故名。岸线长 256 米，面积 3 740 平方米，最高点高程 19.7 米。基岩岛，出露岩石为燕山晚期钾长花岗岩。岛上多乱石，少泥土，长有草丛。属南麂列岛海洋自然保护区。建有保护区核心区警示碑 1 个。

破屿上岛 (Pòyǔ Shàngdǎo)

北纬 27°26.3′，东经 121°02.0′。位于温州市平阳县小破屿西岛东南侧，距破屿 3 米，距大陆最近点 34.43 千米，属南麂列岛。因其在破屿西北面，当地以北为上，第二次全国海域地名普查时命今名。基岩岛。岸线长 27 米，面积 34 平方米，最高点高程 5.6 米。无植被。属南麂列岛海洋自然保护区。

破屿 (Pò Yǔ)

北纬 27°26.3′，东经 121°02.1′。位于温州市平阳县小破屿东南侧，距大陆最近点 34.44 千米，属南麂列岛。《平阳县地名志》（1985）、《浙江省海域地名录》（1988）、《中国海域地名志》（1989）、《浙江海岛志》（1998）、《全国海岛名称与代码》（2008）和 2010 年浙江省人民政府公布的第一批无居民海岛名称均记为破屿。因岛屿大都由乱石构成，看上去杂乱不齐，故名。岸线长 1.08 千米，面积 0.035 6 平方千米，最高点高程 40.8 米。基岩岛，出露岩石为燕山晚期钾长花岗岩。土壤为棕红泥沙土，长有草丛、灌木。有穿岛的海蚀洞 1 个。属南麂列岛海洋自然保护区。建有保护区核心区警示碑 1 个。

破屿西岛 (Pòyǔ Xīdǎo)

北纬 27°26.2′，东经 121°02.0′。位于温州市平阳县破屿西南侧，距破屿 9 米，距大陆最近点 34.47 千米，属南麂列岛。因位于破屿西面，第二次全国海域地名普查时命今名。基岩岛。岸线长 74 米，面积 377 平方米，最高点高程 9.8 米。岛上长有草丛。

龙船礁 (Lóngchuán Jiāo)

北纬 27°26.2′，东经 121°04.4′。隶属于温州市平阳县，距大陆最近点 38.27 千米，属南麂列岛。《平阳县地名志》（1985）、《浙江省海域地名录》（1988）、《中国海域地名志》（1989）、《浙江海岛志》（1998）和 2010 年浙江省人民政府公布的第一批无居民海岛名称均记为龙船礁。因其狭长如船,故名。岸线长 59 米,面积 163 平方米,最高点高程 6.5 米。基岩岛,出露岩石为燕山晚期钾长花岗岩。无植被。属南麂列岛海洋自然保护区。

破屿仔岛 (Pòyǔzǎi Dǎo)

北纬 27°26.2′,东经 121°02.1′。位于温州市平阳县下马鞍岛东北侧,距破屿 16 米,距大陆最近点 34.54 千米,属南麂列岛。因其在破屿附近的数岛中面积最小,第二次全国海域地名普查时命今名。基岩岛。岸线长 19 米,面积 23 平方米,最高点高程 6.1 米。无植被。属南麂列岛海洋自然保护区。

破屿南岛 (Pòyǔ Nándǎo)

北纬 27°26.2′,东经 121°02.1′。位于温州市平阳县下马鞍岛东北侧,距破屿 18 米,距大陆最近点 34.54 千米,属南麂列岛。第二次全国海域地名普查时命今名。因其位于破屿南面,故名。基岩岛。岸线长 107 米,面积 348 平方米,最高点高程 6.2 米。植被以草丛、灌木为主。属南麂列岛海洋自然保护区。

尖石礁 (Jiānshí Jiāo)

北纬 27°26.1′,东经 121°04.3′。隶属于温州市平阳县,距大陆最近点 38.12 千米,属南麂列岛。别名明斋礁。《平阳县地名志》(1985)载:"因礁体上小下大,目测礁宽上端为 0.5 米,下端为 3 米,故称为尖石礁。"《浙江省海域地名录》(1988)记为尖石礁。基岩岛。岸线长 52 米,面积 125 平方米,最高点高程 5.3 米。无植被。

柴屿北岛 (Cháiyǔ Běidǎo)

北纬 27°26.0′,东经 121°05.1′。隶属于温州市平阳县,距大陆最近点 39.47 千米,属南麂列岛。第二次全国海域地名普查时命今名。基岩岛。岸线长 33 米,面积 81 平方米,最高点高程 7.1 米。无植被。属南麂列岛海洋自然保护区。

尖屿中岛 (Jiānyǔ Zhōngdǎo)

北纬 27°25.5′,东经 121°03.4′。位于温州市平阳县尖屿东礁西侧,距大陆最近点 36.84 千米,属南麂列岛。第二次全国海域地名普查时命今名。基岩岛。岸线长 81 米,面积 275 平方米,最高点高程 20.6 米。无植被。属南麂列岛海洋自然保护区。

尖屿东岛 (Jiānyǔ Dōngdǎo)

北纬 27°25.5′，东经 121°03.3′。隶属于温州市平阳县，距大陆最近点 36.77 千米，属南麂列岛。第二次全国海域地名普查时命今名。基岩岛。岸线长 45 米，面积 108 平方米，最高点高程 6.5 米。无植被。属南麂列岛海洋自然保护区。

尖屿东礁 (Jiānyǔ Dōngjiāo)

北纬 27°25.5′，东经 121°03.4′。隶属于温州市平阳县，距大陆最近点 36.86 千米，属南麂列岛。《浙江海岛志》（1998）记为 2972 号无名岛。2010 年浙江省人民政府公布的第一批无居民海岛名称记为尖屿东礁。以当地群众惯称定名。岸线长 202 米，面积 1 994 平方米，最高点高程 15.6 米。基岩岛，出露岩石为燕山晚期钾长花岗岩。无平地，无植物。属南麂列岛海洋自然保护区。

马鞍东礁 (Mǎ'ān Dōngjiāo)

北纬 27°25.4′，东经 121°01.1′。位于温州市平阳县下马鞍岛东北偏东侧岸外 103 米，距大陆最近点 32.04 千米，属南麂列岛。《浙江海岛志》（1998）记为 2974 号无名岛。2010 年浙江省人民政府公布的第一批无居民海岛名称记为马鞍东礁。因位于下马鞍岛东部，故名。岸线长 578 米，面积 0.011 5 平方千米，最高点高程 35.8 米。基岩岛，出露岩石为上侏罗统高坞组熔结凝灰岩。无平地，无植被。属南麂列岛海洋自然保护区。

下马鞍岛 (Xiàmǎ'ān Dǎo)

北纬 27°25.2′，东经 121°00.8′。隶属于温州市平阳县，距大陆最近点 32.48 千米，属南麂列岛。又名马鞍屿、下马鞍。《平阳县地名志》（1985）记为下马鞍。《浙江省海域地名录》（1988）、《中国海域地名志》（1989）、《浙江海岛志》（1998）、《全国海岛名称与代码》（2008）、2010 年浙江省人民政府公布的第一批无居民海岛名称均记为下马鞍岛。因岛中山形两端高而中间平坦，状如马鞍，原称马鞍屿。又因位于南麂列岛中另一个马鞍屿的下首（在东南），故名。岸线长 2.86 千米，面积 0.137 2 平方千米，最高点高程 88 米。基岩岛，出露岩石为上侏罗统高坞组熔结凝灰岩。土壤为棕石沙土，长有草丛、灌木。属南麂列岛海洋自然保护区。建有保护区核心区警示碑 1 个。

马鞍北礁 (Mǎ'ān Běijiāo)

北纬 27°25.4′，东经 121°00.9′。位于温州市平阳县下马鞍岛东北偏北岸外 119 米，距大陆最近点 32.89 千米，属南麂列岛。《浙江海岛志》（1998）记为 2973 号无名岛。2010 年浙江省人民政府公布的第一批无居民海岛名称记为马鞍北礁。因位于下马鞍岛北边，故名。岸线长 218 米，面积 1 265 平方米，最高点高程 32.5 米。基岩岛，出露岩石为上侏罗统高坞组熔结凝灰岩。长有草丛。属南麂列岛海洋自然保护区。

马鞍南礁 (Mǎ'ān Nánjiāo)

北纬 27°25.2′，东经 121°00.8′。位于温州市平阳县下马鞍岛南部湾岙内，距下马鞍岛 20 米，距大陆最近点 32.73 千米，属南麂列岛。曾名马鞍东礁。《浙江海岛志》（1998）记为 2979 号无名岛。2010 年浙江省人民政府公布的第一批无居民海岛名称记为马鞍南礁。因位于下马鞍岛南边，故名。岸线长 170 米，面积 1 678 平方米，最高点高程 37.6 米。基岩岛，出露岩石为上侏罗统高坞组熔结凝灰岩。无平地，无植被。属南麂列岛海洋自然保护区。

鞍边东礁 (Ānbiān Dōngjiāo)

北纬 27°25.2′，东经 121°00.9′。位于温州市平阳县鞍边南礁东北侧，距下马鞍岛 50 米，距大陆最近点 32.88 千米，属南麂列岛。《平阳县地名志》（1985）、《浙江省海域地名录》（1988）记为鞍边东礁。因在下马鞍岛东北，故名。基岩岛。岸线长 91 米，面积 437 平方米，最高点高程 5.5 米。无植被。

南方礁 (Nánfāng Jiāo)

北纬 27°25.2′，东经 121°00.6′。位于温州市平阳县鞍边南礁西侧，距下马鞍岛 9 米，距大陆最近点 32.51 千米，属南麂列岛。《浙江海岛志》（1998）记为 2978 号无名岛。2010 年浙江省人民政府公布的第一批无居民海岛名称记为南方礁。因位于下马鞍岛南方，故名。岸线长 106 米，面积 567 平方米，最高点高程 30.2 米。基岩岛，出露岩石为上侏罗统高坞组熔结凝灰岩。岛上长有草丛。

鞍边南礁 (Ānbiān Nánjiāo)

北纬 27°25.1′，东经 121°00.8′。隶属于温州市平阳县，距下马鞍岛 23 米，距大陆最近点 32.74 千米，属南麂列岛。第二次全国海域地名普查时命今名。因岛位于下马鞍岛南面，故名。基岩岛。岸线长 35 米，面积 75 平方米，最高点高程 7.2 米。无植被。属南麂列岛海洋自然保护区。

绿鹰礁 (Lǜyīng Jiāo)

北纬 27°21.3′，东经 120°59.1′。位于温州市平阳县南麂岛西南 12.8 千米，东北距下马鞍岛 7.52 千米，距大陆最近点 32.27 米。别名头巾屿、头颈屿。《平阳县地名志》（1985）、《浙江海岛志》（1998）、《全国海岛名称与代码》（2008）、2010 年浙江省人民政府公布的第一批无居民海岛名称记为绿鹰礁。因其形状上大下小，似鹰的头和颈，故名。岸线长 266 米，面积 4 168 平方米，最高点高程 38.8 米。基岩岛，出露岩石为上侏罗统高坞组熔结凝灰岩。植被以草丛、灌木为主。

落阴山礁 (Luòyīnshān Jiāo)

北纬 27°21.3′，东经 120°59.1′。位于温州市平阳县绿鹰礁南侧，距下马鞍岛 7.58 千米，距大陆最近点 32.27 千米。《浙江海岛志》（1998）记为 2989 号无名岛。2010 年浙江省人民政府公布的第一批无居民海岛名称记为落阴山礁。因该岛位于绿鹰礁南侧，并明显低于绿鹰礁，日出时被绿鹰礁整个遮住，故名。岸线长 216 米，面积 2 809 平方米，最高点高程 33.1 米。基岩岛，出露岩石为上侏罗统高坞组熔结凝灰岩。岩石陡峭，长有草丛。

冬瓜山屿 (Dōngguāshān Yǔ)

北纬 27°31.6′，东经 120°42.1′。隶属于温州市苍南县，西南距琵琶山 3.1 千米，距大陆最近点 4.41 千米。又名冬瓜山。《浙江省海域地名录》（1988）、《中国海域地名志》（1989）、《浙江海岛志》（1998）和《全国海岛名称与代码》（2008）均记为冬瓜山。2010 年浙江省人民政府公布的第一批无居民海岛名称记为冬瓜山屿。因岛形长条平坦，形似冬瓜，故名。岸线长 1.14 千米，面积 0.042 2 平方千米，最高点高程 34.5 米。基岩岛，出露岩石为上侏罗统高坞组熔结凝灰岩。

岛上长有草丛。有房屋 3 间,渔汛期有渔民居住。

凉伞礁 (Liángsǎn Jiāo)

北纬 27°31.6′,东经 120°42.3′。位于温州市苍南县冬瓜山屿东南侧,距冬瓜山屿 20 米,距大陆最近点 4.83 千米。《浙江省海域地名录》(1988)、《浙江海岛志》(1998)、《全国海岛名称与代码》(2008)和 2010 年浙江省人民政府公布的第一批无居民海岛名称均记为凉伞礁。因远望似凉伞,故名。基岩岛。岸线长 157 米,面积 1 722 平方米,最高点高程 7.2 米。基岩岛,出露岩石为上侏罗统高坞组熔结凝灰岩。无植被。

蒜屿 (Suàn Yǔ)

北纬 27°30.7′,东经 120°41.2′。位于温州市苍南县琵琶山正东 1.37 千米,距大陆最近点 2.45 千米。曾名小屿。民国《平阳县志》记为小屿。《浙江省海域地名录》(1988)、《中国海域地名志》(1989)、《浙江海岛志》(1998)、《全国海岛名称与代码》(2008)和 2010 年浙江省人民政府公布的第一批无居民海岛名称均记为蒜屿。因该岛形似大蒜头,故名。岸线长 320 米,面积 4 292 平方米,最高点高程 31.6 米。基岩岛,出露岩石为上侏罗统高坞组熔结凝灰岩。岛上长有草丛。

蒜瓣礁 (Suànbàn Jiāo)

北纬 27°30.7′,东经 120°41.2′。位于温州市苍南县蒜屿西南侧 35 米,距大陆最近点 2.43 千米。《浙江省海域地名录》(1988)、《浙江海岛志》(1998)、《全国海岛名称与代码》(2008)和 2010 年浙江省人民政府公布的第一批无居民海岛名称均记为蒜瓣礁。因该岛形似蒜瓣,故名。岸线长 81 米,面积 404 平方米,最高点高程 15.2 米。基岩岛,出露岩石为上侏罗统高坞组熔结凝灰岩。无植被。

蒜屿仔礁 (Suànyǔzǎi Jiāo)

北纬 27°30.6′,东经 120°41.1′。位于温州市苍南县蒜屿西南侧 116 米,距大陆最近点 2.38 千米。《浙江省海域地名录》(1988)记为蒜屿仔礁。因靠近蒜屿,且面积很小,故名。基岩岛。面积 280 平方米,岸线长 65 米,最高点高程 7.8 米。无植被。

琵琶山 (Pípa Shān)

北纬 27°30.5′，东经 120°39.8′。位于温州市苍南县舥艚镇东侧 3.15 千米，距大陆最近点 0.29 千米。清嘉庆《瑞安县志·卷五》载："曰琵琶，山以横斜形似名，旧有田地在金乡。"《中国海域地名志》（1989）记为琵琶山，载"呈东西走向，东部低而狭，宽 0.1 千米，西部高而宽，宽 0.8 千米，形如其名"。《浙江省海域地名录》（1988）、《浙江海岛志》（1998）和《全国海岛名称与代码》（2008）均记为琵琶山。岛东首低而窄（宽 100 米），很像琵琶的头颈；岛西部高而宽（宽 800 米），恰如琵琶的身体；长 1 300 米的山体犹如一把平放的巨型琵琶，故名。岸线长 4.39 千米，面积 0.551 7 平方千米，最高点高程 146 米。基岩岛，出露岩石为上侏罗统高坞组熔结凝灰岩。土壤为棕黄泥土。植被以草丛、灌木为主。岛上有简易公路和高压电线路。主要用于江南海涂围垦，岛西面为围海工程。该岛与江南海涂工程的大顺堤相连，与巴曹堤之间建水闸。

门臼礁 (Ménjiù Jiāo)

北纬 27°30.3′，东经 120°39.7′。位于温州市苍南县内圆山仔屿西北 266 米，北临琵琶山 9 米，距大陆最近点 270 米。据当地群众惯称定名。基岩岛。岸线长 76 米，面积 389 平方米，最高点高程 5.8 米。植被以草丛、灌木为主。

内圆山仔屿 (Nèiyuánshānzǎi Yǔ)

北纬 27°30.1′，东经 120°39.8′。位于温州市苍南县琵琶山南侧，距琵琶山 281 米，距大陆最近点 10 米。《浙江海岛志》（1998）记为 2925 号无名岛。2010 年浙江省人民政府公布的第一批无居民海岛名称记为内圆山仔屿。岸线长 141 米，面积 1 360 平方米，最高点高程 22.1 米。基岩岛，出露岩石为上侏罗统高坞组熔结凝灰岩。植被以草丛、灌木为主。

小平北岛 (Xiǎopíng Běidǎo)

北纬 27°29.6′，东经 120°40.3′。位于温州市苍南县琵琶山东南侧 1.51 千米，距大陆最近点 710 米。因位于平盘礁北面，面积比平盘礁小，第二次全国海域地名普查时命今名。基岩岛。岸线长 73 米，面积 331 平方米，最高点高程 6.1 米。无植被。

平盘南岛 (Píngpán Nándǎo)

北纬 27°29.6′，东经 120°40.3′。位于温州市苍南县琵琶山东南侧 1.55 千米，北距小平北岛 47 米，距大陆最近点 710 米。因位于平盘礁南面，第二次全国海域地名普查时命今名。基岩岛。面积 257 平方米，岸线长 61 米，最高点高程 5.8 米。无植被。

宋家南岛 (Sòngjiā Nándǎo)

北纬 27°28.9′，东经 120°40.5。位于温州市苍南县杨梅坑东北侧 785 米，距大陆最近点 10 米。因位于宋家岙南面，第二次全国海域地名普查时命今名。基岩岛。岸线长 73 米，面积 290 平方米，最高点高程 5.6 米。无植被。

东横岛 (Dōnghéng Dǎo)

北纬 27°28.6′，东经 120°41.3′。隶属于温州市苍南县，距大陆最近点 10 米。因位于横偏礁东面，第二次全国海域地名普查时命今名。基岩岛。岸线长 86 米，面积 374 平方米，最高点高程 6.2 米。无植被。

横偏礁 (Héngpiān Jiāo)

北纬 27°28.4′，东经 120°41.1′。位于温州市苍南县滩头东南侧 355 米，距大陆最近点 10 米。《浙江省海域地名录》（1988）记为横偏礁。以当地群众惯称定名。基岩岛。岸线长 117 米，面积 1 083 平方米，最高点高程 8 米。无植被。

冥斋礁 (Míngzhāi Jiāo)

北纬 27°28.0′，东经 120°40.9′。位于温州市苍南县燕窠村东南侧 645 米，距大陆最近点 10 米。《浙江省海域地名录》（1988）记为冥斋礁。以当地群众惯称定名。基岩岛。岸线长 78 米，面积 317 平方米，最高点高程 7.7 米。无植被。

糕头礁 (Gāotóu Jiāo)

北纬 27°27.8′，东经 120°40.6′。位于温州市苍南县南牌东南侧 443 米，距大陆最近点 10 米。《浙江省海域地名录》（1988）记为糕头礁。以当地群众惯称定名。基岩岛。岸线长 87 米，面积 473 平方米，最高点高程 4.4 米。无植被。

半屏礁 (Bànpíng Jiāo)

北纬 27°27.3′，东经 120°40.0′。位于温州市苍南县流湾村东北侧 481 米，距大陆最近点 10 米。《浙江省海域地名录》（1988）记为半屏礁。以当地群众惯称定名。基岩岛。岸线长 20 米，面积 24 平方米，最高点高程 7.7 米。无植被。

大小架礁 (Dàxiǎojià Jiāo)

北纬 27°27.0′，东经 120°39.9′。位于温州市苍南县半屏礁西南侧，距半屏礁 564 米，距大陆最近点 10 米。《中国海域地名图集》（1991）标注为大小架礁。基岩岛。岸线长 113 米，面积 743 平方米，最高点高程 6 米。无植被。

炎亭内岛 (Yántíng Nèidǎo)

北纬 27°27.0′，东经 120°39.3′。位于温州市苍南县东沙村东侧 19 米，距大陆最近点 10 米。因位于炎亭渔港内，第二次全国海域地名普查时命今名。基岩岛。岸线长 161 米，面积 1 788 平方米，最高点高程 22.3 米。岛西南面建有防波堤。

箱笼东岛 (Xiānglǒng Dōngdǎo)

北纬 27°26.0′，东经 120°38.7′。位于温州市苍南县炎亭镇东南侧 87 米，距大陆最近点 60 米。因位于箱笼礁东面，第二次全国海域地名普查时命今名。基岩岛。面积 41 平方米，岸线长 25 米，最高点高程 5.7 米。无植被。

箱笼礁 (Xiānglǒng Jiāo)

北纬 27°25.9′，东经 120°38.6′。位于温州市苍南县箱笼东岛西南侧，距箱笼东岛 278 米，距大陆最近点 20 米。《浙江省海域地名录》（1988）记为箱笼礁。据当地群众惯称定名。基岩岛。岸线长 23 米，面积 36 平方米，最高点高程 5.2 米。无植被。

海口新岛 (Hǎikǒu Xīndǎo)

北纬 27°25.4′，东经 120°38.4′。位于温州市苍南县彭家山东侧 238 米，距大陆最近点 10 米。因位于炎亭海口外，第二次全国海域地名普查时命今名。基岩岛。岸线长 54 米，面积 229 平方米，最高点高程 4.3 米。无植被。

石砰北岛 (Shípēng Běidǎo)

北纬 27°25.3′，东经 120°38.4′。位于温州市苍南县海口新岛南侧 50 米，距大陆最近点 20 米。因位于石砰北面，第二次全国海域地名普查时命今名。基岩岛。岸线长 57 米，面积 258 平方米，最高点高程 4.8 米。无植被。

门头南岛 (Méntóu Nándǎo)

北纬 27°24.0′，东经 120°38.8′。隶属于温州市苍南县，距大陆最近点 30 米。第二次全国海域地名普查时命今名。基岩岛。岸线长 63 米，面积 257 平方米，最高点高程 6.9 米。无植被。

内岙东岛 (Nèi'ào Dōngdǎo)

北纬 27°23.8′，东经 120°38.7′。位于温州市苍南县门头南岛西南侧 352 米，距大陆最近点 10 米。因位于石砰内岙东面，第二次全国海域地名普查时命今名。基岩岛。岸线长 69 米，面积 234 平方米，最高点高程 11.2 米。无植被。

福星礁 (Fúxīng Jiāo)

北纬 27°22.8′，东经 120°38.8′。位于温州市苍南县浮信岙南，牛栏头东侧 26 米，距大陆最近点 30 米。《浙江海岛志》（1998）记为 2982 号无名岛。2010 年浙江省人民政府公布的第一批无居民海岛名称记为福星礁。因位于浮信岙南，"浮信"谐音"福星"，故名。岸线长 71 米，面积 302 平方米，最高点高程 26.3 米。基岩岛，出露岩石为上侏罗统高坞组熔结凝灰岩。多裸露岩石，无平地。植被以草丛、灌木为主。

皇帝南岛 (Huángdì Nándǎo)

北纬 27°22.8′，东经 120°38.8′。位于温州市苍南县福星礁南侧 10 米，距大陆最近点 40 米。第二次全国海域地名普查时命今名。基岩岛。岸线长 33 米，面积 86 平方米，最高点高程 12.8 米。植被以草丛、灌木为主。

金字岛 (Jīnzì Dǎo)

北纬 27°22.6′，东经 120°38.9′。位于温州市苍南县福星礁东南侧 315 米，距大陆最近点 30 米。因其似金字塔，第二次全国海域地名普查时命今名。基岩岛。岸线长 43 米，面积 121 平方米，最高点高程 7.2 米。无植被。

竹笋北岛 (Zhúsǔn Běidǎo)

北纬 27°22.3′，东经 120°38.8′。位于温州市苍南县金字岛南侧 675 米，距大陆最近点 20 米。该岛形似竹笋，且位于此处澳口北侧，第二次全国海域地名普查时命今名。基岩岛。岸线长 60 米，面积 212 平方米，最高点高程 6.7 米。无植被。

外乌岛 (Wàiwū Dǎo)

北纬 27°22.1′，东经 120°38.8′。位于温州市苍南县竹笋北岛西南侧 247 米，距大陆最近点 10 米。因此处有内乌礁，此岛靠外（向海侧），第二次全国海域地名普查时命今名。基岩岛。岸线长 91 米，面积 656 平方米，最高点高程 59.6 米。植被以草丛、灌木为主。

内乌礁 (Nèiwū Jiāo)

北纬 27°22.1′，东经 120°38.8′。位于温州市苍南县外乌岛西南侧 102 米，距大陆最近点 10 米。曾名乌礁。《浙江海岛志》（1998）记为 2984 号无名岛。2010 年浙江省人民政府公布的第一批无居民海岛名称记为内乌礁。因岛上岩石呈黑色，且此处有二岛，此岛靠内，故名。基岩岛。岸线长 62 米，面积 269 平方米，最高点高程 33.8 米。植被以草丛、灌木为主。

官礁 (Guān Jiāo)

北纬 27°21.1′，东经 120°35.7′。隶属于温州市苍南县，距大陆最近点 2.64 千米。原名乾礁，别名千礁。《浙江省海域地名录》（1988）、《浙江海岛志》（1998）、《全国海岛名称与代码》（2008）和 2010 年浙江省人民政府公布的第一批无居民海岛名称均记为官礁。据当地群众惯称定名。基岩岛。岸线长 233 米，面积 2 869 平方米，最高点高程 5.8 米。基岩岛，出露岩石为上侏罗统高坞组熔结凝灰岩。植被以草丛、灌木为主。

交杯西岛 (Jiāobēi Xīdǎo)

北纬 27°20.6′，东经 120°38.3′。隶属于温州市苍南县，距大陆最近点 2.32 千米。此处两岛，中间隔一沟渠，似一对交杯，该岛在西北侧，第二次全国海域地名普查时命今名。基岩岛。岸线长 440 米，面积 9 616 平方米，最高点高程 30.3 米。植被以草丛、灌木为主。

三爪滩礁 (Sānzhuǎtān Jiāo)

北纬 27°20.6′，东经 120°35.7′。隶属于温州市苍南县，距大加筛岛 24 米，距大陆最近点 3.39 千米。《浙江海岛志》（1998）记为 2993 号无名岛。2010年浙江省人民政府公布的第一批无居民海岛名称记为三爪滩礁。基岩岛。岸线长 74 米，面积 326 平方米，最高点高程 6.1 米。以基岩海岸为主。无植被。

官内岛 （Guānnèi Dǎo）

北纬 27°20.5′，东经 120°35.2′。位于温州市苍南县大加筛岛西侧 695 米，距大陆最近点 3.63 千米。第二次全国海域地名普查时命今名。基岩岛。面积 339 平方米，岸线长 82 米，最高点高程 6.9 米。以基岩海岸为主。无植被。

加筛尾屿 （Jiāshāiwěi Yǔ）

北纬 27°20.5′，东经 120°36.1′。位于温州市苍南县大加筛岛正东方 10 米，距大陆最近点 3.02 千米。曾名加筛尾礁。《浙江海岛志》（1998）记为 2996 号无名岛。2010 年浙江省人民政府公布的第一批无居民海岛名称记为加筛尾屿。因位于大加筛岛的尾部，故名。基岩岛。岸线长 493 米，面积 0.014 3 平方千米，最高点高程 32.8 米。植被以草丛、灌木为主。

大加筛岛 （Dàjiāshāi Dǎo）

北纬 27°20.5′，东经 120°35.8′。隶属于温州市苍南县，距大陆最近点 3.09 千米。《浙江省海域地名录》（1988）、《中国海域地名志》（1989）、《浙江海岛志》（1998）、《全国海岛名称与代码》（2008）和 2010 年浙江省人民政府公布的第一批无居民海岛名称均记为大加筛岛。因岛形似"大糠筛"，谐音"大加筛"，故名。基岩岛。岸线长 2.17 千米，面积 0.160 5 平方千米，最高点高程 87.5 米。基岩岛，出露岩石为上侏罗统高坞组熔结凝灰岩。植被以草丛、灌木为主。

角浪屿 （Jiǎolàng Yǔ）

北纬 27°20.4′，东经 120°35.8′。位于温州市苍南县大加筛岛正南方 21 米，距大陆最近点 3.46 千米。《浙江海岛志》（1998）记为 2997 号无名岛。2010 年浙江省人民政府公布的第一批无居民海岛名称记为角浪屿。风浪拍打该岛时，会发出高亢如冲锋号角声音，故名。基岩岛。岸线长 333 米，面积 4 870 平方米，最高点高程 24.7 米。植被以草丛、灌木为主。

串担屿 (Chuàndàn Yǔ)

北纬 27°20.1′，东经 120°35.3′。隶属于温州市苍南县，距大陆最近点 3.3 千米。又名千桃礁、尖泥礁。因岛呈长条形，两端渐矮渐尖，中段略有脱节，颇似樵夫挑柴用的串担，故 1985 年定此名。陆图作尖泥礁，海图作千桃礁。《浙江省海域地名录》（1988）、《中国海域地名志》（1989）、《浙江海岛志》（1998）、《全国海岛名称与代码》（2008）、2010 年浙江省人民政府公布的第一批无居民海岛名称均记为串担屿。岛呈长条形，东北 — 西南走向。岸线长 920 米，面积 0.018 1 平方千米，最高点高程 26 米。基岩岛，出露岩石为上侏罗统高坞组熔结凝灰岩，多裸岩。植被以草丛、灌木为主。

牛母礁 (Niúmǔ Jiāo)

北纬 27°19.7′，东经 120°31.9′。位于温州市苍南县流岐尾西北侧 828 米，距大陆最近点 20 米。《浙江省海域地名录》（1988）记为牛母礁。因岛南侧内陆地区称牛母，故名。基岩岛。岸线长 44 米，面积 140 平方米，最高点高程 4.5 米。以基岩海岸为主。无植被。

浮龙屿 (Fúlóng Yǔ)

北纬 27°19.7′，东经 120°33.9′。位于温州市苍南县大门山岛东北侧 82 米，距大陆最近点 940 米。曾名浮鸿礁。犹如青龙浮于水面，故名浮龙屿。因岛形似轿，又名杠轿山。《浙江省海域地名录》（1988）、《中国海域地名志》（1989）、《浙江海岛志》（1998）、《全国海岛名称与代码》（2008）、2010 年浙江省人民政府公布的第一批无居民海岛名称均记为浮龙屿。岸线长 262 米，面积 4 440 平方米，最高点高程 22.7。基岩岛，出露岩石为上侏罗统高坞组熔结凝灰岩。植被以草丛、灌木为主。岛上有庙 1 座。有太阳能供电导航灯塔 1 座，有小路通灯塔。

沉龙岛 (Chénlóng Dǎo)

北纬 27°19.7′，东经 120°33.8′。隶属于温州市苍南县，距大陆最近点 890 米。因岛靠近浮龙屿，且与之相对，第二次全国海域地名普查时命今名。基岩岛。岸线长 136 米，面积 919 平方米，最高点高程 10.5 米。以基岩海岸为主。无植被。

浮龙南岛 （Fúlóng Nándǎo）

北纬27°19.7′，东经120°34.0′。隶属于温州市苍南县，西北临浮龙屿146米，距大陆最近点1.1千米。因位于浮龙屿东南侧，第二次全国海域地名普查时命今名。基岩岛。面积167平方米，岸线长46米，最高点高程6.5米。以基岩海岸为主。无植被。

大门山西岛 （Dàménshān Xīdǎo）

北纬27°19.4′，东经120°33.5′。隶属于温州市苍南县，距圆山仔屿31米，距大陆最近点140米。第二次全国海域地名普查时命今名。基岩岛。岸线长102米，面积469平方米，最高点高程6.7米。以基岩海岸为主。无植被。

圆山仔屿 （Yuánshānzǎi Yǔ）

北纬27°19.4′，东经120°33.4′。隶属于温州市苍南县，距大陆最近点30米。又名圆山仔礁。《浙江海岛志》（1998）记为3001号无名岛。2010年浙江省人民政府公布的第一批无居民海岛名称记为圆山仔屿。因岛屿较小，外形方方圆圆，故名。岸线长239米，面积2 512平方米，最高点高程7.5米。基岩岛，出露岩石为上侏罗统高坞组熔结凝灰岩。无植被。

文斗北岛 （Wéndǒu Běidǎo）

北纬27°17.8′，东经120°33.8′。隶属于温州市苍南县，距太平岛98米，距大陆最近点10米。第二次全国海域地名普查时命今名。基岩岛。岸线长41米，面积115平方米，最高点高程7.2米。以基岩海岸为主。无植被。

黄头礁 （Huángtóu Jiāo）

北纬27°17.7′，东经120°33.6′。隶属于温州市苍南县，距大陆最近点10米。《中国海域地名图集》（1991）标注为黄头礁。因岛顶端有一处岩石呈黄色，故名。基岩岛。岸线长75米，面积379平方米，最高点高程6.7米。以基岩海岸为主。无植被。

黄头西岛 （Huángtóu Xīdǎo）

北纬27°17.7′，东经120°33.4′。位于温州市苍南县黄头礁西侧300米，距大陆最近点10米。因黄头礁西侧有两岛，该岛相对另一岛位置偏西，第二次全国海域地名普查时命今名。基岩岛。岸线长 112 米，面积 787 平方米，最高点高程 8.1 米。以基岩海岸为主。无植被。

黄头东岛 (Huángtóu Dōngdǎo)

北纬 27°17.7′，东经 120°33.5′。位于温州市苍南县黄头礁西侧 174 米，距大陆最近点 20 米。因黄头礁西侧有两岛，该岛相对另一岛位置偏东，第二次全国海域地名普查时命今名。基岩岛。岸线长 107 米，面积 524 平方米，最高点高程 6.5 米。以基岩海岸为主。无植被。

尖刀西岛 (Jiāndāo Xīdǎo)

北纬 27°17.7′，东经 120°33.1′。位于温州市苍南县尖刀礁西北侧 34 米，距大陆最近点 10 米。因位于尖刀礁西面，第二次全国海域地名普查时命今名。基岩岛。岸线长 72 米，面积 329 平方米，最高点高程 24.5 米。植被以草丛、灌木为主。

尖刀礁 (Jiāndāo Jiāo)

北纬 27°17.6′，东经 120°33.1′。位于温州市苍南县风湾东北侧 955 米，圆屿尾村西南 455 米，距大陆最近点 10 米。《浙江省海域地名录》（1988）、《浙江海岛志》（1998）、《全国海岛名称与代码》（2008）和 2010 年浙江省人民政府公布的第一批无居民海岛名称均记为尖刀礁。据当地群众惯称定名。岸线长 163 米，面积 1 424 平方米，最高点高程 15.3 米。基岩岛，出露岩石为上侏罗统高坞组熔结凝灰岩。无植被。

龙骨南岛 (Lónggǔ Nándǎo)

北纬 27°17.5′，东经 120°32.8′。位于温州市苍南县风湾内北侧大陆滩上，距大陆最近点 20 米。第二次全国海域地名普查时命今名。基岩岛。岸线长 81 米，面积 386 平方米，最高点高程 6.2 米。基岩岛，出露岩石为上侏罗统高坞组熔结凝灰岩。无植被。

圆屿前岛 (Yuányǔ Qiándǎo)

北纬 27°17.3′，东经 120°33.0′。位于温州市苍南县岭头隔东北侧 726 米，距大陆最近点 10 米。因位于圆屿（陆地名）东面，以东为前，第二次全国海域地名普查时命今名。基岩岛。岸线长 68 米，面积 272 平方米，最高点高程 6.2 米。以基岩海岸为主。无植被。

草礁 (Cǎo Jiāo)

北纬 27°15.7′，东经 120°31.4′。位于温州市苍南县田寮东南侧 401 米，东南距孝屿 3 千米，距大陆最近点 10 米。《浙江海岛志》（1998）、2010 年浙江省人民政府公布的第一批无居民海岛名称记为草礁。因岛顶部覆盖一片草，故名。岸线长 210 米，面积 2 830 平方米，最高点高程 20.7 米。基岩岛，出露岩石为上侏罗统高坞组熔结凝灰岩。多裸露岩石，无平地。植被以草丛、灌木为主。

孝屿鼻屿 (Xiàoyǔbí Yǔ)

北纬 27°15.0′，东经 120°33.0′。位于温州市苍南县孝屿北侧偏西岸 16 米，距大陆最近点 1.3 千米。《浙江海岛志》（1998）记为 3008 号无名岛。2010 年浙江省人民政府公布的第一批无居民海岛名称记为孝屿鼻屿。该岛名由当地的方言翻译过来，大意为形状像鼻子，故名。岸线长 234 米，面积 2 726 平方米，最高点高程 19.5 米。基岩岛，出露岩石为上侏罗统高坞组熔结凝灰岩。植被以草丛、灌木为主。

孝屿北岛 (Xiàoyǔ Běidǎo)

北纬 27°14.9′，东经 120°32.8′。位于温州市苍南县孝屿西北侧 19 米，距大陆最近点 990 米。因位于孝屿北面，第二次全国海域地名普查时命今名。基岩岛。岸线长 41 米，面积 118 平方米，最高点高程 6.5 米。无植被。

孝屿中岛 (Xiàoyǔ Zhōngdǎo)

北纬 27°14.9′，东经 120°32.8′。位于温州市苍南县孝屿与孝屿北岛之间，距孝屿 19 米，距大陆最近点 970 米。《全国海岛名称与代码》（2008）记为孝屿 -2。以处孝屿北岛与孝屿中间，第二次全国海域地名普查时更为今名。基岩岛。岸线长 66 米，面积 294 米，最高点高程 20.4 米。长有草丛。

孝屿 (Xiào Yǔ)

北纬 27°14.9′，东经 120°33.0′。隶属于温州市苍南县，距大陆最近点 970 米。原名鲎屿，因其形似侧卧的海鲎，故名。"孝""鲎"二字音近，为易于书写，

1985 年改名孝屿。《浙江省海域地名录》（1988）、《中国海域地名志》（1989）、《浙江海岛志》（1998）和 2010 年浙江省人民政府公布的第一批无居民海岛名称均记为孝屿。岸线长 1.17 千米，面积 0.053 平方千米，最高点高程 46.8 米。基岩岛，出露岩石为上侏罗统高坞组熔结凝灰岩。西北部山坳处多乱石。

大门墩屿 (Dàméndūn Yǔ)

北纬 27°14.9′，东经 120°32.8′。位于温州市苍南县孝屿西侧偏南侧 19 米，距大陆最近点 820 米。又名孝屿 -1。《浙江海岛志》（1998）记为 3009 号无名岛。《全国海岛名称与代码》（2008）记为孝屿 -1。2010 年浙江省人民政府公布的第一批无居民海岛名称记为大门墩屿。该岛盘踞于孝屿旁，因形似庭院前坚实的门台而得名。岸线长 296 米，面积 2 968 平方米，最高点高程 36.8 米。基岩岛，出露岩石为上侏罗统高坞组熔结凝灰岩。植被以草丛、灌木为主。

大门外墩礁 (Dàménwàidūn Jiāo)

北纬 27°14.9′，东经 120°32.7′。位于温州市苍南县孝屿西侧偏南 181 米，距大陆最近点 800 米。《浙江海岛志》（1998）记为 3011 号无名岛。2010 年浙江省人民政府公布的第一批无居民海岛名称记为大门外墩礁。因位于大门墩屿西侧外，且面积较小，故名。岸线长 60 米，面积 212 平方米，最高点高程 6.7 米。基岩岛，出露岩石为上侏罗统高坞组熔结凝灰岩。多裸露岩石，无平地。无植被。

大丽西岛 (Dàlì Xīdǎo)

北纬 27°14.8′，东经 120°32.4′。隶属于温州市苍南县，距大陆最近点 320 米。第二次全国海域地名普查时命今名。基岩岛。岸线长 59 米，面积 127 平方米，最高点高程 7.1 米。无植被。

大丽东岛 (Dàlì Dōngdǎo)

北纬 27°14.8′，东经 120°32.6′。隶属于温州市苍南县，距大陆最近点 510 米。第二次全国海域地名普查时命今名。基岩岛。岸线长 114 米，面积 769 平方米，最高点高程 11.8 米。植被以草丛、灌木为主。

南长礁 (Náncháng Jiāo)

北纬 27°14.8′，东经 120°32.4′。隶属于温州市苍南县，距大陆最近点 270 米。

《浙江海岛志》（1998）记为3013号无名岛。2010年浙江省人民政府公布的第一批无居民海岛名称记为南长礁。该岛像长长的丝带向南延伸，蜿蜒缠绵，故名。岸线长143米，面积911平方米，最高点高程23.1米。基岩岛，出露岩石为上侏罗统高坞组熔结凝灰岩。植被以草丛、灌木为主。

瓜子屿 (Guāzǐ Yǔ)

北纬27°14.8′，东经120°32.3′。隶属于温州市苍南县，距大陆最近点150米。《浙江海岛志》（1998）记为3014号无名岛。2010年浙江省人民政府公布的第一批无居民海岛名称记为瓜子屿。因岛形似瓜子，故名。岸线长205米，面积2 133平方米，最高点高程17.8米。基岩岛，出露岩石为上侏罗统高坞组熔结凝灰岩。多裸露岩石，无平地。植被以草丛、灌木为主。

瓜子东岛 (Guāzǐ Dōngdǎo)

北纬27°14.8′，东经120°32.3′。位于温州市苍南县南长礁西南侧74米，距大陆最近点180米。因位于瓜子屿东面，第二次全国海域地名普查时命今名。基岩岛。岸线长69米，面积329平方米，最高点高程7.3米。无植被。

瓜子西岛 (Guāzǐ Xīdǎo)

北纬27°14.8′，东经120°32.3′。位于温州市苍南县瓜子屿西南侧9米，西南临荷包田村949米，距大陆最近点130米。因位于瓜子屿西南面，第二次全国海域地名普查时命今名。基岩岛。岸线长64米，面积276平方米，最高点高程6.9米。无植被。

顶草东岛 (Dǐngcǎo Dōngdǎo)

北纬27°14.7′，东经120°33.7′。隶属于温州市苍南县，距大陆最近点2.37千米。第二次全国海域地名普查时命今名。基岩岛。岸线长56米，面积208平方米，最高点高程7.6米。无植被。

顶草仔岛 (Dǐngcǎozǎi Dǎo)

北纬27°14.7′，东经120°33.0′。隶属于温州市苍南县，近陆距离1.11千米。第二次全国海域地名普查时命今名。基岩岛。岸线长30米，面积55平方米，最高点高程11.2米。长有草丛。

平沿礁 (Píngyán Jiāo)

北纬 27°14.3′，东经 120°32.0′。位于温州市苍南县下包田村南部山嘴外，距大陆最近点 10 米。《浙江海岛志》（1998）记为 3016 号无名岛。《浙江省海域地名录》（1988）、《全国海岛名称与代码》（2008）、2010 年浙江省人民政府公布的第一批无居民海岛名称均记为平沿礁。据当地群众惯称定名。岸线长 169 米，面积 1 275 平方米，最高点高程 10.2 米。基岩岛，出露岩石为上侏罗统高坞组熔结凝灰岩。无植被。

乌礁头礁 (Wūjiāotóu Jiāo)

北纬 27°13.5′，东经 120°31.9′。隶属于温州市苍南县，距大陆最近点 20 米。《中国海域地名图集》（1991）标注为乌礁头礁。据当地渔民口述，渔民在海上作业时，常见该礁石上停歇海鸟，故当地俗称鸟礁头。基岩岛。岸线长 109 米，面积 439 平方米，最高点高程 14.5 米。无植被。

晓东岛 (Xiǎodōng Dǎo)

北纬 27°13.4′，东经 120°31.7′。位于温州市苍南县乌礁头礁西南侧 380 米，距大陆最近点 10 米。因位于东边岙内，早上才有阳光照射，第二次全国海域地名普查时命今名。基岩岛。岸线长 60 米，面积 216 平方米，最高点高程 17.8 米。植被以草丛、灌木为主。

凤凰礁 (Fènghuáng Jiāo)

北纬 27°12.5′，东经 120°30.6′。位于温州市苍南县和尚垟东北侧 568 米，东南距国姓礁 982 米处，距大陆最近点 50 米。《浙江海岛志》（1998）记为 3017 号无名岛。2010 年浙江省人民政府公布的第一批无居民海岛名称记为凤凰礁。取凤凰吉祥之意命名。面积 142 平方米，岸线长 44 米，最高点高程 10.2 米。基岩岛，出露岩石为上侏罗统高坞组熔结凝灰岩。多裸露岩石，无平地。无植被。

国姓礁 (Guóxìng Jiāo)

北纬 27°12.3′，东经 120°31.2′。位于温州市苍南县南坪宫后北海岸外侧，南距北关岛 2.29 千米，距大陆最近点 40 米。海图称"关头"，陆图称"礁尾"，民间称为"国姓礁"。南明隆武帝曾赐郑成功姓朱，号"国姓爷"。1985 年定名。《浙江省海域地名录》（1988）、《中国海域地名志》（1989）、《浙江海岛志》（1998）、《全国海岛名称与代码》（2008）、2010 年浙江省人民政府公布的第一批无居民海岛名称均记为国姓礁。由多块礁石排列成行，呈东西走向。岸线长 222 米，面积 3 429 平方米，最高点高程 15.3 米。基岩岛，出露岩石为上侏罗统高坞组熔结凝灰岩。长有草丛。

表尾鼻 (Biǎowěibí)

北纬 27°11.9′，东经 120°25.7′。位于温州市苍南县沿浦湾内，距大陆最近点 80 米。《中国海域地名图集》（1991）记为表尾鼻。该岛从陆上看像鼻，由当地的土语翻译过来，故名。基岩岛。岸线长 208 米，面积 3 079 平方米，最高点高程 20.4 米。植被以草丛、灌木为主。岛上有渔业养殖加工棚 1 座。

表尾鼻中岛 (Biǎowěibí Zhōngdǎo)

北纬 27°11.8′，东经 120°25.7′。位于温州市苍南县表尾鼻与表尾鼻外岛之间，距表尾鼻外岛 69 米，距大陆最近点 170 米。因处在表尾鼻与表尾鼻外岛中间，第二次全国海域地名普查时命今名。基岩岛。岸线长 104 米，面积 853 平方米，最高点高程 15.8 米。植被以草丛、灌木为主。

表尾鼻外岛 (Biǎowěibí Wàidǎo)

北纬 27°11.8′，东经 120°25.8′。位于温州市苍南县沿浦湾内，距表尾鼻 136 米，距大陆最近点 270 米。因位于表尾鼻外侧，第二次全国海域地名普查时命今名。基岩岛。岸线长 37 米，面积 105 平方米，最高点高程 5.7 米。无植被。

木耳屿 (Mù'ěr Yǔ)

北纬 27°11.4′，东经 120°31.1′。位于温州市苍南县北关岛北侧西 692 米，距大陆最近点 470 米。清光绪《浙江沿海图说》已记木耳屿名。《中国海域地名志》（1989）、《浙江海岛志》（1998）、《全国海岛名称与代码》（2008）和 2010 年浙江省人民政府公布的第一批无居民海岛名称均记为木耳屿。因岛岩多褶皱形如木耳而得名。岸线长 437 米，面积 7 967 平方米，最高点高程 28.8 米。基岩岛，出露岩石为上侏罗统高坞组熔结凝灰岩。植被以草丛、灌木为主。

脚桶屿 (Jiǎotǒng Yǔ)

北纬 27°11.3′，东经 120°30.9′。位于温州市苍南县木耳屿西南 267 米，居北门水道与三岔港的汇合处，距大陆最近点 470 米。《浙江省海域地名录》（1988）、《中国海域地名志》（1989）、《浙江海岛志》（1998）、《全国海岛名称与代码》（2008）和 2010 年浙江省人民政府公布的第一批无居民海岛名称均记为脚桶屿。因形似洗脚桶，故名。岸线长 443 米，面积 8 332 平方米，最高点高程 20.4 米。基岩岛，出露岩石为上侏罗统高坞组熔结凝灰岩。表土呈黄色，长有草丛、灌木。岛上有高压输电线路。

鸬鹚南岛 (Lúcí Nándǎo)

北纬 27°11.0′，东经 120°31.1′。隶属于温州市苍南县，距大陆最近点 1.13 千米。《浙江海岛志》（1998）记为 3023 号无名岛。2010 年浙江省人民政府公布的第一批无居民海岛名称记为鸬鹚礁。以岛形如鸬鹚得名。因省内重名，居于宁波、舟山等地鸬鹚礁之南，第二次全国海域地名普查时更为今名。岸线长 144 米，面积 1 230 平方米，最高点高程 9.9 米。基岩岛，出露岩石为上侏罗统高坞组熔结凝灰岩。长有草丛。

南山仔屿 (Nánshānzǎi Yǔ)

北纬 27°10.9′，东经 120°30.4′。隶属于温州市苍南县，距大陆最近点 0.8 千米。曾名老鼠尾、北老鼠尾，又名南山仔礁。俗称山仔。陆图称"北老鼠尾"。1985 年以其方位和形小定今名。《中国海域地名志》（1989）记为南山仔礁，《浙江省海域地名录》（1988）、《浙江海岛志》（1998）、《全国海岛名称与代码》（2008）、2010 年浙江省人民政府公布的第一批无居民海岛名称均记为南山仔屿。岛呈椭圆状，东北—西南走向。岸线长 258 米，面积 3 976 平方米，最高点高程 15.5 米。基岩岛，出露岩石为上侏罗统高坞组熔结凝灰岩。植被以草丛、灌木为主。

虎仔礁 (Hǔzǎi Jiāo)

北纬 27°10.4′，东经 120°32.1′。位于苍南县北关岛东北岬角近旁岸距 50 米处，距大陆最近点 2.96 千米。曾名虎仔屿。《浙江海岛志》（1998）记为

3025 号无名岛。2010 年浙江省人民政府公布的第一批无居民海岛名称记为虎仔礁。因岛屿外形看似刚出生的小老虎，故名。岸线长 206 米，面积 2 121 平方米，最高点高程 15.5 米。基岩岛，出露岩石为上侏罗统高坞组熔结凝灰岩。无植被。

土窟西岛 (Tǔkū Xīdǎo)

北纬 27°10.3′，东经 120°32.3′。隶属于温州市苍南县，距大陆最近点 3.2 千米。因该岛在土窟面岛西，第二次全国海域地名普查时命今名。基岩岛。岸线长 65 米，面积 198 平方米，最高点高程 5.4 米。无植被。

机星尾岛 (Jīxīngwěi Dǎo)

北纬 27°10.2′，东经 120°32.5′。位于温州市苍南县北关岛东北部岬角东南 504 米处，距大陆最近点 3.4 千米。又名鸡心屿、机星尾。民国《平阳县志·卷三》载："北关山东少北十二里许为鸡心屿。"《中国海域地名志》（1989）、《浙江海岛志》（1998）、《全国海岛名称与代码》（2008）和 2010 年浙江省人民政府公布的第一批无居民海岛名称均记为机星尾岛。因岛形酷似鸡心，鸡心屿谐音机星尾，故名。岸线长 1.31 千米，面积 0.086 9 平方千米，最高点高程 77.1 米。基岩岛，出露岩石为燕山晚期花岗斑岩。多裸露岩石，东南端有乱石簇拥。

牛背礁 (Niúbèi Jiāo)

北纬 27°10.0′，东经 120°28.9′。位于温州市苍南县北关岛西侧 3.38 千米，距大陆最近点 30 米。《浙江省海域地名录》（1988）记为牛背礁。因岛形似牛背，故名。基岩岛。岸线长 210 米，面积 2 036 平方米，最高点高程 6.8 米。以基岩海岸为主。无植被。

南屿仔礁 (Nányǔzǎi Jiāo)

北纬 27°10.0′，东经 120°27.6′。隶属于温州市苍南县，距大陆最近点 790 米。《浙江海岛志》（1998）记为 3029 号无名岛。2010 年浙江省人民政府公布的第一批无居民海岛名称记为南屿仔礁。当地土语称之为南屿仔礁，意为位于该村落（已消失）的南边。基岩岛。岸线长 149 米，面积 1 351 平方米，最高点高程 13.1 米。植被以草丛、灌木为主。

门仔屿西岛 (Ménzǎiyǔ Xīdǎo)

北纬 27°09.9′，东经 120°28.4′。位于温州市苍南县门仔屿西北 33 米，距大陆最近点 140 米。因其在门仔屿西面，第二次全国海域地名普查时命今名。基岩岛。岸线长 76 米，面积 264 平方米，最高点高程 5.4 米。以基岩海岸为主。无植被。

门仔屿 (ménzǎi Yǔ)

北纬 27°09.9′，东经 120°28.5′。位于温州市苍南县南关岛与大陆之间，距南关岛 169 米，距大陆最近点 110 米。又名门仔岛。《中国海域地名志》（1989）、《全国海岛名称与代码》（2008）、2010 年浙江省人民政府公布的第一批无居民海岛名称记为门仔屿。《浙江海岛志》（1998）记为门仔岛。因处大门水道，面积较小，故名。岸线长 1.13 千米，面积 0.021 4 平方千米，最高点高程 36.8 米。基岩岛，出露岩石为上侏罗统高坞组熔结凝灰岩。植被以草丛、灌木为主。岛上布有高压线路。

门仔中心岛 (Ménzǎi Zhōngxīn Dǎo)

北纬 27°09.9′，东经 120°28.5′。位于温州市苍南县门仔屿东南侧 15 米，距大陆最近点 240 米。因位于门仔屿东面各小岛中间，第二次全国海域地名普查时命今名。基岩岛。岸线长 44 米，面积 99 平方米，最高点高程 15.2 米。以基岩海岸为主。无植被。

门仔南岛 (Ménzǎi Nándǎo)

北纬 27°09.8′，东经 120°28.5′。位于温州市苍南县门仔屿中岛与门仔屿之间，距门仔屿 8 米，距大陆最近点 300 米。因位于门仔屿南面，第二次全国海域地名普查时命今名。基岩岛。岸线长 106 米，面积 381 平方米，最高点高程 14.2 米。植被以草丛、灌木为主。

门仔屿中岛 (Ménzǎiyǔ Zhōngdǎo)

北纬 27°09.8′，东经 120°28.5′。位于温州市苍南县门仔屿东南侧 23 米，距大陆最近点 290 米。因位于门仔南岛与屿仔礁之间，第二次全国海域地名普查时命今名。基岩岛。岸线长 421 米，面积 4 089 平方米，最高点高程 12.3 米。

植被以草丛、灌木为主。

屿仔礁 (Yǔzǎi Jiāo)

北纬27°09.8′，东经120°28.6′。位于温州市苍南县门仔岛中岛东南侧53米，大门水道北侧，距大陆最近点370米。原名尖礁，因重名，1985年以其近门仔屿，面积较小，改今名。《中国海域地名志》（1989）、《浙江海岛志》（1998）、《全国海岛名称与代码》（2008）和2010年浙江省人民政府公布的第一批无居民海岛名称均记为屿仔礁。岸线长105米，面积710平方米，最高点高程7米。基岩岛，出露岩石为上侏罗统高坞组熔结凝灰岩。无植被。

南关北岛 (Nánguān Běidǎo)

北纬27°09.8′，东经120°28.4′。位于温州市苍南县南关岛东北侧26米，距大陆最近点530米。因位于南关岛北面，第二次全国海域地名普查时命今名。基岩岛。岸线长35米，面积71平方米，最高点高程7.6米。植被以草丛、灌木为主。

尖礁 (Jiān Jiāo)

北纬27°09.7′，东经120°28.4′。位于温州市苍南县门仔屿西南侧227米，距大陆最近点560米。《浙江海岛志》（1998）记为3033号无名岛。2010年浙江省人民政府公布的第一批无居民海岛名称记为尖礁。因岛屿上方尖尖，故名。岸线长144米，面积973平方米，最高点高程23.1米。基岩岛，出露岩石为上侏罗统高坞组熔结凝灰岩。植被以草丛、灌木为主。岛上设有高压线路。

尖礁西岛 (Jiānjiāo Xīdǎo)

北纬27°09.7′，东经120°28.4′。位于温州市苍南县尖礁与尖礁东岛之间，距尖礁12米，距大陆最近点590米。因尖礁东南侧有两岛，该岛相对另一岛位置偏西，第二次全国海域地名普查时命今名。基岩岛。岸线长67米，面积224平方米，最高点高程7.1米。以基岩海岸为主。无植被。

尖礁东岛 (Jiānjiāo Dōngdǎo)

北纬27°09.7′，东经120°28.4′。位于温州市苍南县尖礁东南侧50米，距大陆最近点600米。因尖礁东南侧有两岛，该岛相对另一岛位置偏东，第二次全国海域地名普查时命今名。基岩岛。岸线长 42 米，面积 94 平方米，最高点高程 8.2 米。植被以草丛、灌木为主。有太阳能供电航标灯塔 1 座。

北关岛 (Běiguān Dǎo)

北纬 27°09.4′，东经 120°31.5′。位于温州市苍南县霞关镇东侧 4.84 千米，其西有北关港锚地，距大陆最近点 1.26 千米。又名北关山、罗英山。清光绪《浙江沿海图说·海岛表》载："北关山，居民二、三十户，船只数号，土产山芋。"《浙江省海域地名录》(1988)、《中国海域地名志》(1989)、《浙江海岛志》(1998)、《全国海岛名称与代码》(2008) 记为北关岛。明嘉靖二年（1523 年），为防御倭寇进犯，在霞关一带设立三个关卡，派兵镇守，本岛居三关之北，故名。岸线长 19.16 千米，面积 3.599 6 平方千米，最高点高程 168.1 米。基岩岛，出露岩石为燕山晚期花岗闪长岩和花岗斑岩。地貌以低丘陵为主，坡脚多为海蚀崖，高 10～30 米，南部运济堂沟谷内发育洪积扇。土壤有棕红泥土、棕黄泥土和棕石沙土及沙涂、黏涂、黄泥田、黄泥沙土等土种。

清同治年间（1862—1874 年），内地居民开始迁移北关岛定居，以开垦荒地、捕鱼为业。在北端布袋澳和南端龟山，形成顶海、下海两个村落。有居民海岛，隶属于苍南县马站镇。2011 年 6 月户籍人口 500 人，常住人口 26 人。主捕红虾、虾秕。兼事耕作，种植水稻和番薯。岛上有灯塔 1 座。有风力发电机组，配有发电管理房。建有简易码头 1 座。附近水域为产渔区，又是航船和渔船通往南坪、霞关的必经之道。

南关岛 (Nánguān Dǎo)

北纬 27°09.3′，东经 120°28.3′。隶属于温州市苍南县马站镇，位于北关岛西南 2.84 千米，距大陆最近点 460 米。其名源出屯兵之地。明嘉靖二年（1523 年），为防御倭寇进犯，在霞关一带设立三个关卡，派兵驻守，称"三关镇港"，本岛地处三关之正南，故名南关岛。《中国海域地名志》(1989)、《浙江海岛志》(1998) 和《全国海岛名称与代码》(2008) 均记为南关岛。岸线长 10.71 千米，面积 1.761 9 平方千米，最高点高程 154.8 米。基岩岛，出露岩石为上侏罗统高坞组熔结凝灰岩。土壤有滨海盐土、红壤、粗骨木 3 个土类，下属沙涂、黏涂、黄砾泥、棕黄泥沙土、棕石沙土 5 个土种。

有居民海岛。2011 年 6 月户籍人口 500 人，常住人口 32 人。建有多座民房，有造船厂 2 个。该岛与霞关镇共同组成对台贸易开发区和综合性港口。建有斜坡式石砌码头 4 座，其中马祖澳和浮岙两码头供水产作业之用。岛上电力来自大陆。有太阳能供电灯塔 1 座。岛中部有省界碑。

王礁 (Wáng Jiāo)

北纬 27°09.0′，东经 120°32.6′。位于温州市苍南县北关岛东侧 1.53 千米，距大陆最近点 5.5 千米。《浙江省海域地名录》（1988）、《浙江海岛志》（1998）、《全国海岛名称与代码》（2008）和 2010 年浙江省人民政府公布的第一批无居民海岛名称均记为王礁。据当地群众惯称定名。基岩岛。岸线长 229 米，面积 2 578 平方米，最高点高程 6.8 米。长有草丛。有太阳能供电灯塔 1 座。

狼舔礁 (Lángtiǎn Jiāo)

北纬 27°09.0′，东经 120°28.3′。位于温州市苍南县南关岛南侧 104 米，南临青屿 452 米，距大陆最近点 1.97 千米。《浙江海岛志》（1998）记为 3040 号无名岛。2010 年浙江省人民政府公布的第一批无居民海岛名称记为狼舔礁。基岩岛。岸线长 42 米，面积 90 平方米，最高点高程 6.8 米。以基岩海岸为主。无植被。

狗冷饭中岛 (Gǒulěngfàn Zhōngdǎo)

北纬 27°08.9′，东经 120°28.3′。隶属于温州市苍南县，距大陆最近点 1.97 千米。第二次全国海域地名普查时命今名。基岩岛。岸线长 102 米，面积 360 平方米，最高点高程 11.1 米。植被以草丛、灌木为主。

狗冷饭南岛 (Gǒulěngfàn Nándǎo)

北纬 27°08.9′，东经 120°28.3′。位于温州市苍南县青屿北侧 440 米，距大陆最近点 1.99 千米。因其在狗冷饭中岛南面，第二次全国海域地名普查时命今名。基岩岛。岸线长 24 米，面积 41 平方米，最高点高程 5.6 米。长有草丛。

青屿 (Qīng Yǔ)

北纬 27°08.7′，东经 120°28.3′。位于温州市苍南县南关岛西南侧 641 米处，距大陆最近点 2.4 千米。《中国海域地名志》（1989）、《浙江海岛志》（1998）、《全国海岛名称与代码》（2008）和 2010 年浙江省人民政府公布的第一批无居民海岛名称均记为青屿。因岛上青草覆盖，故名。岸线长 660 米，面积 0.019 4 平方千米，最高点高程 24.5 米。基岩岛，出露岩石为上侏罗统高坞组熔结凝灰岩。地势平缓，周围多乱石。岛上有 1 座跨海界碑。

岩带岛 (Yándài Dǎo)

北纬 27°08.6′，东经 120°29.1′。位于温州市苍南县南关岛南端东侧 1.2 米，距大陆最近点 2.53 千米。因岛背靠带状深色岩石，第二次全国海域地名普查时命今名。基岩岛。岸线长 38 米，面积 79 平方米，最高点高程 7.2 米。以基岩海岸为主。无植被。

上鸡冠礁 (Shàngjīguān Jiāo)

北纬 27°08.6′，东经 120°28.8′。位于温州市苍南县南关岛和外螺礁之间，距南关岛 51 米，距大陆最近点 2.49 千米。曾名鸡冠礁、拖坪。《浙江海岛志》（1998）记为 3045 号无名岛。2010 年浙江省人民政府公布的第一批无居民海岛名称记为上鸡冠礁。因岛形似鸡冠朝上，故名。岸线长 312 米，面积 3 583 平方米，最高点高程 11.3 米。基岩岛，出露岩石为上侏罗统高坞组熔结凝灰岩。多裸露岩石，无平地。无植被。

内螺礁 (Nèiluó Jiāo)

北纬 27°08.6′，东经 120°28.7′。位于温州市苍南县南关岛南端西南侧 210 米，外螺礁西北 73 米，距大陆最近点 2.51 千米。《中国海域地名志》（1989）、《浙江海岛志》（1998）和 2010 年浙江省人民政府公布的第一批无居民海岛名称均记为内螺礁。因此处有两岛形如海螺，此岛靠近南关岛，居内侧，故名。岸线长 314 米，面积 4 085 平方米，最高点高程 12.2 米。基岩岛，出露岩石为上侏罗统高坞组熔结凝灰岩。植被以草丛、灌木为主。

和尚头礁 (Héshangtóu Jiāo)

北纬 27°08.6′，东经 120°28.6′。位于温州市苍南县内螺礁西侧 138 米，距大陆最近点 2.58 千米。1985 年定名和尚头礁。《浙江省海域地名录》（1988）、

《中国海域地名志》（1989）记为和尚头礁。因礁形平秃，形似和尚头，故名。基岩岛。岸线长 46 米，面积 167 平方米，最高点高程 5.7 米。无植被。

外螺礁 (Wàiluó Jiāo)

北纬 27°08.5′，东经 120°28.8′。位于温州市苍南县南关岛南端西南 292 米，内螺礁东南 73 米，距大陆最近点 2.64 千米。《中国海域地名志》（1989）、《浙江海岛志》（1998）和 2010 年浙江省人民政府公布的第一批无居民海岛名称均记为外螺礁。因此处有两岛形如海螺，此岛靠外，故名。基岩岛。岸线长 236 米，面积 3 185 平方米，最高点高程 15.5 米。基岩岛，出露岩石为上侏罗统高坞组熔结凝灰岩。长有草丛。

裂岩北岛 (Lièyán Běidǎo)

北纬 27°05.6′，东经 120°48.7′。位于浙江省温州市苍南县灵溪镇东南 67.1 千米处，福建省宁德市福鼎市沙埕镇东 44 千米处海域，距大陆最近点 31.15 千米，南距裂岩 14 米。原由两块岩礁相隔一道鸿沟组成，似一岩剖为两块，故称裂岩。又名卵子礁。《中国海洋岛屿简况》（1980）、《苍南岛礁志》（1985）、《浙江省海域地名录》（1988）、《中国海域地名志》（1989）、1989 年 12 月福鼎市登记的地名卡片等将两块岩礁统称为裂岩。《福建海岛志》（1994）和《全国海岛名称与代码》（2008）记为裂岩（2）。《浙江海岛志》（1998）记为裂岩 -2。第二次全国海域地名普查时，将南边面积较大的海岛认定为裂岩，将北边面积较小的海岛称为裂岩北岛。基岩岛。岸线长 176 米，面积 1 680 平方米，最高点海拔 18 米。无植被。

裂岩 (Liè Yán)

北纬 27°05.6′，东经 120°48.7′。位于浙江省温州市苍南县灵溪镇东南 67.1 千米处，福建省宁德市福鼎市沙埕镇东 44 千米处海域，距大陆最近点 31.16 千米，东南距天权礁 3.84 千米。原由两块岩礁相隔一道鸿沟组成，似一岩剖为两块，故称裂岩。又名卵子礁。《中国海洋岛屿简况》（1980）、《苍南岛礁志》（1985）、《浙江省海域地名录》（1988）、《中国海域地名志》（1989）、1989 年 12 月福鼎市登记的地名卡片等将两块岩礁统称为裂岩。《福建海岛志》

（1994）和《全国海岛名称与代码》（2008）记为裂岩（2）。《浙江海岛志》（1998）记为裂岩 -2。第二次全国海域地名普查时，将南边面积较大的海岛认定为裂岩。基岩岛。岸线长 190 米，面积 2 401 平方米，最高点海拔 18 米。无植被。

天权礁 (Tiānquán Jiāo)

北纬 27°04.0′，东经 120°50.2′。位于浙江省温州市苍南县灵溪镇东南 65.9 千米处，福建省宁德市福鼎市沙埕镇东部海域，距大陆最近点 34.6 千米，东南距立鹤岛约 1.6 千米。该岛为七星礁之一，七星礁的数量和方位形似北斗七星，天权礁乃借北斗七星定名。又名牛屎礁、覆锅岛。《苍南岛礁志》（1985）、《浙江省海域地名录》（1988）、《中国海域地名图集》（1991）记为天权礁，1989 年 12 月福鼎市登记的地名卡片和《福建省海域地名志》（1991）记为牛屎礁，当地渔民俗称覆锅岛。基岩岛。岸线长 84 米，面积 553 平方米。无植被。

小立鹤岛 (Xiǎolìhè Dǎo)

北纬 27°03.8′，东经 120°51.2′。位于浙江省苍南县灵溪镇东南 67.5 千米处，福建省宁德市福鼎市沙埕镇东 54 千米处海域，距大陆最近点 36.22 千米，西南距立鹤岛 530 米。该岛位于立鹤岛北，较立鹤岛小，故名。又名长屿、鲨屿。《苍南岛礁志》（1985）、《浙江省海域地名录》（1988）、《中国海域地名志》（1989）、《中国海域地名图集》（1991）、《浙江海岛志》（1998）记为小立鹤岛。1989 年 12 月福鼎市登记的地名卡片记为长屿和鲨屿。《福建省海域地名志》（1991）、《福建海岛志》（1994）、《全国海岛名称与代码》（2008）记为长屿。岸线长 348 米，面积 2 416 平方米，最高点海拔 20 米。基岩岛，岩石为上侏罗统高坞组熔结凝灰岩。无植被。潮间带岩石上长满贝藻类生物，有渔民季节性在该岛采挖各类海产品。位于海鸟迁徙通道，是海鸟栖息场所。

鸡心岩 (Jīxīn Yán)

北纬 27°03.7′，东经 120°51.4′。位于浙江省温州市苍南县灵溪镇东南 67.4 千米处，福建省宁德市福鼎市沙埕镇东 54 千米处海域，距大陆最近点 36.62 千米，西距立鹤岛 346 米。该岛形似鸡心，故名。又名平礁、竹篙屿、企屿、鸡心岩岛。《浙江省海域地名录》（1988）、《中国海域地名志》（1989）、《中国海域地名图集》（1991）记为鸡心岩。《苍南岛礁志》（1985）记为鸡心岩和平礁。1989 年 12 月福鼎市登记的地名卡片记为竹篙屿和企屿。《浙江海岛志》（1998）记为鸡心岩岛。《福建省海域地名志》（1991）、《福建海岛志》（1994）、《全国海岛名称与代码》（2008）记为竹篙屿。面积约 30 平方米。基岩岛，岩石为上侏罗统高坞组熔结凝灰岩。无植被。潮间带多贝藻类生物，有渔民季节性在此采挖藤壶、牡蛎等。

立鹤尖岛 (Lìhèjiān Dǎo)

北纬 27°03.5′，东经 120°51.1′。位于浙江省温州市苍南县灵溪镇东南 67.5 千米处，福建省宁德市福鼎市沙埕镇东 52 千米处海域，距大陆最近点 36.26 千米，西距立鹤岛 47 米。因位于立鹤岛东边，岛顶陡峭似尖刀，第二次全国海域地名普查时命名为立鹤尖岛。基岩岛。岸线长 40 米，面积 102 平方米。无植被。

立鹤岛 (Lìhè Dǎo)

北纬 27°03.5′，东经 120°51.0′。位于浙江省温州市苍南县灵溪镇东南 67.5 千米处，福建省宁德市福鼎市沙埕镇东 52 千米处海域，距大陆最近点 36.17 千米，西南距星仔岛 2.15 千米。形如站立的白鹤，故名。又名竖闸、大山、站石。《苍南岛礁志》（1985）、《浙江省海域地名录》（1988）、《中国海域地名志》（1989）、《中国海域地名图集》（1991）、《浙江海岛志》（1998）记为立鹤岛。1989 年 12 月福鼎市登记的地名卡片记为竖闸和大山。《福建省海域地名志》（1991）、《福建海岛志》（1994）、《全国海岛名称与代码》（2008）记为竖闸，当地老百姓也称站石。岸线长 224 米，面积 2 740 平方米，最高点海拔 24 米。基岩岛，岩石为上侏罗统高坞组熔结凝灰岩。裂隙中长有少量草丛。渔民季节性在岩石上垂钓、采螺、采牡蛎等。

立鹤东岛 (Lìhè Dōngdǎo)

北纬 27°03.5′，东经 120°51.1′。位于浙江省苍南县灵溪镇东南 67.5 千米处，福建省宁德市福鼎市沙埕镇东 52 千米处海域，距大陆最近点 36.27 千米，西距立鹤岛 44 米。因位于立鹤岛东边，第二次全国海域地名普查时命名为立鹤东岛。基岩岛。岸线长 68 米，面积 291 平方米。无植被。

立鹤西岛 (Lìhè Xīdǎo)

北纬 27°03.5′，东经 120°51.0′。位于浙江省苍南县灵溪镇东南 67.5 千米处，福建省宁德市福鼎市沙埕镇东 52 千米处海域，距大陆最近点 36.16 千米，东北距立鹤岛 5 米。因位于立鹤岛西边，第二次全国海域地名普查时命名为立鹤西岛。基岩岛。岸线长 115 米，面积 726 平方米。无植被。

星仔岛 (Xīngzǎi Dǎo)

北纬 27°02.9′，东经 120°49.9′。位于浙江省温州市苍南县灵溪镇东南 67.5 千米处，福建省宁德市福鼎市沙埕镇东 43 千米处海域，距大陆最近点 34.92 千米，东北近立鹤岛。星仔岛原为多个岛屿的合称，状如海星多角延伸，该岛为众多岛屿中面积最大的岛屿，故沿用原名。又名星仔岛（2），多个岛屿又合称星仔、大星。《中国海洋岛屿简况》（1980）记为星仔。《苍南岛礁志》（1985）、《浙江省海域地名录》（1988）、《中国海域地名志》（1989）、1989 年 12 月福鼎市登记的地名卡片、《中国海域地名图集》（1991）、《福建省海域地名志》（1991）、《浙江海岛志》（1998）记为星仔岛。《福建海岛志》（1994）、《全国海岛名称与代码》（2008）记为星仔岛（2）。岸线长 733 米，面积 31 435 平方米，最高点海拔 64 米。基岩岛，岩石为上侏罗统高坞组熔结凝灰岩。为低丘陵地貌，顶部平坦。土壤为磷质石砂土。植被多杂草。周边海域盛产梭子蟹、带鱼、墨鱼等。有一简易码头，为季节性渔业用码头。北侧有福鼎市人民政府 2008 年 3 月设立的"福鼎市星仔岛海岛特别保护区"标志碑。

横屿 (Héng Yǔ)

北纬 27°02.8′，东经 120°49.8′。位于浙江省温州市苍南县灵溪镇东南，福建省宁德市福鼎市沙埕镇以东海域，距大陆最近点 34.88 千米，星仔岛西南侧约 30 米处。岛呈南北走向，横于星仔岛之西南，故名。《苍南岛礁志》（1985）、《浙江省海域地名录》（1988）、《中国海域地名志》（1989）、《中国海域地名图集》（1991）、《浙江海岛志》（1998）中均记为横屿。岸线长 237 米，面积 2 051 平方米，最高点海拔 13 米。基岩岛，岩石为上侏罗统高坞组熔结凝灰岩。岛岩裂隙中长有少量草丛和灌木。

小星岛 （Xiǎoxīng Dǎo）

北纬 27°02.8′，东经 120°50.0′。位于浙江省温州市苍南县灵溪镇东南，福建省宁德市福鼎市沙埕镇以东海域，距大陆最近点 35.24 千米，东距东星仔岛 5 米。形如一颗小星星散落在星仔岛和东星仔岛之间，第二次全国海域地名普查时命名为小星岛。基岩岛。面积约 150 平方米。无植被。

东星仔岛 （Dōngxīngzǎi Dǎo）

北纬 27°02.8′，东经 120°50.0′。位于浙江省温州市苍南县灵溪镇东南，福建省宁德市福鼎市沙埕镇以东海域，距大陆最近点 35.11 千米，西距星仔岛 90 米。历史上该岛与星仔岛统称为星仔岛或大星，因其位于星仔岛东边，第二次全国海域地名普查时更名为东星仔岛。《中国海洋岛屿简况》（1980）记为星仔。《浙江省海域地名录》（1988）、1989 年 12 月福鼎市登记的地名卡片、《中国海域地名图集》（1991）、《福建省海域地名志》（1991）记为星仔岛。《苍南岛礁志》（1985）、《中国海域地名志》（1989）、《浙江海岛志》（1998）记为星仔岛，又称大星。《福建海岛志》（1994）、《全国海岛名称与代码》（2008）记为星仔岛（1）。岸线长 847 米，面积 25 950 平方米，最高点海拔 64 米。基岩岛，岩石为上侏罗统高坞组熔结凝灰岩。长有草丛和灌木。岛上海鸟较多。

鹤嬉岛 （Hèxī Dǎo）

北纬 27°02.8′，东经 120°50.1′。位于浙江省温州市苍南县灵溪镇东南，福建省宁德市福鼎市沙埕镇以东海域，距大陆最近点 35.46 千米，西北距东星仔岛 55 米。为海鸟嬉戏、栖息的场所，与立鹤岛含义相呼应，第二次全国海域地名普查时命名为鹤嬉岛。基岩岛。岸线长 161 米，面积 1 543 平方米。无植被。

鹤嬉中岛 （Hèxī Zhōngdǎo）

北纬 27°02.8′，东经 120°50.1′。位于浙江省温州市苍南县灵溪镇东南，福建省宁德市福鼎市沙埕镇以东海域，距大陆最近点 35.5 千米，西南距鹤嬉岛 15 米。紧靠鹤嬉岛东北方向有两岛，靠东海岛为鹤嬉东岛，此岛处中间，第二次全国海域地名普查时命名为鹤嬉中岛。基岩岛。岸线长 40 米，面积 111 平方米。无植被。

鹤嬉东岛 (Hèxī Dōngdǎo)

北纬 27°02.7′，东经 120°50.1′。位于浙江省温州市苍南县灵溪镇东南，福建省宁德市福鼎市沙埕镇以东海域，距大陆最近点 35.52 千米，西距鹤嬉岛 25 米。紧靠鹤嬉岛东北方向有两岛，中间为鹤嬉中岛，此岛处东，第二次全国海域地名普查时命名为鹤嬉东岛。基岩岛。岸线长 85 米，面积 520 平方米。无植被。

天枢礁 (Tiānshū Jiāo)

北纬 27°02.7′，东经 120°49.7′。位于浙江省温州市苍南县灵溪镇东南，福建省宁德市福鼎市沙埕镇以东海域，距大陆最近点 34.9 千米，东北距星仔岛 145 米。该岛为七星礁之一，七星礁的数量和方位形似北斗七星，天枢礁乃借北斗七星定名。又称南礁。《苍南岛礁志》（1985）、《浙江省海域地名录》（1988）、《中国海域地名图集》（1991）记为天枢礁。1989 年 12 月福鼎市登记的地名卡片、《福建省海域地名志》（1991）记为南礁。基岩岛。岸线长 92 米，面积 474 平方米。无植被。

北尾礁 (Běiwěi Jiāo)

北纬 27°42.9′，东经 120°54.8′。位于温州市瑞安市金屿北侧 116 米，距大陆最近点 15.25 千米，属大北列岛。《浙江省海域地名录》（1988）、《中国海域地名志》（1989）和《中国海域地名图集》（1991）记为北尾礁。因位于大北列岛最北，金屿之尾端，故名。岸线长 35 米，面积 92 平方米，最高点高程 2.7 米。基岩岛，出露岩石为凝灰岩，基岩裸露。以基岩海岸为主。无植被。属瑞安市铜盘岛海洋特别保护区。

金屿 (Jīn Yǔ)

北纬 27°42.8′，东经 120°54.8′。位于温州市瑞安市北尾礁南侧 116 米，距大陆最近点 15.22 千米，属大北列岛。曾名金鸡屿。民国《瑞安县志·卷三》载："金鸡屿又名金屿"。《中国海洋岛屿简况》（1980）、《瑞安市地名志》（1988）、《浙江省海域地名录》（1988）、《中国海域地名志》（1989）、《浙江海岛志》（1998）、《全国海岛名称与代码》（2008）和 2010 年浙江省人民政府公布的第一批无居民海岛名称均记为金屿。因岛形似锦鸡而得名，锦与金方言同音，故名。

岸线长 617 米，面积 0.015 2 平方千米，最高点高程 34.2 米。基岩岛，出露岩石为凝灰岩。土层薄，长有草丛、灌木。以基岩海岸为主。属瑞安市铜盘岛海洋特别保护区。

铜盘山 (Tóngpán Shān)

北纬 27°42.7′，东经 120°53.4′。位于温州市瑞安市金屿西侧 2.23 千米，距大陆最近点 13.29 千米，属大北列岛。曾名营盘山。又名铜盘岛。《中国海域地名志》（1989）载："初名营盘山，后以岛上岩石色泽似铜，岛形似盘，得名铜盘山。"《中国海洋岛屿简况》（1980）、《瑞安市地名志》（1988）、《浙江海域地名录》（1988）、《浙江海岛志》（1998）和《全国海岛名称与代码》（2008）均记为铜盘山。基岩岛。岸线长 5 千米，面积 0.549 5 平方千米，最高点高程 71.8 米。植被主要有马尾松、白芽、桃等，沿岸亦有石花菜、鹧鸪菜等藻类。

有居民海岛。岛上设三联村（行政村），属瑞安市东山街道，有铜盘村、长大村、王树段村 3 个自然村。2011 年 6 月户籍人口 170 人，常住人口 140 人。产业以渔业为主，兼种番薯、麦、蔬菜等作物，并经营石料、石材开采等副业。有明代炮台遗址、苦海甘泉、妈祖庙、关帝庙等名胜古迹。岛上日常所需淡水来自苦海甘泉泉水，生活用水来自水库，有凿水井 1 个。自行发电供电。村落之间有水泥路。交通便利，建有北码头和南码头 2 座水泥码头，有水泥路向岛内延伸。为瑞安市铜盘岛海洋特别保护区主岛。

铜南岛 (Tóngnán Dǎo)

北纬 27°42.5′，东经 120°53.4′。位于温州市瑞安市铜盘山西南侧 301 米，距大陆最近点 13.92 千米，属大北列岛。因位于铜盘山南侧，岛较小，第二次全国海域地名普查时命今名。基岩岛。岸线长 43 米，面积 118 平方米，最高点高程 6 米。植被以草丛、灌木为主。属瑞安市铜盘岛海洋特别保护区。

山姜小屿 (Shānjiāng Xiǎoyǔ)

北纬 27°42.4′，东经 120°53.8′。位于温州市瑞安市铜盘山与山姜中屿之间，距山姜中屿 119 米，距大陆最近点 14.41 千米，属大北列岛。《浙江海岛志》（1998）记为 2812 号无名岛。2010 年浙江省人民政府公布的第一批无居民海岛名称记为山姜小屿。因该岛处山姜屿旁且面积较小，故名。基岩岛。岸线长 194 米，面积 1 705 平方米，最高点高程 18.4 米。以基岩海岸为主。植被以草丛、灌木为主。属瑞安市铜盘岛海洋特别保护区。

山姜中屿 (Shānjiāng Zhōngyǔ)

北纬 27°42.4′，东经 120°53.8′。位于温州市瑞安市山姜小屿与山姜屿之间，距山姜屿 123 米，距大陆最近点 14.48 千米，属大北列岛。《浙江海岛志》（1998）记为 2813 号无名岛。2010 年浙江省人民政府公布的第一批无居民海岛名称记为山姜中屿。在山姜屿旁，面积小于山姜屿而大于山姜小屿，故名。基岩岛。岸线长 378 米，面积 7 751 平方米，最高点高程 18.1 米。以基岩海岸为主。植被以草丛、灌木为主。属瑞安市铜盘岛海洋特别保护区。

山姜屿 (Shānjiāng Yǔ)

北纬 27°42.3′，东经 120°53.8′。位于温州市瑞安市铜盘山东南侧 866 米，距大陆最近点 14.57 千米，属大北列岛。又名山鸡屿、三尖娘。民国《瑞安县志·卷三》载："铜盘山东南渡，经山鸡屿至长带山。"《中国海洋岛屿简况》（1980）记为三尖娘。《浙江省海域地名录》（1988）、《瑞安市地名志》（1988）、《浙江海岛志》（1998）、《中国海域地名志》（1989）、《全国海岛名称与代码》（2008）和 2010 年浙江省人民政府公布的第一批无居民海岛名称均记为山姜屿。因其形如山姜，故名。基岩岛。岸线长 518 米，面积 0.012 8 平方千米，最高点高程 33.5 米。土层薄，长有草丛、灌木，有鸥、鸦栖息。属瑞安市铜盘岛海洋特别保护区。

长大岩星岛 (Chángdà Yánxīng Dǎo)

北纬 27°42.2′，东经 120°54.2′。位于温州市瑞安市山姜屿东南侧 578 米，距大陆最近点 15.19 千米，属大北列岛。因其位于长大山东北侧，且岩石圆润，如天上繁星，第二次全国海域地名普查时命今名。基岩岛。岸线长 29 米，面积 61 平方米，最高点高程 8.9 米。以基岩海岸为主。无植被。属瑞安市铜盘岛海洋特别保护区。

长鼠尾岛 (Chángshǔwěi Dǎo)

北纬27°42.1′，东经120°54.5′。位于温州市瑞安市长大岩星岛东南侧562米，距大陆最近点15.67千米，属大北列岛。因位于长大山老鼠尾处，第二次全国海域地名普查时命今名。基岩岛。岸线长236米，面积1817平方米，最高点高程17米。长有草丛。属瑞安市铜盘岛海洋特别保护区。

桃北岛 (Táoběi Dǎo)

北纬27°42.0′，东经120°47.2′。位于温州市瑞安市双桃屿西北侧，距双桃屿71米，距大陆最近点5.65千米，属大北列岛。第二次全国海域地名普查时命今名。因其居双桃屿北侧，故名。基岩岛。岸线长74米，面积343平方米，最高点高程8米。以基岩海岸为主。岛上长有草丛。

双桃屿 (Shuāngtáo Yǔ)

北纬27°42.0′，东经120°47.2′。位于温州市瑞安市桃北岛东南侧71米，距大陆最近点5.66千米，属大北列岛。因岛上两峰，形如桃尖，故名。又名双桃枝、双桃屿-1、双桃北屿。《中国海洋岛屿简况》（1980）记为双桃枝。《浙江省海域地名录》（1988）、《中国海域地名志》（1989）和《全国海岛名称与代码》（2008）记为双桃屿。《浙江海岛志》（1998）记为双桃屿-1。2010年浙江省人民政府公布的第一批无居民海岛名称记为双桃北屿。基岩岛。岸线长539米，面积7036平方米，最高点高程22.5米。以基岩海岸为主。土层薄，长有草丛、灌木，有海鸥栖息。

长大山 (Chángdà Shān)

北纬27°41.9′，东经120°54.2′。位于温州市瑞安市山姜屿与王树段儿屿之间，距王树段儿屿1.16千米，距大陆最近点15.15千米，属大北列岛。又名长带山、长腰山、横挡山。民国《瑞安县志·卷三》载："长带山，高128公尺。一名长大山，一名长腰山，又名横挡山。"《中国海洋岛屿简况》（1980）、《浙江省海域地名录》（1988）、《瑞安市地名志》（1988）、《中国海域地名志》（1989）、《浙江海岛志》（1998）和《全国海岛名称与代码》（2008）均记为长大山。岛以山名。岸线长5.05千米，面积0.5308平方千米，最高点高程84.2米。基岩岛，出露岩石为凝灰岩。主要植被有马尾松、小灌木、芽草等，有蛇、鼠、蜥蜴等陆生动物及鸥、鸦、雀等鸟类，沿岸亦有贝类分布。

有居民海岛，设长大自然村，属瑞安市东山街道三联村委会。2011 年 6 月户籍人口 68 人，常住人口 34 人。产业以渔业为主，兼种番薯、豆、麦等作物，并从事石料、石材开采，运销上海、南通等地。岛上日常淡水通过蓄水解决，自行发电供电。大小道路贯通全岛。有简易码头 1 座，水路有不定期渔船往返于北龙山等处。属瑞安市铜盘岛海洋特别保护区。

上干山 (Shànggān Shān)

北纬 27°41.7′，东经 120°48.8′。位于温州市瑞安市凤凰山西北侧 2.31 千米，距大陆最近点 7.79 千米，属大北列岛。曾名上关山、江横山、上冠山、凤凰冠。民国《瑞安县志·卷三》载："上关山高 165.6 公尺，一名江横山，与凤凰山对峙如门，号为凤凰门。一名上冠山，又名凤凰冠。"故上干山又有凤凰冠之名，"官""关""冠"与"干"方言近音，谐音为上干山，沿用至今。《中国海域地名志》（1989）记为江横山。《中国海洋岛屿简况》（1980）、《浙江省海域地名录》（1988）、《浙江海岛志》（1998）和《全国海岛名称与代码》（2008）记为上干山。基岩岛。岸线长 3.16 千米，面积 0.390 8 平方千米，最高点高程 121.5 米。岛表面多岩石，土层厚 0.5～1 米，腰部土层较厚，可开垦种植。植被主要有马尾松、小灌木等。

有居民海岛，2011 年 6 月户籍人口 65 人。现岛上村庄已不存在，有 40 名采石工人住简易帐篷，炸岛取石头用于围垦，现场加工粉碎。岛上有水井 2 口，日常所需淡水充足。自行发电供电。有大小道路贯通全岛，水路有不定期航船往返于瑞安、北龙之间。有村级简易码头 2 座，西侧码头用于渔船停靠，北侧码头用于运输石头船只停靠。

长东岛 (Chángdōng Dǎo)

北纬 27°41.7′，东经 120°54.6′。位于温州市瑞安市王树段儿屿西北侧 416 米，距大陆最近点 16.38 千米，属大北列岛。因其居长大山东侧，第二次全国海域地名普查时命今名。基岩岛。岸线长 30 米，面积 65 平方米，最高点高程 7 米。

无植被。属瑞安市铜盘岛海洋特别保护区。

丁尖礁 (Dīngjiān Jiāo)

北纬 27°41.6′，东经 120°46.3′。隶属于温州市瑞安市，距大陆最近点 5.23 千米，属大北列岛。《中国海域地名志》（1989）、《中国海域地名图集》（1991）记为丁尖礁。岸线长 98 米，面积 508 平方米，最高点高程 10 米。基岩岛，出露岩石为凝灰岩，基岩裸露。以基岩海岸为主。无植被。

莲花南礁 (Liánhuā Nánjiāo)

北纬 27°41.5′，东经 120°49.5′。隶属于温州市瑞安市，距大陆最近点 9.27 千米，属大北列岛。《浙江海岛志》（1998）记为 2825 号无名岛。2010 年浙江省人民政府公布的第一批无居民海岛名称记为莲花南礁。因其形似莲花，位在南，故名。基岩岛。岸线长 166 米，面积 933 平方米，最高点高程 12.6 米。无植被。

王树段儿屿 (Wángshùduàn'ér Yǔ)

北纬 27°41.5′，东经 120°54.8′。位于温州市瑞安市长大山与王树段岛之间，距王树段岛 415 米，距大陆最近点 16.74 千米，属大北列岛。曾名盘背山。民国《瑞安县志·卷三》载："长带山西南渡至盘背山，盘背山高约十余丈，北距长带山半里。"盘背山即该岛原名。岛形狭长，面积较小，又名小条。《中国海洋岛屿简况》（1980）记为小条。《浙江省海域地名录》（1988）、《瑞安市地名志》（1988）、《中国海域地名志》（1989）、《浙江海岛志》（1998）、《全国海岛名称与代码》（2008）和 2010 年浙江省人民政府公布的第一批无居民海岛名称均记为王树段儿屿。因处王树段岛旁，且面积较小，故名。岸线长 610 米，面积 0.014 8 平方千米，最高点高程 16.5 米。基岩岛，出露岩石为钾长花岗岩。土层薄，长有草丛、灌木，有鸥、鸦栖息。属瑞安市铜盘岛海洋特别保护区。

王树段岛 (Wángshùduàn Dǎo)

北纬 27°41.4′，东经 120°55.0′。隶属于温州市瑞安市，距王树段儿屿 415 米，距大陆最近点 16.93 千米，属大北列岛。曾名榕树肾、王树登、王树邓、从树邓、小长带山。《瑞安县志·卷三》载："盘背山东渡而至小长带山，小长带山高 94 公尺，又名榕树肾。"海陆图标注王树登、王树邓、从树邓等。"榕"与"王"，

"邓"与"登""段"均方言近音。《中国海洋岛屿简况》(1980)记为王树登。《浙江省海域地名录》(1988)、《瑞安市地名志》(1988)、《中国海域地名志》(1989)、《浙江海岛志》(1998)和《全国海岛名称与代码》(2008)均记为王树段岛。因岛形似松树(俗称王树)段,故名。岸线长 2.66 千米,面积 0.203 7 平方千米,最高点高程 57 米。基岩岛,出露岩石为钾长花岗岩。主要植被有马尾松,有蛇、鼠等陆生动物。2011 年 6 月岛上户籍人口 38 人,无常住人口。有废弃建筑物。以渔业为主兼产番薯,并开采石材。属瑞安市铜盘岛海洋特别保护区。

凤凰儿屿 (Fènghuáng'ér Yǔ)

北纬 27°41.3′,东经 120°49.4′。位于温州市瑞安市东南,居大北列岛西部,凤凰山与上干山之间,距凤凰山 1 千米,距大陆最近点 9.29 千米。《浙江省海域地名录》(1988)、《瑞安市地名志》(1988)、《中国海域地名志》(1989)、《浙江海岛志》(1998)、《全国海岛名称与代码》(2008)和 2010 年浙江省人民政府公布的第一批无居民海岛名称均记为凤凰儿屿。岛呈卵形,处凤凰山西北,较凤凰山小,故名。岸线长 853 米,面积 0.032 2 平方千米,最高点高程 42.1 米。基岩岛,出露岩石为凝灰岩。土层较厚,长有草丛。建有白色航标灯塔 1 座,由太阳能供电。

凤凰尾岛 (Fènghuángwěi Dǎo)

北纬 27°41.3′,东经 120°50.0′。位于温州市瑞安市凤凰山北侧 543 米,距大陆最近点 10.12 千米,属大北列岛。紧靠凤凰山,如小尾巴,第二次全国海域地名普查时命今名。基岩岛。岸线长 46 米,面积 170 平方米,最高点高程 7 米。无植被。

凤凰大尖岛 (Fènghuáng Dàjiān Dǎo)

北纬 27°41.3′,东经 120°50.0′。位于温州市瑞安市凤凰尾岛东南侧 109 米,距大陆最近点 10.23 千米,属大北列岛。因位于凤凰山东侧,形如大尖刀,第二次全国海域地名普查时命今名。基岩岛。岸线长 43 米,面积 146 平方米,最高点高程 6 米。无植被。

荔东岛 （Lìdōng Dǎo）

北纬 27°41.1′，东经 120°55.2′。隶属于温州市瑞安市，距大陆最近点 17.8 千米，属大北列岛。第二次全国海域地名普查时命今名。基岩岛。岸线长 11 米，面积 8 平方米，最高点高程 8 米。无植被。属瑞安市铜盘岛海洋特别保护区。

凤凰山 （Fènghuáng Shān）

北纬 27°41.0′，东经 120°50.0′。隶属于温州市瑞安市，距大陆最近点 9.62 千米，属大北列岛。清嘉庆《瑞安县志》载："东洛上行，一潮至南龙、北龙；又半潮历马鞍、铜盘、丁山、破屿、凤凰山、官山等处，凤凰半潮至飞云江。"民国《瑞安县志·卷三》载："凤凰山高 223.1 公尺，面积 8 平方公里，为飞云江出口最著名之山。往来商船颇多，惜风浪过大，四周不易停泊。夏有蜃气复其舟，人以为凤凰鼓翅，即凤凰将起之候。此山与县治最近。潮即抵飞云，防海者宜留意焉。"《中国海洋海岛屿简况》（1980）、《浙江省海域地名录》（1988）、《瑞安市地名志》（1988）、《中国海域地名志》（1989）、《浙江海岛志》（1998）和《全国海岛名称与代码》（2008）均记为凤凰山。因岛形似凤凰，故名。基岩岛。呈长方形，岸线长 5.26 千米，面积 0.839 1 平方千米，最高点高程 183.1 米。土层厚 0.5～1 米，山腰土层较厚，可开垦种植。

有居民海岛，设凤凰头、葡萄岙 2 个自然村，属瑞安市东山街道。2011 年 6 月岛上户籍人口 180 人，无常住人口。产业以渔业为主，兼种番薯、麦、豆类作物。岛上日常所需淡水通过蓄水解决，有水井 5 口。自行发电供电。有村级简易码头 2 座，有大小道路贯通全岛，水路有不定期渔船往返于瑞安、北龙等地。西部葡萄岙附近有一岙口，供渔船停泊避风。

荔南礁 （Lì'nán Jiāo）

北纬 27°41.0′，东经 120°55.1′。位于温州市瑞安市荔东岛西南侧 443 米，距大陆最近点 17.87 千米，属大北列岛。《瑞安市地名志》（1988）、《浙江省海域地名录》（1988）和《中国海域地名图集》（1991）记为荔南礁。基岩岛。岸线长 26 米，面积 40 平方米，最高点高程 8 米。无植被。属瑞安市铜盘岛海洋特别保护区。

凤凰西岛 (Fènghuáng Xīdǎo)

北纬 27°40.8′，东经 120°49.8′。位于温州市瑞安市凤凰山西南侧 479 米，距大陆最近点 10.32 千米，属大北列岛。因其居凤凰山西侧，第二次全国海域地名普查时命今名。基岩岛。岸线长 28 米，面积 48 平方米，最高点高程 4 米。无植被。

馒头山礁 (Mántoushān Jiāo)

北纬 27°40.6′，东经 120°50.2′。隶属于温州市瑞安市，距大陆最近点 11.07 千米，属大北列岛。《浙江省海域地名录》（1988）、《中国海域地名志》（1989）、《浙江海岛志》（1998）、《全国海岛名称与代码》（2008）和 2010 年浙江省人民政府公布的第一批无居民海岛名称均记为馒头山礁。因岛呈圆形，犹如馒头，故名。岸线长 242 米，面积 3 115 平方米，最高点高程 18.1 米。基岩岛，出露岩石为凝灰岩。以基岩海岸为主。植被以草丛、灌木为主。

大北长礁 (Dàběi Chángjiāo)

北纬 27°40.6′，东经 120°50.2′。隶属于温州市瑞安市，距大陆最近点 11.15 千米，属大北列岛。《浙江海岛志》（1998）记为 2836 号无名岛。2010 年浙江省人民政府公布的第一批无居民海岛名称记为大北长礁。习称长礁。因其形状为长条形，属大北列岛，故名。基岩岛。岸线长 140 米，面积 784 平方米，最高点高程 9.5 米。以基岩海岸为主。无植被。

下干鳄鱼岛 (Xiàgān Èyú Dǎo)

北纬 27°40.4′，东经 120°50.4′。隶属于温州市瑞安市，距大陆最近点 11.67 千米，属大北列岛。因形似鳄鱼，第二次全国海域地名普查时命今名。基岩岛。岸线长 62 米，面积 207 平方米，最高点高程 10 米。无植被。

铁礁 (Tiě Jiāo)

北纬 27°40.3′，东经 121°02.3′。位于温州市瑞安市北龙山东北侧 6.51 千米，距大陆最近点 27.32 千米，属大北列岛。《中国海域地名志》（1989）、《中国海域地名图集》（1991）、《浙江海岛志》（1998）、《全国海岛名称与代码》（2008）和 2010 年浙江省人民政府公布的第一批无居民海岛名称均记为铁礁。岛上岩石颜色似铁，且呈长方形似一块铁渣，故名。岸线长 339 米，面积 5 404 平方米，最高点高程 23.4 米。基岩岛，出露岩石为流纹岩。植被以草丛、灌木为主。有白色航标灯塔 1 座，由太阳能供电，有小路通灯塔。

小盐埠礁 (Xiǎoyánbù Jiāo)

北纬 27°40.0′，东经 120°58.0′。位于温州市瑞安市北龙山西北侧 1.05 千米，距大陆最近点 22.54 千米，属大北列岛。又名小洋埠。《浙江省海域地名录》（1988）记为小洋埠。《瑞安市地名志》（1988）、《中国海域地名图集》（1991）记为小盐埠礁。该岛位于小洋埠附近，小盐埠系由小洋埠演变而来，方言"盐"和"洋"同音，故名。基岩岛。岸线长 36 米，面积 82 平方米，最高点高程 5 米。无植被。

箕西倍礁 (Jīxībèi Jiāo)

北纬 27°40.0′，东经 121°11.5′。位于温州市瑞安市小筲箕屿西北侧 236 米，距大陆最近点 38.86 千米，属北麂列岛。《浙江海岛志》（1998）、2010 年浙江省人民政府公布的第一批无居民海岛名称记为箕西倍礁。因居小筲箕屿西侧，故名。基岩岛。岸线长 160 米，面积 1 619 平方米，最高点高程 9.5 米。以基岩海岸为主。无植被。

小箕西倍岛 (Xiǎojīxībèi Dǎo)

北纬 27°40.0′，东经 121°11.5′。位于温州市瑞安市小筲箕屿西北侧 223 米，距大陆最近点 38.91 千米，属北麂列岛。因处箕西倍礁旁且面积较小，第二次全国海域地名普查时命今名。基岩岛。岸线长 53 米，面积 223 平方米，最高点高程 5 米。无植被。

东箕西倍岛 (Dōngjīxībèi Dǎo)

北纬 27°40.0′，东经 121°11.5′。位于温州市瑞安市小筲箕屿西北侧 141 米，距大陆最近点 38.98 千米，属北麂列岛。因岛在箕西倍礁东面，第二次全国海域地名普查时命今名。基岩岛。岸线长 66 米，面积 290 平方米，最高点高程 5 米。以基岩海岸为主。无植被。

小筲箕屿 (Xiǎoshāojī Yǔ)

北纬 27°40.0′，东经 121°11.6′。位于温州市瑞安市东箕西倍岛东南，距大陆最近点 39.05 千米，属北麂列岛。又名小三节、小筲箕。《中国海域地名志》（1989）载："岛名来历有二说，一曰岛分三段（节），惯称小三节，'三节'与'筲箕'谐音，故名。又说该岛形如筲箕，比大筲箕小，故名小筲箕。"《中国海洋岛屿简况》（1980）记为小筲箕。《浙江省海域地名录》（1988）、《中国海域地名志》（1989）、《浙江海岛志》（1998）、《全国海岛名称与代码》（2008）和 2010 年浙江省人民政府公布的第一批无居民海岛名称均记为小筲箕屿。因岛形如筲箕，又比南侧大筲箕屿小，故名。岸线长 727 米，面积 0.021 6 平方千米，最高点高程 31.3 米。基岩岛，出露岩石为凝灰岩。土层薄，长有草丛、灌木。

外箕南倍岛 (Wàijī'nánbèi Dǎo)

北纬 27°39.9′，东经 121°11.6′。隶属于温州市瑞安市，距大陆最近点 39.21 千米，属北麂列岛。第二次全国海域地名普查时命今名。基岩岛。岸线长 150 米，面积 1 097 平方米，最高点高程 5 米。无植被。

门槛礁 (Ménkǎn Jiāo)

北纬 27°39.9′，东经 120°56.1′。隶属于温州市瑞安市，距大陆最近点 20.31 千米，属大北列岛。《浙江省海域地名录》（1988）、《瑞安市地名志》（1988）、《中国海域地名志》（1989）、《浙江海岛志》（1998）、《全国海岛名称与代码》（2008）和 2010 年浙江省人民政府公布的第一批无居民海岛名称均记为门槛礁。因其位于两小岛航门右侧，犹如门槛，故名。岸线长 199 米，面积 1 752 平方米，最高点高程 9.5 米。基岩岛，出露岩石为钾长花岗岩，基岩裸露。以基岩海岸为主。无植被。

钱盖礁 (Qián'gài Jiāo)

北纬 27°39.8′，东经 120°56.7′。隶属于温州市瑞安市，距大陆最近点 21.27 千米，属大北列岛。《中国海域地名志》（1989）载："浙江省东南，大北列岛中部，沿岸一块块岩石，远看状如一个个铜钱覆盖，故名钱盖礁。"岸线长 115 米，面积 617 平方米，最高点高程 5.6 米。基岩岛，出露岩石为钾长花岗岩，基岩裸露。以基岩海岸为主。无植被。

马鲛东礁 (Mǎjiāo Dōngjiāo)

北纬 27°39.8′，东经 120°59.1′。位于温州市瑞安市北龙山东侧 1.18 千米，距大陆最近点 24.34 千米，属大北列岛。《浙江海岛志》（1998）记为 2846 号无名岛。2010 年浙江省人民政府公布的第一批无居民海岛名称记为马鲛东礁。因居马鲛礁东侧，故名。基岩岛。岸线长 67 米，面积 272 平方米，最高点高程 9.4 米。无植被。

小马鲛岛 (Xiǎomǎjiāo Dǎo)

北纬 27°39.8′，东经 120°59.0′。位于温州市瑞安市北龙山东侧 1.01 千米，距大陆最近点 24.21 千米，属大北列岛。因居马鲛礁旁且面积较小，第二次全国海域地名普查时命今名。基岩岛。岸线长 26 米，面积 27 平方米，最高点高程 8 米。无植被。

龙珠屿 (Lóngzhū Yǔ)

北纬 27°39.8′，东经 120°57.3′。位于温州市瑞安市北龙山西侧 1.84 千米，距大陆最近点 21.96 千米，属大北列岛。又名龙珠山、南龙珠山、龙珠。民国《瑞安县志·卷三》载："龙珠山高 77 公尺，又名南龙珠山。"《中国海洋岛屿简况》（1980）记为龙珠。《浙江省海域地名录》（1988）、《瑞安市地名志》（1988）、《中国海域地名志》（1989）、《浙江海岛志》（1998）、《全国海岛名称与代码》（2008）和 2010 年浙江省人民政府公布的第一批无居民海岛名称均记为龙珠屿。因岛形圆如珠，又与南北龙山成"双龙抢珠"之势，故名。岸线长 803 米，面积 0.0343 平方千米，最高点高程 34.2 米。基岩岛，出露岩石为钾长花岗岩。主要植被有马尾松、茅草等。

马鲛中岛 (Mǎjiāo Zhōngdǎo)

北纬 27°39.8′，东经 120°59.1′。位于温州市瑞安市北龙山东侧 1.11 千米，距大陆最近点 24.29 千米，属大北列岛。位于马鲛礁东侧，居马鲛礁和马鲛东礁之间，第二次全国海域地名普查时命今名。基岩岛。岸线长 78 米，面积 291

平方米，最高点高程 8 米。无植被。

马鲛礁 (Mǎjiāo Jiāo)

北纬 27°39.8′，东经 120°59.0′。位于温州市瑞安市北龙山东侧 1.03 千米，距大陆最近点 24.22 千米，属大北列岛。《浙江省海域地名录》（1988）、《瑞安市地名志》（1988）、《中国海域地名志》（1989）、《浙江海岛志》（1998）、《全国海岛名称与代码》（2008）和 2010 年浙江省人民政府公布的第一批无居民海岛名称均记为马鲛礁。因岛呈长条形，形如马鲛，故名。岸线长 153 米，面积 1 318 平方米，最高点高程 10.1 米。基岩岛，出露岩石为钾长花岗岩，基岩裸露。无植被。

正东北岛 (Zhèngdōngběi Dǎo)

北纬 27°39.7′，东经 120°48.2′。位于温州市瑞安市正屿东北侧 66 米，距大陆最近点 9.86 千米，属大北列岛。因居正屿东北侧且面积较小，第二次全国海域地名普查时命今名。基岩岛。岸线长 45 米，面积 160 平方米，最高点高程 10 米。无植被。

北龙山 (Běilóng Shān)

北纬 27°39.6′，东经 120°58.4′。隶属于温州市瑞安市，西北距瑞安市区 37.4 千米，距大陆最近点 22.53 千米，属大北列岛。曾名铜盘山。民国《瑞安县志》载："北龙山，一名铜盘山，北曰北龙头，南曰南龙头，面西背东，四面均可泊船。"《中国海洋岛屿简况》（1980）、《浙江省海域地名录》（1988）、《中国海域地名志》（1989）、《中国海域地名图集》（1991）、《浙江海岛志》（1998）和《全国海岛名称与代码》（2008）均记为北龙山。因岛上有两条山脉盘踞似龙，且有南、北龙头及南、北龙珠等地名，取双龙抢珠之势，故名。岸线长 13.07 千米，面积 2.729 平方千米，最高点高程 203.5 米。基岩岛，出露岩石为钾长花岗岩。地形属低山地，东南高陡，西部低缓；山脉呈东北至西南向，山顶多巨岩，山腰及山岙土层较厚。

有居民海岛，有大岙村、大树岱 2 个自然村，属瑞安市东山街道。2011 年 6 月户籍人口 1 530 人，常住人口 1 393 人。以渔业为主，兼营农业，种植番薯、豆、麦等作物。岛上有政府机关、学校、供销社、邮电所、信用社等机构。岛上有蓄水库。电力由太阳能发电供电。大小道路贯通全岛。北有荔枝山水道，为西进瑞安港的近岸航道；西有龙珠水道，为船舶避风之处。建有客轮码头，水路每日有轮船往返城关镇，亦有不定期航船往返于洞头、平阳、南麂、北麂等地。

正屿 (Zhèng Yǔ)

北纬27°39.6′，东经120°48.1′。位于温州市瑞安市正南礁北侧67米，距大陆最近点9.84千米，属大北列岛。又名纱帽匣。民国《瑞安县志·卷三》载："正屿，俗名纱帽匣。"《中国海洋海岛屿简况》（1980）、《浙江省海域地名录》（1988）、《瑞安市地名志》（1988）、《中国海域地名志》（1989）、《浙江海岛志》（1998）、《全国海岛名称与代码》（2008）和2010年浙江省人民政府公布的第一批无居民海岛名称均记为正屿。因居飞云口外海域之正中，故名。岛呈椭圆形，东南—西北走向。岸线长309米，面积6584平方米，最高点高程37.1米。基岩岛，出露岩石为凝灰岩，土层薄。以基岩海岸为主。

正南礁 (Zhèngnán Jiāo)

北纬27°39.6′，东经120°48.1′。位于温州市瑞安市正屿西南侧，距大陆最近点9.89千米，属大北列岛。《浙江海岛志》（1998）记为2849号无名岛。2010年浙江省人民政府公布的第一批无居民海岛名称记为正南礁。因其居正屿南侧，故名。基岩岛。岸线长160米，面积1684平方米，最高点高程16米。以基岩海岸为主。岛上长有草丛。

大筲箕屿 (Dàshāojī Yǔ)

北纬27°39.4′，东经121°11.4′。位于温州市瑞安市南近礁西侧328米，距大陆最近点39.39千米，属北麂列岛。又名筲箕山、三尖屿、大筲箕。当地惯称三节屿。民国《瑞安县志·卷三》载："大筲箕屿高117.3公尺，又名筲箕山。"《中国海域地名志》（1989）载："筲箕一名系由'三节'、'三尖'方言近音演变而来。"《瑞安地图》（1966）标注为三尖屿。《中国海洋岛屿简况》（1980）记为大筲箕。《浙江省海域地名录》（1988）、《中国海域地名志》（1989）、《浙江海岛志》（1998）、《全国海岛名称与代码》（2008）、2010年浙江省人民政府公布的第一批无居民海岛名称均记为大筲箕屿。因岛形如筲箕，又比北侧小筲箕屿大，故名。岸线长 1.88 千米，面积 0.116 8 平方千米，最高点高程 60.4 米。岛略呈菱形，呈西南—东北向。基岩岛，出露岩石为凝灰岩。岛上腰部土层较厚，长有草丛，间有稀疏小松和小灌木等。岛上有多处废弃建筑物。有大小道路贯通全岛。以基岩海岸为主。水路有渔船来往于瑞安、北麂之间。

南近礁 (Nánjìn Jiāo)

北纬 27°39.3′，东经 121°11.6′。位于温州市瑞安市大筲箕屿东侧 328 米，距大陆最近点 39.76 千米，属北麂列岛。《浙江省海域地名录》（1988）、《瑞安市地名志》（1988）、《中国海域地名志》（1989）、《浙江海岛志》（1998）、《全国海岛名称与代码》（2008）和 2010 年浙江省人民政府公布的第一批无居民海岛名称均记为南近礁。因其南部与大筲箕屿联结（南近有附着之意），故名。岸线长 403 米，面积 0.011 3 平方千米，最高点高程 9.5 米。基岩岛，出露岩石为凝灰岩。基岩裸露，有草丛。以基岩海岸为主。

大筲箕南礁 (Dàshāojī Nánjiāo)

北纬 27°39.2′，东经 121°11.3′。位于温州市瑞安市南近礁西南侧 5 米，距大陆最近点 39.54 千米，属北麂列岛。《浙江海岛志》（1998）记为 2854 号无名岛。2010 年浙江省人民政府公布的第一批无居民海岛名称记为大筲箕南礁。因居大筲箕屿南侧，故名。基岩岛。岸线长 141 米，面积 1 402 平方米，最高点高程 11.5 米。无植被。

盘灶屿 (Pánzào Yǔ)

北纬 27°39.2′，东经 120°55.4′。位于温州市瑞安市盘灶屿小礁东北侧，距盘灶屿小礁 219 米，距大陆最近点 19.82 千米，属大北列岛。又名盘灶。民国《瑞安县志·卷三》载："大峙山之西有小岛，曰'盘灶'。"《中国海洋岛屿简况》（1980）记为盘灶。《浙江省海域地名录》（1988）、《瑞安市地名志》（1988）、《中国海域地名志》（1989）、《浙江海岛志》（1998）、《全国海岛名称与代码》（2008）和 2010 年浙江省人民政府公布的第一批无居民海岛名称均记为盘灶屿。因岛岩岸高耸，形如盘罩，"罩"与"灶"方言同音，遂演变为盘灶。岸线长 705 米，面积 0.018 1 平方千米，最高点高程 21.5 米。基岩岛，出露岩石为钾长花岗岩，土层薄，长有草丛、灌木和乔木。以基岩海岸为主。

盘灶屿小礁 (Pánzàoyǔ Xiǎojiāo)

北纬 27°39.2′，东经 120°55.3′。位于温州市瑞安市盘灶屿西侧 219 米，距大陆最近点 19.72 千米，属大北列岛。又名盘灶、盘灶屿。《中国海洋岛屿简况》（1980）记为盘灶。《浙江省海域地名录》（1988）、《瑞安市地名志》（1988）和《中国海域地名志》（1989）记为盘灶屿。《浙江海岛志》（1998）记为 2856 号无名岛。2010 年浙江省人民政府公布的第一批无居民海岛名称记为盘灶屿小礁。因该岛岩岸高耸，由二段合成，呈长方形，东西走向，与旁边的盘灶屿整体外观形似盘罩（与"灶"字谐音），且面积较小，故名。基岩岛。岸线长 384 米，面积 8 640 平方米，最高点高程 23.9 米。植被以草丛、灌木为主。有白色灯塔 1 座，由太阳能供电，有小路通灯塔。

东齿灯塔岛 (Dōngchǐ Dēngtǎ Dǎo)

北纬 27°39.1′，东经 120°50.1′。位于温州市瑞安市齿头山东北侧 1.07 千米，距大陆最近点 12.67 千米，属大北列岛。因居齿头山东侧，上方建有一座灯塔，第二次全国海域地名普查时命今名。基岩岛。岸线长 45 米，面积 120 平方米，最高点高程 18.9 米。无植被。有红白相间灯塔 1 座，由太阳能供电，有小路通灯塔。

东齿北岛 (Dōngchǐ Běidǎo)

北纬 27°39.1′，东经 120°50.1′。位于温州市瑞安市齿头山东北侧 1.05 千米，距大陆最近点 12.69 千米，属大北列岛。因居齿头山东侧且在多个岛屿中靠北，第二次全国海域地名普查时命今名。基岩岛。岸线长 27 米，面积 58 平方米，最高点高程 10 米。无植被。

东齿东岛 (Dōngchǐ Dōngdǎo)

北纬 27°39.1′，东经 120°50.1′。位于温州市瑞安市齿头山东北侧 1.07 千米，距大陆最近点 12.7 千米，属大北列岛。因齿头山东侧有两岛，此岛更靠东，第二次全国海域地名普查时命今名。基岩岛。岸线长 142 米，面积 531 平方米，最高点高程 10 米。无植被。

大北蛤蟆礁 (Dàběi Háma Jiāo)

北纬 27°38.9′，东经 120°49.9′。位于温州市瑞安市内礁东北侧 779 米，距大陆最近点 12.71 千米，属大北列岛。《浙江海岛志》（1998）记为 2858 号无名岛。2010 年浙江省人民政府公布的第一批无居民海岛名称记为大北蛤蟆礁。因岛形似蛤蟆，属大北列岛，故名。基岩岛。岸线长 149 米，面积 975 平方米，最高点高程 15.4 米。无植被。

齿头山 (Chǐtóu Shān)

北纬 27°38.9′，东经 120°49.5′。隶属于温州市瑞安市，西北距瑞安市区 25.2 千米，距大陆最近点 12.05 千米，属大北列岛。《中国海洋岛屿简况》（1980）、《浙江省海域地名录》（1988）、《瑞安市地名志》（1988）、《中国海域地名志》（1989）、《浙江海岛志》（1998）和《全国海岛名称与代码》（2008）均记为齿头山。因沿岸及岛顶崎岖多岩，堆列如齿状，形如头梳，故名。岸线长 7.06 千米，面积 0.681 5 平方千米，最高点高程 134.1 米。基岩岛，出露岩石为凝灰岩。岛呈弓形，西南—东北走向。地形属低山地，岛顶崎岖不平，岩石堆列如鱼鳍。岛上腰部土层较厚，可开垦种植，主要植被有马尾松、小灌木、茅草等。

有居民海岛，有凤凰头村（自然村），隶属瑞安市东山街道。2011 年 6 月户籍人口 46 人。建有养鸡场等。日常所需淡水通过蓄水解决，凿水井 3 口，自行供电。有大小道路贯通全岛。建有码头 2 处，水路有不定期渔船往返于瑞安、北龙诸地。建有白色方锥形灯桩 1 座。

大峙山 (Dàzhì Shān)

北纬 27°38.8′，东经 120°56.0′。位于温州市瑞安市北龙山西南，西北距瑞安市区 43.25 千米，距大陆最近点 20.68 千米，属大北列岛。又名大屿山、南龙山。民国《瑞安县志·卷三》载："大屿山高 122 公尺，一名南龙山。"《中国海洋岛屿简况》（1980）、《浙江省海域地名录》（1988）、《瑞安市地名志》（1988）、《中国海域地名志》（1989）、《浙江海岛志》（1998）和《全国海岛名称与代码》（2008）记为大峙山。岛呈长方形，西南—东北走向。岸线长 3.05 千米，面积 0.314 6 平方千米，最高点高程 79.5 米。基岩岛，出露岩石为钾长花岗岩。岛上山岙、山腰土层较厚，可开发种植。主要植物有马尾松、小灌木、茅草等。

有居民海岛，设有小南龙村，隶属瑞安市东山街道。2011 年 6 月户籍人口190 人，常住人口 100 人。以渔业为主，兼种番薯、豆类、麦类等作物。建水库 1 座，水井 2 口供饮用。自行发电。有大小道路贯通全岛。有村级简易码头 1 座，水路不定期渔船往返于瑞安、北龙等地。

内礁 (Nèi Jiāo)

北纬 27°38.7′，东经 120°49.5′。位于温州市瑞安市齿刀岛东北侧 29 米，距大陆最近点 12.63 千米，属大北列岛。又名底楼礁。《浙江省海域地名录》（1988）、《中国海域地名图集》（1991）记为底楼礁。《浙江海岛志》（1998）记为 2861 号无名岛。2010 年浙江省人民政府公布的第一批无居民海岛名称记为内礁。基岩岛。岸线长 100 米，面积 445 平方米，最高点高程 16.8 米。长有草丛。

齿刀岛 (Chǐdāo Dǎo)

北纬 27°38.7′，东经 120°49.5′。位于温州市瑞安市内礁西南侧 29 米，距大陆最近点 12.64 千米，属大北列岛。因该岛居齿头山东南侧，形如尖刀，第二次全国海域地名普查时命今名。基岩岛。岸线长 33 米，面积 88 平方米，最高点高程 10 米。无植被。

鹤嘴岛 (Hèzuǐ Dǎo)

北纬 27°38.7′，东经 120°55.8′。位于温州市瑞安市大峙山西南侧 423 米，距大陆最近点 20.88 千米，属大北列岛。因该岛外形似鹤的尖嘴，第二次全国海域地名普查时命今名。基岩岛。岸线长 139 米，面积 700 平方米，最高点高程 8 米。以基岩海岸为主。无植被。

鳎鳗尾礁 (Tǎmánwěi Jiāo)

北纬 27°38.6′，东经 120°49.4′。位于温州市瑞安市齿头鳎鳗礁西北侧 40 米，距大陆最近点 12.7 千米，属大北列岛。《浙江海岛志》（1998）记为 2863 号无名岛。2010 年浙江省人民政府公布的第一批无居民海岛名称记为鳎鳗尾礁。因位于齿头鳎鳗礁尾（西北侧），故名。基岩岛。岸线长 110 米，面积 488 平方米，最高点高程 25.5 米。长有草丛。

齿头鳎鳗礁 (Chǐtóu Tǎmán Jiāo)

北纬 27°38.6′，东经 120°49.4′。位于温州市瑞安市鳎鳗尾礁东南侧 40 米，距大陆最近点 12.75 千米，属大北列岛。《浙江海岛志》（1998）记为 2862 号无名岛。2010 年浙江省人民政府公布的第一批无居民海岛名称记为齿头鳎鳗礁。因岛形似鳎鳗，且位于齿头山东南侧，故名。基岩岛。岸线长 56 米，面积 73 平方米，最高点高程 13 米。无植被。

瓜籽礁 (Guāzǐ Jiāo)

北纬 27°38.5′，东经 121°02.7′。位于温州市瑞安市小瓜籽岛西北侧 48 米，距大陆最近点 30.22 千米，属大北列岛。《中国海域地名图集》（1991）标注为瓜籽礁。因岛形如瓜籽，故名。基岩岛。岸线长 73 米，面积 269 平方米，最高点高程 11 米。无植被。

大北半爿山礁 (Dàběi Bànpánshān Jiāo)

北纬 27°38.5′，东经 120°49.3′。位于温州市瑞安市沙外礁东北侧 155 米，距大陆最近点 12.72 千米，属大北列岛。《浙江海岛志》（1998）记为 2864 号无名岛。2010 年浙江省人民政府公布的第一批无居民海岛名称记为大北半爿山礁。据当地居民反映，在该岛以西的齿头山（岛）位置观看山形为半爿，故名。基岩岛。岸线长 160 米，面积 1 026 平方米，最高点高程 15 米。岛上长有草丛。

小瓜籽岛 (Xiǎoguāzǐ Dǎo)

北纬 27°38.5′，东经 121°02.7′。位于温州市瑞安市瓜籽礁东南侧 48 米，距大陆最近点 30.27 千米，属大北列岛。因其居瓜籽礁旁且面积较小，第二次全国海域地名普查时命今名。基岩岛。岸线长 37 米，面积 75 平方米，最高点高程 5 米。无植被。

冬瓜藤中岛 (Dōngguāténg Zhōngdǎo)

北纬 27°38.5′，东经 121°02.6′。隶属于温州市瑞安市，距大陆最近点 30.17 千米，属大北列岛。第二次全国海域地名普查时命今名。基岩岛。岸线长 143 米，面积 974 平方米，最高点高程 21 米。植被以草丛、灌木为主。

中瓜籽岛 (Zhōngguāzǐ Dǎo)

北纬 27°38.5′，东经 121°02.6′。位于温州市瑞安市冬瓜藤南礁东北侧 89 米，距大陆最近点 30.2 千米，属大北列岛。因该岛位于瓜籽礁和瓜籽南岛中间，第二次全国海域地名普查时命今名。基岩岛。岸线长 40 米，面积 93 平方米，最高点高程 10 米。无植被。

冬瓜藤南礁 (Dōngguāténg Nánjiāo)

北纬 27°38.5′，东经 121°02.6′。位于温州市瑞安市中瓜籽岛西南侧 89 米，距大陆最近点 30.14 千米，属大北列岛。又名冬瓜藤屿、冬瓜藤屿 -1。《浙江海岛志》（1998）记为冬瓜藤屿。《全国海岛名称与代码》（2008）记为冬瓜藤屿 -1。《瑞安市地名志》（1988）、2010 年浙江省人民政府公布的第一批无居民海岛名称记为冬瓜藤南礁。因岛形狭长如冬瓜藤，且位于南侧，故名。基岩岛。岸线长 278 米，面积 3 643 平方米，最高点高程 20.8 米。植被以草丛、灌木为主。

瓜籽南岛 (Guāzǐ Nándǎo)

北纬 27°38.4′，东经 121°02.6′。位于温州市瑞安市冬瓜藤南礁东南侧 45 米，距大陆最近点 30.21 千米，属大北列岛。该岛位于瓜籽礁南侧，第二次全国海域地名普查时命今名。基岩岛。岸线长 52 米，面积 126 平方米，最高点高程 9 米。无植被。

沙外礁 (Shāwài Jiāo)

北纬 27°38.4′，东经 120°49.3′。位于温州市瑞安市大北半爿山礁西南侧 155 米，距大陆最近点 12.79 千米，属大北列岛。《浙江海岛志》（1998）记为 2868 号无名岛。2010 年浙江省人民政府公布的第一批无居民海岛名称记为沙外礁。该岛以西的齿头山（岛）边有一点儿沙地，当地居民因该岛处在沙地外侧，故名。基岩岛。岸线长 98 米，面积 456 平方米，最高点高程 15 米。植被以草丛、灌木为主。

小峙南岛 (Xiǎozhì Nándǎo)

北纬 27°38.4′，东经 120°56.0′。隶属于温州市瑞安市，距大陆最近点 21.43 千米，属大北列岛。第二次全国海域地名普查时命今名。基岩岛。岸线长

66 米，面积 235 平方米，最高点高程 5 米。无植被。

南齿头东屿 (Nánchǐtóu Dōngyǔ)

北纬 27°38.3′，东经 120°49.1′。位于温州市瑞安市南齿头西礁北侧 57 米，距大陆最近点 12.74 千米，属大北列岛。《浙江海岛志》（1998）记为 2869 号无名岛。2010 年浙江省人民政府公布的第一批无居民海岛名称记为南齿头东屿。因居齿头山南边东侧，故名。基岩岛。岸线长 424 米，面积 3 701 平方米，最高点高程 30.1 米。长有草丛。建有白色灯塔 1 座，由太阳能供电，有小路通灯塔。

达达礁 (Dádá Jiāo)

北纬 27°38.3′，东经 121°10.9′。位于温州市瑞安市稻草塘屿西北侧 522 米，距大陆最近点 40.06 千米，属北麂列岛。《浙江省海域地名录》（1988）、《瑞安市地名志》（1988）和《中国海域地名志》（1989）均记为达达礁。因附近海域盛产淡菜，"淡""达"方言近音，故名。基岩岛。岸线长 181 米，面积 1 361 平方米，最高点高程 9 米。无植被。

外小礁 (Wàixiǎo Jiāo)

北纬 27°38.3′，东经 121°03.3′。位于温州市瑞安市内小礁北侧 54 米，距大陆最近点 31.14 千米，属大北列岛。又名北岙礁、外礁儿。《中国海域地名志》（1989）、《中国海域地名图集》（1991）记为北岙礁。《浙江海岛志》（1998）记为 2872 号无名岛。2010 年浙江省人民政府公布的第一批无居民海岛名称记为外小礁，习称外礁儿。因在冬瓜屿北面有两座岛屿，其为外侧，面积较小，故名。基岩岛。岸线长 104 米，面积 697 平方米，最高点高程 10 米。以基岩海岸为主。无植被。

南齿头西礁 (Nánchǐtóu Xījiāo)

北纬 27°38.3′，东经 120°49.1′。位于温州市瑞安市南齿头东屿南侧 57 米，距大陆最近点 12.78 千米，属大北列岛。《浙江海岛志》（1998）记为 2871 号无名岛。2010 年浙江省人民政府公布的第一批无居民海岛名称记为南齿头西礁。因居齿头山南边西侧，故名。基岩岛。岸线长 159 米，面积 1 080 平方米，最高点高程 15.1 米。植被以草丛、灌木为主。

内小礁 (Nèixiǎo Jiāo)

北纬 27°38.3′，东经 121°03.3′。位于温州市瑞安市外小礁西南侧 54 米，距大陆最近点 31.16 千米，属大北列岛。《浙江海岛志》（1998）记为 2873 号无名岛。2010 年浙江省人民政府公布的第一批无居民海岛名称记为内小礁。因冬瓜屿北面有两座海岛，该岛居内，面积小，故名。基岩岛。岸线长 100 米，面积 596 平方米，最高点高程 8 米。以基岩海岸为主。无植被。

冬瓜屿 (Dōngguā Yǔ)

北纬 27°38.2′，东经 121°03.4′。位于温州市瑞安市小冬瓜屿东北侧 1.2 千米，距大陆最近点 31.04 千米，属大北列岛。曾名遮护小岛、绳梯岛。民国《瑞安县志·卷三》载："冬瓜屿属北岐列岛，高 114 公尺。一名遮护小岛，一名绳梯岛。该岛岛势陡峭，附近各岛俱低。"《中国海洋岛屿简况》（1980）、《浙江省海域地名志》（1988）、《瑞安市地名志》（1988）、《中国海域地名志》（1989）、《浙江海岛志》（1998）和《全国海岛名称与代码》（2008）均记为冬瓜屿。因其形如冬瓜，故名。岸线长 4.39 千米，面积 0.249 5 平方千米，最高点高程 71.4 米。基岩岛，出露岩石为早白垩世流纹岩。海蚀洞等海蚀地貌发育。岛腰土层较厚，便于开垦种植，主要植物有马尾松、小灌木、茅草等。有居民海岛。有冬瓜屿村（自然村），属瑞安市东山街道。2011 年 6 月户籍人口 36 人，无常住人口。有村落建筑物，大小道路贯通全岛。有村级简易码头 2 座，水路有定期航船往返于瑞安、北龙等地。建有白色灯塔 1 座。

稻草塘东岛 (Dàocǎotáng Dōngdǎo)

北纬 27°38.2′，东经 121°11.2′。隶属于温州市瑞安市，距大陆最近点 40.66 千米，属北麂列岛。第二次全国海域地名普查时命今名。基岩岛。岸线长 231 米，面积 1 771 平方米，最高点高程 4.7 米。以基岩海岸为主。无植被。

灯山礁 (Dēngshān Jiāo)

北纬 27°38.1′，东经 121°13.0′。位于温州市瑞安市北麂岛东北侧 1.55 千米，距大陆最近点 42.94 千米，属北麂列岛。《浙江省海域地名录》（1988）、

《瑞安市地名志》（1988）、《中国海域地名志》（1989）、《中国海域地名图集》（1991)和2010年浙江省人民政府公布的第一批无居民海岛名称均记为灯山礁。岛形似灯，故名。岸线长133米，面积861平方米，最高点高程7.1米。基岩岛，出露岩石为上侏罗统凝灰岩。以基岩海岸为主。无植被。

联山礁 (Liánshān Jiāo)

北纬27°38.1′，东经121°12.2′。位于温州市瑞安市灯山礁西侧1.22千米，距大陆最近点42.01千米，属北麂列岛。《浙江海岛志》（1998）记为2878号无名岛。2010年浙江省人民政府公布的第一批无居民海岛名称记为联山礁。当地村民认为该岛连着北麂岛，北麂岛又称北麂山，"连"与"联"音同，故名。基岩岛。岸线长128米，面积721平方米，最高点高程10米。无植被。

内半爿月岛 (Nèibànpányuè Dǎo)

北纬27°38.1′，东经121°03.3′。位于温州市瑞安市西半爿月岛东侧213米，距大陆最近点31.36千米，属大北列岛。该岛较外半爿月礁更靠近冬瓜屿，居内侧，第二次全国海域地名普查时命今名。基岩岛。岸线长209米，面积1 928平方米，最高点高程29米。长有草丛。

西半爿月岛 (Xībànpányuè Dǎo)

北纬27°38.1′，东经121°03.1′。位于温州市瑞安市内半爿月岛西侧213米，距大陆最近点31.23千米，属大北列岛。因居外半爿月礁西面，第二次全国海域地名普查时命今名。基岩岛。岸线长214米，面积1 565平方米，最高点高程15米。无植被。

北麂尖牙岛 (Běijǐ Jiānyá Dǎo)

北纬27°38.1′，东经121°12.9′。位于温州市瑞安市灯山礁西南侧147米，距大陆最近点42.9千米，属北麂列岛。因居北麂岛东南侧，其形如尖牙，第二次全国海域地名普查时命今名。基岩岛。岸线长25米，面积26平方米，最高点高程6米。无植被。

小冬瓜屿 (Xiǎodōngguā Yǔ)

北纬27°38.1′，东经121°02.7′。位于温州市瑞安市冬瓜屿西侧1.2千米，距大陆最近点 30.7 千米，属大北列岛。《中国海洋岛屿简况》（1980）、《浙江省海域地名录》（1988）、《中国海域地名志》（1989）、《浙江海岛志》（1998）、《全国海岛名称与代码》（2008）和 2010 年浙江省人民政府公布的第一批无居民海岛名称均记为小冬瓜屿。因岛形似冬瓜，又较冬瓜屿小，故名。岛呈椭圆形，西南—东北走向。岸线长 828 米，面积 0.019 2 平方千米，最高点高程 38.8 米。基岩岛，出露岩石为流纹岩。长有草丛。

北麂东嘴岛 （Běijǐ Dōngzuǐ Dǎo）

北纬 27°38.1′，东经 121°12.9′。位于温州市瑞安市北麂尖牙岛东北侧 97 米，距大陆最近点 42.99 千米，属北麂列岛。因居北麂东嘴处，第二次全国海域地名普查时命今名。基岩岛。岸线长 16 米，面积 17 平方米，最高点高程 7 米。无植被。

外半爿月礁 （Wàibànpányuè Jiāo）

北纬 27°38.0′，东经 121°03.3′。位于温州市瑞安市内半爿月岛东南侧 225 米，距大陆最近点 31.59 千米，属大北列岛。《浙江海岛志》（1998）记为 2877 号无名岛。2010 年浙江省人民政府公布的第一批无居民海岛名称记为外半爿月礁。基岩岛。岸线长 51 米，面积 104 米，最高点高程 10 米。无植被。

大明甫岛 （Dàmíngfǔ Dǎo）

北纬 27°37.8′，东经 121°10.0′。隶属于温州市瑞安市，距大陆最近点 39.23 千米，属北麂列岛。又名大明甫。《中国海洋岛屿简况》（1980）记为大明甫。《浙江省海域地名录》（1988）、《瑞安市地名志》（1988）、《中国海域地名志》（1989）、《浙江海岛志》（1998）、《全国海岛名称与代码》（2008）和 2010 年浙江省人民政府公布的第一批无居民海岛名称均记为大明甫岛。因此岛附近海域盛产墨鱼，墨鱼俗称"螟蜅"，"明甫"即"螟蜅"之谐音，故名。岛呈不规则多边形，东北—西南走向。岸线长 4.52 千米，面积 0.504 4 平方千米，最高点高程 120.7 米。基岩岛，出露岩石为上侏罗统凝灰岩。山顶表面有露石，腰部土层较厚，可开垦，植物主要有马尾松、茅草等。岛上有多处房屋建筑。

明北礁 (Míngběi Jiāo)

北纬 27°37.8′，东经 121°08.0′。位于温州市瑞安市小明甫外岛东北侧 1.6 千米，距大陆最近点 37.31 千米，属北麂列岛。《中国海域地名图集》（1991）标注为明北礁。因其居小明甫岛北侧，故名。基岩岛。岸线长 116 米，面积 713 平方米，最高点高程 10 米。无植被。

小明甫外岛 (Xiǎomíngfǔ Wàidǎo)

北纬 27°37.7′，东经 121°08.0′。位于温州市瑞安市明北礁西南侧 1.6 千米，距大陆最近点 37.33 千米。属北麂列岛。因居小明甫岛东面，靠外围，第二次全国海域地名普查时命今名。基岩岛。岸线长 192 米，面积 1 904 平方米，最高点高程 5.5 米。无植被。

小明甫北礁 (Xiǎomíngfǔ Běijiāo)

北纬 27°37.7′，东经 121°07.9′。位于温州市瑞安市小明甫外岛西侧 188 米，距大陆最近点 37.2 千米，属北麂列岛。《浙江海岛志》（1998）记为 2881 号无名岛。2010 年浙江省人民政府公布的第一批无居民海岛名称记为小明甫北礁。因居小明甫岛北侧，故名。基岩岛。岸线长 273 米，面积 2 737 平方米，最高点高程 7.1 米。以基岩海岸为主。无植被。

北麂岛 (Běijǐ Dǎo)

北纬 27°37.7′，东经 121°12.2′。位于温州市瑞安市下岙岛北侧，距下岙岛 1.23 千米，距大陆最近点 41.74 千米。北麂列岛主岛。又名东洛山、北麂山、北岐山、北几岛。明《郑和航海图》记为"东洛山"。清嘉庆《瑞安县志》载："自邳山下行一潮至东洛东南麂对峙，东洛上行，一潮至南龙、北龙。又半潮至马鞍、铜盘、丁山、破屿至凤凰山、官山等处。"民国《瑞安县志》载："北麂山高 167.7 公尺，一名北岐山又名东洛山，前清乾嘉年间，海盗蔡牵盘踞，抗拒提督李长庚之师。今山中之大校场、小校场、东水门、西水门等名称均牵所置。"《中国海洋岛屿简况》（1980）记为北几岛；《浙江省海域地名录》（1988）、《瑞安市地名志》（1988）、《中国海域地名志》（1989）、《中国海域地名图集》（1991）、《浙江海岛志》（1998）和《全国海岛名称与代码》（2008）记为北麂岛。因岛形似麂状，又处平阳南麂岛之北，故名。岸线长 12.05 千米，面积 2.052 1 平方千米，最高点高程 123.6 米。基岩岛，岩石为上侏罗统流纹质凝灰岩、晶质玻质凝灰岩夹沉积岩等。植物主要有马尾松、杜鹃、合欢、冬青等。周围海域系北麂渔场，盛产大黄鱼、小黄鱼及带鱼、墨鱼、梭子蟹等。

有居民海岛。有淡菜岙、壳菜岙、向阳树、小校场和大岙 5 个自然村，隶属瑞安市东山街道。2011 年 6 月户籍人口 3 715 人，常住人口 4 033 人。以渔业为主，兼营农业，种植番薯、麦、豆等作物。建有学校、邮电所、气象站、卫生所等机构。岛上有淡水资源，有水库 4 座。简易公路、大小道路贯通全岛。有码头 4 个。岛西部、南部为渔船停泊之地。东南岸线与下岙岛西北岸线间系八字门水道，中有门中礁，仅可通航小船。水路每日有班轮往返瑞安港，亦有不定期渔轮通航洞头、平阳、南麂岛等地。

仲甫岛 (Zhòngfǔ Dǎo)

北纬 27°37.6′，东经 121°07.9′。位于温州市瑞安市小明甫岛东北侧 310 米，距大陆最近点 37.43 千米，属北麂列岛。此岛位于小明甫岛东面，介于南北两个面积较大岛屿之间，"仲"意为在当中的，第二次全国海域地名普查时命今名。基岩岛。岸线长 94 米，面积 515 平方米，最高点高程 5 米。无植被。

小明甫东礁 (Xiǎomíngfǔ Dōngjiāo)

北纬 27°37.6′，东经 121°07.9′。位于温州市瑞安市仲甫岛西南侧 69 米，距大陆最近点 37.44 千米，属北麂列岛。《浙江海岛志》（1998）记为 2884 号无名岛。2010 年浙江省人民政府公布的第一批无居民海岛名称记为小明甫东礁。因居小明甫岛东侧，故名。基岩岛。岸线长 186 米，面积 2 119 平方米，最高点高程 34.2 米。长有草丛。

蒲瓜屿 (Púguā Yǔ)

北纬 27°37.5′，东经 121°11.1′。位于温州市瑞安市过水西岛西侧，距过水西岛 211 米，距大陆最近点 41.31 千米，属北麂列岛。又名马鞍山。民国《瑞安县志·卷三》载："马鞍山属北岐列岛。"《中国海洋岛屿简况》（1980）记为马鞍山。《中国海域地名志》（1989）载："马鞍山即今之蒲瓜屿。1985 年以其形似蒲瓜，按群众习惯统称定名。"《浙江省海域地名录》（1988）、《瑞安市地名志》（1988）、《浙江海岛志》（1998）、《全国海岛名称与代码》（2008）和 2010 年浙江省人民政府公布的第一批无居民海岛名称均记为蒲瓜屿。岛呈长方形，西南 — 东北走向。岸线长 782 米，面积 0.022 5 平方千米，最高点高程 33.9 米。基岩岛，出露岩石为上侏罗统凝灰岩。土层薄，长有草丛。以基岩海岸为主。

小明甫岛 (Xiǎomíngfǔ Dǎo)

北纬 27°37.5′，东经 121°07.8′。位于温州市瑞安市小明甫南屿北侧 321 米，距大陆最近点 37.19 千米，属北麂列岛。《中国海洋岛屿简况》（1980）、《浙江省海域地名录》（1988）、《瑞安市地名志》（1988）、《中国海域地名志》（1989）、《浙江海岛志》（1998）、《全国海岛名称与代码》（2008）和 2010 年浙江省人民政府公布的第一批无居民海岛名称均记为小明甫岛。因该岛较大明甫岛小，故名。岸线长 2.6 千米，面积 0.195 3 平方千米，最高点高程 105.5 米。基岩岛，岛岩为上侏罗统凝灰岩。土层较薄，主要植被有茅草、小竹等。

过水西岛 (Guòshuǐ Xīdǎo)

北纬 27°37.5′，东经 121°11.3′。位于温州市瑞安市蒲瓜屿与过水屿之间，距过水屿 137 米，距大陆最近点 41.53 千米，属北麂列岛。因居过水屿西侧，第二次全国海域地名普查时命今名。基岩岛。岸线长 113 米，面积 567 平方米，最高点高程 6 米。无植被。

过水屿 (Guòshuǐ Yǔ)

北纬 27°37.5′，东经 121°11.3′。位于温州市瑞安市过水西岛与南路礁岛之间，距南路礁岛 1 千米，距大陆最近点 41.57 千米，属北麂列岛。《浙江省海域地名录》（1988）、《瑞安市地名志》（1988）、《中国海域地名志》（1989）和《浙江海岛志》（1998）均记为过水屿。因东南沿岸有路礁，一礁之隔，过水可及，故名。岸线长 1.06 千米，面积 0.034 2 平方千米，最高点高程 24.5 米。基岩岛，出露岩石为上侏罗统凝灰岩。植物主要有桉树、茅草等。有居民海岛，隶属瑞安市东山街道。2011 年 6 月户籍人口 2 人，无常住人口。岛上有多处建筑物。大小道路贯通全岛。建有验潮井1座，由太阳能供电。有村级简易码头2座。

路礁 (Lù Jiāo)

北纬27°37.5′，东经121°11.4′。位于温州市瑞安市过水屿东南侧108米，距大陆最近点41.74千米，属北麂列岛。《瑞安市地名志》（1988）、《浙江省海域地名录》（1988）和《中国海域地名图集》（1991）均记为路礁。因居北麂岛西南沿岸与过水屿之连接处，退潮时，可至过水屿之通道，供行人过路，故名。基岩岛。岸线长226米，面积1416平方米，最高点高程8米。无植被。岛周围有一条水泥路，有连接坝与南路礁岛相连。

东路岛 (Dōnglù Dǎo)

北纬27°37.4′，东经121°11.5′。位于温州市瑞安市过水屿东南侧241米，距大陆最近点41.87千米，属北麂列岛。因居路礁东侧，第二次全国海域地名普查时命今名。基岩岛。岸线长25米，面积43平方米，最高点高程8米。无植被。

南路礁岛 (Nánlùjiāo Dǎo)

北纬27°37.4′，东经121°11.4′。位于温州市瑞安市东路岛西侧164米，距大陆最近点41.75千米，属北麂列岛。因居路礁南侧，第二次全国海域地名普查时命今名。基岩岛。岸线长73米，面积249平方米，最高点高程8米。以基岩海岸为主。无植被。

金银顶东礁 (Jīnyíndǐng Dōngjiāo)

北纬27°37.4′，东经121°13.4′。隶属于温州市瑞安市，距大陆最近点44.27千米，属北麂列岛。曾名鸡笼屿。又名金银锭、金银顶、金银屿。民国《瑞安县志·卷三》载："鸡笼屿高77.3公尺。"《中国海域地名志》（1989）载："鸡笼屿即今之金银屿。海陆图标注名金银顶，因岛形似元宝，故名金银锭，后因'锭'与'顶'方言同音，遂演变为金银顶。1985年增改通名为金银屿。"《浙江省海域地名录》（1988）、《瑞安市地名志》（1988）、《中国海域地名图集》（1991）和《浙江海岛志》（1998）均记为金银屿。2010年浙江省人民政府公布的第一批无居民海岛名称记为金银顶东礁。岸线长116米，面积838平方米，最高点高程 7 米。基岩岛，出露岩石为上侏罗统凝灰岩。无植被。

蒲瓜南礁 (Púguā Nánjiāo)

北纬 27°37.4′，东经 121°11.3′。位于温州市瑞安市蒲瓜屿东南侧 334 米，距大陆最近点 41.67 千米，属北麂列岛。《浙江海岛志》（1998）记为 2892 号无名岛。2010 年浙江省人民政府公布的第一批无居民海岛名称记为蒲瓜南礁。因居蒲瓜屿南侧，故名。基岩岛。岸线长 224 米，面积 2 247 平方米，最高点高程 6.5 米。无植被。

小明甫南屿 (Xiǎomíngfǔ Nányǔ)

北纬 27°37.3′，东经 121°07.8′。位于温州市瑞安市小明甫岛南侧 321 米，距大陆最近点 37.6 千米，属北麂列岛。《浙江海岛志》（1998）记为 2891 号无名岛。2010 年浙江省人民政府公布的第一批无居民海岛名称记为小明甫南屿。因居小明甫岛南侧，故名。基岩岛。岸线长 156 米，面积 1 205 平方米，最高点高程 13.1 米。无植被。

小虎头屿 (Xiǎohǔtóu Yǔ)

北纬 27°37.2′，东经 121°07.3′。位于温州市瑞安市小明甫岛西南 600 米，距大陆最近点 37.12 千米，属北麂列岛。《中国海洋岛屿简况》（1980）、《浙江省海域地名录》（1988）、《瑞安市地名志》（1988）、《浙江海岛志》（1998）、《全国海岛名称与代码》（2008）和 2010 年浙江省人民政府公布的第一批无居民海岛名称均记为小虎头屿。因岛形似虎头且面积较小，故名。岸线长 865 米，面积 0.028 8 平方千米，最高点高程 31.1 米。基岩岛，出露岩石为上侏罗统凝灰岩。以基岩海岸为主。长有草丛。有白色灯塔 1 座，由太阳能供电，有小路通灯塔。

猴头臀屿 (Hóutóutún Yǔ)

北纬 27°37.2′，东经 121°11.4′。位于温州市瑞安市过水屿东南侧 567 米，距大陆最近点 42.05 千米，属北麂列岛。又名猴屁股。《中国海洋岛屿简况》（1980）记为猴屁股。《中国海域地名志》（1989）载："在浙江省东南，北麂列岛北麂岛西南面。1985 年定名为猴头臀屿。"《浙江省海域地名录》（1988）、《瑞安市地名志》（1988）、《浙江海岛志》（1998）、《全国海岛名称与代码》（2008）

和 2010 年浙江省人民政府公布的第一批无居民海岛名称均记为猴头臀屿。因岛呈长方形，形似猴屁股，故名。岸线长 883 米，面积 0.039 4 平方千米，最高点高程 43.2 米。基岩岛，出露岩石为上侏罗统凝灰岩，呈红色。主要植被有马尾松、茅草等。建有南麂海洋环境监测站气象测风塔 1 座，由太阳能供电。

茅杆下礁 (Máogānxià Jiāo)

北纬 27°37.2′，东经 121°13.4′。位于温州市瑞安市关东小岛东侧 126 米，距大陆最近点 44.64 千米，属北麂列岛。《中国海域地名图集》（1991）标注为茅杆下礁。基岩岛。岸线长 101 米，面积 449 平方米，最高点高程 8 米。无植被。

东茅杆下岛 (Dōngmáogānxià Dǎo)

北纬 27°37.2′，东经 121°13.5′。位于温州市瑞安市关东小岛东侧 167 米，距大陆最近点 44.67 千米，属北麂列岛。因居茅杆下礁东侧，第二次全国海域地名普查时命今名。基岩岛。岸线长 72 米，面积 323 平方米，最高点高程 8 米。无植被。

西茅杆下岛 (Xīmáogānxià Dǎo)

北纬 27°37.2′，东经 121°13.4′。位于温州市瑞安市关东小岛东侧 91 米，距大陆最近点 44.63 千米，属北麂列岛。因居茅杆下礁西侧，第二次全国海域地名普查时命今名。基岩岛。岸线长 54 米，面积 164 平方米，最高点高程 8 米。无植被。

关东小岛 (Guāndōng Xiǎodǎo)

北纬 27°37.2′，东经 121°13.4′。位于温州市瑞安市西茅杆下岛西侧 91 米，距大陆最近点 44.57 千米，属北麂列岛。因居关老爷山东侧，且面积较小，第二次全国海域地名普查时命今名。基岩岛。岸线长 59 米，面积 185 平方米，最高点高程 6 米。无植被。

小推人东岛 (Xiǎotuīrén Dōngdǎo)

北纬 27°37.1′，东经 121°11.6′。位于温州市瑞安市猴头臀屿东侧 362 米，距大陆最近点 42.45 千米，属北麂列岛。因居推人东岛旁，面积较小，第二次全国海域地名普查时命今名。基岩岛。岸线长 34 米，面积 57 平方米，最高点高程 6 米。以基岩海岸为主。无植被。

推人东岛 (Tuīrén Dōngdǎo)

北纬 27°37.1′，东经 121°11.6′。位于温州市瑞安市猴头臀屿东侧 360 米，距大陆最近点 42.45 千米，属北麂列岛。因居推人礁东侧，第二次全国海域地名普查时命今名。基岩岛。岸线长 58 米，面积 177 平方米，最高点高程 7 米。以基岩海岸为主。无植被。

推人礁 (Tuīrén Jiāo)

北纬 27°37.1′，东经 121°11.6′。位于温州市瑞安市猴头臀屿东侧 336 米，距大陆最近点 42.43 千米，属北麂列岛。《中国海岛地名图集》（1991）、《浙江海岛志》（1998）和 2010 年浙江省人民政府公布的第一批无居民海岛名称均记为推人礁。"推人"瑞安方言为杀人，以前有海贼在这里被杀过，故名。基岩岛。岸线长 143 米，面积 756 平方米，最高点高程 7 米。以基岩海岸为主。无植被。

推人西岛 (Tuīrén Xīdǎo)

北纬 27°37.1′，东经 121°11.6′。位于温州市瑞安市猴头臀屿东侧 333 米，距大陆最近点 42.44 千米，属北麂列岛。因居推人礁西侧，第二次全国海域地名普查时命今名。基岩岛。岸线长 94 米，面积 446 平方米，最高点高程 7 米。无植被。

下岙岛 (Xià'ào Dǎo)

北纬 27°37.0′，东经 121°12.4′。位于温州市瑞安市北麂岛东南侧 1.23 千米，距大陆最近点 43.1 千米，属北麂列岛。又名北裤裆岛。《中国海洋岛屿简况》（1980）记为北裤裆岛。《中国海域地名志》（1989）载："因岛南北两端形如裤裆，即南裤裆、北裤裆港湾，以港湾得名。岛有北岙、下岙两港湾，1985 年据俗称定下岙港湾为岛名。"《浙江省海域地名录》（1988）、《瑞安市地名志》（1988）、《浙江海岛志》（1998）和《全国海岛名称与代码》（2008）均记为下岙岛。岸线长 5.92 千米，面积 0.628 平方千米，最高点高程 95.4 米。基岩岛，西北部出露岩石为上侏罗统凝灰岩，其余均为上侏罗统粗面安山岩。岛山腰土层较厚，有利开垦，长有马尾松、茅草等植物。

有居民海岛。有下呙村（自然村），隶属瑞安市东山街道。2011 年 6 月户籍人口 152 人，无常住人口（岛上人口已搬至北麂岛居住，过年时回来暂住）。有大小道路贯通全岛。下呙村有寺庙 1 座。岛东侧建有水库 1 座。岛西侧建有码头，水路有不定期轮船往返于北麂、瑞安等地。

关老爷山 (Guānlǎoye Shān)

北纬 27°37.0′，东经 121°13.1′。位于温州市瑞安市下呙岛东侧 1.3 千米，距大陆最近点 44.04 千米，属北麂列岛。又名南裤裆、关帝呙、反帝山、南裤裆岛。民国《瑞安县志·卷三》载："南裤裆高 131.1 公尺，一名关帝呙。"《中国海洋岛屿简况》（1980）记为南裤裆岛。《中国海域地名志》（1989）载："海陆图标名南裤裆。六十年代'文革'期间，改称反帝山。现据当地群众历史惯称，定名为关老爷山。"《浙江省海域地名录》（1988）、《浙江海岛志》（1998）和《全国海岛名称与代码》（2008）记为关老爷山。岸线长 6.37 千米，面积 0.585 6 平方千米，最高点高程 74.1 米。基岩岛，出露岩石为上侏罗统凝灰岩。海蚀地貌发育。岛顶表面多露岩，岛腰部土层较厚，可开垦种植。主要植被有马尾松、小灌木、茅草等。

有居民海岛。有关帝呙村，隶属瑞安市东山街道。2011 年 6 月户籍人口 135 人，常住人口 98 人。以渔业为主，兼种番薯、豆、麦等作物。建有水库 1 座、水井 1 口，淡水充裕，自行发电。大小道路贯通全岛。有长澳和南岸清水澳 2 处湾澳，清水澳内建有海带人工养殖场。建有码头 1 座，有不定期渔轮往返于瑞安、北麂等地。有白色灯塔 1 座，为南来船舶进入清水澳之导航标志。

关老爷山西礁 (Guānlǎoyeshān Xījiāo)

北纬 27°36.9′，东经 121°12.8′。隶属于温州市瑞安市，距大陆最近点 44.19 千米，属北麂列岛。《浙江海岛志》（1998）记为 2898 号无名岛。2010 年浙江省人民政府公布的第一批无居民海岛名称记为关老爷山西礁。因居关老爷山西面，故名。基岩岛。岸线长 158 米，面积 1 636 平方米，最高点高程 5 米。无植被。

小门礁 (Xiǎomén Jiāo)

北纬 27°36.7′，东经 121°12.7′。隶属于温州市瑞安市，距大陆最近点 44.15 千米，属北麂列岛。又名门沿礁。《浙江省海域地名录》（1988）、《瑞安市地名志》（1988）、《中国海域地名志》（1989）、《浙江海岛志》（1998）、《全国海岛名称与代码》（2008）和 2010 年浙江省人民政府公布的第一批无居民海岛名称均记为小门礁。因其居清水澳北侧，面积略小，故名。岸线长 398 米，面积 6 983 平方米，最高点高程 13 米。基岩岛，出露岩石为上侏罗统凝灰岩。长有草丛、灌木。以基岩海岸为主。

鸡居礁 (Jījū Jiāo)

北纬 27°36.7′，东经 121°12.4′。位于温州市瑞安市下吞岛与内长屿之间，距内长屿 309 米，距大陆最近点 43.83 千米，属北麂列岛。《浙江省海域地名录》（1988）、《瑞安市地名志》（1988）、《中国海域地名志》（1989）、《中国海域地名图集》（1991）和 2010 年浙江省人民政府公布的第一批无居民海岛名称均记为鸡居礁。因岛形如枪乌贼，方言称鸡龟（居），故名。岸线长 192 米，面积 1 187 平方米，最高点高程 7.1 米。基岩岛，出露岩石为上侏罗统粗面安山岩。以基岩海岸为主。无植被。

内长西北岛 (Nèicháng Xīběi Dǎo)

北纬 27°36.6′，东经 121°12.5′。位于温州市瑞安市鸡居礁与内长屿之间，距内长屿 86 米，距大陆最近点 44.08 千米，属北麂列岛。因居内长屿西北侧，第二次全国海域地名普查时命今名。基岩岛。岸线长 35 米，面积 67 平方米，最高点高程 8 米。无植被。

楼门礁 (Lóumén Jiāo)

北纬 27°36.6′，东经 121°13.1′。隶属于温州市瑞安市，距大陆最近点 44.8 千米，属北麂列岛。《中国海域地名图集》（1991）标注为楼门礁。基岩岛。岸线长 101 米，面积 583 平方米，最高点高程 8 米。无植被。

内长屿 (Nèicháng Yǔ)

北纬 27°36.6′，东经 121°12.5′。位于温州市瑞安市外长南屿北侧 264 米，关老爷山西南，距大陆最近点 44.09 千米，属北麂列岛。《中国海洋岛屿简况》（1980）、《浙江省海域地名录》（1988）、《瑞安市地名志》（1988）、《中国海域地名志》（1989）、《浙江海岛志》（1998）、《全国海岛名称与代码》（2008）和 2010 年浙江省人民政府公布的第一批无居民海岛名称均记为内长屿。因岛形狭长，横列于外长屿之内侧，故名。岸线长 1.07 千米，面积 0.039 5 平方千米，最高点高程 29.5 米。基岩岛，岛上岩石为上侏罗统凝灰岩。有少量淡水资源。土层薄，长有草丛、灌木。有码头 1 座和渔业养殖用房多处。有海堤与外岛相连，与外长南屿间有围海养殖栏网（桩基础）1 座。

外长屿 (Wàicháng Yǔ)

北纬 27°36.6′，东经 121°12.6′。位于温州市瑞安市外长南屿东北侧 254 米，距大陆最近点 44.31 千米，属北麂列岛。《中国海洋岛屿简况》（1980）、《浙江省海域地名录》（1988）、《瑞安市地名志》（1988）、《中国海域地名志》（1989）、《浙江海岛志》（1998）、《全国海岛名称与代码》（2008）和 2010 年浙江省人民政府公布的第一批无居民海岛名称均记为外长屿。因岛形狭长，居下呑岛之东南方，内长屿外侧，故名。岸线长 802 米，面积 0.025 2 平方千米，最高点高程 21.6 米。基岩岛，出露岩石为上侏罗统凝灰岩。土层薄，长有草丛、灌木。以基岩海岸为主。有盘山公路 1 条，有连接坝相连，有围海养殖栏网（桩基础）和消浪堤（中间留有缺口）各 1 座。

内长南屿 (Nèicháng Nányǔ)

北纬 27°36.5′，东经 121°12.4′。位于温州市瑞安市外长南岛北侧 181 米，距大陆最近点 44.15 千米，属北麂列岛。《浙江海岛志》（1998）记为 2905 号无名岛。2010 年浙江省人民政府公布的第一批无居民海岛名称记为内长南屿。因其居内长屿南侧，故名。基岩岛。岸线长 338 米，面积 3 809 平方米，最高点高程 7.5 米。以基岩海岸为主。无植被。与外长南屿间有消浪堤（中间留有缺口）1 座。

外长南屿 (Wàicháng Nányǔ)

北纬 27°36.5′，东经 121°12.5′。位于温州市瑞安市外长南岛东北侧 171 米，距大陆最近点 44.26 千米，属北麂列岛。《浙江海岛志》（1998）记为 2906 号无名岛。2010 年浙江省人民政府公布的第一批无居民海岛名称记为外长南屿。因其居外长屿南侧，故名。基岩岛。岸线长 628 米，面积 0.022 2 平方千米，最高点高程 29.2 米。以基岩海岸为主。植被以草丛、灌木为主。与外长屿有连接坝 1 座，与内长南屿间有消浪堤（中间留有缺口）1 座。

外长南岛 (Wàicháng Nándǎo)

北纬 27°36.4′，东经 121°12.4′。位于温州市瑞安市外长南屿西南侧 171 米，距大陆最近点 44.3 千米，属北麂列岛。因居外长屿南面，第二次全国海域地名普查时命今名。基岩岛。岸线长 135 米，面积 944 平方米，最高点高程 8.1 米。

筲箕屿 (Shāojī Yǔ)

北纬 28°22.4′，东经 121°11.6′。位于温州市乐清市白沙岛西北侧 1.16 千米，距大陆最近点 590 米。《中国海洋岛屿简况》（1980）、《浙江省海域地名录》（1988）、《中国海域地名志》（1989）、《中国海域地名图集》（1991）、《浙江海岛志》（1998）、《全国海岛名称与代码》（2008）和 2010 年浙江省人民政府公布的第一批无居民海岛名称均记为筲箕屿。因岛形似覆置的畚箕，故名。基岩岛。岸线长 392 米，面积 9 513 平方米，最高点高程 25 米。

东小担山岛 (Dōngxiǎodànshān Dǎo)

北纬 28°21.7′，东经 121°12.5′。位于温州市乐清市白沙岛东北侧 282 米，距大陆最近点 430 米。第二次全国海域地名普查时命今名。基岩岛。岸线长 172 米，面积 923 平方米，最高点高程 7 米。

白沙岛 (Báishā Dǎo)

北纬 28°21.5′，东经 121°12.0′。位于温州市乐清市雁荡镇附近海域，地处乐清湾北部，距西门岛 578 米，距大陆最近点 720 米。又名白沙山。《乐清地名志》载："白沙岛原系白沙山、单屿门、中山、三山四个小岛屿，因历年围塘连成一岛，其中以白沙山最高，海拔 76 米，故以之命名。"据说古时人在山上挖井，挖出的沙色白如雪，由此而得白沙之名。《中国海洋岛屿简况》（1980）记为白沙山。《浙江省海域地名录》（1988）、《中国海域地名志》（1989）、《中国海域地名图集》（1991）、《浙江海岛志》（1998）和《全国海岛名称与代码》（2008）均记为白沙岛。

呈西北—东南走向，岸线长 5.22 千米，面积 1.058 3 平方千米，最高点高程 76 米。基岩岛，出露岩石为凝灰岩，土质为黄壤石沙土。周围海域为白溪港涂，东侧为杨梅山港水道。有居民海岛，岛上有白沙岛村，由 3 个自然村组成，2011 年 6 月户数 523 户，常住人口 1 673 人。以水产养殖为主导产业，有浙江省蛏蛏养殖基地，是乐清湾内规模较大的水产养殖基地。岛上有盐田、旱地，以种植蕃薯为主。交通便利，有公路通各村。岛东侧有白沙岛东 1 号码头和白沙岛东 2 号码头，用作货运和客运，有船往来温岭东门。2001 年新建陆地到白沙岛的跨海引水工程，水电引自大荆镇。建有白沙岛标准海塘。

西门岛 (Xīmén Dǎo)

北纬 28°20.2′，东经 121°11.2′。位于温州市乐清市东北部海域，乐清湾北端，距小横床岛 7.99 千米，距大陆最近点 330 米。曾名西门山。岛的历史沿革可追溯到宋朝。明永乐《乐清县志》载："东门山，西门山，以上二山去县东南水程一百里，在海中。"《中国海洋岛屿简况》（1980）、《浙江省海域地名录》（1988）、《中国海域地名志》（1989）、《中国海域地名图集》（1991）、《浙江海岛志》（1998）和《全国海岛名称与代码》（2008）均记为西门岛。当时，渔船从乐清湾北部进出，船民见海港两侧陆地相对，与温岭县东门仅一水之隔，东西相望，遂把海港东边的陆地称为东门，海港西边的陆地称为西门，西门岛因此得名。

基岩岛。岸线长 11.71 千米，面积 7.060 4 平方千米，包括围塘海岛面积 31.213 9 平方千米，最高点高程 398.8 米。西门岛主峰西门山，是温州市辖区海岛第一峰。有居民海岛，岛上有 4 个行政村，属乐清市雁荡镇。2011 年有户籍人口 1 458 人，常住人口 4 654 人。居民以海涂养殖业和农耕为主，主要养殖蛏、蚶、对虾、紫菜、海带等。耕地以种植蕃薯为主，有少量水稻。1957 年岛上渔民从福建引种红树林，现种植 400 余亩。有海岛寄宿小学、村委会、社区服务中心、基督教堂、电信电力、消防设施。交通便利，东侧有西门港水道，西侧为白溪港水道，北面建有跨海大桥与大陆相连，南有东阶涂与大横床岛相接。

有码头 3 座。西门码头长 70 米，进港航道（东山至西门港）全程 12 千米。山后货运码头修建于 1985 年，可供 20 吨货船停靠作业。原建有两个渡轮码头，现有一个码头在使用。岛上通自来水，水电经沙门大桥由大荆镇供应。西门山上岩石突兀，有五凤朝阳、凤凰岩、麒麟岩、狮子独立、狗子山、黄礁龙潭等十多处自然景点。有清同治三年建的禹王庙，清道光年间建的白鹤庙，以及年代不详的娘娘庙。1930 年 7 月 22 日，红十三军第二团 300 余人，在娘娘庙里召开成立大会，并在岛上坚持了一段时间的革命斗争。2005 年 2 月获批设立乐清西门岛国家级海洋特别保护区。

小横床岛 (Xiǎohéngchuáng Dǎo)

北纬 28°15.7′，东经 121°08.0′。位于温州市乐清市东部海域，乐清湾中部偏西，距西门岛 7.97 千米，距大陆最近点 530 米。《中国海洋岛屿简况》（1980）记为小横床。《浙江省海域地名录》（1988）、《中国海域地名志》（1989）、《中国海域地名图集》（1991）、《浙江海岛志》（1998）和《全国海岛名称与代码》（2008）均记为小横床岛。岛形似一横置卧床，面积小于相邻的大横床岛，故名。

岸线长 4.9 千米，面积 0.643 4 平方千米，最高点高程 40.5 米。基岩岛，出露岩石为上侏罗统高坞组熔结凝灰岩。地貌为低丘陵和平地。有居民海岛，岛上有 1 个行政村，属乐清市清江镇，由 3 个自然村组成。2011 年户籍人口 208 人，常住人口 675 人。居民以盐业生产为主，兼营近海捕捞，设有网箱养殖、围塘养殖。岛上有盐田、旱地，种有蕃薯等。交通不便，唯西端有陈旧埠头，有机动小船与东山埠不定时往来，货运和客运兼用。岛上有居委会、凉亭等公共服务设施。水电引自清江镇。

饭蒸屿 (Fànzhēng Yǔ)

北纬 28°15.4′，东经 121°07.8′。位于温州市乐清市小横床岛西南侧 97 米，距大陆最近点 430 米。《浙江省海域地名录》（1988）、《中国海域地名志》（1989）、《中国海域地名图集》（1991）、《浙江海岛志》（1998）、《全国海岛名称与代码》（2008）和 2010 年浙江省人民政府公布的第一批无居民海岛名称均记为饭蒸屿。岛形上小下大，形似蒸笼在锅，方言谓蒸笼为饭甑，谐音误写为饭蒸而得名。

岸线长 220.58 米，面积 2 324 平方米，最高点高程 13.2 米。基岩岛，出露岩石为上侏罗统高坞组熔结凝灰岩。土壤为棕石沙土和棕黄泥土。植被以木麻黄林为主。附近海涂为贝类养殖区。岛上有电力铁塔和航标灯塔各 1 座。

扁鳗屿 (Biǎnmán Yǔ)

北纬 28°10.2′，东经 121°07.5′。位于温州市乐清市大乌岛东北侧 581 米，距大陆最近点 2.47 千米。《浙江省海域地名录》（1988）、《中国海域地名图集》（1991）、《浙江海岛志》（1998）、《全国海岛名称与代码》（2008）和 2010 年浙江省人民政府公布的第一批无居民海岛名称均记为扁鳗屿。岛形似扁鳗，故名。岸线长 388 米，面积 5 669 平方米，最高点高程 6.8 米。基岩岛，出露岩石为上侏罗统西山头组熔结凝灰岩。植被有草丛和少许马尾松。潮间带有贝类养殖。岛上有太阳能供电的铁塔等气象设备，2008 年 7 月由坎门海洋环境监测站设立。

大乌岛 (Dàwū Dǎo)

北纬 28°09.7′，东经 121°07.2′。位于温州市乐清市东部海域，乐清湾中段，距小乌岛 559 米，距大陆最近点 2.17 千米。又名大乌屿、大乌山、桃花岛、大乌。《中国海洋岛屿简况》（1980）记为大乌。《浙江省海域地名录》（1988）、《中国海域地名图集》（1991）、《浙江海岛志》（1998）、《全国海岛名称与代码》（2008）和2010年浙江省人民政府公布的第一批无居民海岛名称均记为大乌岛。据当地习称定名。岛上原建有大乌爷庙，故名。岛上开发旅游后种植很多桃树，早春三月，岛上桃花争妍，红绿相映，是一景点，当地人称桃花岛。岸线长 2.47 千米，面积 0.127 5 平方千米，最高点高程 83.4 米。基岩岛，出露岩石为上侏罗统西山头组熔结凝灰岩。岛上建有庙宇、石佛像和放生池。有桃花林、俱乐部等旅游娱乐设施。有黑松林、桉树林、橘园、桃园，均为人工造林。

北礁 (Běi Jiāo)

北纬 30°28.5′，东经 120°58.1′。位于嘉兴市海盐县东部海域，白塔岛北约 1.3 千米，南距竹筱岛 270 米，距大陆最近点 3.07 千米，属白塔山（群岛）。《浙江省海域地名录》（1988）、《中国海域地名志》（1989）、《中国海域地名图集》（1991）、《浙江海岛志》（1998）、《全国海岛名称与代码》（2008）和 2010

年浙江省人民政府公布的第一批无居民海岛名称中均记为北礁。因地处白塔山（群岛）北端而得名。岸线长 336 米，面积 4 628 平方米，最高点海拔 6.9 米。基岩岛，由燕山晚期钾长花岗斑岩构成。无植被。

竹筱岛 (Zhúxiǎo Dǎo)

北纬 30°28.3′，东经 120°58.2′。位于嘉兴市海盐县东部海域，白塔岛东北约 745 米，距大陆最近点 2.91 千米，属白塔山（群岛）。又名白塔山、三号山。《中国海洋岛屿简况》（1980）中记为白塔山。《浙江省海域地名录》（1988）和《中国海域地名图集》（1991）中记为竹筱岛，别名三号山。《中国海域地名志》（1989）、《浙江海岛志》（1998）、《全国海岛名称与代码》（2008）和 2010 年浙江省人民政府公布的第一批无居民海岛名称中均记为竹筱岛。因岛上多竹筱（小竹）而得名。岸线长 1.34 千米，面积 0.052 9 平方千米，最高点海拔 39 米。基岩岛，由燕山晚期钾长花岗斑岩构成。岛上地势平缓，土壤为黄泥土。植被主要是灌木、草丛，长势繁茂。

里礁 (Lǐ Jiāo)

北纬 30°28.3′，东经 120°58.0′。位于嘉兴市海盐县东部海域，白塔岛北约 740 米，紧邻竹筱岛西南山嘴，距大陆最近点 2.81 千米，属白塔山（群岛）。《全国海岛名称与代码》（2008）记为无名岛 HYN1。当地群众惯称里礁。该岛居竹筱岛西面，距大陆比竹筱岛近，又在里侧，故名。岸线长 299 米，面积 5 305 平方米。基岩岛，由燕山晚期钾长花岗斑岩构成。植被主要是草丛。低潮位时，与竹筱岛之间可步行往来。岛西部有简易草屋数间，为捕鳗苗者之临时住所。

马腰东岛 (Mǎyāo Dōngdǎo)

北纬 30°28.0′，东经 120°58.3′。位于嘉兴市海盐县东部海域，白塔岛东北约 530 米，紧邻马腰岛东侧山嘴，距大陆最近点 3.12 千米，属白塔山（群岛）。因位于马腰岛东侧山嘴外，第二次全国海域地名普查时命今名。岸线长 123 米，面积 713 平方米。基岩岛，由燕山晚期钾长花岗斑岩构成。无植被。

马腰岛 (Mǎyāo Dǎo)

北纬 30°28.0′，东经 120°58.1′。位于嘉兴市海盐县东部海域，白塔岛与竹筱岛之间，北距竹筱岛约 180 米，西南距白塔岛约 126 米，距大陆最近点 2.57 千米，属白塔山（群岛）。又名马腰山、二号山、白塔山。《中国海洋岛屿简况》（1980）记为白塔山。《浙江省海域地名录》（1988）和《中国海域地名图集》（1991）中记为马腰岛，别名二号山。《中国海域地名志》（1989）、《全国海岛名称与代码》（2008）和 2010 年浙江省人民政府公布的第一批无居民海岛名称中均记为马腰岛。《浙江海岛志》（1998）中记为马腰岛，又名马腰山、二号山。因远眺如马伏地，山呈马腰形而得名。岸线长 1.85 千米，面积 0.091 7 平方千米，最高点海拔 36.1 米。基岩岛，由燕山晚期钾长花岗斑岩构成。岛上地势平缓，土壤为黄泥沙土，富含有机质。植被繁茂。

白塔岛 (Báitǎ Dǎo)

北纬 30°27.7′，东经 120°57.9′。位于嘉兴市海盐县东部海域，秦山东北，距大陆最近点 2.02 千米，为白塔山（群岛）主岛。又名白塔山、一号山。明万历《海盐县志》载："白塔山山上有白塔，因名。"《中国海洋岛屿简况》（1980）中记为白塔山。《浙江省海域地名录》（1988）和《中国海域地名图集》（1991）中记为白塔岛，别名一号山。《中国海域地名志》（1989）、《浙江海岛志》（1998）、《全国海岛名称与代码》（2008）和 2010 年浙江省人民政府公布的第一批无居民海岛名称中均记为白塔岛。因岛上有白塔而得名。岸线长 2.08 千米，面积 0.159 8 平方千米，最高点海拔 49.7 米。基岩岛，由燕山晚期钾长花岗斑岩构成。岛上地势起伏，无明显山脊与集水线，坡度较平缓。土壤为黄泥沙土，土层较厚。植被繁茂。岛上建有养鸡场和大片茶园，茶园面积约 60 亩，小庙 1 座。岛西部有大小不等码头 2 座，主要用于岛上临时居民补给船只和旅游交通艇等停泊。有航标灯塔 1 座。水电由大陆供给。

外礁 (Wài Jiāo)

北纬 30°27.6′，东经 120°58.1′。位于嘉兴市海盐县东部海域，白塔岛东约 170 米，距大陆最近点 2.38 千米，属白塔山（群岛）。《浙江省海域地名录》（1988）、

《中国海域地名志》（1989）、《中国海域地名图集》（1991）、《浙江海岛志》（1998）和 2010 年浙江省人民政府公布的第一批无居民海岛名称中均记为外礁。因该岛突出于白塔岛之外，故名。岸线长 224 米，面积 2 721 平方米，最高点海拔 6.9 米。基岩岛，由燕山晚期钾长花岗斑岩构成。无植被。

毛灰礁 (Máohuī Jiāo)

北纬 30°26.7′，东经 120°56.9′。位于嘉兴市海盐县东部海域，秦山西北岸边，距大陆最近点 0.09 千米。又名龙珠山、毛灰山。《浙江省海域地名录》（1988）中记为毛灰礁，别名龙珠山。《浙江海岛志》（1998）中记为毛灰礁，又名龙珠山、毛灰山。《中国海域地名志》（1989）、《中国海域地名图集》（1991）、《全国海岛名称与代码》（2008）和 2010 年浙江省人民政府公布的第一批无居民海岛名称中均记为毛灰礁。因岛岩石呈灰褐色，远望似一堆草木灰，当地称毛灰，故名。岸线长 206 米，面积 1 473 平方米，最高点海拔 7.8 米。基岩岛，由上侏罗统黄尖组熔结凝灰岩构成。植被为稀疏草丛。

顾山南小岛 (Gùshān Nánxiǎo Dǎo)

北纬 30°23.3′，东经 120°55.1′。位于嘉兴市海盐县东南部海域，紧邻顾山礁西南岸，距大陆最近点 0.07 千米。因位于顾山礁西南面，面积较小，第二次全国海域地名普查时命今名。岸线长 86 米，面积 249 平方米。基岩岛，由燕山晚期钾长花岗斑岩构成。植被为稀疏草丛。

美人鱼岛 (Měirényú Dǎo)

北纬 30°35.8′，东经 121°08.5′。位于平湖市乍浦镇东部海域，外蒲岛南 20 米，距大陆最近点 0.64 千米。因岛上有美人鱼雕塑，第二次全国海域地名普查时命今名。岸线长 186 米，面积 2 214 平方米。基岩岛，由上侏罗统黄尖组熔结凝灰岩构成。植被有稀疏草丛和灌木。

东叶子屿 (Dōngyèzi Yǔ)

北纬 30°30.7′，东经 121°18.1′。位于平湖市东南杭州湾中，上盘屿东北 165 米，抛舢板屿东北岸外，距大陆最近点 18.22 千米，属王盘山（群岛）。《浙江海岛志》（1998）中记载为 455 号无名岛。《全国海岛名称与代码》（2008）

中记为无名岛 PHU1。《关于平湖市第二次地名普查工作地名命名更名的批复》（平地委〔2010〕5 号）中记为东叶子屿。因位于上盘屿东北侧，形似上盘屿的一片叶子，故名。岸线长 79 米，面积 342 平方米。基岩岛，由上侏罗统大爽组含角砾熔结凝灰岩、凝灰岩等构成。无植被。

抛舢板屿 (Pāoshānbǎn Yǔ)

北纬 30°30.6′，东经 121°18.1′。位于平湖市东南杭州湾中，上盘屿东北约 90 米，距大陆最近点 18.21 千米，属王盘山（群岛）。《浙江海岛志》（1998）中记为 456 号无名岛。《全国海岛名称与代码》（2008）中记为无名岛 PHU2。《关于平湖市第二次地名普查工作地名命名更名的批复》（平地委〔2010〕5 号）中称为抛舢板屿。因位于上盘屿东北侧，形似抛在上盘屿外的舢板，故名。岸线长 208 米，面积 2 471 平方米。基岩岛，由上侏罗统大爽组含角砾熔结凝灰岩、凝灰岩等构成。植被为草丛和灌木。

石笋屿 (Shísǔn Yǔ)

北纬 30°30.6′，东经 121°18.1′。位于平湖市东南杭州湾中，上盘屿东北约 76 米，距大陆最近点 18.24 千米，属王盘山（群岛）。《浙江海岛志》（1998）中记为 457 号无名岛。《全国海岛名称与代码》（2008）中记为无名岛 PHU3。《关于平湖市第二次地名普查工作地名命名更名的批复》（平地委〔2010〕5 号）中记为石笋屿。因位于上盘屿东北侧，形似石笋，故名。岸线长 83 米，面积 262 平方米。基岩岛，由上侏罗统大爽组含角砾熔结凝灰岩、凝灰岩等构成。植被为草丛和灌木。

小石笋岛 (Xiǎoshísǔn Dǎo)

北纬 30°30.6′，东经 121°18.1′。位于平湖市东南杭州湾中，上盘屿东北约 65 米，紧邻洋力士屿东北岸，距大陆最近点 18.26 千米，属王盘山（群岛）。因岛形似石笋，面积小，第二次全国海域地名普查时命今名。岸线长 34 米，面积 50 平方米。基岩岛，由上侏罗统大爽组含角砾熔结凝灰岩、凝灰岩等构成。无植被。

洋力士屿 (Yánglìshì Yǔ)

北纬 30°30.6′，东经 121°18.1′。位于平湖市东南杭州湾中，上盘屿东北岸外 10 米，距大陆最近点 18.24 千米，属王盘山（群岛）。《浙江海岛志》（1998）中记为 458 号无名岛。《全国海岛名称与代码》（2008）中记为无名岛 PHU4。《关于平湖市第二次地名普查工作地名命名更名的批复》（平地委〔2010〕5 号）中记为洋力士屿。因形似一个大力士（洋力士），故名。岸线长 185 米，面积 2 171 平方米。基岩岛，由上侏罗统大爽组含角砾熔结凝灰岩、凝灰岩等构成。植被为草丛。

上盘石柱岛 (Shàngpán Shízhù Dǎo)

北纬 30°30.6′，东经 121°18.1′。位于平湖市东南杭州湾中，上盘屿东北岸外约 30 米，洋力士屿与北角屿之间，距大陆最近点 18.29 千米，属王盘山（群岛）。因位于上盘屿附近，形似一根石柱，第二次全国海域地名普查时命今名。岸线长 22 米，面积 35 平方米。基岩岛，由上侏罗统大爽组含角砾熔结凝灰岩、凝灰岩等构成。植被有稀疏草丛。

北角屿 (Běijiǎo Yǔ)

北纬 30°30.5′，东经 121°18.1′。位于平湖市东南杭州湾中，上盘屿东北岸外数米，距大陆最近点 18.27 千米，属王盘山（群岛）。《浙江海岛志》（1998）中记为 461 号无名岛。《全国海岛名称与代码》（2008）中记为无名岛 PHU5。《关于平湖市第二次地名普查工作地名命名更名的批复》（平地委〔2010〕5 号）中记为北角屿。因位于上盘屿北端东侧，形似上盘屿一角，故名。岸线长 191 米，面积 1 962 平方米。基岩岛，由上侏罗统大爽组含角砾熔结凝灰岩、凝灰岩等构成。植被有草丛。

东劈开屿 (Dōngpīkāi Yǔ)

北纬 30°30.3′，东经 121°18.3′。位于平湖市东南杭州湾中，上盘屿东南约 440 米，距大陆最近点 17.98 千米，属王盘山（群岛）。又名劈开、劈开山、劈开山 -1、劈开屿。《中国海洋岛屿简况》（1980）记为劈开。《浙江省海域地名录》（1988）、《中国海域地名志》（1989）和《中国海域地名图集》（1991）均记为劈开山。

《浙江海岛志》（1998）和《全国海岛名称与代码》（2008）均记为劈开山 -1。2010 年浙江省人民政府公布的第一批无居民海岛名称记为劈开屿。因中间一条深沟把劈开屿劈为东劈、西劈，此为东劈，按当地习称定名东劈开屿。岸线长 283 米，面积 4 608 平方米。基岩岛，由喜马拉雅期橄榄辉绿岩构成。岛上岸壁陡峭。植被有草丛和灌木。

堆草屿 (Duīcǎo Yǔ)

北纬 30°29.7′，东经 121°20.0′。位于平湖市东南杭州湾中，下盘屿南约 725 米，距大陆最近点 17.35 千米，属王盘山（群岛）。亦名一堆草。《中国海域地名志》（1989）记为堆草屿，俗称一堆草。《中国海洋岛屿简况》（1980）、《浙江省海域地名录》（1988）、《中国海域地名图集》（1991）、《浙江海岛志》（1998）、《全国海岛名称与代码》（2008）和 2010 年浙江省人民政府公布的第一批无居民海岛名称均记为堆草屿。因该岛顶平，有少许黄沙土，长有少量杂草，故名。岸线长 189 米，面积 2 180 平方米，最高点海拔 9.6 米。基岩岛，由上侏罗统大爽组含角砾熔结凝灰岩、凝灰岩等构成。顶部较平缓。植被有草丛。

附录一

《中国海域海岛地名志·浙江卷》未入志海域名录 [①]

一、海湾

标准名称	汉语拼音	行政区	地理位置	
			北纬	东经
大牛角湾	Dàniújiǎo Wān	浙江省宁波市象山县	29°36.8′	122°01.2′
浑水塘湾	Húnshuǐtáng Wān	浙江省宁波市象山县	29°36.5′	122°01.2′
爵溪湾	Juéxī Wān	浙江省宁波市象山县	29°30.0′	121°57.4′
螺球湾	Luóqiú Wān	浙江省宁波市象山县	29°27.7′	122°11.0′
官船湾	Guānchuán Wān	浙江省宁波市象山县	29°27.4′	122°11.1′
白沙湾	Báishā Wān	浙江省宁波市象山县	29°26.8′	121°58.6′
流水坑湾	Liúshuǐkēng Wān	浙江省宁波市象山县	29°26.4′	122°13.0′
东沙澳	Dōngshā Ào	浙江省宁波市象山县	29°26.0′	121°57.9′
花洞岙湾	Huādòng'ào Wān	浙江省宁波市象山县	29°26.0′	122°12.3′
燥谷仓湾	Zàogǔcāng Wān	浙江省宁波市象山县	29°25.8′	122°12.1′
南韭山西北大湾	Nánjiǔshān Xīběi Dàwān	浙江省宁波市象山县	29°25.8′	122°11.4′
南韭山东南大湾	Nánjiǔshān Dōngnán Dàwān	浙江省宁波市象山县	29°25.7′	122°12.5′
大潭湾	Dàtán Wān	浙江省宁波市象山县	29°25.5′	122°11.1′
捣臼湾	Dǎojiù Wān	浙江省宁波市象山县	29°25.5′	122°10.6′
乌贼湾	Wūzéi Wān	浙江省宁波市象山县	29°25.0′	122°10.7′
大漠北湾	Dàmò Běiwān	浙江省宁波市象山县	29°24.8′	122°00.5′
大漠东湾	Dàmò Dōngwān	浙江省宁波市象山县	29°24.6′	122°00.9′
大漠西南湾	Dàmò Xīnánwān	浙江省宁波市象山县	29°24.4′	122°00.7′
石米湾	Shímǐ Wān	浙江省宁波市象山县	29°20.1′	121°56.9′
李氏湾	Lǐshì Wān	浙江省宁波市象山县	29°12.4′	121°57.7′
风箱湾	Fēngxiāng Wān	浙江省宁波市象山县	29°12.4′	122°02.4′

[①] 根据2018年6月8日民政部、国家海洋局发布的《中国部分海域海岛标准名称》整理。

标准名称	汉语拼音	行政区	地理位置	
			北纬	东经
小庙背后湾	Xiǎomiào Bèihòu Wān	浙江省宁波市象山县	29°12.2′	121°57.7′
岙门口	Àomén Kǒu	浙江省宁波市象山县	29°12.1′	122°02.1′
黄泥崩湾	Huángníbēng Wān	浙江省宁波市象山县	29°12.0′	121°58.0′
大崩阔湾	Dàbēngkuò Wān	浙江省宁波市象山县	29°11.8′	122°03.0′
黄沙湾	Huángshā Wān	浙江省宁波市象山县	29°11.1′	121°58.4′
白马湾	Báimǎ Wān	浙江省宁波市象山县	29°10.9′	122°02.8′
洋船湾	Yángchuán Wān	浙江省宁波市象山县	29°10.6′	122°03.7′
沙腰湾	Shāyāo Wān	浙江省宁波市象山县	29°10.1′	122°00.8′
双宫岙	Shuānggōng Ào	浙江省宁波市象山县	29°10.0′	122°02.4′
磬沙窟湾	Qìngshākū Wān	浙江省宁波市象山县	29°09.9′	122°02.7′
孙孔湾	Sūnkǒng Wān	浙江省宁波市象山县	29°09.4′	122°01.5′
大沙湾	Dàshā Wān	浙江省宁波市象山县	29°08.6′	121°58.6′
昌了湾	Chāngle Wān	浙江省宁波市象山县	29°08.3′	121°58.6′
小湾	Xiǎo Wān	浙江省宁波市象山县	29°08.1′	121°58.8′
平岩头湾	Píngyántóu Wān	浙江省宁波市象山县	29°07.7′	121°58.7′
华云湾	Huáyún Wān	浙江省宁波市象山县	29°07.2′	121°58.9′
山沙湾	Shānshā Wān	浙江省宁波市象山县	29°06.7′	121°52.8′
胡宝洞澳	Húbǎodòng Ào	浙江省宁波市象山县	29°06.6′	121°53.7′
黄沙岙	Huángshā Ào	浙江省宁波市象山县	29°06.4′	121°52.2′
丁板岙	Dīngbǎn Ào	浙江省宁波市象山县	29°06.0′	121°51.9′
锅湾	Guō Wān	浙江省宁波市象山县	29°05.9′	121°58.4′
直落岙	Zhíluò Ào	浙江省宁波市象山县	29°05.6′	121°50.9′
田蟹坑湾	Tiánxièkēng Wān	浙江省宁波市象山县	29°05.5′	121°51.3′
龙头坑湾	Lóngtóukēng Wān	浙江省宁波市象山县	29°05.1′	121°47.8′
后冲湾	Hòuchōng Wān	浙江省宁波市象山县	29°05.0′	121°50.0′
软澳	Ruǎn Ào	浙江省宁波市象山县	29°04.8′	121°49.9′
倒船湾	Dàochuán Wān	浙江省宁波市象山县	29°04.5′	121°50.2′

标准名称	汉语拼音	行政区	地理位置	
			北纬	东经
黄泥岙	Huángní Ào	浙江省宁波市象山县	29°04.5′	121°47.8′
高度岙	Gāodù Ào	浙江省宁波市象山县	29°04.3′	121°48.2′
青水岙	Qīngshuǐ Ào	浙江省宁波市象山县	29°04.2′	121°49.9′
倒船澳	Dàochuán Ào	浙江省宁波市象山县	29°04.0′	121°57.5′
花岙	Huā Ào	浙江省宁波市象山县	29°03.8′	121°48.7′
天作塘湾	Tiānzuòtáng Wān	浙江省宁波市象山县	29°03.8′	121°49.9′
后沙头湾	Hòushātóu Wān	浙江省宁波市象山县	29°03.7′	121°57.5′
小花岙	Xiǎohuā Ào	浙江省宁波市象山县	29°03.5′	121°49.0′
舨脚岙	Pāijiǎo Ào	浙江省宁波市象山县	29°03.4′	121°49.8′
打鱼澳	Dǎyú Ào	浙江省温州市洞头县	28°00.5′	121°04.1′
棺材大澳	Guāncai Dà'ào	浙江省温州市洞头县	27°59.0′	121°04.8′
西沙澳	Xīshā Ào	浙江省温州市洞头县	27°59.0′	121°05.7′
马澳	Mǎ Ào	浙江省温州市洞头县	27°58.9′	121°07.4′
畚箕澳	Běnjī Ào	浙江省温州市洞头县	27°58.4′	121°07.9′
观音礁澳	Guānyīnjiāo Ào	浙江省温州市洞头县	27°57.6′	121°08.2′
状元澳	Zhuàngyuan Ào	浙江省温州市洞头县	27°53.7′	121°07.5′
想思澳	Xiǎngsī Ào	浙江省温州市洞头县	27°53.6′	121°08.6′
网寮澳	Wǎngliáo Ào	浙江省温州市洞头县	27°52.7′	121°02.4′
澳底湾	Àodǐ Wān	浙江省温州市洞头县	27°52.2′	121°04.9′
胜利澳	Shènglì Ào	浙江省温州市洞头县	27°52.0′	121°11.1′
桐澳	Tóng Ào	浙江省温州市洞头县	27°52.0′	121°03.7′
大背澳	Dàbèi Ào	浙江省温州市洞头县	27°51.2′	121°04.1′
东郎澳	Dōngláng Ào	浙江省温州市洞头县	27°51.1′	121°02.3′
正澳	Zhèng Ào	浙江省温州市洞头县	27°51.0′	121°01.4′
官财澳	Guāncái Ào	浙江省温州市洞头县	27°50.9′	121°03.6′
东沙港	Dōngshā Gǎng	浙江省温州市洞头县	27°50.6′	121°10.5′
垄头澳	Lǒngtóu Ào	浙江省温州市洞头县	27°50.0′	121°10.4′
白叠澳	Báidié Ào	浙江省温州市洞头县	27°49.6′	121°05.8′

标准名称	汉语拼音	行政区	地理位置	
			北纬	东经
白露门	Báilùmén	浙江省温州市洞头县	27°47.9′	121°07.6′
国姓澳	Guóxìng Ào	浙江省温州市平阳县	27°28.7′	121°03.6′
火焜澳	Huǒkūn Ào	浙江省温州市平阳县	27°27.4′	121°05.4′
南麂港	Nánjǐ Gǎng	浙江省温州市平阳县	27°27.4′	121°04.3′
炎亭湾	Yántíng Wān	浙江省温州市苍南县	27°26.7′	120°39.1′
牛鼻澳	Niúbí Ào	浙江省温州市苍南县	27°24.5′	120°38.5′
石澳	Shí Ào	浙江省温州市苍南县	27°23.8′	120°38.6′
赤溪港	Chìxī Gǎng	浙江省温州市苍南县	27°20.0′	120°31.6′
流岐澳	Liúqí Ào	浙江省温州市苍南县	27°19.4′	120°32.7′
长岩澳	Chángyán Ào	浙江省温州市苍南县	27°19.2′	120°33.4′
深湾	Shēn Wān	浙江省温州市苍南县	27°18.7′	120°33.4′
信智港	Xìnzhì Gǎng	浙江省温州市苍南县	27°18.2′	120°32.9′
风湾	Fēng Wān	浙江省温州市苍南县	27°17.5′	120°33.0′
头缯澳	Tóuzēng Ào	浙江省温州市苍南县	27°11.5′	120°27.5′
三星澳	Sānxīng Ào	浙江省温州市苍南县	27°11.3′	120°27.6′
南坪澳	Nánpíng Ào	浙江省温州市苍南县	27°11.0′	120°29.5′
义吾澳	Yìwú Ào	浙江省温州市苍南县	27°10.7′	120°29.3′
归儿澳	Guī'ér Ào	浙江省温州市苍南县	27°10.4′	120°29.0′
大己澳	Dàjǐ Ào	浙江省温州市苍南县	27°09.6′	120°31.0′
己澳	Jǐ Ào	浙江省温州市苍南县	27°09.1′	120°31.2′
东澳	Dōng Ào	浙江省温州市瑞安市	27°38.8′	120°49.7′
大峡湾	Dàxiá Wān	浙江省温州市瑞安市	27°38.1′	121°12.7′
壳菜澳	Kēcài Ào	浙江省温州市瑞安市	27°38.0′	121°12.3′
北坑澳	Běikēng Ào	浙江省温州市瑞安市	27°38.0′	121°10.4′
淡菜澳	Dàncài Ào	浙江省温州市瑞安市	27°37.8′	121°12.1′
东龙澳	Dōnglóng Ào	浙江省温州市瑞安市	27°37.7′	121°10.2′
娘娘澳	Niángniáng Ào	浙江省温州市瑞安市	27°37.3′	121°11.7′
北裤裆澳	Běi Kùdāng Ào	浙江省温州市瑞安市	27°37.3′	121°12.6′

标准名称	汉语拼音	行政区	地理位置	
			北纬	东经
长澳	Cháng Ào	浙江省温州市瑞安市	27°36.9′	121°13.4′
清水澳	Qīngshuǐ Ào	浙江省温州市瑞安市	27°36.9′	121°13.0′
南裤裆澳	Nán Kùdāng Ào	浙江省温州市瑞安市	27°36.7′	121°12.2′
六里湾	Liùlǐ Wān	浙江省嘉兴市平湖市	30°38.0′	121°09.4′
东沙湾	Dōngshā Wān	浙江省嘉兴市平湖市	30°36.7′	121°08.7′
西沙湾	Xīshā Wān	浙江省嘉兴市平湖市	30°36.1′	121°08.4′
山湾	Shān Wān	浙江省嘉兴市平湖市	30°35.6′	121°05.3′
樟州港	Zhāngzhōu Gǎng	浙江省舟山市普陀区	29°55.0′	122°25.0′
塔湾	Tǎ Wān	浙江省舟山市普陀区	29°49.0′	122°18.3′
虾峙港	Xiāzhì Gǎng	浙江省舟山市普陀区	29°45.3′	122°14.0′
河泥漕港	Hénícáo Gǎng	浙江省舟山市普陀区	29°44.5′	122°18.1′
苍洞湾	Cāngdòng Wān	浙江省舟山市普陀区	29°40.0′	122°09.0′
田岙湾	Tián'ào Wān	浙江省舟山市普陀区	29°39.8′	122°10.2′
龙潭岙	Lóngtán Ào	浙江省舟山市岱山县	30°25.5′	122°21.2′
掣网坑湾	Qièwǎngkēng Wān	浙江省舟山市岱山县	30°20.5′	121°58.9′
大东岙湾	Dàdōng'ào Wān	浙江省舟山市岱山县	30°19.7′	121°58.5′
翁沙里湾	Wēngshālǐ Wān	浙江省舟山市岱山县	30°18.9′	121°55.4′
塘旋湾	Tángxuán Wān	浙江省舟山市岱山县	30°18.6′	121°55.7′
龙峙岙湾	Lóngzhì'ào Wān	浙江省舟山市岱山县	30°18.1′	121°58.0′
前沙头湾	Qiánshātóu Wān	浙江省舟山市岱山县	30°17.7′	121°57.6′
髻坑湾	Bèngkēng Wān	浙江省舟山市岱山县	30°15.7′	122°24.5′
大长涂山岛南沙头湾	Dàchángtúshāndǎo Nánshātóu Wān	浙江省舟山市岱山县	30°14.0′	122°17.7′
北岙湾	Běi'ào Wān	浙江省舟山市岱山县	30°13.8′	122°29.3′
东坑湾	Dōngkēng Wān	浙江省舟山市岱山县	30°13.8′	122°31.6′
西沙头湾	Xīshātóu Wān	浙江省舟山市岱山县	30°13.6′	122°28.5′
大岙	Dà Ào	浙江省舟山市岱山县	30°12.2′	122°35.1′
南小岙	Nán Xiǎo'ào	浙江省舟山市岱山县	30°12.1′	122°35.1′

标准名称	汉语拼音	行政区	地理位置	
			北纬	东经
西湾	Xī Wān	浙江省舟山市嵊泗县	30°51.2′	122°40.2′
南湾	Nán Wān	浙江省舟山市嵊泗县	30°50.9′	122°41.8′
南岙湾	Nán'ào Wān	浙江省舟山市嵊泗县	30°46.8′	122°47.3′
后头湾	Hòutou Wān	浙江省舟山市嵊泗县	30°43.9′	122°49.2′
后滩湾	Hòutān Wān	浙江省舟山市嵊泗县	30°43.5′	122°27.9′
箱子岙湾	Xiāngzǐ'ào Wān	浙江省舟山市嵊泗县	30°43.4′	122°48.3′
干斜岙湾	Gānxié'ào Wān	浙江省舟山市嵊泗县	30°43.0′	122°45.5′
大玉湾	Dàyù Wān	浙江省舟山市嵊泗县	30°42.7′	122°49.2′
北港	Běi Gǎng	浙江省舟山市嵊泗县	30°40.2′	122°33.2′
南港	Nán Gǎng	浙江省舟山市嵊泗县	30°39.4′	122°33.8′
东湾	Dōng Wān	浙江省舟山市嵊泗县	30°37.0′	122°08.7′
山塘湾	Shāntáng Wān	浙江省舟山市嵊泗县	30°35.5′	122°01.7′
浪通门避风港	Làngtōngmén Bìfēng Gǎng	浙江省台州市椒江区	28°27.5′	121°54.5′
坎门湾	Kǎnmén Wān	浙江省台州市玉环市	28°04.6′	121°15.0′
鲜迭港	Xiāndié Gǎng	浙江省台州市玉环市	28°02.5′	121°10.0′
洋市湾	Yángshì Wān	浙江省台州市三门县	29°02.1′	121°39.9′
大域湾	Dàyù Wān	浙江省台州市三门县	28°57.8′	121°42.0′
山后湾	Shānhòu Wān	浙江省台州市三门县	28°57.0′	121°42.8′
三娘湾	Sānniáng Wān	浙江省台州市三门县	28°56.3′	121°43.0′
秤钩湾	Chènggōu Wān	浙江省台州市三门县	28°54.3′	121°41.6′
彰化湾	Zhānghuà Wān	浙江省台州市三门县	28°53.3′	121°40.8′
箆爿澳	Mièpán Ào	浙江省台州市温岭市	28°22.8′	121°38.8′
水桶澳	Shuǐtǒng Ào	浙江省台州市温岭市	28°20.9′	121°39.3′
车关北湾	Chēguān Běiwān	浙江省台州市温岭市	28°16.6′	121°37.2′
车关南湾	Chēguān Nánwān	浙江省台州市温岭市	28°16.2′	121°37.2′
下港	Xià Gǎng	浙江省台州市临海市	28°48.7′	121°40.3′
清水岙	Qīngshuǐ Ào	浙江省台州市临海市	28°47.7′	121°51.5′

标准名称	汉语拼音	行政区	地理位置	
			北纬	东经
小坑澳	Xiǎokēng Ào	浙江省台州市临海市	28°46.0′	121°49.4′
倒水澳	Dàoshuǐ Ào	浙江省台州市临海市	28°45.5′	121°53.6′
网对岙	Wǎngduì Ào	浙江省台州市临海市	28°44.2′	121°50.9′
黄夫岙	Huángfū Ào	浙江省台州市临海市	28°43.8′	121°51.2′
倒退流湾	Dàotuìliú Wān	浙江省台州市临海市	28°43.6′	121°51.8′

二、水道

标准名称	汉语拼音	行政区	地理位置	
			北纬	东经
汀子门	Tīngzǐ Mén	浙江省	29°45.8′	122°00.1′
荷叶港	Héyè Gǎng	浙江省宁波市北仑区	29°58.6′	121°48.4′
蛟门	Jiāo Mén	浙江省宁波市北仑区	29°58.1′	121°48.3′
穿山港	Chuānshān Gǎng	浙江省宁波市北仑区	29°54.9′	121°55.5′
横江	Héng Jiāng	浙江省宁波市北仑区	29°54.7′	122°00.0′
上洋门	Shàngyáng Mén	浙江省宁波市北仑区	29°54.5′	122°01.2′
水礁门	Shuǐjiāo Mén	浙江省宁波市北仑区	29°54.2′	122°00.8′
外峙江	Wàizhì Jiāng	浙江省宁波市北仑区	29°53.2′	122°01.3′
牛轭港	Niú'è Gǎng	浙江省宁波市北仑区	29°53.2′	122°00.5′
外干门	Wàigān Mén	浙江省宁波市象山县	29°38.0′	121°57.4′
白墩港	Báidūn Gǎng	浙江省宁波市象山县	29°32.3′	121°48.5′
高泥港	Gāoní Gǎng	浙江省宁波市象山县	29°32.3′	121°45.4′
山下港	Shānxià Gǎng	浙江省宁波市象山县	29°32.1′	121°46.8′
墙头港	Qiángtóu Gǎng	浙江省宁波市象山县	29°32.1′	121°46.9′
洋北港	Yángběi Gǎng	浙江省宁波市象山县	29°30.8′	121°48.1′
黄溪港	Huángxī Gǎng	浙江省宁波市象山县	29°30.0′	121°47.7′
垟头港	Yángtóu Gǎng	浙江省宁波市象山县	29°30.0′	121°47.2′
里竹门	Lǐzhú Mén	浙江省宁波市象山县	29°27.9′	122°13.4′
中竹门	Zhōngzhú Mén	浙江省宁波市象山县	29°27.9′	122°14.0′

标准名称	汉语拼音	行政区	地理位置	
			北纬	东经
牛𢃴门	Niú'àng Mén	浙江省宁波市象山县	29°27.9′	122°12.8′
外竹门	Wàizhú Mén	浙江省宁波市象山县	29°27.9′	122°14.6′
双山门	Shuāngshān Mén	浙江省宁波市象山县	29°27.2′	122°11.8′
龙洞门	Lóngdòng Mén	浙江省宁波市象山县	29°24.8′	121°58.2′
蚊虫山门	Wénchóngshān Mén	浙江省宁波市象山县	29°24.6′	122°10.6′
蟹钳港	Xièqián Gǎng	浙江省宁波市象山县	29°20.7′	121°47.5′
关头埠水道	Guāntóubù Shuǐdào	浙江省宁波市象山县	29°19.6′	121°49.3′
马岙门	Mǎ'ào Mén	浙江省宁波市象山县	29°18.0′	121°47.0′
崇门头	Chóng Méntóu	浙江省宁波市象山县	29°17.5′	121°48.1′
干门港	Gānmén Gǎng	浙江省宁波市象山县	29°14.1′	121°58.2′
铜头门	Tóngtóu Mén	浙江省宁波市象山县	29°13.8′	121°59.8′
象山乌龟门	Xiàngshān Wūguī Mén	浙江省宁波市象山县	29°11.3′	121°56.9′
象山中门	Xiàngshān Zhōngmén	浙江省宁波市象山县	29°11.3′	121°56.7′
边门	Biān Mén	浙江省宁波市象山县	29°11.2′	121°56.4′
石烂门	Shílàn Mén	浙江省宁波市象山县	29°09.6′	121°58.6′
乌岩港	Wūyán Gǎng	浙江省宁波市象山县	29°08.4′	121°52.2′
珠门港	Zhūmén Gǎng	浙江省宁波市象山县	29°06.5′	121°47.0′
金高椅港	Jīngāoyǐ Gǎng	浙江省宁波市象山县	29°05.8′	121°49.8′
老爷门	Lǎoyé Mén	浙江省宁波市象山县	29°03.5′	121°47.8′
金七门	Jīnqī Mén	浙江省宁波市象山县	29°03.0′	121°56.8′
青水门	Qīngshuǐ Mén	浙江省宁波市宁海县	29°29.9′	121°35.3′
铜山门	Tóngshān Mén	浙江省宁波市宁海县	29°29.4′	121°34.4′
石沿港	Shíyán Gǎng	浙江省宁波市奉化市	29°33.5′	121°40.9′
桐南港	Tóngnán Gǎng	浙江省宁波市奉化市	29°32.5′	121°34.8′
大门港	Dàmén Gǎng	浙江省温州市洞头县	27°59.3′	121°04.0′
小花岗门	Xiǎohuāgǎng Mén	浙江省温州市洞头县	27°52.9′	121°08.6′
洞头港	Dòngtóu Gǎng	浙江省温州市洞头县	27°49.1′	121°08.6′

标准名称	汉语拼音	行政区	地理位置	
			北纬	东经
西北门	Xīběi Mén	浙江省温州市洞头县	27°48.9′	121°05.6′
斩断尾门	Zhǎnduànwěi Mén	浙江省温州市平阳县	27°28.9′	121°03.8′
后麂门	Hòujǐ Mén	浙江省温州市平阳县	27°28.5′	121°07.2′
琵琶门	Pípá Mén	浙江省温州市苍南县	27°30.2′	120°39.7′
南门港	Nánmén Gǎng	浙江省温州市苍南县	27°20.0′	120°34.4′
孝屿门	Xiàoyǔ Mén	浙江省温州市苍南县	27°14.8′	120°32.6′
大离门	Dàlí Mén	浙江省温州市苍南县	27°14.8′	120°32.3′
北门	Běi Mén	浙江省温州市苍南县	27°11.4′	120°31.1′
门仔边水道	Ménzǎibiān Shuǐdào	浙江省温州市苍南县	27°11.2′	120°30.4′
三岔港	Sānchà Gǎng	浙江省温州市苍南县	27°11.1′	120°30.8′
八尺门	Bāchǐ Mén	浙江省温州市苍南县	27°09.9′	120°28.0′
凤凰门	Fènghuáng Mén	浙江省温州市瑞安市	27°41.6′	120°49.2′
龙珠水道	Lóngzhū Shuǐdào	浙江省温州市瑞安市	27°39.2′	120°57.1′
峙门	Zhì Mén	浙江省温州市瑞安市	27°38.6′	120°56.1′
八字门	Bāzì Mén	浙江省温州市瑞安市	27°37.3′	121°21.3′
西门港	Xīmén Gǎng	浙江省温州市乐清市	28°20.7′	121°11.8′
白溪港	Báixī Gǎng	浙江省温州市乐清市	28°19.4′	121°09.6′
大孟门	Dàmèng Mén	浙江省嘉兴市平湖市	30°35.7′	121°07.8′
蒲山门	Púshān Mén	浙江省嘉兴市平湖市	30°35.6′	121°08.1′
菜荠门	Càiqí Mén	浙江省嘉兴市平湖市	30°35.1′	121°07.5′
凉帽山西水道	Liángmàoshān Xīshuǐdào	浙江省舟山市定海区	30°07.1′	122°09.6′
凉帽山东水道	Liángmàoshān Dōngshuǐdào	浙江省舟山市定海区	30°07.1′	122°09.8′
肮脏门	Āngzāng Mén	浙江省舟山市定海区	30°06.3′	121°51.5′
髫果门	Tiáoguǒ Mén	浙江省舟山市定海区	30°06.1′	121°50.6′
甘池门	Gānchí Mén	浙江省舟山市定海区	30°05.2′	121°49.2′
富翅门	Fùchì Mén	浙江省舟山市定海区	30°05.2′	121°58.5′
洋螺门	Yángluó Mén	浙江省舟山市定海区	29°59.5′	122°01.6′

标准名称	汉语拼音	行政区	地理位置	
			北纬	东经
螺头门	Luótóu Mén	浙江省舟山市定海区	29°59.5′	122°02.6′
火烧门	Huǒshāo Mén	浙江省舟山市定海区	29°58.8′	122°05.9′
响水门	Xiǎngshuǐ Mén	浙江省舟山市定海区	29°58.8′	122°06.5′
盘峙南水道	Pánzhì Nánshuǐdào	浙江省舟山市定海区	29°58.2′	122°04.8′
东岠水道	Dōngjù Shuǐdào	浙江省舟山市定海区	29°58.1′	122°07.5′
松山门	Sōngshān Mén	浙江省舟山市定海区	29°57.8′	122°08.2′
青浜门	Qīngbāng Mén	浙江省舟山市普陀区	30°11.9′	122°41.7′
羊峙门	Yángzhì Mén	浙江省舟山市普陀区	29°56.8′	122°25.3′
马峙门	Mǎzhì Mén	浙江省舟山市普陀区	29°56.1′	122°16.8′
乌沙门	Wūshā Mén	浙江省舟山市普陀区	29°50.7′	122°22.5′
鹁鸪门	Bógū Mén	浙江省舟山市普陀区	29°49.8′	122°19.1′
葛藤水道	Gěténg Shuǐdào	浙江省舟山市普陀区	29°42.2′	122°12.2′
黄沙门	Huángshā Mén	浙江省舟山市普陀区	29°41.2′	122°13.7′
小山门	Xiǎoshān Mén	浙江省舟山市普陀区	29°41.1′	122°14.2′
长腊门	Chánglà Mén	浙江省舟山市普陀区	29°39.5′	122°14.0′
鹅卵门	Éluǎn Mén	浙江省舟山市普陀区	29°38.7′	122°13.5′
桥头门	Qiáotóu Mén	浙江省舟山市岱山县	30°28.8′	122°16.7′
小峙门	Xiǎozhì Mén	浙江省舟山市岱山县	30°20.5′	121°53.7′
无名峙港	Wúmíngzhì Gǎng	浙江省舟山市岱山县	30°20.1′	121°58.0′
峙岗门	Zhìgǎng Mén	浙江省舟山市岱山县	30°19.3′	121°55.9′
小鱼山港	Xiǎoyúshān Gǎng	浙江省舟山市岱山县	30°18.8′	121°56.7′
楝槌港	Liànchuí Gǎng	浙江省舟山市岱山县	30°17.6′	121°57.7′
竹屿港	Zhúyǔ Gǎng	浙江省舟山市岱山县	30°17.2′	122°14.1′
多子港	Duōzǐ Gǎng	浙江省舟山市岱山县	30°16.5′	122°21.8′
樱连门	Yīnglián Mén	浙江省舟山市岱山县	30°14.8′	122°25.9′
蜘蛛门	Zhīzhū Mén	浙江省舟山市岱山县	30°14.6′	122°27.5′
小门头	Xiǎo Méntóu	浙江省舟山市岱山县	30°14.4′	122°12.8′
南庄门	Nánzhuāng Mén	浙江省舟山市岱山县	30°13.8′	122°16.8′

标准名称	汉语拼音	行政区	地理位置	
			北纬	东经
大门头	Dà Méntóu	浙江省舟山市岱山县	30°13.8′	122°12.5′
桐盘门	Tóngpán Mén	浙江省舟山市岱山县	30°13.6′	122°28.0′
岱山菜花门	Dàishān Càihuā Mén	浙江省舟山市岱山县	30°13.3′	122°33.8′
大长山水道	Dàchángshān Shuǐdào	浙江省舟山市岱山县	30°10.1′	122°07.8′
乌岩头门	Wūyántóu Mén	浙江省舟山市岱山县	30°10.1′	122°08.3′
大盘门	Dàpán Mén	浙江省舟山市嵊泗县	30°47.6′	122°46.3′
头块门	Tóukuài Mén	浙江省舟山市嵊泗县	30°46.6′	122°47.7′
顶流门	Dǐngliú Mén	浙江省舟山市嵊泗县	30°45.9′	122°23.4′
嵊泗中门	Shèngsì Zhōngmén	浙江省舟山市嵊泗县	30°45.1′	122°22.3′
大岙门	Dà'ào Mén	浙江省舟山市嵊泗县	30°39.9′	122°32.6′
颗珠门	Kēzhū Mén	浙江省舟山市嵊泗县	30°38.8′	122°02.5′
老人家门	Lǎorénjiā Mén	浙江省舟山市嵊泗县	30°35.8′	122°07.7′
浪通门	Làngtōng Mén	浙江省台州市椒江区	28°27.3′	121°55.1′
西门口	Xīmén Kǒu	浙江省台州市路桥区	28°29.5′	121°36.6′
黄礁门	Huángjiāo Mén	浙江省台州市路桥区	28°29.0′	121°38.2′
鹿颈门	Lùjǐng Mén	浙江省台州市三门县	29°06.9′	121°41.3′
青门	Qīng Mén	浙江省台州市三门县	29°05.8′	121°41.6′
长杓门	Chángsháo Mén	浙江省台州市三门县	29°03.9′	121°40.8′
米筛门	Mǐshāi Mén	浙江省台州市三门县	29°03.8′	121°40.7′
狗头门	Gǒutóu Mén	浙江省台州市三门县	29°03.3′	121°39.9′
鲎门	Hòu Mén	浙江省台州市三门县	29°02.4′	121°40.6′
被絮门	Bèixù Mén	浙江省台州市三门县	28°58.4′	121°41.6′
牛头门	Niútóu Mén	浙江省台州市三门县	28°54.4′	121°40.8′
北港水道	Běigǎng Shuǐdào	浙江省台州市温岭市	28°25.7′	121°39.5′
南港水道	Nángǎng Shuǐdào	浙江省台州市温岭市	28°25.2′	121°40.0′
九洞门	Jiǔdòng Mén	浙江省台州市温岭市	28°24.9′	121°40.1′
捣米门	Dǎomǐ Mén	浙江省台州市温岭市	28°21.2′	121°38.9′

标准名称	汉语拼音	行政区	地理位置	
			北纬	东经
东门头港	Dōngméntóu Gǎng	浙江省台州市温岭市	28°20.4′	121°12.8′
小钓浜水道	Xiǎodiàobāng Shuǐdào	浙江省台州市温岭市	28°18.2′	121°38.6′
中钓浜水道	Zhōngdiàobāng Shuǐdào	浙江省台州市温岭市	28°17.9′	121°39.2′
温岭乌龟门	Wēnlǐng Wūguī Mén	浙江省台州市温岭市	28°15.1′	121°36.7′
桂岙门	Guì'ào Mén	浙江省台州市温岭市	28°15.0′	121°35.5′
横屿门	Héngyǔ Mén	浙江省台州市温岭市	28°14.8′	121°36.0′
二蒜门	Èrsuàn Mén	浙江省台州市温岭市	28°13.5′	121°38.6′
红珠屿门	Hóngzhūyǔ Mén	浙江省台州市临海市	28°49.9′	121°42.0′
壳门	Ké Mén	浙江省台州市临海市	28°46.3′	121°49.9′
马鞍门	Mǎ'ān Mén	浙江省台州市临海市	28°43.5′	121°51.5′

三、滩

标准名称	汉语拼音	行政区	地理位置	
			北纬	东经
高新涂	Gāoxīn Tú	浙江省宁波市北仑区	29°56.2′	121°51.5′
大目涂	Dàmù Tú	浙江省宁波市象山县	29°23.4′	121°56.9′
蟹钳涂	Xièqián Tú	浙江省宁波市象山县	29°21.4′	121°47.4′
牛轭垮	Niú'èkuǎ	浙江省宁波市象山县	29°05.6′	121°47.0′
大南田涂	Dànántián Tú	浙江省宁波市象山县	29°05.4′	121°54.0′
蛇蟠涂	Shépán Tú	浙江省宁波市宁海县	29°09.9′	121°31.7′
东中央涂	Dōngzhōngyāng Tú	浙江省温州市	27°59.9′	120°44.6′
灵昆浅滩	Língkūn Qiǎntān	浙江省温州市龙湾区	27°56.7′	120°55.9′
活水潭涂	Huóshuǐtán Tú	浙江省温州市洞头县	27°52.9′	121°07.6′
北岙后涂	Běi'ào Hòutú	浙江省温州市洞头县	27°50.9′	121°08.7′
盐东滩	Yándōng Tān	浙江省嘉兴市	30°32.9′	120°59.7′
黄道关滩	Huángdàoguān Tān	浙江省嘉兴市海盐县	30°24.3′	120°55.1′
塔山滩	Tǎshān Tān	浙江省嘉兴市海宁市	30°20.6′	120°44.3′

标准名称	汉语拼音	行政区	地理位置	
			北纬	东经
小满涂	Xiǎomǎn Tú	浙江省舟山市定海区	30°11.8′	122°01.7′
深水涂	Shēnshuǐ Tú	浙江省舟山市定海区	30°11.5′	122°01.3′
青天湾涂	Qīngtiānwān Tú	浙江省舟山市定海区	30°11.0′	121°58.0′
桃花涂	Táohuā Tú	浙江省舟山市定海区	30°10.6′	121°56.4′
东江涂	Dōngjiāng Tú	浙江省舟山市定海区	30°09.6′	121°58.9′
大沙湾涂	Dàshāwān Tú	浙江省舟山市定海区	30°06.6′	121°55.5′
马峙外涂	Mǎzhì Wàitú	浙江省舟山市定海区	30°05.8′	122°12.3′
黄沙涂	Huángshā Tú	浙江省舟山市定海区	30°05.5′	122°14.4′
外长峙涂	Wàichángzhì Tú	浙江省舟山市定海区	29°57.5′	122°11.8′
百步沙	Bǎibù Shā	浙江省舟山市普陀区	29°59.3′	122°23.3′
塘头涂	Tángtóu Tú	浙江省舟山市普陀区	29°59.2′	122°19.7′
顺母涂	Shùnmǔ Tú	浙江省舟山市普陀区	29°56.8′	122°19.9′
大乌石塘滩	Dàwūshítáng Tān	浙江省舟山市普陀区	29°55.2′	122°24.2′
大涂面涂	Dàtúmiàn Tú	浙江省舟山市普陀区	29°52.5′	122°16.8′
小北涂	Xiǎoběi Tú	浙江省舟山市普陀区	29°44.2′	122°09.0′
洞礁涂	Dòngjiāo Tú	浙江省舟山市岱山县	30°28.3′	122°17.9′
后沙滩	Hòu Shātān	浙江省舟山市岱山县	30°27.6′	122°22.5′
东沙涂	Dōngshā Tú	浙江省舟山市岱山县	30°19.1′	122°07.6′
双峰涂	Shuāngfēng Tú	浙江省舟山市岱山县	30°17.0′	122°13.0′
西车头涂	Xīchētóu Tú	浙江省舟山市岱山县	30°14.9′	122°15.1′
圆山沙咀头涂	Yuánshān Shāzuǐtou Tú	浙江省舟山市岱山县	30°13.5′	122°16.4′
大馋头涂	Dàchántóu Tú	浙江省舟山市岱山县	30°11.2′	122°08.7′
会城岙滩	Huìchéng'ào Tān	浙江省舟山市嵊泗县	30°43.2′	122°30.1′
边岙沙	Biān'ào Shā	浙江省舟山市嵊泗县	30°42.3′	122°31.3′
高场湾沙滩	Gāochǎngwān Shātān	浙江省舟山市嵊泗县	30°42.3′	122°28.8′
小沙	Xiǎo Shā	浙江省舟山市嵊泗县	30°42.2′	122°30.1′
岙门滩	Àomén Tān	浙江省舟山市嵊泗县	30°38.8′	122°17.1′

标准名称	汉语拼音	行政区	地理位置	
			北纬	东经
高泥沙	Gāoní Shā	浙江省舟山市嵊泗县	30°38.4′	122°03.7′
大岙滩	Dà'ào Tān	浙江省舟山市嵊泗县	30°38.2′	122°03.0′
小高泥沙	Xiǎogāoní Shā	浙江省舟山市嵊泗县	30°38.1′	122°04.0′
东岙滩	Dōng'ào Tān	浙江省舟山市嵊泗县	30°38.0′	122°03.0′
芦成澳滩	Lúchéng'ào Tān	浙江省舟山市嵊泗县	30°37.0′	121°38.0′
北澳滩	Běi'ào Tān	浙江省舟山市嵊泗县	30°36.9′	121°37.0′
西沙门涂	Xīshāmén Tú	浙江省台州市玉环市	28°12.6′	121°23.1′

四、岬角

标准名称	汉语拼音	行政区	地理位置	
			北纬	东经
外雉山嘴	Wàizhìshān Zuǐ	浙江省宁波市北仑区	29°58.0′	121°47.6′
鳎鳗山嘴	Tǎmánshān Zuǐ	浙江省宁波市北仑区	29°57.2′	121°57.6′
杨公山嘴	Yánggōngshān Zuǐ	浙江省宁波市北仑区	29°57.0′	121°48.7′
老鼠山嘴	Lǎoshǔshān Zuǐ	浙江省宁波市北仑区	29°56.5′	121°50.1′
龙山火叉嘴	Lóngshān Huǒchā Zuǐ	浙江省宁波市北仑区	29°56.5′	121°56.5′
棺材嘴	Guāncái Zuǐ	浙江省宁波市北仑区	29°54.7′	122°01.5′
涨水潮嘴	Zhǎngshuǐcháo Zuǐ	浙江省宁波市北仑区	29°54.4′	122°06.7′
公鹅嘴	Gōng'é Zuǐ	浙江省宁波市北仑区	29°54.2′	122°06.0′
连柱山嘴	Liánzhùshān Zuǐ	浙江省宁波市北仑区	29°54.1′	122°00.8′
小屯山嘴	Xiǎotúnshān Zuǐ	浙江省宁波市北仑区	29°54.1′	122°08.0′
沙湾嘴	Shāwān Zuǐ	浙江省宁波市北仑区	29°54.0′	122°05.6′
火叉嘴	Huǒchā Zuǐ	浙江省宁波市北仑区	29°53.8′	122°00.3′
山湾嘴	Shānwān Zuǐ	浙江省宁波市北仑区	29°53.8′	122°00.7′
龙冲嘴	Lóngchōng Zuǐ	浙江省宁波市北仑区	29°53.7′	122°08.0′
长拖横嘴	Chángtuōhéng Zuǐ	浙江省宁波市北仑区	29°53.5′	122°01.2′
上宅嘴	Shàngzhái Zuǐ	浙江省宁波市北仑区	29°53.5′	122°04.8′
寿门头	Shòumén Tóu	浙江省宁波市北仑区	29°53.5′	122°00.7′

标准名称	汉语拼音	行政区	地理位置	
			北纬	东经
竹湾山嘴	Zhúwānshān Zuǐ	浙江省宁波市北仑区	29°53.3′	122°03.6′
峙头角	Zhìtóu Jiǎo	浙江省宁波市北仑区	29°52.9′	122°08.2′
百步嵩嘴	Bǎibùsōng Zuǐ	浙江省宁波市北仑区	29°51.3′	122°04.9′
盛岙嘴	Shèng'ào Zuǐ	浙江省宁波市北仑区	29°51.1′	122°04.3′
外游山嘴	Wàiyóushān Zuǐ	浙江省宁波市镇海区	29°58.7′	121°45.0′
叭门咀	Bāmén Zuǐ	浙江省宁波市象山县	29°44.1′	122°18.5′
牛鼻子嘴	Niúbízi Zuǐ	浙江省宁波市象山县	29°37.6′	122°01.8′
老虎咀	Lǎohǔ Zuǐ	浙江省宁波市象山县	29°37.1′	121°58.1′
虎舌头岬角	Hǔshétou Jiǎjiǎo	浙江省宁波市象山县	29°36.5′	122°01.4′
外张咀	Wàizhāng Zuǐ	浙江省宁波市象山县	29°35.9′	121°59.3′
鲁家角	Lǔjiā Jiǎo	浙江省宁波市象山县	29°34.0′	121°45.5′
石塘咀	Shítáng Zuǐ	浙江省宁波市象山县	29°33.5′	121°44.7′
蛇山咀	Shéshān Zuǐ	浙江省宁波市象山县	29°32.8′	121°46.8′
高泥咀	Gāoní Zuǐ	浙江省宁波市象山县	29°32.7′	121°44.6′
白岩山咀	Báiyánshān Zuǐ	浙江省宁波市象山县	29°32.4′	122°57.4′
金岙角	Jīn'ào Jiǎo	浙江省宁波市象山县	29°32.3′	121°43.6′
蛤蚆咀	Hábā Zuǐ	浙江省宁波市象山县	29°32.2′	121°46.8′
乌沙角	Wūshā Jiǎo	浙江省宁波市象山县	29°31.1′	121°40.4′
里东咀	Lǐdōng Zuǐ	浙江省宁波市象山县	29°26.0′	122°12.8′
外东咀	Wàidōng Zuǐ	浙江省宁波市象山县	29°25.9′	122°13.3′
捣臼岩咀	Dǎojiùyán Zuǐ	浙江省宁波市象山县	29°25.6′	122°10.7′
大漠榴子嘴	Dàmòliúzi Zuǐ	浙江省宁波市象山县	29°24.7′	122°00.9′
中咀	Zhōng Zuǐ	浙江省宁波市象山县	29°24.4′	122°00.5′
稻桶岩嘴	Dàotǒngyán Zuǐ	浙江省宁波市象山县	29°24.4′	122°00.9′
板进咀	Bǎnjìn Zuǐ	浙江省宁波市象山县	29°17.1′	121°58.8′
庙湾咀	Miàowān Zuǐ	浙江省宁波市象山县	29°16.8′	121°58.6′
短咀头	Duǎnzuǐ Tóu	浙江省宁波市象山县	29°16.6′	121°58.4′
上岩咀	Shàngyán Zuǐ	浙江省宁波市象山县	29°15.9′	121°58.1′

标准名称	汉语拼音	行政区	地理位置	
			北纬	东经
老鼠桥嘴	Lǎoshǔqiáo Zuǐ	浙江省宁波市象山县	29°15.8′	121°59.4′
园山咀	Yuánshān Zuǐ	浙江省宁波市象山县	29°15.8′	121°58.5′
鹤头山咀	Hètóushān Zuǐ	浙江省宁波市象山县	29°15.5′	121°58.0′
缸窑咀	Gāngyáo Zuǐ	浙江省宁波市象山县	29°15.2′	121°58.1′
小湾咀头	Xiǎowānzuǐ Tóu	浙江省宁波市象山县	29°13.7′	121°58.2′
夜壶咀头	Yèhúzuǐ Tóu	浙江省宁波市象山县	29°12.3′	122°02.0′
小坝咀头	Xiǎobàzuǐ Tóu	浙江省宁波市象山县	29°12.3′	122°02.7′
舢板头	Shānbǎn Tóu	浙江省宁波市象山县	29°12.1′	121°57.1′
黄泥崩咀	Huángníbēng Zuǐ	浙江省宁波市象山县	29°12.1′	121°58.0′
小湾咀	Xiǎowān Zuǐ	浙江省宁波市象山县	29°11.6′	121°57.9′
水湾礁咀	Shuǐwānjiāo Zuǐ	浙江省宁波市象山县	29°11.6′	121°58.4′
尾咀头	Wěizuǐ Tóu	浙江省宁波市象山县	29°11.4′	122°03.2′
中咀头	Zhōngzuǐ Tóu	浙江省宁波市象山县	29°11.2′	122°01.8′
长山咀头	Chángshānzuǐ Tóu	浙江省宁波市象山县	29°10.5′	121°58.7′
眼睛山咀	Yǎnjīngshān Zuǐ	浙江省宁波市象山县	29°10.0′	121°58.1′
狮子尾巴	Shīzī Wěiba	浙江省宁波市象山县	29°09.9′	121°58.6′
舱板咀头	Cāngbǎnzuǐ Tóu	浙江省宁波市象山县	29°09.9′	122°00.9′
大牛角咀头	Dàniújiǎozuǐ Tóu	浙江省宁波市象山县	29°09.8′	122°02.6′
乌缆咀头	Wūlǎnzuǐ Tóu	浙江省宁波市象山县	29°09.4′	122°01.9′
东瓜岩嘴	Dōngguāyán Zuǐ	浙江省宁波市象山县	29°09.3′	122°00.7′
马鞍头	Mǎ'ān Tóu	浙江省宁波市象山县	29°08.9′	121°58.9′
昌了岗头	Chānglegǎng Tóu	浙江省宁波市象山县	29°08.3′	121°58.5′
半边山嘴	Bànbiānshān Zuǐ	浙江省宁波市象山县	29°08.2′	121°58.7′
紫菜岩嘴	Zǐcàiyán Zuǐ	浙江省宁波市象山县	29°07.8′	121°58.8′
象山长嘴头	Xiàngshān Chángzuǐ Tóu	浙江省宁波市象山县	29°07.3′	121°58.9′
下平岩咀	Xiàpíngyán Zuǐ	浙江省宁波市象山县	29°07.1′	121°58.9′
双坝咀	Shuāngbà Zuǐ	浙江省宁波市象山县	29°06.8′	121°59.0′

标准名称	汉语拼音	行政区	地理位置	
			北纬	东经
野猪咀	Yězhū Zuǐ	浙江省宁波市象山县	29°06.7′	121°53.6′
龙头背埠头	Lóngtóubèibù Tóu	浙江省宁波市象山县	29°06.3′	121°58.5′
小岩咀头	Xiǎoyánzuǐ Tóu	浙江省宁波市象山县	29°05.7′	121°58.1′
金竹岗嘴	Jīnzhúgǎng Zuǐ	浙江省宁波市象山县	29°05.6′	121°58.4′
外门头	Wàimén Tóu	浙江省宁波市象山县	29°05.6′	121°50.3′
龙洞岗嘴	Lóngdònggǎng Zuǐ	浙江省宁波市象山县	29°05.0′	121°58.3′
象鼻咀	Xiàngbí Zuǐ	浙江省宁波市象山县	29°05.0′	121°49.8′
腰咀头	Yāozuǐ Tóu	浙江省宁波市象山县	29°03.8′	121°55.9′
蟹钳咀头	Xièqiánzuǐ Tóu	浙江省宁波市象山县	29°03.6′	121°50.1′
黄泥狗头	Huángnígǒu Tóu	浙江省宁波市象山县	29°03.4′	121°56.3′
孔亮咀	Kǒngliàng Zuǐ	浙江省宁波市象山县	29°03.0′	121°56.8′
龟鱼嘴	Guīyú Zuǐ	浙江省宁波市宁海县	29°30.6′	121°36.7′
双盘山嘴	Shuāngpánshān Zuǐ	浙江省宁波市宁海县	29°11.0′	121°32.0′
焦头山嘴	Jiāotóushān Zuǐ	浙江省宁波市宁海县	29°10.2′	121°30.3′
黄岩头	Huángyán Tóu	浙江省宁波市奉化市	29°34.1′	121°42.5′
狮子角	Shīzi Jiǎo	浙江省宁波市奉化市	29°30.5′	121°31.1′
龙湾头	Lóngwān Tóu	浙江省温州市龙湾区	27°58.0′	120°48.4′
祠堂浦头	Cítángpǔ Tóu	浙江省温州市洞头县	28°00.3′	121°03.7′
上山咀	Shàngshān Zuǐ	浙江省温州市洞头县	28°00.1′	121°11.7′
龙船头咀	Lóngchuántóu Zuǐ	浙江省温州市洞头县	27°59.2′	121°07.3′
沙岙咀	Shā'ào Zuǐ	浙江省温州市洞头县	27°58.6′	121°07.9′
猪头咀	Zhūtóu Zuǐ	浙江省温州市洞头县	27°58.2′	121°08.3′
老鼠尾巴	Lǎoshǔ Wěiba	浙江省温州市洞头县	27°54.5′	121°09.2′
水鸡头	Shuǐjī Tóu	浙江省温州市洞头县	27°52.7′	121°07.3′
蛇塘头	Shétáng Tóu	浙江省温州市洞头县	27°51.7′	121°08.8′
山东岙鼻	Shāndōng'ào Bí	浙江省温州市洞头县	27°50.9′	121°04.0′
东头尾	Dōngtou Wěi	浙江省温州市洞头县	27°49.6′	121°13.3′
钓鱼台嘴	Diàoyútái Zuǐ	浙江省温州市洞头县	27°49.3′	121°10.7′

标准名称	汉语拼音	行政区	地理位置	
			北纬	东经
沙呑鼻	Shā'ào Bí	浙江省温州市洞头县	27°49.3′	121°05.4′
娘娘洞尾	Niángniángdòng Wěi	浙江省温州市洞头县	27°49.1′	121°09.1′
七艚鼻头	Qīcáobí Tóu	浙江省温州市洞头县	27°46.9′	121°04.3′
白岩头嘴	Báiyántou Zuǐ	浙江省温州市平阳县	27°28.6′	121°03.2′
后隆嘴	Hòulóng Zuǐ	浙江省温州市平阳县	27°28.4′	121°04.9′
竹屿东嘴头	Zhúyǔ Dōngzuǐ Tóu	浙江省温州市平阳县	27°28.1′	121°07.1′
虎尾	Hǔ Wěi	浙江省温州市苍南县	27°22.8′	120°33.6′
大渔角	Dàyú Jiǎo	浙江省温州市苍南县	27°21.9′	120°38.7′
大坪头鼻	Dàpíngtóu Bí	浙江省温州市苍南县	27°19.0′	120°33.5′
烟水尾	Yānshuǐ Wěi	浙江省温州市苍南县	27°18.5′	120°33.3′
员屿角	Yuányǔ Jiǎo	浙江省温州市苍南县	27°17.7′	120°33.7′
长水尾	Chángshuǐ Wěi	浙江省温州市苍南县	27°17.1′	120°33.0′
三脚坪嘴	Sānjiǎopíng Zuǐ	浙江省温州市苍南县	27°16.9′	120°32.7′
龙头山嘴	Lóngtóushān Zuǐ	浙江省温州市苍南县	27°16.4′	120°31.3′
鸡头鼻	Jītóu Bí	浙江省温州市苍南县	27°12.1′	120°25.8′
表尾鼻	Biǎowěi Bí	浙江省温州市苍南县	27°12.0′	120°25.6′
深澳鼻	Shēn'ào Bí	浙江省温州市苍南县	27°11.5′	120°25.4′
乌什婆鼻	Wūshénpó Bí	浙江省温州市苍南县	27°10.7′	120°26.1′
贼仔澳鼻	Zéizǎi'ào Bí	浙江省温州市苍南县	27°09.7′	120°27.9′
东鼻头	Dōngbí Tóu	浙江省温州市苍南县	27°08.6′	120°29.1′
猪头嘴	Zhūtóu Zuǐ	浙江省温州市瑞安市	27°41.9′	120°54.0′
单万船嘴	Dānwànchuán Zuǐ	浙江省温州市瑞安市	27°41.6′	120°54.6′
北嘴头	Běizuǐ Tóu	浙江省温州市瑞安市	27°41.6′	120°55.3′
北齿头	Běichǐ Tóu	浙江省温州市瑞安市	27°39.1′	120°50.1′
南龙头	Nánlóng Tóu	浙江省温州市瑞安市	27°39.0′	120°58.1′
南齿头	Nánchǐ Tóu	浙江省温州市瑞安市	27°38.3′	120°49.2′
关头波角	Guāntóubō Jiǎo	浙江省温州市瑞安市	27°38.0′	121°13.0′

标准名称	汉语拼音	行政区	地理位置 北纬	地理位置 东经
东山头	Dōngshān Tóu	浙江省温州市乐清市	28°14.8′	121°07.9′
大鹅头	Dà'é Tóu	浙江省温州市乐清市	28°12.6′	121°07.3′
小鹅头	Xiǎo'é Tóu	浙江省温州市乐清市	28°12.1′	121°06.4′
高嵩山头	Gāosōngshān Tóu	浙江省温州市乐清市	28°11.1′	121°06.2′
淡水头	Dànshuǐ Tóu	浙江省温州市乐清市	28°10.2′	121°05.8′
石码头	Shímǎ Tóu	浙江省温州市乐清市	28°06.8′	121°00.8′
沙头	Shā Tóu	浙江省温州市乐清市	28°02.6′	121°00.0′
六亩咀	Liùmǔ Zuǐ	浙江省嘉兴市海盐县	30°26.2′	120°57.2′
灯光山咀	Dēngguāngshān Zuǐ	浙江省嘉兴市平湖市	30°34.8′	121°02.6′
雄鹅头山嘴	Xióng'étóushān Zuǐ	浙江省舟山市定海区	30°12.1′	122°03.0′
洪脚洞山嘴	Hóngjiǎodòngshān Zuǐ	浙江省舟山市定海区	30°12.1′	122°02.4′
小满山咀	Xiǎomǎnshān Zuǐ	浙江省舟山市定海区	30°11.9′	122°01.6′
火川山嘴	Huǒchuānshān Zuǐ	浙江省舟山市定海区	30°11.0′	121°57.0′
长春山嘴	Chángchūnshān Zuǐ	浙江省舟山市定海区	30°10.2′	121°56.2′
乌岩嘴	Wūyán Zuǐ	浙江省舟山市定海区	30°09.5′	122°05.5′
鬅下山嘴	Bèngxiàshān Zuǐ	浙江省舟山市定海区	30°09.4′	122°05.3′
太婆山嘴	Tàipóshān Zuǐ	浙江省舟山市定海区	30°09.4′	121°56.6′
长了尚山嘴	Chángleshàngshān Zuǐ	浙江省舟山市定海区	30°09.3′	121°59.2′
舟山岛中山嘴	Zhōushāndǎo Zhōngshān Zuǐ	浙江省舟山市定海区	30°09.2′	121°56.9′
舟山岛东山嘴	Zhōushāndǎo Dōngshān Zuǐ	浙江省舟山市定海区	30°09.2′	122°00.7′
短了尚山嘴	Duǎnleshàngshān Zuǐ	浙江省舟山市定海区	30°09.2′	121°59.6′
黄岩山嘴	Huángyánshān Zuǐ	浙江省舟山市定海区	30°09.2′	122°04.1′
庙山嘴	Miàoshān Zuǐ	浙江省舟山市定海区	30°09.0′	122°06.9′
长冲山嘴	Chángchōngshān Zuǐ	浙江省舟山市定海区	30°08.9′	121°57.2′
定海老鹰咀	Dìnghǎi Lǎoyīng Zuǐ	浙江省舟山市定海区	30°07.7′	122°07.8′
龙王跳咀	Lóngwángtiào Zuǐ	浙江省舟山市定海区	30°07.1′	122°10.0′

标准名称	汉语拼音	行政区	地理位置	
			北纬	东经
鹰头山嘴	Yīngtóushān Zuǐ	浙江省舟山市定海区	30°06.9′	121°56.7′
定海短跳嘴	Dìnghǎi Duǎntiào Zuǐ	浙江省舟山市定海区	30°06.9′	122°09.6′
小岙山嘴	Xiǎo'àoshān Zuǐ	浙江省舟山市定海区	30°06.6′	121°56.9′
小狗头颈嘴	Xiǎogǒutóujǐng Zuǐ	浙江省舟山市定海区	30°06.6′	121°57.0′
大狗头颈嘴	Dàgǒutóujǐng Zuǐ	浙江省舟山市定海区	30°06.5′	121°57.2′
五龙桥山嘴	Wǔlóngqiáoshān Zuǐ	浙江省舟山市定海区	30°06.2′	121°59.2′
定海外山嘴	Dìnghǎi Wàishān Zuǐ	浙江省舟山市定海区	30°05.9′	122°11.2′
册子岛长冲嘴	Cèzǐdǎo Chángchōng Zuǐ	浙江省舟山市定海区	30°05.8′	121°54.6′
响礁门山嘴	Xiǎngjiāoménshān Zuǐ	浙江省舟山市定海区	30°05.8′	121°59.2′
外岗	Wàigǎng	浙江省舟山市定海区	30°05.4′	121°54.7′
小龙王山嘴	Xiǎolóngwángshān Zuǐ	浙江省舟山市定海区	30°05.2′	121°52.4′
牛脚蹄嘴	Niújiǎotí Zuǐ	浙江省舟山市定海区	30°05.1′	121°59.0′
大沙鱼洞	Dàshāyú Dòng	浙江省舟山市定海区	30°05.1′	121°49.6′
大龙王山嘴	Dàlóngwángshān Zuǐ	浙江省舟山市定海区	30°05.1′	121°52.0′
沥表嘴	Lìbiǎo Zuǐ	浙江省舟山市定海区	30°05.0′	121°49.2′
大樟树岙山嘴	Dàzhāngshù'àoshān Zuǐ	浙江省舟山市定海区	30°05.0′	121°53.2′
蒋家山嘴	Jiǎngjiāshān Zuǐ	浙江省舟山市定海区	30°04.9′	121°51.7′
大鹏山岛中山嘴	Dàpéngshāndǎo Zhōngshān Zuǐ	浙江省舟山市定海区	30°04.8′	121°49.2′
小碗山嘴	Xiǎowǎnshān Zuǐ	浙江省舟山市定海区	30°04.7′	121°50.9′
小山嘴	Xiǎoshān Zuǐ	浙江省舟山市定海区	30°04.4′	121°49.3′
小西堠嘴	Xiǎoxīhòu Zuǐ	浙江省舟山市定海区	30°04.4′	121°53.3′
老庙山嘴	Lǎomiàoshān Zuǐ	浙江省舟山市定海区	30°04.3′	121°58.7′
定海大山嘴	Dìnghǎi Dàshān Zuǐ	浙江省舟山市定海区	30°04.2′	121°49.2′
埠头山嘴	Bùtóushān Zuǐ	浙江省舟山市定海区	30°04.1′	121°49.5′

标准名称	汉语拼音	行政区	地理位置	
			北纬	东经
龙眼山嘴	Lóngyǎnshān Zuǐ	浙江省舟山市定海区	30°03.9′	121°58.0′
上雄鹅嘴	Shàngxióng'é Zuǐ	浙江省舟山市定海区	30°03.4′	121°54.6′
下雄鹅嘴	Xiàxióng'é Zuǐ	浙江省舟山市定海区	30°03.3′	121°54.9′
钓山嘴	Diàoshān Zuǐ	浙江省舟山市定海区	30°03.2′	121°58.0′
铁路山嘴	Tiělùshān Zuǐ	浙江省舟山市定海区	30°00.9′	121°55.5′
小黄泥坎山嘴	Xiǎohuángníkǎn shān Zuǐ	浙江省舟山市定海区	30°00.5′	121°50.7′
龙洞山嘴	Lóngdòngshān Zuǐ	浙江省舟山市定海区	30°00.2′	121°50.5′
沙鱼礁山嘴	Shāyújiāoshān Zuǐ	浙江省舟山市定海区	30°00.1′	121°55.6′
过秦角	Guòqín Jiǎo	浙江省舟山市定海区	30°00.1′	122°04.3′
青龙山嘴	Qīnglóngshān Zuǐ	浙江省舟山市定海区	29°59.7′	121°55.1′
外凉亭上咀	Wàiliángtíng Shàngzuǐ	浙江省舟山市定海区	29°59.6′	121°50.3′
六局坑山嘴	Liùjúkēngshān Zuǐ	浙江省舟山市定海区	29°59.4′	121°54.4′
冲嘴山	Chōng Zuǐshān	浙江省舟山市定海区	29°59.4′	122°02.7′
后山嘴	Hòushān Zuǐ	浙江省舟山市定海区	29°59.3′	122°09.7′
鸡龙礁山嘴	Jīlóngjiāoshān Zuǐ	浙江省舟山市定海区	29°59.3′	121°54.2′
南瓜山嘴	Nánguāshān Zuǐ	浙江省舟山市定海区	29°59.0′	122°02.3′
上岙山咀	Shàng'àoshān Zuǐ	浙江省舟山市定海区	29°58.9′	121°53.2′
断桥山嘴	Duànqiáoshān Zuǐ	浙江省舟山市定海区	29°58.7′	121°53.0′
刺山咀	Cìshān Zuǐ	浙江省舟山市定海区	29°58.4′	121°50.9′
牛角咀	Niújiǎo Zuǐ	浙江省舟山市定海区	29°58.3′	121°51.6′
前山嘴	Qiánshān Zuǐ	浙江省舟山市定海区	29°58.1′	122°09.5′
鸡冠礁嘴	Jīguānjiāo Zuǐ	浙江省舟山市定海区	29°57.9′	122°04.1′
紫岙山嘴	Zǐ'àoshān Zuǐ	浙江省舟山市定海区	29°57.7′	122°02.1′
大渠角	Dàqú Jiǎo	浙江省舟山市定海区	29°57.7′	122°06.6′
刺山岛长冲嘴	Cìshāndǎo Chángchōng Zuǐ	浙江省舟山市定海区	29°57.6′	122°04.0′
穿鼻嘴头	Chuānbízuǐ Tóu	浙江省舟山市定海区	29°57.5′	122°05.0′
梅湾山嘴	Méiwānshān Zuǐ	浙江省舟山市定海区	29°57.4′	122°01.7′

标准名称	汉语拼音	行政区	地理位置	
			北纬	东经
潮力嘴	Cháolì Zuǐ	浙江省舟山市定海区	29°57.3′	122°04.1′
潮力山嘴	Cháolìshān Zuǐ	浙江省舟山市定海区	29°57.3′	122°01.5′
牛角山嘴	Niújiǎoshān Zuǐ	浙江省舟山市定海区	29°57.1′	122°01.4′
定海狗头颈嘴	Dìnghǎi Gǒutóujǐng Zuǐ	浙江省舟山市定海区	29°56.9′	122°09.1′
狗头颈山嘴	Gǒutóujǐngshān Zuǐ	浙江省舟山市定海区	29°56.7′	122°01.6′
小南岙山嘴	Xiǎonán'àoshān Zuǐ	浙江省舟山市定海区	29°56.4′	122°01.6′
螺头角	Luótóu Jiǎo	浙江省舟山市定海区	29°56.0′	122°02.2′
老鼠角	Lǎoshǔ Jiǎo	浙江省舟山市定海区	29°49.4′	122°18.4′
铁钉咀	Tiědīng Zuǐ	浙江省舟山市普陀区	30°12.9′	122°38.1′
七石咀	Qīshí Zuǐ	浙江省舟山市普陀区	30°03.7′	122°15.4′
风洞咀	Fēngdòng Zuǐ	浙江省舟山市普陀区	29°59.2′	122°22.0′
普陀东咀头	Pǔtuó Dōngzuǐ Tóu	浙江省舟山市普陀区	29°56.9′	122°14.1′
里小山	Lǐxiǎoshān	浙江省舟山市普陀区	29°52.4′	122°16.3′
外小山	Wàixiǎoshān	浙江省舟山市普陀区	29°52.2′	122°16.4′
青山角	Qīngshān Jiǎo	浙江省舟山市普陀区	29°49.9′	122°24.7′
新牙咀	Xīnyá Zuǐ	浙江省舟山市普陀区	29°49.1′	122°10.9′
六横岬	Liùhéng Jiǎ	浙江省舟山市普陀区	29°47.5′	122°07.4′
乌石角	Wūshí Jiǎo	浙江省舟山市普陀区	29°46.8′	122°19.4′
白菓角	Báiguǒ Jiǎo	浙江省舟山市普陀区	29°46.5′	122°07.9′
尖咀头	Jiānzuǐ Tóu	浙江省舟山市普陀区	29°44.1′	122°15.6′
虾峙角	Xiāzhì Jiǎo	浙江省舟山市普陀区	29°44.0′	122°18.4′
金兴角	Jīnxìng Jiǎo	浙江省舟山市普陀区	29°43.7′	122°17.2′
石子咀	Shízǐ Zuǐ	浙江省舟山市岱山县	30°28.7′	122°22.2′
西扎钩嘴	Xīzhāgōu Zuǐ	浙江省舟山市岱山县	30°25.2′	122°23.6′
施毛山嘴	Shīmáoshān Zuǐ	浙江省舟山市岱山县	30°20.2′	122°11.0′
黄鼠狼尾巴	Huángshǔláng Wěiba	浙江省舟山市岱山县	30°20.2′	122°07.8′
外木楝槌嘴	Wàimùliànchuí Zuǐ	浙江省舟山市岱山县	30°19.9′	121°58.9′

标准名称	汉语拼音	行政区	地理位置	
			北纬	东经
湖庄潭山咀	Húzhuāngtánshān Zuǐ	浙江省舟山市岱山县	30°19.6′	121°57.6′
老厂基木楝槌嘴	Lǎochǎngjī Mùliànchuí Zuǐ	浙江省舟山市岱山县	30°19.3′	121°58.5′
长跳咀	Chángtiào Zuǐ	浙江省舟山市岱山县	30°19.1′	122°07.1′
湖底木楝槌嘴	Húdǐ Mùliànchuí Zuǐ	浙江省舟山市岱山县	30°18.7′	121°58.4′
塘旋湾山咀	Tángxuánwānshān Zuǐ	浙江省舟山市岱山县	30°18.6′	121°55.5′
长礁山咀	Chángjiāoshān Zuǐ	浙江省舟山市岱山县	30°18.2′	121°58.3′
长礁木楝槌嘴	Chángjiāo Mùliànchuí Zuǐ	浙江省舟山市岱山县	30°17.9′	121°57.8′
鲞骷头	Xiǎngkū Tóu	浙江省舟山市岱山县	30°16.4′	122°24.2′
火叉咀头	Huǒchāzuǐ Tóu	浙江省舟山市岱山县	30°16.3′	122°17.6′
龙头岙山咀	Lóngtóu'àoshān Zuǐ	浙江省舟山市岱山县	30°15.7′	122°15.3′
大劈开	Dàpīkāi	浙江省舟山市岱山县	30°14.8′	122°21.5′
小沙咀	Xiǎoshā Zuǐ	浙江省舟山市岱山县	30°14.7′	122°22.8′
南咀头	Nánzuǐ Tóu	浙江省舟山市岱山县	30°14.4′	122°26.2′
矮连咀	Ǎilián Zuǐ	浙江省舟山市岱山县	30°14.4′	122°24.6′
狗嘴哺	Gǒuzuǐbǔ	浙江省舟山市岱山县	30°14.3′	120°20.4′
背阴山咀	Bèiyīnshān Zuǐ	浙江省舟山市岱山县	30°14.2′	122°24.4′
鸭头	Yā Tóu	浙江省舟山市岱山县	30°14.0′	122°29.2′
大浦头	Dàpǔ Tóu	浙江省舟山市岱山县	30°14.0′	122°12.6′
岙洞角	Àodòng Jiǎo	浙江省舟山市岱山县	30°13.9′	122°29.5′
串心咀	Chuànxīn Zuǐ	浙江省舟山市岱山县	30°13.8′	122°24.0′
中段山咀	Zhōngduànshān Zuǐ	浙江省舟山市岱山县	30°13.8′	122°17.0′
冲头	Chōng Tóu	浙江省舟山市岱山县	30°13.8′	122°10.6′
大南咀	Dànán Zuǐ	浙江省舟山市岱山县	30°13.5′	122°31.3′
小黄沙山咀	Xiǎohuángshāshān Zuǐ	浙江省舟山市岱山县	30°12.9′	122°11.3′
黄狼山咀	Huánglángshān Zuǐ	浙江省舟山市岱山县	30°12.8′	122°38.8′
黄礁咀	Huángjiāo Zuǐ	浙江省舟山市岱山县	30°12.8′	122°08.1′

标准名称	汉语拼音	行政区	地理位置	
			北纬	东经
门脚咀头	Ménjiǎozuǐ Tóu	浙江省舟山市岱山县	30°12.6′	122°40.3′
后门山咀	Hòuménshān Zuǐ	浙江省舟山市岱山县	30°12.1′	122°10.5′
岱山西山嘴	Dàishān Xīshān Zuǐ	浙江省舟山市岱山县	30°11.7′	122°11.4′
黄沙山咀	Huángshāshān Zuǐ	浙江省舟山市岱山县	30°11.5′	122°12.2′
外跳嘴	Wàitiào Zuǐ	浙江省舟山市岱山县	30°09.4′	122°10.8′
老鹰岩嘴	Lǎoyīngyán Zuǐ	浙江省舟山市岱山县	30°09.1′	122°10.3′
外嘴头	Wàizuǐ Tóu	浙江省舟山市嵊泗县	30°51.4′	122°41.4′
龙舌嘴	Lóngshé Zuǐ	浙江省舟山市嵊泗县	30°50.8′	122°41.6′
黄岩嘴	Huángyán Zuǐ	浙江省舟山市嵊泗县	30°49.7′	122°38.5′
过浪嘴头	Guòlàngzuǐ Tóu	浙江省舟山市嵊泗县	30°49.2′	122°39.5′
铜礁嘴头	Tóngjiāozuǐ Tóu	浙江省舟山市嵊泗县	30°48.9′	122°38.8′
野猫洞南嘴头	Yěmāodòng Nánzuǐ Tóu	浙江省舟山市嵊泗县	30°47.2′	122°46.5′
壁下南嘴头	Bìxià Nánzuǐ Tóu	浙江省舟山市嵊泗县	30°46.9′	122°47.2′
虎把头	Hǔbǎ Tóu	浙江省舟山市嵊泗县	30°46.2′	122°23.6′
金鸡山岛外山嘴	Jīnjīshāndǎo Wàishān Zuǐ	浙江省舟山市嵊泗县	30°45.2′	122°28.0′
北石垄嘴	Běishílǒng Zuǐ	浙江省舟山市嵊泗县	30°44.5′	122°26.8′
毛洋嘴	Máoyáng Zuǐ	浙江省舟山市嵊泗县	30°43.7′	122°46.5′
双胖嘴	Shuāngpàng Zuǐ	浙江省舟山市嵊泗县	30°43.5′	122°48.1′
外山嘴半边	Wàishān Zuǐbànbiān	浙江省舟山市嵊泗县	30°43.2′	122°47.7′
龙舌嘴头	Lóngshézuǐ Tóu	浙江省舟山市嵊泗县	30°42.8′	122°46.9′
老鹰窝嘴	Lǎoyīngwō Zuǐ	浙江省舟山市嵊泗县	30°42.6′	122°45.9′
江爿嘴	Jiāngpán Zuǐ	浙江省舟山市嵊泗县	30°42.3′	122°45.4′
田岙山嘴	Tián'àoshān Zuǐ	浙江省舟山市嵊泗县	30°41.9′	122°29.3′
龙尾嘴	Lóngwěi Zuǐ	浙江省舟山市嵊泗县	30°40.4′	122°31.3′
江家山嘴	Jiāngjiāshān Zuǐ	浙江省舟山市嵊泗县	30°39.9′	122°32.8′
钻头嘴	Zuàntóu Zuǐ	浙江省舟山市嵊泗县	30°37.8′	122°04.0′
浪下嘴	Làngxià Zuǐ	浙江省舟山市嵊泗县	30°37.1′	121°37.7′

标准名称	汉语拼音	行政区	地理位置	
			北纬	东经
老虎头	Lǎohǔ Tóu	浙江省舟山市嵊泗县	30°36.7′	121°38.0′
酒埕山嘴	Jiǔchéngshān Zuǐ	浙江省舟山市嵊泗县	30°35.8′	122°04.7′
狗头咀	Gǒutóu Zuǐ	浙江省台州市椒江区	28°30.1′	121°54.5′
丁钩咀	Dīnggōu Zuǐ	浙江省台州市椒江区	28°29.6′	121°52.8′
高梨头	Gāolí Tóu	浙江省台州市椒江区	28°28.9′	121°54.2′
杨府咀	Yángfǔ Zuǐ	浙江省台州市椒江区	28°27.3′	121°53.8′
南磊坑咀	Nánlěikēng Zuǐ	浙江省台州市椒江区	28°27.1′	121°53.6′
半箕坎嘴	Bànjīkǎn Zuǐ	浙江省台州市椒江区	28°26.1′	121°52.5′
木杓头	Mùsháo Tóu	浙江省台州市椒江区	28°26.0′	121°52.7′
马道咀	Mǎdào Zuǐ	浙江省台州市椒江区	28°25.7′	121°52.1′
朴树咀	Pǔshù Zuǐ	浙江省台州市路桥区	28°33.8′	121°35.7′
老鸦咀	Lǎoyā Zuǐ	浙江省台州市路桥区	28°33.6′	121°35.9′
上屿咀	Shàngyǔ Zuǐ	浙江省台州市路桥区	28°33.5′	121°35.4′
西屿咀	Xīyǔ Zuǐ	浙江省台州市路桥区	28°32.9′	121°38.6′
后山咀	Hòu Shān Zuǐ	浙江省台州市路桥区	28°32.8′	121°39.1′
南屿咀	Nányǔ Zuǐ	浙江省台州市路桥区	28°32.8′	121°38.7′
东廊咀头	Dōnglángzuǐ Tóu	浙江省台州市路桥区	28°32.2′	121°39.0′
鲜鳗皮咀	Xiānmánpí Zuǐ	浙江省台州市路桥区	28°32.0′	121°38.8′
米嘴头	Mǐzuǐ Tóu	浙江省台州市路桥区	28°32.0′	121°37.3′
南山咀头	Nánshānzuǐ Tóu	浙江省台州市路桥区	28°31.7′	121°38.8′
同头嘴	Tóngtóu Zuǐ	浙江省台州市路桥区	28°31.1′	121°37.8′
猢狲头咀	Húsūntóu Zuǐ	浙江省台州市路桥区	28°30.5′	121°37.2′
两个庙咀	Liǎnggèmiào Zuǐ	浙江省台州市路桥区	28°29.6′	121°37.5′
西门口咀	Xīménkǒu Zuǐ	浙江省台州市路桥区	28°29.3′	121°36.6′
湾头咀	Wāntóu Zuǐ	浙江省台州市路桥区	28°28.9′	121°37.1′
黄礁咀头	Huángjiāozuǐ Tóu	浙江省台州市路桥区	28°28.8′	121°38.9′
小山咀	Xiǎoshān Zuǐ	浙江省台州市路桥区	28°28.7′	121°37.5′
竹兰咀	Zhúlán Zuǐ	浙江省台州市路桥区	28°28.1′	121°38.4′

标准名称	汉语拼音	行政区	地理位置	
			北纬	东经
鹁鸪咀头	Bógūzuǐ Tóu	浙江省台州市路桥区	28°28.0′	121°39.0′
南黄夫礁咀	Nánhuángfūjiāo Zuǐ	浙江省台州市路桥区	28°27.9′	121°39.6′
里咀头	Lǐzuǐ Tóu	浙江省台州市路桥区	28°27.7′	121°39.1′
长浪咀	Chánglàng Zuǐ	浙江省台州市路桥区	28°27.6′	121°37.6′
牛捕咀	Niúbǔ Zuǐ	浙江省台州市路桥区	28°27.5′	121°37.7′
南屿嘴	Nányǔ Zuǐ	浙江省台州市路桥区	28°27.4′	121°37.8′
寡妇岩嘴	Guǎfuyán Zuǐ	浙江省台州市路桥区	28°27.3′	121°39.3′
小犁头嘴	Xiǎolítóu Zuǐ	浙江省台州市玉环市	28°15.1′	121°25.7′
红头基嘴	Hóngtóujī Zuǐ	浙江省台州市玉环市	28°14.4′	121°10.1′
北面岩头	Běimiànyán Tóu	浙江省台州市玉环市	28°14.4′	121°10.3′
鼻头梁岗嘴	Bítóuliánggǎng Zuǐ	浙江省台州市玉环市	28°14.3′	121°10.7′
分水山咀	Fēnshuǐshān Zuǐ	浙江省台州市玉环市	28°13.0′	121°11.8′
大岙咀	Dà'ào Zuǐ	浙江省台州市玉环市	28°11.6′	121°23.4′
断岙嘴	Duàn'ào Zuǐ	浙江省台州市玉环市	28°10.4′	121°23.2′
乌岩咀	Wūyán Zuǐ	浙江省台州市玉环市	28°10.0′	121°11.8′
木勺头咀	Mùsháotóu Zuǐ	浙江省台州市玉环市	28°09.3′	121°19.9′
北山咀头	Běishānzuǐ Tóu	浙江省台州市玉环市	28°09.1′	121°10.5′
红咀头	Hóngzuǐ Tóu	浙江省台州市玉环市	28°08.3′	121°08.0′
东披头	Dōngpī Tóu	浙江省台州市玉环市	28°07.8′	121°23.5′
南披头	Nánpī Tóu	浙江省台州市玉环市	28°07.4′	121°23.1′
海蜇岙咀	Hǎizhé'ào Zuǐ	浙江省台州市玉环市	28°06.5′	121°17.4′
白墩咀	Báidūn Zuǐ	浙江省台州市玉环市	28°06.5′	121°08.1′
赤口嘴	Chìkǒu Zuǐ	浙江省台州市玉环市	28°05.8′	121°17.4′
茶山咀	Cháshān Zuǐ	浙江省台州市玉环市	28°05.7′	121°20.5′
玉岙尾	Yù'ào Wěi	浙江省台州市玉环市	28°05.6′	121°17.6′
水咀头	Shuǐzuǐ Tóu	浙江省台州市玉环市	28°05.5′	121°30.4′
老爷鼻头	Lǎoyebí Tóu	浙江省台州市玉环市	28°05.5′	121°20.6′
面前山咀	Miànqiánshān Zuǐ	浙江省台州市玉环市	28°04.9′	121°15.3′

标准名称	汉语拼音	行政区	地理位置	
			北纬	东经
南山尾	Nánshān Wěi	浙江省台州市玉环市	28°04.3′	121°16.8′
坎门头	Kǎnmén Tóu	浙江省台州市玉环市	28°04.3′	121°17.5′
黄门山咀	Huángménshān Zuǐ	浙江省台州市玉环市	28°03.8′	121°14.9′
牛头颈嘴	Niútóujǐng Zuǐ	浙江省台州市玉环市	28°03.4′	121°13.4′
乌龟头	Wūguī Tóu	浙江省台州市玉环市	28°03.4′	121°08.8′
包老爷咀	Bāolǎoye Zuǐ	浙江省台州市玉环市	28°02.6′	121°10.7′
大岩头	Dàyán Tóu	浙江省台州市玉环市	28°02.3′	121°09.2′
赤头山嘴	Chìtóushān Zuǐ	浙江省台州市三门县	29°06.4′	121°37.5′
黄岩嘴头	Huángyánzuǐ Tóu	浙江省台州市三门县	29°06.3′	121°38.9′
八分嘴头	Bāfēnzuǐ Tóu	浙江省台州市三门县	29°06.3′	121°38.7′
老鹰嘴头	Lǎoyīngzuǐ Tóu	浙江省台州市三门县	29°06.2′	121°39.0′
拦嘴头	Lánzuǐ Tóu	浙江省台州市三门县	29°05.9′	121°38.6′
乌龟嘴头	Wūguīzuǐ Tóu	浙江省台州市三门县	29°04.9′	121°37.8′
虎头山嘴	Hǔtóushān Zuǐ	浙江省台州市三门县	29°04.4′	121°37.9′
门头嘴	Méntóu Zuǐ	浙江省台州市三门县	29°03.2′	121°39.8′
鹰头	Yīng Tóu	浙江省台州市三门县	29°03.1′	121°38.9′
柴爿花嘴	Cháipánhuā Zuǐ	浙江省台州市三门县	29°02.8′	121°39.9′
双沙嘴	Shuāngshā Zuǐ	浙江省台州市三门县	29°02.2′	121°39.4′
下礁头	Xiàjiāo Tóu	浙江省台州市三门县	29°01.9′	121°40.4′
平岩嘴	Píngyán Zuǐ	浙江省台州市三门县	29°01.7′	121°41.0′
黄茅拦嘴	Huángmáolán Zuǐ	浙江省台州市三门县	29°01.5′	121°41.7′
下洋山嘴	Xiàyángshān Zuǐ	浙江省台州市三门县	29°01.4′	121°40.7′
长拦嘴	Chánglán Zuǐ	浙江省台州市三门县	29°01.3′	121°41.9′
龙口嘴	Lóngkǒu Zuǐ	浙江省台州市三门县	29°01.2′	121°32.7′
上牛脚	Shàngniújiǎo	浙江省台州市三门县	29°00.9′	121°41.4′
小牛嘴	Xiǎoniú Zuǐ	浙江省台州市三门县	29°00.8′	121°42.6′
下牛脚	Xiàniújiǎo	浙江省台州市三门县	29°00.8′	121°41.6′
木杓嘴	Mùsháo Zuǐ	浙江省台州市三门县	29°00.5′	121°41.0′

标准名称	汉语拼音	行政区	地理位置	
			北纬	东经
猫山嘴	Māoshān Zuǐ	浙江省台州市三门县	28°58.6′	121°40.1′
钳嘴头	Qiánzuǐ Tóu	浙江省台州市三门县	28°58.3′	121°40.4′
推出岩	Tuīchūyán	浙江省台州市三门县	28°58.2′	121°40.7′
塌蛇头	Tāshé Tóu	浙江省台州市三门县	28°58.1′	121°40.7′
太平山嘴	Tàipíngshān Zuǐ	浙江省台州市三门县	28°58.1′	121°41.7′
蟹钳嘴	Xièqián Zuǐ	浙江省台州市三门县	28°57.9′	121°41.8′
牛嘴头	Niúzuǐ Tóu	浙江省台州市三门县	28°57.8′	121°42.4′
馒头岙嘴	Mántou'ào Zuǐ	浙江省台州市三门县	28°57.7′	121°41.8′
红岩嘴	Hóngyán Zuǐ	浙江省台州市三门县	28°57.5′	121°42.3′
鳗礁嘴	Mánjiāo Zuǐ	浙江省台州市三门县	28°57.5′	121°42.7′
跳头嘴	Tiàotóu Zuǐ	浙江省台州市三门县	28°57.2′	121°32.0′
牛尾堂嘴	Niúwěitáng Zuǐ	浙江省台州市三门县	28°56.7′	121°43.8′
木杓山嘴	Mùsháoshān Zuǐ	浙江省台州市三门县	28°56.4′	121°43.4′
屿平嘴	Yǔpíng Zuǐ	浙江省台州市三门县	28°55.4′	121°42.4′
干头嘴	Gāntóu Zuǐ	浙江省台州市三门县	28°53.0′	121°38.6′
马俑嘴	Mǎyǒng Zuǐ	浙江省台州市温岭市	28°26.1′	121°38.3′
连后嘴头	Liánhòuzuǐ Tóu	浙江省台州市温岭市	28°26.1′	121°39.6′
老鼠尾咀	Lǎoshǔwěi Zuǐ	浙江省台州市温岭市	28°26.0′	121°39.2′
水珠头	Shuǐzhū Tóu	浙江省台州市温岭市	28°25.8′	121°38.4′
老虎山尾	Lǎohǔshān Wěi	浙江省台州市温岭市	28°25.8′	121°40.2′
高乌嘴	Gāowū Zuǐ	浙江省台州市温岭市	28°25.7′	121°38.6′
下尾嘴	Xiàwěi Zuǐ	浙江省台州市温岭市	28°25.4′	121°40.3′
稻厂嘴	Dàochǎng Zuǐ	浙江省台州市温岭市	28°25.3′	121°39.1′
高埠嘴头	Gāobùzuǐ Tóu	浙江省台州市温岭市	28°25.2′	121°39.8′
北头嘴	Běitou Zuǐ	浙江省台州市温岭市	28°25.0′	121°40.6′
下岐脚	Xiàqíjiǎo	浙江省台州市温岭市	28°25.0′	121°38.7′
土地棚岙嘴	Tǔdìpéng'ào Zuǐ	浙江省台州市温岭市	28°24.9′	121°38.4′
上岐脚	Shàngqíjiǎo	浙江省台州市温岭市	28°24.8′	121°38.5′

标准名称	汉语拼音	行政区	地理位置	
			北纬	东经
洞门东嘴头	Dòngméndōngzuǐ Tóu	浙江省台州市温岭市	28°24.7′	121°41.2′
蟹钳嘴头	Xièqiánzuǐ Tóu	浙江省台州市温岭市	28°24.6′	121°39.5′
瓜篓柄嘴	Guālǒubǐng Zuǐ	浙江省台州市温岭市	28°24.6′	121°40.2′
虎瓦咀头	Hǔwǎzuǐ Tóu	浙江省台州市温岭市	28°24.4′	121°39.7′
下尾嘴头	Xiàwěizuǐ Tóu	浙江省台州市温岭市	28°24.2′	121°39.5′
仙人桥头	Xiānrénqiáo Tóu	浙江省台州市温岭市	28°23.3′	121°38.6′
狮子头	Shīzi Tóu	浙江省台州市温岭市	28°23.0′	121°41.5′
发财头	Fācái Tóu	浙江省台州市温岭市	28°22.8′	121°39.1′
大猫头	Dàmāo Tóu	浙江省台州市温岭市	28°22.5′	121°40.5′
阴苟下咀	Yīnkēxià Zuǐ	浙江省台州市温岭市	28°22.3′	121°41.2′
丁勾头	Dīnggōu Tóu	浙江省台州市温岭市	28°22.0′	121°39.5′
白谷嘴	Báigǔ Zuǐ	浙江省台州市温岭市	28°21.2′	121°39.4′
鹭鸶嘴头	Lùsīzuǐ Tóu	浙江省台州市温岭市	28°18.3′	121°27.6′
大斗山嘴	Dàdòushān Zuǐ	浙江省台州市温岭市	28°17.8′	121°26.8′
南面咀头	Nánmiànzuǐ Tóu	浙江省台州市温岭市	28°17.8′	121°38.6′
穿心嘴	Chuānxīn Zuǐ	浙江省台州市温岭市	28°17.6′	121°39.7′
牛头	Niú Tóu	浙江省台州市温岭市	28°17.5′	121°41.1′
着火嘴	Zháohuǒ Zuǐ	浙江省台州市温岭市	28°17.3′	121°40.5′
红珊嘴头	Hóngshānzuǐ Tóu	浙江省台州市温岭市	28°17.1′	121°38.3′
尖浜头嘴	Jiānbāngtóu Zuǐ	浙江省台州市温岭市	28°16.8′	121°40.6′
小拦头嘴	Xiǎolántóu Zuǐ	浙江省台州市温岭市	28°16.4′	121°37.3′
东北嘴	Dōngběi Zuǐ	浙江省台州市温岭市	28°16.4′	121°44.2′
涨水礁头	Zhǎngshuǐjiāo Tóu	浙江省台州市温岭市	28°16.1′	121°34.7′
九爪头嘴	Jiǔzhuǎtóu Zuǐ	浙江省台州市温岭市	28°15.1′	121°33.5′
老山嘴头	Lǎoshānzuǐ Tóu	浙江省台州市温岭市	28°14.1′	121°38.6′
白龙头	Báilóng Tóu	浙江省台州市温岭市	28°13.5′	121°37.8′
大脚头	Dàjiǎo Tóu	浙江省台州市临海市	28°48.7′	121°52.0′

标准名称	汉语拼音	行政区	地理位置	
			北纬	东经
丁枪咀	Dīngqiāng Zuǐ	浙江省台州市临海市	28°48.2′	121°52.3′
蚂蚁咀	Máyǐ Zuǐ	浙江省台州市临海市	28°48.1′	121°51.1′
乌沙咀头	Wūshāzuǐ Tóu	浙江省台州市临海市	28°47.9′	121°51.7′
茄咀头	Qiézuǐ Tóu	浙江省台州市临海市	28°47.6′	121°51.7′
大岗脚	Dàgǎngjiǎo	浙江省台州市临海市	28°47.1′	121°51.4′
磨石头	Móshí Tóu	浙江省台州市临海市	28°46.9′	121°51.2′
乌烟头	Wūyān Tóu	浙江省台州市临海市	28°46.5′	121°50.1′
壳门头	Kémén Tóu	浙江省台州市临海市	28°46.2′	121°49.7′
湾咀头	Wānzuǐ Tóu	浙江省台州市临海市	28°45.5′	121°49.0′
乌咀头	Wūzuǐ Tóu	浙江省台州市临海市	28°45.2′	121°51.4′
小岙咀头	Xiǎo'àozuǐ Tóu	浙江省台州市临海市	28°44.7′	121°50.7′
银顶礁咀	Yíndǐngjiāo Zuǐ	浙江省台州市临海市	28°44.2′	121°50.8′
短咀	Duǎn Zuǐ	浙江省台州市临海市	28°44.2′	121°52.1′
长咀	Cháng Zuǐ	浙江省台州市临海市	28°43.9′	121°52.2′
南山嘴	Nánshān Zuǐ	浙江省台州市临海市	28°42.9′	121°55.0′
丁枪头	Dīngqiāng Tóu	浙江省台州市临海市	28°42.6′	121°48.2′
双峙	Shuāngzhì	浙江省台州市临海市	28°42.4′	121°46.3′
老虎山嘴	Lǎohǔshān Zuǐ	浙江省台州市临海市	28°42.3′	121°55.1′
打落峙	Dǎluòzhì	浙江省台州市临海市	28°41.1′	121°47.6′

五、河口

标准名称	汉语拼音	行政区	地理位置	
			北纬	东经
凫溪河口	Fúxī Hékǒu	浙江省宁波市宁海县	29°25.0′	121°26.6′
白溪河口	Báixī Hékǒu	浙江省宁波市宁海县	29°15.1′	121°34.8′
蓝田浦	Lántián Pǔ	浙江省温州市龙湾区	27°56.8′	120°51.0′
清江口	Qīngjiāng Kǒu	浙江省温州市乐清市	28°17.1′	121°04.3′

附录二

《中国海域海岛地名志·浙江卷第一册》索引

X

Y